新工科建设·计算机系列教材

新概念 C 语言能力教程

（第 2 版）

周二强　著

电子工业出版社
Publishing House of Electronics Industry
北京·BEIJING

内 容 简 介

本书从用户、计算机、程序员及 C 语言之间的关系开始,以计算机由五大部件组成且采用二进制为背景知识,深刻剖析了 C 语言的知识点。如本书给出了完整的表达式求值规则;明确了指针变量的主要作用,即指针变量作为形参时,可用于扩展存储单元的使用范围,并像数组那样标识一组存储单元。除此之外,本书还引入了虚拟变量的概念,清晰地揭示了二维数组的结构,并将它与动态二维数组的结构进行比较,深刻而简明。本书将知识和能力有机融合,训练了读者解决复杂问题的综合能力和思维。

本书便于读者自主学习,每章有导学和讨论。本书用近百幅图直观地展示了知识点,如计算机与 C 语言的关系图、函数图、递归函数执行图、二维数组图和动态二维数组图等。本书通过画表格法分析了循环执行过程,可帮助初学者快速提升编程能力。另外,本书除了注重呈现算法从产生到完善的过程,还强调"提出问题、设计算法和编程测试"能力的培养。

本书讲解深刻而简明,便于自学,易于探究,既可作为各类院校 C 语言课程的教材,又可作为社会工作者的培训用书。

未经许可,不得以任何方式复制或抄袭本书之部分或全部内容。
版权所有,侵权必究。

图书在版编目(CIP)数据

新概念 C 语言能力教程 / 周二强著. —2 版. —北京:电子工业出版社,2023.3
ISBN 978-7-121-45143-0
Ⅰ.①新… Ⅱ.①周… Ⅲ.①C 语言-程序设计-教材 Ⅳ.①TP312.8
中国国家版本馆 CIP 数据核字(2023)第 037895 号

责任编辑:刘 瑀　　　　　特约编辑:田学清
印　　刷:三河市华成印务有限公司
装　　订:三河市华成印务有限公司
出版发行:电子工业出版社
　　　　　北京市海淀区万寿路 173 信箱　　　邮编:100036
开　　本:787×1092　1/16　印张:21.5　字数:564 千字
版　　次:2015 年 8 月第 1 版
　　　　　2023 年 3 月第 2 版
印　　次:2023 年 8 月第 2 次印刷
定　　价:69.90 元

凡所购买电子工业出版社图书有缺损问题,请向购买书店调换。若书店售缺,请与本社发行部联系,联系及邮购电话:(010)88254888,88258888。
质量投诉请发邮件至 zlts@phei.com.cn,盗版侵权举报请发邮件至 dbqq@phei.com.cn。
本书咨询联系方式:dcc@phei.com.cn。

前言

1. 只有深刻才能简明——难与易的辩证法

C 语言是精心设计的编程语言，几乎每个知识点都值得思考。如逗号操作符是自左向右依次求值的，为什么其中优先级高的操作符不先求值呢？

表达式的求值顺序是先考虑序列点，再考虑优先级和结合性。逗号操作符用于将多条语句合成一条语句，为避免优先级影响求值顺序，需要有序列点；逻辑与和逻辑或操作符求值时会短路计算，为避免优先级影响求值顺序，需要有序列点；条件操作符用于改写 if-else 选择结构，为避免优先级影响求值顺序，需要有序列点。可见序列点的作用是避免优先级影响操作符的功能或求值过程，这也是上述操作符有序列点的原因。

对于明确的规则与零乱的规定，它们的学习成本相差很大。但仅有规则，而不讨论制定规则的原因，只被动识记规则，学习效果终究有限。探究式学习的作用毋庸置疑，但探究的成效取决于"分析、讨论的问题"。某个知识点从哪个角度探究，用什么问题引导，是教育家的专长。问题不仅要有意义，还得是学习者通过努力就能解决的问题，即解决问题所需的条件已经具备；解决问题的思路和方法要有启发性；问题的答案最好能给人以"蓦然回首，那人却在，灯火阑珊处"的顿悟。如果不能清晰定义序列点的求值规则，就只能避而不谈，用规定代替规则，更不要提探究了。

逗号操作符的优先级最低，赋值操作符是右结合的，算术运算符比双目逻辑操作符的优先级高等规则都蕴含着道理。如果不这样规定，表达式就会烦琐、晦涩。弄明白了其中的道理，读者不仅可以精通知识，可能还会觉得给操作符设计优先级和结合性并非难事。

作为入门课程，C 语言的背景知识简单，知识点也不难，每位读者都有能力学好。读者借助本书，不但能够收获知识，而且能够收获成长的快乐，完成从"原来如此"到"理应如此"的蜕变。

"取乎其上，得乎其中；取乎其中，得乎其下。"主动思考，探究知识中的道理，刚开始可能慢一点，待形成习惯，提高了能力，学习效率自然会提高，正所谓"磨刀不误砍柴工"。大学知识是不可能通过死记硬背学好的，只有明白其中的道理，才会记得牢，用得好，也才能举一反三，轻松应对软件开发技术的升级换代。

即使只想学习 C 语言知识，有明确的知识点也更容易识记。例如，当函数文件属于工程时，借助函数声明使用函数；当函数文件不属于工程时，借助文件包含命令 include 使用函数。指针变量的主要作用是作为形参时，可扩展存储单元的使用范围，并像数组那样标识一组存储单元。

本书第 13 章数字化信息编码是扩展内容，并非 C 语言的知识点。第 13 章分析了整数采用补码的原因，以及-1 的编码为何全是 1，并解答了为什么 float 型的精度只能保证 6 到 7 位等问题。为了便于初学者理解，这部分知识点以示例分析为主，以讲解"除以 2 取余法"求十进制整数的二进制形式为例。

设 11 转换后的二进制数为 $b_n\cdots b_1 b_0$，则有 $11=b_n \times 2^n+\cdots+b_1 \times 2^1+b_0 \times 2^0$。等式两边同时除以 2，11 除以 2 的余数为 1，商为 5；$b_n \times 2^n+\cdots+b_1 \times 2^1+b_0 \times 2^0$ 除以 2 后的余数为 b_0，商为 $b_n \times 2^{n-1}+\cdots+b_1 \times 2^0$，故有 $b_0=1$，$b_n \times 2^{n-1}+\cdots+b_1 \times 2^0=5$。

同理可求出 b_1、b_2、…、b_n。

2．本书的内在逻辑

C 语言是程序员用来与计算机沟通的工具，而计算机由五大部件组成且采用二进制。C 语言与二进制有关，与计算机的存储器、输入设备、输出设备、运算器和控制器五大组成部件有关，与程序员有关。

1）C 语言与存储器

（1）变量。

C 语言中用变量标识内存中的存储单元，变量有类型。计算机采用纯粹的二进制，数据被编码成 01 串后，计算机才能存储与处理。由于编码规则不同，整数 90 和小数 0.703125 的编码结果可能都是 01011010，因此，不知道编码规则就不能确定 01011010 的实际值。变量的类型就是编码规则。整型变量有取值范围，存储超出取值范围的整数就会出现逻辑错误；浮点型变量的值多为有规定精度的近似数；字符型数据非常重要，计算机借助字符型数据与用户交互，书中多次讨论了这个重要问题。

（2）指针变量。

指针变量的值是存储单元的地址。如果把存储单元看作一个箱子，那么指针变量的箱子中存储了另一个箱子的钥匙。形象地说，指针变量指向了另一个存储单元；简单地说，指针变量存放了另一个存储单元。指针的间接引用操作就是先从指针变量中得到钥匙，再使用另一个箱子。指针变量作为形参时，实参是一个存储单元的地址，函数体中以间接引用的方式使用实参标识的存储单元，即实参的存储单元可以在当前函数中被使用。因此，指针变量可用于扩展存储单元的使用范围。

（3）数组。

数组是一组相邻存储单元的集合，可用于存储批量处理的数据。数组是组织数据的一种方式，二维数组的组织方式是 C 语言中的难点。本书引入了虚拟变量的概念，清晰地揭示了二维数组的结构，并与堆空间中构造的动态二维数组进行比较，深刻而简明。数组变量是虚拟的指针变量，当指针变量指向一组相邻存储单元中的第一个存储单元时，指针也就成了数组。指针代替数组标识一组存储单元，是指针的第二个重要作用。以指针为基础构造的动态链表是另一种组织数据的方式。本书分别使用数组和链表解决同一个问题，通过对比简单地分析了算法与数据结构的关系。

（4）文件。

外存中的数据能被长期保存。外存空间管理的基本单位是文件，一个文件相当于外存中的一块存储空间。当需要长期保存数据时，程序可将变量中的数据存储到文件中。使用文件中的数据时，程序需将其中的数据读取到变量中。存储单元全为字符型的文件是文本文件。二进制文件包含各种类型的存储单元。文件的扩展名规定了文件中存储单元的组织方式，如 txt 文件、mp3 文件等。若保存数据的目的是记录最终的处理结果，则将数据转换为字符串，用文本文件存储，以便用多种软件查看内容。若在文件中用同类型的存储单元存储需继续处理的数据，则存取过程无须转换数据类型，存取效率高。

C 语言中的输入设备和输出设备分别是由 stdin 和 stdout 指向的文本格式的标准设备文件。用户的输入会自动存入标准输入文件 stdin，scanf 函数会先读取 stdin 文件中的内容，得到输入的字符串，然后将其编码成格式字符规定的类型，并赋值给实参标识的存储单元。printf 先把占位序列转换成字符串，再把得到的输出字符串写入标准输出文件 stdout。存入 stdout 文件的字符会自动出现在输出设备上，可见计算机借助字符型数据与用户沟通。

2）C 语言与运算器和控制器

（1）表达式的求值。

使用操作符命令可以指挥运算器进行算术运算和逻辑运算。表达式有一个值，这个值通常是运算器中的运算结果。表达式的求值顺序是先考虑序列点，再考虑优先级和结合性。在对算术表达式求值时，需注意操作数类型的自动转换。double 型运算器中的存储单元只有 double 型，当操作数被读取到运算器时，其类型会"自动"转换成 double 型，结果自然也是 double 型的。

逻辑表达式可用于判断一个结论的真假。当用户输入的整数用 n 存储时，"用户的输入是负数"这个结论可根据表达式 n<0 的值判断真假。

（2）选择结构和循环结构。

选择结构和循环结构是复杂的关键字命令，由控制器执行。

选择结构使得程序可处理多种情况。嵌套的选择结构对应复杂的问题，外层条件常用于初步筛选，内层条件多用于进一步缩小范围。分析、解决问题时注意条理性，先找出初步筛选的条件，用流程图表示处理过程，需进一步处理的问题用"待处理"表示；再用条件区分待处理问题，逐步补全流程图。

计算机是"整数有范围，小数有精度，擅长重复"的机器，特别适合进行重复性的工作。重复的步骤可以解决许多问题，在 C 语言中多用循环结构实现。初学者的编程能力体现在对循环结构的掌握程度。以表格形式直观地分析循环结构的执行过程，初学者可以快速提升自己读写循环结构的能力。

分析问题，用代码模拟解决问题的步骤，找到重复的语句，从而实现循环结构。本书首先呈现了用循环解决问题的过程，然后总结了最常见的重复，即穷举法和迭代法，最后对出现的状况进行了修正。例如，解决"百僧百馍"问题时，穷举大僧人数可以得到正确答案，但算法有逻辑错误。求两个正整数 m 和 n 的最小公倍数时，穷举 1，2，3，⋯，$m×n$ 效率低，穷举 m，$2×m$，$3×m$，⋯，$n×m$ 效率高。穷举时发现 $n×m$ 总会被输出，需要修正循环条件，得到"循环体中的判断条件可能与循环条件相关"的规律。迭代时会多次重复某个过程，一次重复可称为一次"迭代"，而每一次迭代得到的结果会作为下一次迭代的初始值。迭代常用于根据前面的项求当前项，项之间的关系可称为迭代公式。用代码模拟计算前几项时发现，设置初始条件并计算第一项的过程通常与计算其他项的过程不同，需要调整。

嵌套的循环结构是"自上而下，逐步求精"的体现。以输出两个 5 行的图形为例："自上而下"表示从宏观分析问题时，两个图形相同，用同样的循环结构重复 5 次，每次输出 1 行；"逐步求精"表示针对具体问题，列举"原始数据"，找出两个图形中第 i 行的不同特点。

3）C 语言与程序员

（1）C 语言语句。

C 语言语句由程序员编写并应用于计算机，其中的字符（串）是 C 语言的标识符。常见的标识符有关键字、变量和函数。不是标识符的普通字符（串）需写作'a'（"abc"）。语句中的命令有关键字、函数和操作符，而命令的操作数（命令的对象）为变量、有返回值的函数调用和形如 32 的字面量。

（2）函数。

程序员常借助函数重用代码。函数是完成特定功能的一系列指令的集合。程序员无须再次编写代码，通过调用已有函数就可以完成特定的功能。函数的功能体现在由输入得到输出。输入分为形参和实参，当形参为指针变量时，实参为形参赋值，可直观地理解为把账号和密码拍照并发给别人。账号和密码有两份，账号里面的钱供两人使用。当形参为普通类型时，实参为形参赋值，可理解为把作业拍照发给别人。函数的输出有 3 种方法：返回值位于匿名的存储单元中，返回值位于全局变量中，返回值位于形参指针指向的存储单元中。

为了方便使用，常将函数定义在单独的文件中。

一些问题可以转化为"性质相同，规模较小"的子问题，这些问题常用递归算法解决。递归函数实现了递归算法。递归是"问题"的重复。计算机擅长重复，设计算法时应尽量用重复的步骤，这些步骤可以用循环或递归实现。

3．总结

"教师必须使用学术的力量以及自然世界和人文社科本身的奥妙，提升课程与教学的吸引力，应该依靠学科内容的吸引力，严密的逻辑思维，独特的发明与发现，精彩绝伦的思想观点等内涵式要素。"作者在 2011 年、2013 年和 2015 年共出版了 3 本 C 语言教材，尝试呈现 C 语言内在的"奥妙"。

本书以先进的教育理念为指导，从全新的角度深刻、简明地讲解了 C 语言的知识点。作者将它应用于实际教学后，不但教学效果显著，而且学生成绩斐然，因此获得了师生的一致好评。

本书包含配套电子课件、案例源代码、教学大纲、习题答案、视频教程等，读者可登录华信教育资源网（www.hxedu.com.cn）下载。

作者在本书的写作过程中得到了许多人的帮助，有家人、朋友、同事、学生及网络上素昧平生的 C 语言爱好者，在此对他们致以最衷心的感谢。此外，特别感谢出版社编辑的认可与辛勤付出。由于作者水平有限，书中难免有疏漏及词不达意之处，恳请读者谅解并不吝赐教。作者联系方式：zeq126@126.com。

周二强
2022 年 9 月

VIDEO LIST

视频清单

序号	文件名	所在章	序号	文件名	所在章
1	程序员的工作	第1章	34	综合实例	第6章
2	C语言语句分析及求一个整数的绝对值	第1章	35	函数的定义及使用	第7章
3	自定义命令：函数	第1章	36	代码复用与团队开发	第7章
4	观察程序的执行过程	第1章	37	变量的作用域和生命周期	第7章
5	存储单元的特点	第2章	38	标识符的作用域和限制文件作用域	第7章
6	整型的输入和输出	第2章	39	一维数组作形参	第7章
7	浮点型	第2章	40	函数的易用性	第7章
8	字符型数据的输入和输出	第2章	41	递归1	第7章
9	表达式概述	第3章	42	递归2	第7章
10	赋值表达式	第3章	43	库函数1	第7章
11	算术表达式	第3章	44	库函数2	第7章
12	强制类型转换及自增、自减操作符	第3章	45	团队开发	第7章
13	逗号表达式	第3章	46	预处理	第8章
14	典型例题	第3章	47	指针变量	第9章
15	逻辑型数据和关系表达式	第4章	48	指针变量作形参	第9章
16	逻辑表达式和短路计算	第4章	49	地址参与运算及一维数组与指针	第9章
17	if 选择结构和 if-else 选择结构	第4章	50	一维数组作形参及二维数组与指针	第9章
18	选择结构的嵌套和条件表达式	第4章	51	指向指针类型的指针及 main 函数形参	第9章
19	switch 选择结构及本章典型例题	第4章	52	指向函数的指针变量	第9章
20	for 循环结构	第5章	53	结构型	第10章
21	break 语句和 continue 语句	第5章	54	链表	第10章
22	循环的嵌套	第5章	55	联合型与枚举型	第10章
23	do-while 循环结构	第5章	56	文件概述及文件的打开与关闭	第11章
24	循环结构典型例题	第5章	57	以字节为单位读写文件	第11章
25	while 循环结构1	第5章	58	标准设备文件	第11章
26	while 循环结构2	第5章	59	位操作符1	第12章
27	怎样编程	第5章	60	位操作符2	第12章
28	调试	第5章	61	二进制	第13章
29	一维数组的定义及初始化	第6章	62	字符型编码	第13章
30	一维数组的应用	第6章	63	数字化信息编码	第13章
31	二维数组	第6章	64	补码	第13章
32	多维数组和字符数组	第6章	65	float 型编码的取值范围与精度	第13章
33	字符串	第6章			

目录

第1章 计算机和 C 语言 ... 1
1.1 用户、计算机和程序员 ... 2
1.2 C 语言、计算机和程序员 ... 3
1.3 C 语言自定义命令——函数 ... 5
1.3.1 使用函数命令 ... 5
1.3.2 函数定义 ... 5
1.3.3 函数调用 ... 7
1.3.4 main 函数 ... 8
1.4 "懂" C 语言的计算机 ... 8
1.4.1 虚拟的 C 语言计算机 ... 8
1.4.2 VC6.0 编译程序 ... 9
1.5 与虚拟 C 语言计算机深入交流 ... 15
1.5.1 C 语言语法规则 ... 15
1.5.2 printf 函数的用法 ... 15
1.5.3 用 VC6.0 观察程序的运行过程 ... 16
1.6 C 语言语句简析 ... 21
练习 1 ... 21

第2章 基本数据类型 ... 24
2.1 计算机中的数据 ... 25
2.2 整型 ... 25
2.2.1 整型的类别 ... 25
2.2.2 整型字面量 ... 26
2.2.3 整型数据的输入和输出 ... 27
2.2.4 查看整数的存储状态 ... 30
2.2.5 整型的使用 ... 30
2.3 浮点型 ... 31
2.3.1 浮点型的类别 ... 31
2.3.2 浮点型字面量和浮点型数据的输入和输出 ... 32
2.3.3 浮点型的误差 ... 34
2.4 字符型 ... 35
2.4.1 字符型数据的编码 ... 35
2.4.2 字符型字面量 ... 36
2.4.3 字符型数据的输入和输出 ... 37
2.5 再谈 printf 函数的使用 ... 39
2.6 典型例题 ... 40
练习 2 ... 47

第3章 表达式 ... 50
3.1 概述 ... 50
3.2 赋值表达式 ... 53
3.2.1 赋值操作符 ... 53
3.2.2 类型不匹配的赋值操作 ... 54
3.2.3 复合赋值操作符 ... 56
3.3 算术表达式 ... 56
3.3.1 算术表达式求值 ... 56
3.3.2 强制类型转换操作符 ... 57
3.3.3 自增自减操作符 ... 58
3.4 逗号表达式 ... 59
3.5 典型例题 ... 60
练习 3 ... 64

第4章 逻辑运算和选择结构 ... 67
4.1 C 语言中的逻辑型 ... 68
4.2 关系表达式 ... 69
4.3 逻辑表达式 ... 70

4.3.1　逻辑操作符 70
　　4.3.2　短路计算 71
4.4　if 选择结构 72
　　4.4.1　if 选择结构的语法 72
　　4.4.2　if 选择结构的用法 75
4.5　if-else 选择结构 78
4.6　嵌套的选择结构 80
4.7　条件操作符 84
4.8　switch 选择结构 85
　　4.8.1　基本的 switch 选择结构 85
　　4.8.2　包含 break 语句的 switch 选择
　　　　　结构 87
4.9　典型例题 90
练习 4 96

第 5 章　循环结构 102
5.1　while 循环结构 102
　　5.1.1　while 循环结构语法 102
　　5.1.2　while 循环结构用法 104
5.2　for 循环结构 108
　　5.2.1　for 循环结构语法 108
　　5.2.2　for 循环结构用法 110
5.3　break 语句和 continue 语句 112
5.4　循环嵌套 114
5.5　do-while 循环结构 118
5.6　典型例题 120
练习 5 124

第 6 章　数组 132
6.1　一维数组 133
　　6.1.1　一维数组定义 133
　　6.1.2　一维数组初始化 134
　　6.1.3　一维数组应用 136
6.2　多维数组 141
　　6.2.1　二维数组定义及初始化 141
　　6.2.2　二维数组应用 141
　　6.2.3　三维数组简介 144

6.3　字符型数组和字符串 145
　　6.3.1　字符型数组应用 145
　　6.3.2　字符串简介 146
　　6.3.3　字符串的输入和输出 147
　　6.3.4　字符串处理 148
6.4　综合示例：求大整数的阶乘 149
练习 6 152

第 7 章　用函数编程 157
7.1　函数语法 157
　　7.1.1　再谈函数定义 157
　　7.1.2　再谈函数调用 159
　　7.1.3　函数声明 161
7.2　函数重用 162
　　7.2.1　单独定义函数 162
　　7.2.2　重用函数 164
7.3　作用域 165
　　7.3.1　变量作用域 165
　　7.3.2　变量生命周期 169
　　7.3.3　扩展文件作用域 170
　　7.3.4　限制文件作用域 172
　　7.3.5　一维数组作为形参 174
7.4　函数的易用性 176
　　7.4.1　使用全局变量的函数 176
　　7.4.2　不用全局变量的函数 178
7.5　递归 180
　　7.5.1　递归算法与递归函数 180
　　7.5.2　递归算法示例 183
7.6　库函数简介 188
　　7.6.1　getchar 函数、getch 函数和
　　　　　getche 函数 188
　　7.6.2　rand 函数、srand 函数和 time
　　　　　函数 190
　　7.6.3　字符串函数 190
7.7　综合示例：确定公元 y 年 m 月 d 日
　　　是星期几 192
练习 7 196

第 8 章 预处理 203
8.1 程序编译 203
8.2 宏定义 204
8.2.1 简单宏 204
8.2.2 参数化宏 205
8.3 文件包含 206
8.4 条件编译 208
练习 8 209

第 9 章 指针 213
9.1 指针类型 213
9.1.1 存储单元的地址 213
9.1.2 指针变量的定义和赋值 214
9.2 间接引用 215
9.2.1 指针变量的用法 215
9.2.2 野指针和空指针 217
9.3 指针与函数 218
9.3.1 指针变量作为形参 218
9.3.2 函数返回指针 220
9.4 地址运算 222
9.5 指针与数组 223
9.5.1 指针与一维数组 223
9.5.2 指针与二维数组 227
9.5.3 指针与字符串 229
9.5.4 指针数组与指针型指针变量 230
9.5.5 指针数组作为形参 232
9.6 main 函数和命令行参数 233
9.7 指向函数的指针变量 235
9.8 使用堆空间 236
9.9 典型例题 239
练习 9 245

第 10 章 用户自定义数据类型 257
10.1 结构型 258
10.1.1 结构型的定义 258
10.1.2 结构型指针变量 260
10.1.3 链表 262
10.2 联合型 267
10.3 枚举型 268
10.4 为类型自定义别名 269
练习 10 271

第 11 章 文件 275
11.1 文件概述 276
11.1.1 C 语言文件 276
11.1.2 文本文件与二进制文件 276
11.2 文件的打开和关闭 277
11.2.1 （新建后）打开文件 277
11.2.2 文件关闭 278
11.3 文件读写 278
11.3.1 fputc 函数和 fgetc 函数 278
11.3.2 文件结束状态 281
11.3.3 fprintf 函数和 fscanf 函数 ... 282
11.3.4 fwrite 函数和 fread 函数 285
11.4 标准设备文件 286
11.5 文件随机读写 288
11.5.1 调整文件位置指针指向的位置 ... 288
11.5.2 可读写的文件 289
11.6 综合示例：简单的学生成绩管理系统 . 290
练习 11 294

第 12 章 位运算 297
12.1 位操作符 297
12.1.1 按位与操作符& 297
12.1.2 按位或操作符| 298
12.1.3 异或操作符^ 298
12.1.4 取反操作符~ 299
12.1.5 左移操作符<< 299
12.1.6 右移操作符>> 299
12.2 位运算示例 300

12.3　位段 301

　练习 12 301

第 13 章　数字化信息编码 303

　13.1　二进制 303

　　13.1.1　位权 303

　　13.1.2　十进制数转换为二进制数 304

　　13.1.3　二进制的计算 305

　　13.1.4　八进制和十六进制 306

　13.2　计算机中的计算 307

　13.3　整数编码 308

　13.4　计算机中的整数 309

　　13.4.1　整数加法示例 309

　　13.4.2　补码的符号位 310

　　13.4.3　整数构成一个环 311

　13.5　小数编码 312

　　13.5.1　定点小数 312

　　13.5.2　浮点数编码 313

　　13.5.3　浮点数的特点 314

　13.6　字符编码 315

　　13.6.1　机内码 315

　　13.6.2　输入码和字形码 317

附录 A　C 语言关键字 319

附录 B　格式化输入和输出 320

附录 C　ASCII 码表 326

附录 D　常用的 C 语言库函数 327

附录 E　C 语言操作符 331

参考文献 332

第 1 章　计算机和 C 语言

章节导学

计算机改变了世界，参与者有用户、计算机、程序员和 C 语言。

用户借助软件使用计算机，而软件由程序员开发。用户通常是输入数据后查看输出结果，并不关注处理过程。程序员先与用户沟通获得需求；然后设计算法，即设计一系列解决问题的指令；最后实现算法，即把指令翻译成计算机能执行的命令。计算机执行命令，从而满足用户的需求。可用自然语言、伪代码、流程图等多种方式描述算法，但需要用编程语言实现算法。C 语言是经典的、面向过程的编程语言，直观地体现了计算机的特点，特别适合初学者学习。在商业开发中，需求分析师获得需求，算法工程师设计算法，程序员实现算法。

程序员眼中的计算机由五大部件组成，他们设计算法指挥计算机的组成部件来完成任务。计算机的五大组成部件分别是输入设备（如键盘）、存储器、运算器、输出储备（如显示器）和控制器。输入设备用于输入数据；存储器用于存储数据；运算器用于加工数据；输出设备用于输出信息；控制器用于执行指令，指挥各部件协同工作。

计算机中的组成部件有对应的 C 语言语法单位。输入设备对应 scanf 函数，输出设备对应 printf 函数，内存储器中的存储单元对应变量，运算器对应操作符命令，控制器分析、执行 C 语言命令。

本章用一个求两个整数的和的示例简单分析了算法的设计与实现。

C 语言语句由程序员编写并用于指挥计算机，其中的字符（串）多为 C 语言的标记，被称为标识符。常见的标识符有关键字、变量和函数。不是标识符的普通字符（串）需被写作'a'（"abc"）。语句中的命令有关键字、函数和操作符，而命令的操作数（命令的对象）为变量、有返回值的函数调用和形如 32 的字面量。

函数是完成特定功能的一系列指令的集合，由程序员定义，是 C 语言中的自定义命令。利用函数无须编码即可实现特定功能，可以极大地提高编程效率。C 语言程序从 main 函数开始执行，因此编程时需定义 main 函数。

分析 C 语言程序时，不要急于查看程序的运行结果，应找出程序中每条语句的命令与操作数，尝试人工执行语句，仔细分析每条语句的作用和语句间的联系，并得到程序最终的运行结果。多上机编程是学好 C 语言的必由之路，只有实践才能出真知，并且在理论指导下的实践最有效，因此一定要养成人工执行代码的习惯。

本章讨论

1. 分析下面的程序。

```
#include <stdio.h>
int sum(int x, int y){
    int z;
```

```
    z = x + y;
    return z;
}
void main ( ){
    int a, b, c;
    scanf("%d%d", &a, &b);
    c = sum(a, b);
    printf("%d + %d = %d\n",a, b, c);
}
```

这个程序也可以求出用户输入的两个整数的和，但与例 1-1 中的程序相比，两者有何区别？

求两个整数的和时，sum 函数与例 1-1 中的程序有何不同？

有读者觉得没必要定义求两个整数和的 sum 函数，你的看法是什么呢？

2．有返回值的函数和无返回值的函数在使用上有何区别？

3．例 1-1 能求出两个任意大的整数的和吗？

4．C 语言中能定义一个求两个数的和的函数吗？

5．讨论 C 语言标准和 C 语言编译器对 C 语言初学者的影响。

下面以求两个整数的和为例，分析用户、计算机和程序员三者之间的关系。

1.1 用户、计算机和程序员

求两个整数的和的程序的运行过程如图 1-1 所示。

程序运行时，计算机会先显示一行提示信息，得到用户输入的整数后，求出和，再把计算结果输出到显示器上。用户通过键盘输入两个整数，然后从显示器上"得到"这两个整数的和。计算机是只会执行命令的机器，没有程序，计算机完不成求和的任务。用户使用计算机时，通常只会运行程序，不会编写程序。程序员是联结用户与计算机的纽带。程序员的工作就是根据用户的需求给计算机设计加工、处理数据的步骤，并把这些步骤翻译成计算机能够"理解"并执行的命令。

图 1-1 两个整数的和的程序的运行过程

程序员眼中的计算机由输入设备、存储器、运算器、输出设备和控制器五大部件组成，其各部分关系如图 1-2 所示。

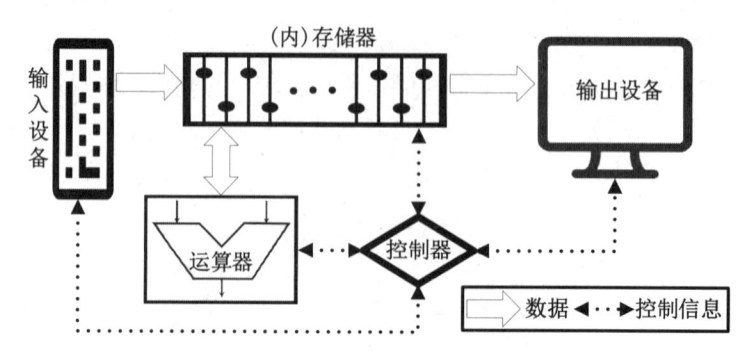

图 1-2 计算机的五大组成部件

输入设备（如键盘）用于向计算机中输入数据；存储器用于存储数据，它分为内存储器和外存储器两类，用户输入的数据在内存储器中存储；运算器用于加工、处理数据；输出设备（如显示器）用于显示信息；控制器用于执行指令，指挥各部件协同工作。计算机与工厂类似：输入设备类似于向工厂输送原料的运输设备，存储器类似于工厂的仓库（存放原料，即加工后的半成品、成品等），运算器类似于工厂的加工车间，输出设备类似于工厂的产品展示中心，控制器类似于工厂中操控生产流程的调度。

设计求和步骤时，程序员使用计算机的五大组成部件。解决问题的一系列命令又称算法。可用如下算法求两个整数的和。

第一步：在显示器上提示用户输入两个整数。
第二步：获得用户输入的数据，并将其存储到内存中。
第三步：运算器求和，并把计算结果转存到内存中。
第四步：在显示器上输出计算结果。

1.2 C语言、计算机和程序员

C语言是编程语言，计算机能够"理解"并执行C语言命令（语句）。程序员需要把1.1节用自然语言描述的求和算法翻译成C语言语句。

第一步：在显示器上输出图1-3所示的提示信息。

C语言中用printf函数控制输出设备，使用该函数可以"命令"计算机在输出设备上显示指定的信息。用C语言语句printf("请输入两个整数：\n");就可以在显示器上该程序的运行窗口中显示图1-3所示的信息。函数调用的语法为函数名加一对圆括号()。printf函数会在光标指示的位置原样输出一对双撇号中的数据，其中的\n表示回车键，输出\n时相当于按下回车键，光标会移动到下一行的第一列。

第二步：获得用户输入的数据，并将其存储到内存中。图1-4显示了用户可能输入的数据。

图1-3 在显示器上输出提示信息　　　　图1-4 用户可能输入的数据

C语言中用scanf函数控制输入设备，使用该函数可以让计算机获得用户通过键盘输入的数据。执行scanf函数时，程序通常会被暂停运行，等待用户输入。当用户以按下回车键的方式表示输入完成后，计算机就会获得用户输入的数据。

内存中的存储单元用于存储数据，使用scanf函数时，需明确存放输入数据的存储单元。计算机中使用地址标识存储单元。如果把存储单元比作房间，地址就是房间号。C语言中用变量标识内存中的存储单元，变量的名字可以是简单易记的字符（串），如x、flag等。借助变量而非地址使用存储单元，极大地提高了程序的可读性。

存储单元分类型，常见的有存放整数的整型存储单元、存放小数的浮点型存储单元和存放字符的字符型存储单元。整型存储单元不能存放小数。C语言中用关键字申请不同类型的存储单元。关键字是C语言中具有特定意义的字符串，也被称为保留字。C语言关键字表参见附录一。关键字是C语言的命令。关键字int与整型存储单元或整数相关，关键字float与浮点型存储单元或小数相关，关键字char与字符型存储单元或字符相关。

变量只有在被定义之后才能使用。语句 int i;定义了一个整型变量 i，其中关键字 int 命令计算机在内存中准备一块整型的存储单元与变量 i 关联。程序中借助变量 i 就可以使用该整型存储单元。语句 i = 5;可以让计算机把整数 5 存储到变量 i 的存储单元中。存储单元存储整数 5 后，整型变量 i 的值就变成了 5。语句中的=在 C 语言中不是等号而是赋值号，是 C 语言的操作符命令。这条语句可读作"变量 i 赋值为 5"。C 语言操作符表参见附录五。

需向计算机申请两个整型存储单元来存储用户输入的两个整数，即定义两个整型变量。首先用语句 int a, b;定义两个整型变量 a 和 b，然后翻译成 scanf("%d%d", &a, &b);。一对双撇号中的%d 表示一个整数，两个%d 表示两个整数。变量 a 前面的操作符&是取地址命令，&a 的值是变量 a 的存储单元地址。这条语句命令计算机获得用户输入的两个整数，并将其存储到变量 a 和 b 中。如图 1-4 所示，当用户按下回车键确认输入完成后，23 和 32 就被存储到变量 a 和 b 中，即变量 a 的值变成了 23，变量 b 的值变成了 32。使用 scanf 函数时，需明确输入数据的类型、个数及存储输入数据的变量的地址。

第三步：运算器求和，并把计算结果转存到内存中。

用户输入的整数存储在整型变量 a 和 b 中，求和就变成了求变量 a 与 b 的和。C 语言中用操作符命令指挥运算器处理数据，+操作符用于命令求和，a+b 就可以让运算器求出变量 a 与 b 的和。用语句 int c;定义一个整型变量 c 来存储计算结果，这一步可翻译成 c=a+b;，读作"变量 c 赋值为变量 a 与变量 b 的和"。其中+和=（赋值号）是操作符命令，a、b 和 c 是变量。+使运算器求出变量 a 与 b 的和，=命令计算机把计算结果转存到变量 c 中。

第四步：在显示器上输出计算结果。

printf 函数控制输出设备，利用语句 printf("和为%d", c);可以把变量 c 的值输出到显示器上该程序的运行窗口中，如图 1-5 中最后一行所示。与 scanf 函数中的%d 相同，这条语句中的%d 也表示一个整数。遇到%d 时，printf 函数会用逗号后面对应位置上的整数替换%d。利用语句 printf("和为 c ");可以输出"和为 c"。一对双撇号中的 c 是普通字符而非变量。

图 1-5 输出结果

综上所述，依次执行下面的 C 语言语句，计算机就可以求出用户输入的两个整数的和。

（1）printf("请输入两个整数：\n");。
（2）scanf("%d%d", &a, &b);。
（3）c = a + b;。
（4）printf("和为%d", c);。

求和算法的实现过程可以得到计算机与 C 语言的对应关系，如图 1-6 所示。

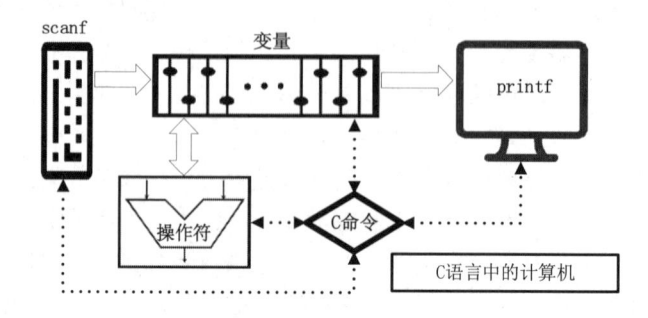

图 1-6 计算机与 C 语言的对应关系

1.3　C语言自定义命令——函数

1.3.1　使用函数命令

编程求一个整数的绝对值，一些具体的输入和输出如表1-1所示。

表1-1　一些具体的输入和输出

输入和输出	第一次	第二次	第三次	变量
用户可能输入的数据	3	0	−3	n
程序预期输出的数据	3	0	3	n 或−n

可设计如下求整数的绝对值的算法。

第一步：提示用户输入一个整数。

第二步：获得用户输入的数据，并将其存储到内存中。

第三步：求出绝对值，并把它转存到内存中。

第四步：在显示器上输出绝对值。

想要实现算法，需要把算法中的每一步翻译成C语言语句。先用语句 int m, n;定义两个整型变量。第一步可翻译成：printf("请输入一个整数：\n");。第二步可翻译成：scanf("%d", &n);。第三步中求绝对值就是求整型变量n的绝对值，用什么命令求变量n的绝对值呢？

运算器会算加法，但不会求一个整数的绝对值。C语言中既没有用于求绝对值的操作符命令，也没有与绝对值相关的关键字命令。若找不到求绝对值的命令，则上面求绝对值的算法不可行。

C语言中有一个abs函数，可用于求整数的绝对值，利用函数调用 abs(−3)就能求出整数−3的绝对值。计算机执行 abs(−3)的结果是整数3，即−3的绝对值。因此，第三步可翻译成：m = abs(n);。这条语句用函数 abs 求出整型变量n的绝对值，并将绝对值赋值给整型变量m。第四步可翻译成：printf("%d 的绝对值为%d", n, m);。

abs 函数是由程序员定义的。程序员先设计算法，细化求一个整数的绝对值的步骤，使每个步骤都能被翻译成计算机可以直接执行的关键字命令或操作符命令。C语言函数由一系列完成特定功能的C语言语句组成，执行C语言函数时，计算机依次执行函数中的语句，从而得到结果。函数是C语言中的自定义命令。

1.3.2　函数定义

求一个整数的绝对值的算法有点复杂，为了介绍定义函数的语法，把求两个整数的和的算法定义成一个名为 sum 的函数。

函数的功能体现为由输入得到输出，函数的输入被称为参数，函数的输出被称为返回值或函数值。使用 sum 函数求和时，需提供两个整数作为参数，即待加工数据。将这两个参数放在函数调用的一对圆括号中，并用逗号分隔，如用 sum 函数求整数5与3的和时，调用函数的形式为 sum(5, 3)，该函数调用的执行结果应为整数8，即5+3的和。

sum 函数有两个整型的参数，有一个整型的返回值，其第一行的定义为 int sum(int x, int y)。第一个关键字 int 定义了一个匿名的整型存储单元，用于存储函数的返回值。函数执行完毕后，函数的使用者会在这个约定的匿名整型存储单元中得到函数的执行结果。标识符 sum 是函数名。一对圆括号是函数的标志，圆括号中用逗号分隔的 int x 和 int y 定义了两个整型变量 x 和 y，也就是函数的参数，用于存储两个加数。

函数定义的第一行又称函数的首部，格式为：函数返回值类型　函数名(函数的参数)。函数首部中的参数是形式从参数，简称形参。有几个输入数据，函数就要定义几个形参，形参之间用逗号分隔。函数的首部清晰地表明了函数返回值（处理结果）的类型、函数的名称、函数形参（输入值）的个数及其类型。

函数的定义由首部和函数体两部分组成。函数体用一对花括号界定。函数体中由实现算法的语句来完成从输入到输出的处理。sum 函数的函数体中需求出输入数据（形参 x 和形参 y）的和，sum 函数的完整定义如下。

```
int sum(int x, int y)
{
    int z;
    z = x + y;
    return z;
}
```

函数体中语句 int z;定义了一个整型变量 z，用于存储和。变量定义的一般形式如下。

数据类型变量列表;

数据类型可以是关键字 int、float 或 char，即整型、浮点型或字符型。变量列表由一个变量名称或由逗号分隔的多个变量名称构成，如变量名 1，变量名 2，…，变量名 n。变量名是 C 语言标识符。标识符是一个由大写或小写（英文）字母、数字或下画线组成的字符串，且不能以数字开头。在 a、X2、_sum、2x、a#s 中只有前三个是合法的标识符。

语句 z=x+y;中，+使运算器求出形参 x 与形参 y 的和，=（赋值号）使计算机把和存储到整型变量 z 中，即整型变量 z 的值为 x 与 y 的和。

语句 return z;中的 return 是 C 语言关键字，用于结束函数的执行并返回函数值。执行这条语句时，无论后面是否还有 C 语言语句，函数都将立即结束执行，并把整型变量 z 的值存储到 sum 函数首部中定义的用于存储函数返回值的匿名变量中。

定义 sum 函数之后，就可以使用 sum 函数命令求两个整数的和了。sum 函数的直观表示如图 1-7 所示。

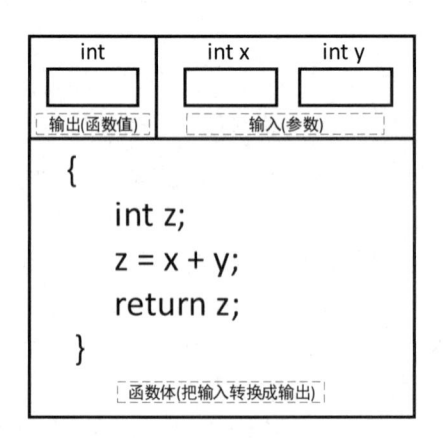

图 1-7　sum 函数的直观表示

C 语言函数可以没有返回值，此时函数首部的返回值类型用关键字 void 表示。没有返回值的函数在函数体中不能使用关键字 return 返回数据，如语句 return 3;，但可以使用语句 return; 立即结束函数的执行。没有 return 语句时，函数体中的每条语句会自上而下依次执行，在界定函数体的封闭花括号}处，函数结束执行。

C 语言函数也可以没有输入值。没有输入值的函数不需要定义形参。函数首部的一对圆括号中为空或用关键字 void 表示没有形参。没有输入值和返回值的 C 语言函数的首部为 void f( ) 或 void f(void)。

1.3.3 函数调用

使用函数又称调用函数。调用函数时需向函数提供具体的输入值，即待加工数据。用 abs 函数求-3 的绝对值时，-3 就是具体的输入值，函数调用 abs(-3)命令计算机求出-3 的绝对值。函数的输入值被称为参数，它与函数首部用于存储具体输入值的形参不同，函数调用中的具体的输入值被称为实际参数，简称实参。函数调用 sum(5, 3)中的两个实参为 5 和 3。

函数被调用执行时，实参先向形参赋值，函数体中的语句再依次执行。函数调用 sum(5, 3) 执行时，将实参 5 赋值给形参 x，实参 3 赋值给形参 y，然后 sum 函数体的语句依次执行。使用语句 z = x + y;先求出形参 x 与形参 y 的和为 8，再把 8 存储到变量 z 中。语句 return z;执行时，把变量 z 的值存储到匿名的整型存储单元中，结束函数的执行。函数调用 sum(5, 3)的执行结果就是匿名整型存储单元中的整数 8。函数调用执行完毕后，函数的使用者会在约定的匿名整型存储单元中得到函数的返回值 8。sum(5, 3)+3 就是 8+3，printf("%d", sum(5, 3))就是 printf("%d", 8)。sum(5, 3)的执行过程如图 1-8 所示。

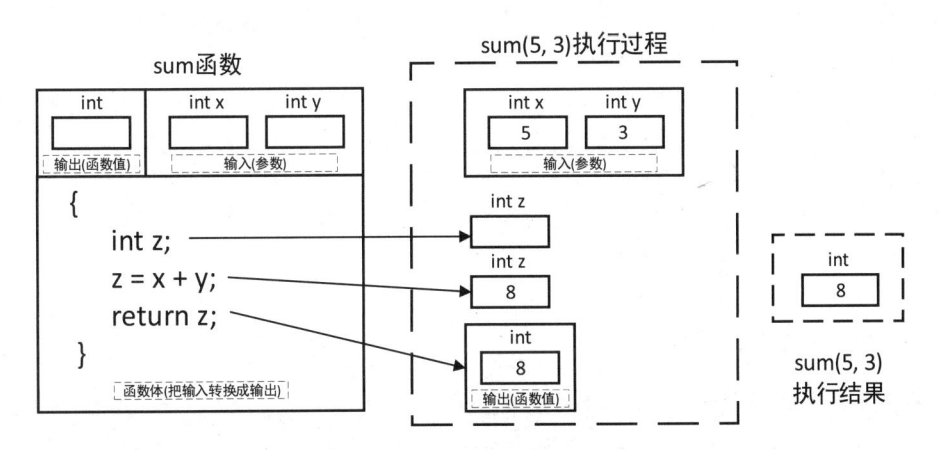

图 1-8 sum(5, 3)的执行过程

函数调用的形式为：函数名(实参列表)。实参列表由逗号分隔的多个实参构成，实参的个数与类型必须和函数定义中的形参相匹配。函数没有形参时，实参列表为空，且一对圆括号不能省略。若实参中含有 C 语言命令，则实参向形参赋值之前，相关命令会被执行，实参最终是一个具体的值。函数调用 sum(3+2,3)的实参 3+2 中有加号命令，其执行时，计算机会先求出 3+2 的和为 5，再执行函数调用 sum(5,3)。函数调用的执行过程为：首先对实参求值；然后用实参给形参赋值；最后自上而下依次执行被调用函数的函数体，直到遇到 return 语句或界定函数体的封闭花括号}处才结束。函数调用 sum(sum(2,3),5)中，一个实参为 sum(2,3)，另一个实参为 5。实参 sum(2, 3)中有函数命令 sum，计算机会执行函数调用 sum(2, 3)，它的返回值为整数

5，故原函数调用相当于 sum(5, 5)。函数调用 sum(sum(2, 3), 5)的返回值为整数 10。

1.3.4　main 函数

C 语言程序由函数构成，函数是 C 语言程序的基本组成单位。C 语言规定，程序中必须有且仅有一个函数名为 main 的函数。main 函数即主函数，C 语言程序从 main 函数开始运行，main 函数执行完毕，程序运行结束。从形式上看，编写程序就是定义一个函数名为 main 的函数。为方便初学者快速入门，main 函数的首部可定义为 void main()。将求和的算法放到 main 函数的函数体中，就可以得到求两个整数的和的 C 语言程序。

例 1-1　求两个整数的和的程序。

```
void main( )
{
    int a, b, c;
    printf("请输入两个整数：\n");
    scanf("%d%d", &a, &b);
    c = a + b;
    printf("和为%d", c);
}
```

这个程序由 3 个函数组成，分别是 main 函数、printf 函数和 scanf 函数。程序运行时，main 函数被调用执行，函数体中的每条语句自上而下依次执行。首先定义 3 个整型变量，然后调用 printf 函数输出提示信息，接着调用 scanf 函数获得用户输入的两个加数，并求和，最后调用 printf 函数输出和，在界定函数体的封闭花括号}处结束执行。main 函数执行完毕，程序也就运行结束了。

程序（main 函数）的使用者是用户，用户借助键盘输入两个加数，通过显示器查看输出结果。自定义命令 sum 函数的使用者是程序员，调用函数时直接给出两个加数，使用约定存储单元中的函数返回值。

1.4　"懂" C 语言的计算机

1.4.1　虚拟的 C 语言计算机

计算机是机器，只"懂"机器语言，不"懂" C 语言。机器语言使用二进制代码表示指令和数据。计算机能直接执行用机器语言编写的程序，但机器语言程序难以编写，可读性也非常差。C 语言是高级语言，表达方式接近于人类的自然语言，如用 3 + 2 命令计算机求 3 与 2 的和，但计算机不能识别这样的命令。用高级语言编写的程序被称为源程序。C 语言源程序只有在被翻译成由机器语言组成的可执行程序之后，计算机才能执行，而这个"翻译"的任务通常由编译程序（编译器）完成。

如果把编译器及其依赖的操作系统也看作计算机的组成部分，就可以说计算机能够"理解"和运行 C 语言程序了。一个装有 C 语言编译器和相关操作系统的计算机就是一个虚拟的 C 语言计算机，它可以执行用 C 语言编写的源程序，能"听懂" C 语言命令。借助于其他编译器，计算机还可以变成"懂"其他语言的虚拟计算机。虚拟计算机的层次结构如图 1-9 所示。

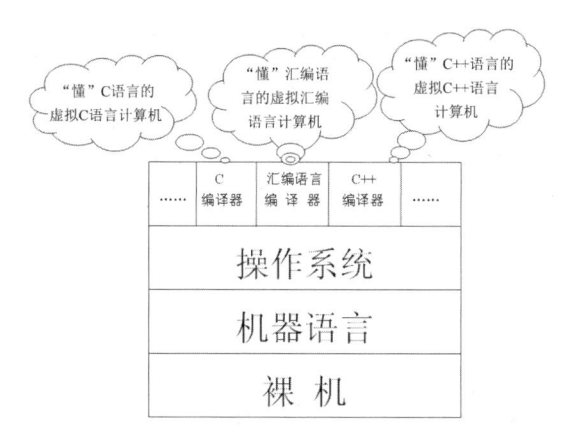

图 1-9 "懂"各种语言的虚拟计算机

1.4.2 VC6.0 编译程序

本书采用 VC6.0 编译 C 语言程序。VC6.0 是 Visual C++ 6.0 的简称，是在 Windows 操作系统中进行应用程序开发的 C/C++编译系统。VC6.0 是一个集成开发环境，包含许多独立的组件，如编辑器、编译器、调试器，以及各种各样为开发 Windows 下的 C/C++程序而设计的工具。编译系统简称编译器。VC6.0 是一个典型的"Windows 风格"的程序，图 1-10 显示了 VC6.0 集成开发环境界面。

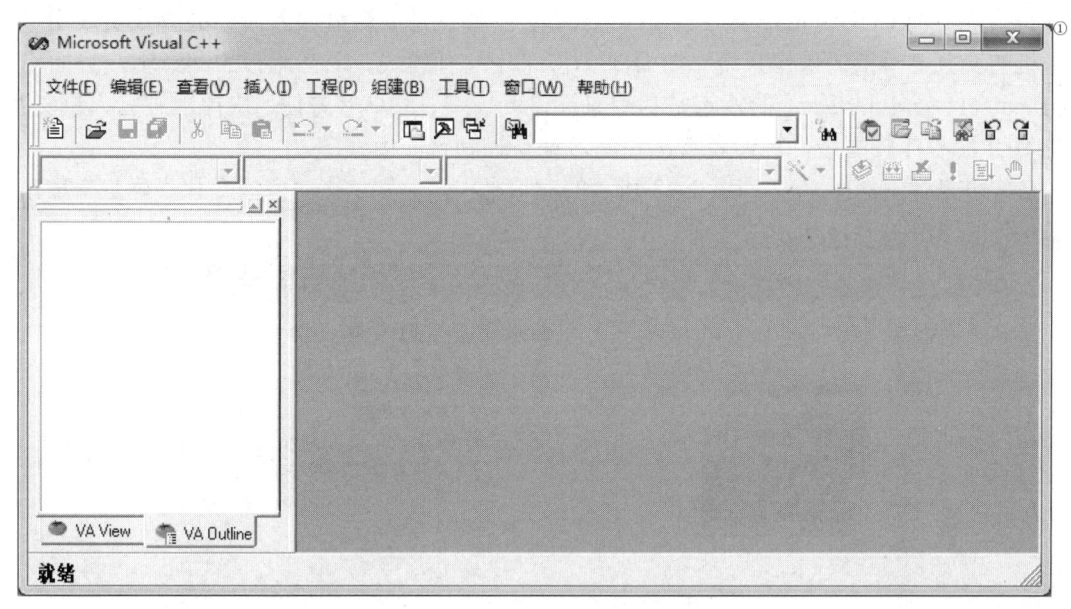

图 1-10　VC6.0 集成开发环境界面①

用 VC6.0 编译程序的步骤如下：

（1）运行 VC6.0，单击"文件"（File）菜单中的"新建"（New）命令或按 Ctrl+N 组合键，会弹出"新建"（New）对话框，其中的"工程"（Project，也可称为项目）选项卡默认被选定，如图 1-11 所示。

---

① 为了学习方便，此处用中文界面说明。

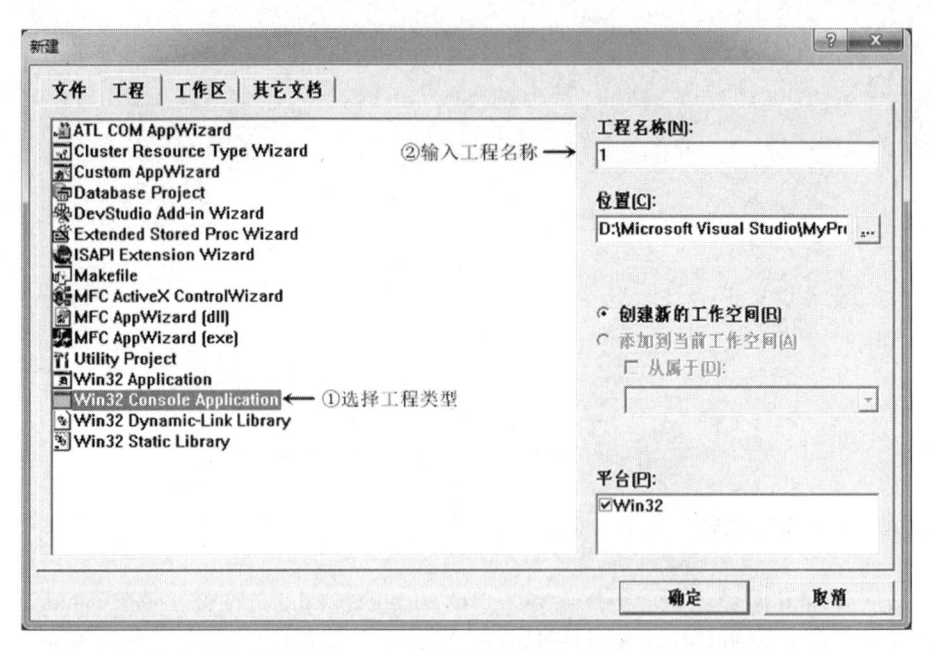

图 1-11 "新建"(New)对话框中的"工程"(Project)选项卡

在 VC6.0 中,源程序作为工程的一部分,编程时要先建一个工程。

工程类型选择 Win32 Console Application(Win32 控制台应用程序)。控制台应用程序使用字符用户界面 CUI(Character User Interface),其特点是以键盘输入命令的方式实现用户与计算机的交互。早期的操作系统(如 DOS)多采用这种模式。现在流行的图形用户界面 GUI(Graphical User Interface)的特点是利用鼠标借助窗口、菜单等方便、快捷地进行人机交互。支持 GUI 的程序较复杂,初学者常常先学习编写控制台应用程序。

在接下来弹出的图 1-12 和图 1-13 所示的对话框中,分别单击"完成"和"确定"按钮,VC6.0 会呈现出图 1-14 所示的界面。

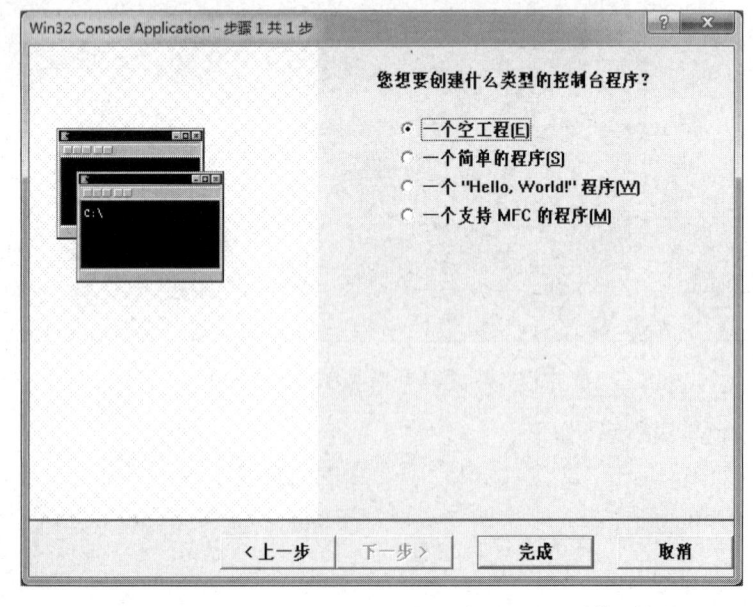

图 1-12 "Win32 Console Application-步骤 1 共 1 步"对话框

图 1-13　"新建工程信息"对话框

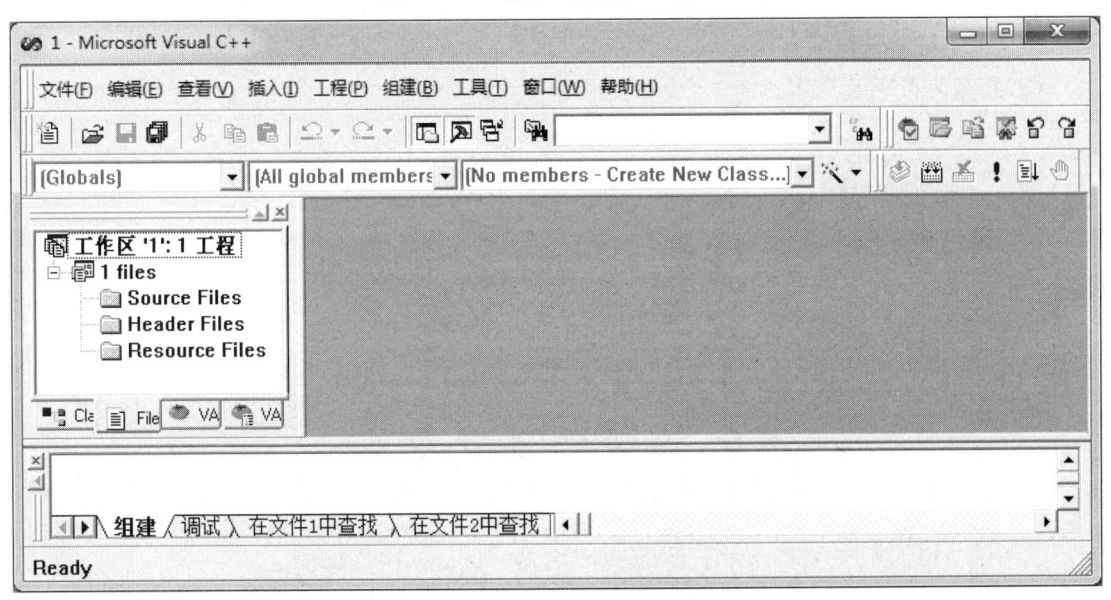

图 1-14　新建一个名为 1 的工程后，VC6.0 的界面

（2）再次单击"文件"（File）菜单中的"新建"（New）命令或按 Ctrl+N 组合键，第二次弹出"新建"（New）对话框，"文件"（Files）选项卡默认被选定，如图 1-15 所示。

VC6.0 默认的源文件类型为 C++，扩展名为 cpp，而 C 语言源文件的扩展名为 c，初学者不必区分。单击"确定"按钮后，VC6.0 的编辑器就自动打开了新建的 C 语言源文件，等待输入，如图 1-16 所示。

/ 11 /

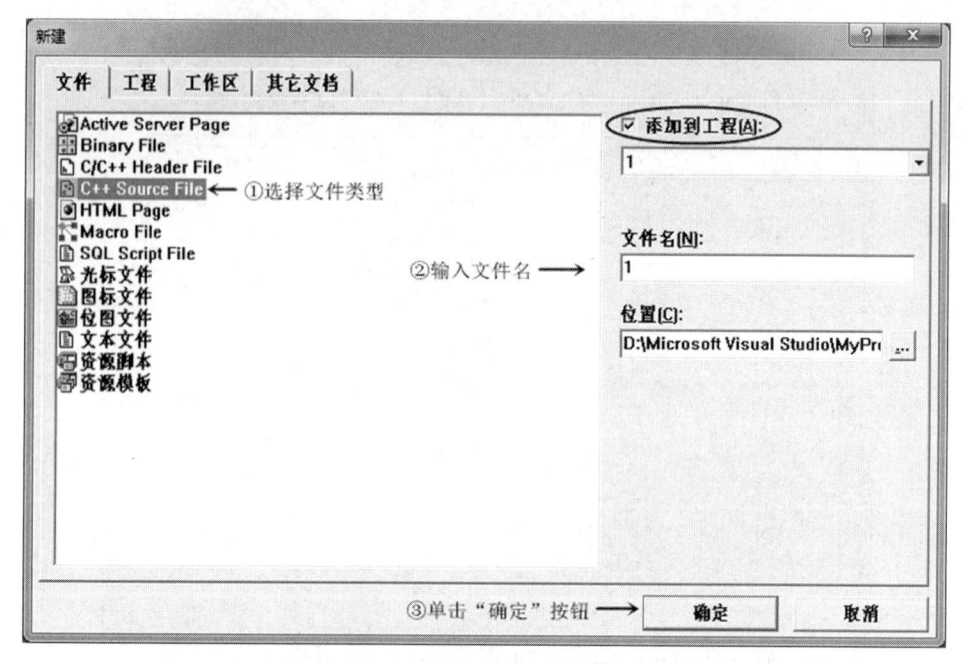

图 1-15 "新建"(New)对话框中的"文件"(Files)选项卡

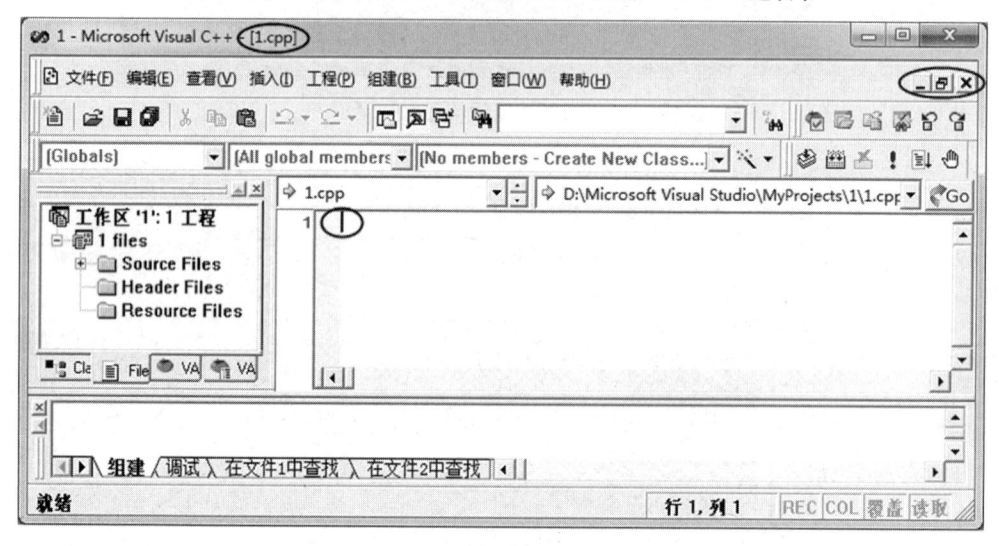

图 1-16 VC6.0 中编辑器等待输入时的界面

（3）在编辑器中输入例 1-1 中的程序，为了提高输入效率，将函数体中的左花括号{放在了函数首部的末尾。

```
void main( ){
int a, b, c;
    printf("请输入两个整数:\n");
    scanf("%d%d", &a, &b);
    c = a + b;
    printf("和为%d", c);
}
```

编译、运行这个程序时，会出现图 1-17 所示的错误。

```
error C2065: 'printf' : undeclared identifier
error C2065: 'scanf' : undeclared identifier
```

图 1-17　编译、运行例 1-1 中的程序时出现的错误

错误信息提示 printf 和 scanf 是没有定义的标识符。

与变量类似，函数也必须先定义后使用。printf 函数和 scanf 函数是 C 语言中的自定义命令，需由程序员定义，但 printf 函数和 scanf 函数在 C 语言编译器中已经被定义好了，这类函数又称库函数。库函数在特定的文件中被定义，使用库函数时，只需知道包含库函数的文件名，用"#include<文件名>"的方式就可以把库函数的定义复制到源文件中。"#include<文件名>"的作用是：用指定文件的内容替换该行命令，从而把指定文件的内容合并到当前的源程序文件中。

C 语言编译器提供了许多库函数，且同类功能的库函数在一个文件中被定义。C 语言常用库函数的首部及功能说明见附录四。printf 函数和 scanf 函数在 stdio.h（标准输入输出）文件中被定义，在例 1-1 中加入#include <stdio.h>，即可得到 printf 函数和 scanf 函数的定义。#include <stdio.h>没有分号，且多在首行。求两个整数的和的完整程序如下所示。

```
#include <stdio.h>
void main( ){
    int a, b, c;
    printf("请输入两个整数：\n");
    scanf("%d%d", &a, &b);
    c = a + b;
    printf("和为%d", c);
}
```

库函数的定义实际上由函数声明文件和函数定义文件组成。函数声明文件包含库函数的首部信息，由于它常放在程序的开始部分，所以又称头文件，以.h 为扩展名。库函数定义文件中的内容是编译后的二进制形式，难以阅读和修改。使用库函数时，编译器会自动查找相关库函数的定义文件，只需把头文件复制到源文件中即可。

（4）程序输入完成后，单击"组建"（Build）菜单中的"执行"（Execute）命令或按 Ctrl+F5 组合键，编译并执行程序，如图 1-18、图 1-19 所示。

由图 1-19 可知，VC6.0 不仅把 C 语言源程序编译、链接成了可执行程序，还自动运行了编译后的可执行程序。可执行程序在 Windows 操作系统中的扩展名为.exe。

程序运行时，main 函数体中的语句自上而下依次执行。首先定义 3 个整型变量，然后用 printf 函数在运行窗口中输出一行提示信息，接着用 scanf 函数获得用户输入的两个整数。此时，程序暂停执行，等待用户输入，如图 1-19 所示。

若用户输入"23　32✓"（本书中用✓表示按下回车键），则变量 a 和 b 的值变成了 23 和 32。语句 c = a + b;继续执行，求出 a 与 b 的和为 55，并将 55 存储到变量 c 中。最后用 printf 函数在运行窗口中输出"和为 55"。main 函数执行完毕，程序结束运行，运行结果如图 1-20 所示。VC6.0 在程序运行窗口中增添了提示信息"Press any key to continue"，此时按下任意一个键，程序的运行窗口都会自动关闭。

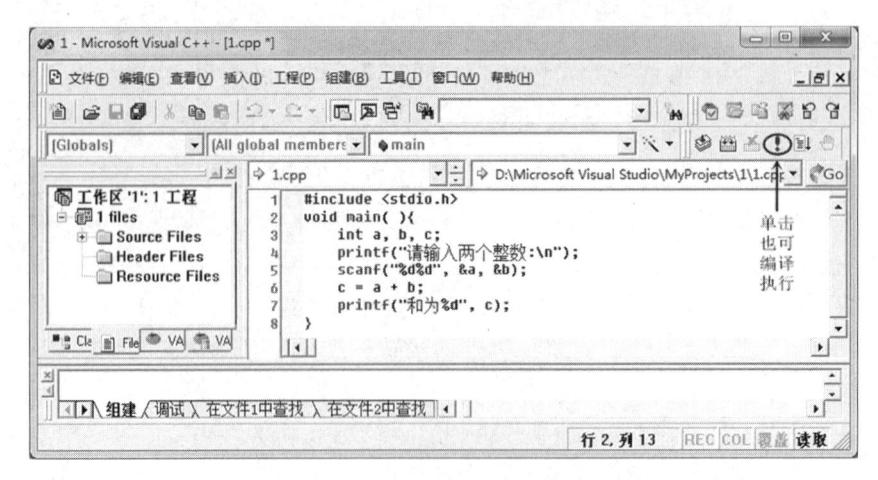

图 1-18 编译并执行程序

图 1-19 程序开始运行 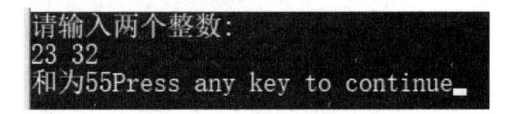　　　　　　　　图 1-20 程序的运行结果

输入数据时，用户可以一次性输入用空格分隔的两个整数，如"23　32✓"，也可以先输入"23✓"。由于 scanf 函数需获得两个整数，程序依然暂停运行，等待用户输入另一个整数，如图 1-21 所示。

当用户再次输入"-32✓"后，程序继续运行，如图 1-22 所示。

图 1-21 scanf 需获得两个整数 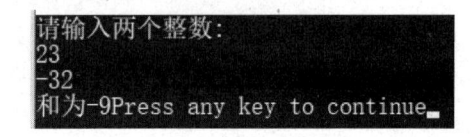　　　　　　图 1-22 获得两个整数后程序继续运行

继续编写程序时，应先关闭当前的程序（工程），再重复上述过程。单击"文件"（File）菜单中的"关闭工作空间"（Close Workspace）命令，即可关闭当前程序（工程），如图 1-23 所示。

图 1-23 "文件"（File）菜单中的"关闭工作空间"（Close Workspace）命令

例 1-2 求一个整数的绝对值的程序。

```c
#include <stdio.h>
#include <math.h>
```

```
void main( ){
    int m, n;
    printf("请输入一个整数：\n");
    scanf("%d", &n);
    m = abs(n);
    printf("%d的绝对值为%d", n, m);
}
```

程序中求整数绝对值的库函数 abs 在 math.h（数学库）中定义。

1.5 与虚拟 C 语言计算机深入交流

编程时需特别注意源代码的书写风格，对齐和缩进可以使代码整洁、层次清晰。输入代码时，VC6.0 会自动判断对齐和缩进的位置，在多数情况下，只需在 VC6.0 提示的位置输入代码即可。良好的代码书写风格能提高程序的可读性，可读性好的程序容易理解，不易出错。养成以说出每条语句作用的方式执行源程序的习惯，可以使读者快速提高编程能力。

1.5.1 C 语言语法规则

（1）C 程序书写格式自由，一行内可以写多条语句，一条语句也可以分写在多行上，通常一行只写一条语句。

（2）每条语句或变量定义都以分号";"结尾，可以把分号看作 C 语言语句的结束标志。只有一个分号的语句也是一条语句，称为空语句，不表示任何命令，仅用于构造程序。include 命令不是 C 语言语句，不能用分号结尾。

（3）变量名或函数名不能使用 C 语言关键字。

（4）在 C 语言中，/*和*/之间的内容是注释。注释用于解释、说明代码，提高程序的可读性，并且会被编译器忽略。下面是一些注释的示例。

```
/*这是单行注释的示例 */
/*
    这是
    多行注释的示例
*/
VC6.0 中单行注释也可用//，如
// VC6.0 中单行注释也可如此。
```

（5）C 语言中使用英文符号（半角符号）。VC6.0 中的汉字（全角符号）只可以出现在一对双撇号（" "）中或注释中。同时按 Ctrl 键和空格键可以在中、英文输入法之间切换。

（6）使用 scanf 函数时，需明确输入数据的类型、个数及存储对应输入数据的变量的地址，变量前面通常需加一个取地址操作符&，如 scanf("%d%d", &a, &b);。

1.5.2 printf 函数的用法

printf 函数可以把信息输出到程序运行窗口中光标指示的位置。程序运行窗口中闪烁的光标用于指示输入或输出的起始位置，可被称为输入/输出光标。程序开始运行时，该光标位于窗口中的第一行第一列，如图 1-24 所示。

输入/输出光标会自动调整位置，它始终指示下一次输入或输出的起始位置。语句 printf("Welcome to C!");执行后，光标自动调整了位置，如图 1-25 所示。

图 1-24　输入/输出光标　　　　图 1-25　printf("Welcome to C!");执行后，光标的位置

例 1-3　printf 函数的输出。

```
#include <stdio.h>
void main( ){
    printf("Welcome ");    /*注意空格字符*/
    printf("to C!");
}
```

例 1-3 中第二个 printf 函数的输出会紧接着第一个 printf 函数的输出，程序的运行结果也如图 1-25 所示。

printf 函数会原样输出一对双撇号内的字符，但有两类特殊的字符组合例外。反斜杠\和下一个字符的组合被称为转义序列，它有着特殊的含义。如\"表示一个双撇号"，\\表示一个反斜杠\，\n 在 VC6.0 中表示回车键。遇到字符组合\n，printf 函数会把输入/输出光标移动到下一行的第一列（相当于按下了键盘上的回车键）。语句转义序列\n 在 VC6.0 中表示回车键，如图 1-26 所示。

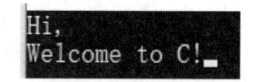

图 1-26　转义序列\n 在 VC6.0 中表示回车键

还有一类特殊的字符组合用于输出数据的占位序列，由百分号%和相邻的字符组成。遇到占位序列时，printf 函数会用对应位置上的数据代替占位序列。每种类型的数据都有相应的占位序列，整数用%d，浮点数用%f，字符用%c，占位序列又称格式字符串。

例 1-4　printf 函数中的占位序列。

```
#include <stdio.h>
void main( ){
    int a = 3;
    int b = 5;
    printf("%d + %d = %d", a, b, 3+5);//注意空格字符
}
```

程序的运行结果如图 1-27 所示。

分析：

在定义变量时，对变量赋值称为变量的初始化。语句 int a = 3;定义了一个整型变量 a，并将整数 3 存储到变量 a 中，变量 a 被初始化为 3。

printf 函数执行时，会先对实参 3+5 求值，第三个%d 对应整数 8。

图 1-27　例 1-4 程序的运行结果

1.5.3　用 VC6.0 观察程序的运行过程

例 1-5　分析下面程序的运行过程。

```
#include <stdio.h>
int sum(int x,int y){
    int z;
```

```
    z = x + y;
    return z;
}
void main( ){
    int a, b, c;
    a = 23;
    b = -5;
    c = sum(a, b);
    printf("%d + %d = %d\n",a, b, c);
}
```

分析：

程序由求两个整数的和 sum 函数、main 函数和库函数 printf 组成。程序的运行过程就是 main 函数的执行过程。先定义 a、b 和 c 三个整型变量，再把变量 a 赋值为 23，变量 b 赋值为 -5。语句 c = sum(a, b);中，sum 函数命令先执行，即 main 函数暂停执行，sum 函数开始执行。函数执行时，首先对实参求值，实参为 23 和-5；然后用实参给形参赋值，形参 x 和 y 的值分别为 23 和-5；最后执行函数体。sum 函数先定义一个整型变量 z，再求出形参 x 与 y 的和，即 23 与-5 的和为 18，并将其赋值给变量 z。语句 return z;先将变量 z 的值存储到约定的匿名整型存储单元中，作为函数的返回值，再结束 sum 函数的执行。main 函数从暂停处恢复执行。main 函数先从约定的匿名存储单元中得到 sum 函数的返回值 18，即语句 c = sum(a,b);变成了语句 c = 18;，变量 c 赋值为 18。占位序列被对应的变量值替换后，最后一条语句就变成了 printf("23 + -5 = 18\n");。程序的运行结果如图 1-28 所示。

图 1-28　例 1-5 程序的运行结果

下面借助 VC6.0 的调试功能观察这个程序的运行过程。

（1）打开 VC6.0，创建一个名为 5 的工程。在编辑器窗口中输入程序，把光标定位在第 9 行，单击编译工具栏上的手形图标（或按 F9 快捷键），插入断点，如图 1-29 所示。

（2）单击"组建"（Build）菜单中的"开始调试"（Debug）子菜单中的"Go"命令（或按 F5 快捷键），进入调试执行模式，如图 1-30 所示。调试执行时，程序执行到断点处会自动停下，便于观察程序当前的状态，如变量的值。

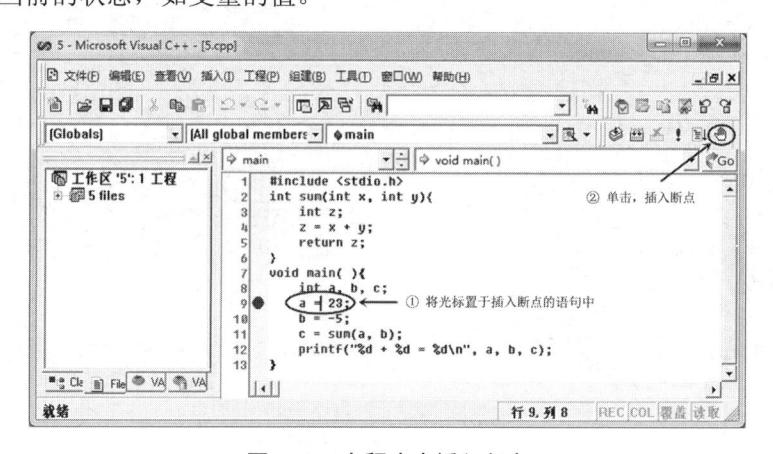

图 1-29　在程序中插入断点

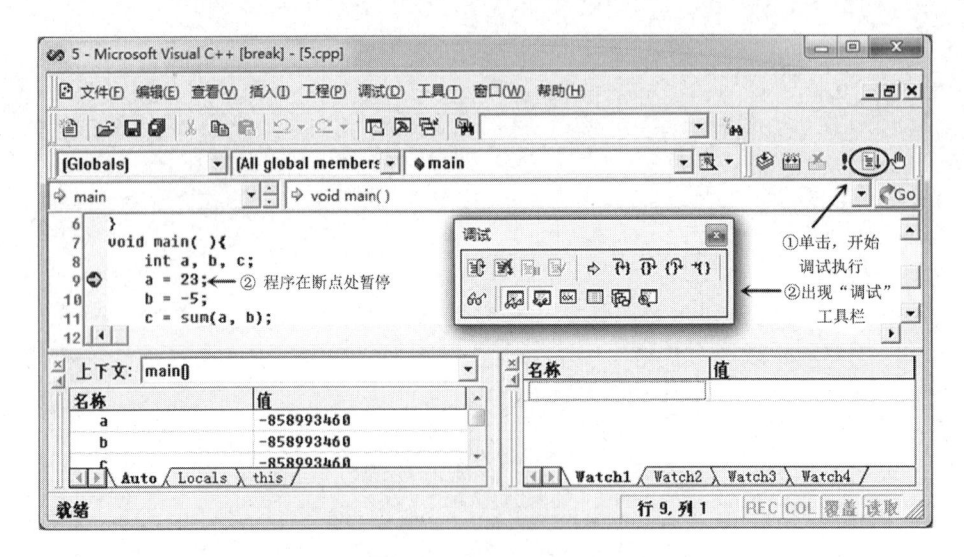

图 1-30　调试执行模式

程序暂停执行后，可以用单步执行调试命令控制程序的执行。单步执行程序时，每次只执行一条语句，执行完一条语句，程序会暂停执行。

图 1-30 中，程序暂停在有断点的第 9 行语句处。由 "Auto" 窗口可知，程序中整型变量 a、b、c 此时的值均为-858993460。

提示：

① 在 VC6.0 中，程序有两种执行方式：执行（按 Ctrl+F5 组合键）和调试执行（按 F5 快捷键）。遇到含有断点的语句时，如果是"调试执行"，程序会在断点处暂停执行；如果是"执行"，程序会忽略断点。

② 整型变量被定义后，在没有赋值时，值是多少呢？可以通过输出查看，语句为 int a;printf("%d", a);。定义后没有赋值变量，值通常不确定，它与编译器有关，VC6.0 中定义后没有赋值的整型变量的值为-858993460，如图 1-30 所示。

（4）单击"调试"工具栏上的"单步执行"命令（或按 F11 快捷键），执行当前的语句，即第 9 行语句。语句执行后，程序暂停在了下一条语句处，如图 1-31 所示。

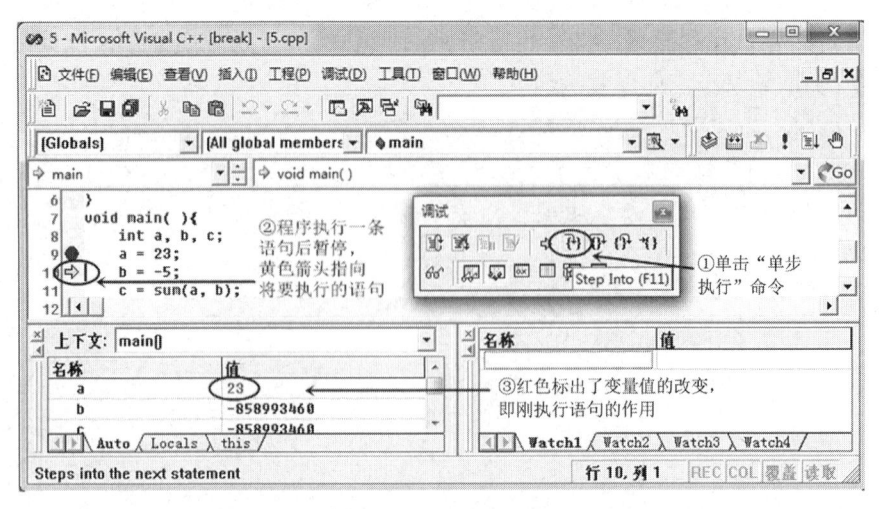

图 1-31　单击"单步执行"命令

由图 1-31 可知，语句 a = 23;执行后，整型变量 a 的值变成了 23，且被红色醒目标出。

（5）再次按 F11 快捷键，单步执行程序，观察每条语句的作用。当执行到第 11 行语句时，sum 函数被调用执行，程序会暂停在 sum 函数体的开始花括号处，如图 1-32 所示。

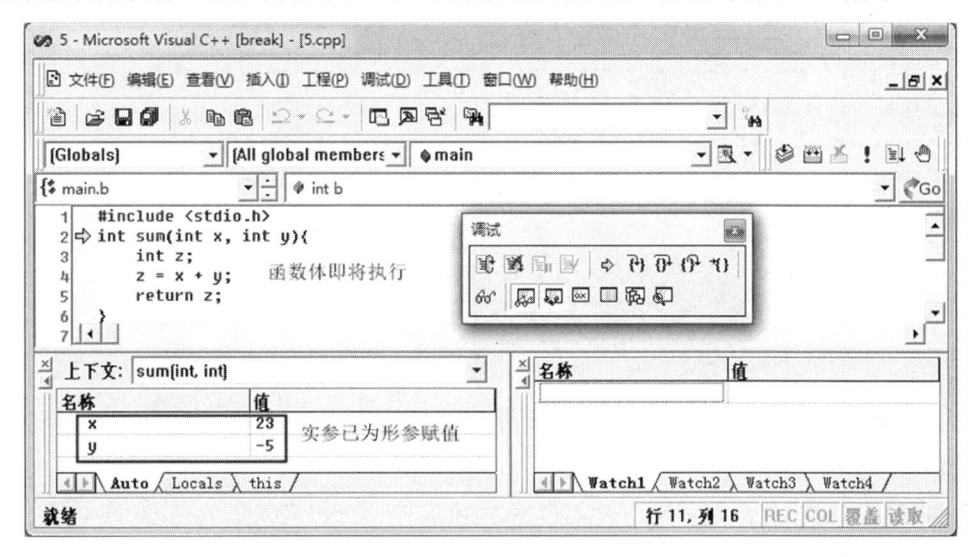

图 1-32　准备调试执行 sum 函数

由图 1-32 可知，此时实参已给形参赋值。形参 x 和形参 y 的值分别为 23 和 -5。

（6）sum 函数执行完成并返回到 main 函数后，sum 函数的执行结果为返回值 18，如图 1-33 所示。

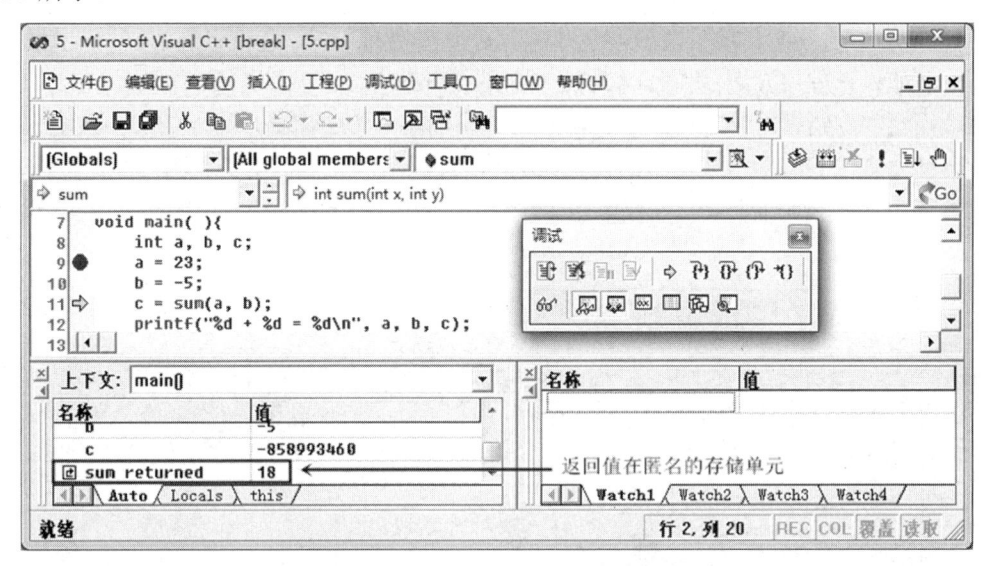

图 1-33　sum 函数调试执行的结果

（7）单步执行第 12 行语句时，若按 F11 快捷键，则程序将调试执行 printf 函数。如图 1-34 所示。printf 函数是库函数，没有必要查看其每条语句的执行过程，故使用 F10 快捷键。

按 F10 快捷键，VC6.0 不会单步执行语句中的被调函数，而是正常执行被调函数，直到被调函数执行完毕并返回才暂停。如果单步执行的语句中没有函数调用，则 F10 快捷键和 F11 快捷键的作用相同，执行完当前语句后，程序会暂停在下一条语句处。

图 1-34 不调试执行库函数

提示：

① 调试执行时，如果需要用户输入数据，则可以切换到程序运行窗口输入数据。程序暂停时，也可以查看程序运行窗口的输出情况。

② 结束调试程序可以按 Shift+F5 组合键，如图 1-35 所示。在调试执行状态，"组建"（Build）菜单自动变为"调试"（Debug）菜单。

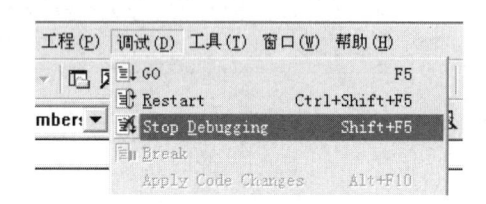

图 1-35 结束调试

③ 程序暂停执行时，除了以单步执行的方式继续执行程序，还可以用 F5 快捷键以调试执行的方式继续执行程序。调试执行时，只有遇到下一个断点，程序才会暂停执行。

编译程序遇到错误时，首先在信息输出窗口找到第一个错误提示，然后双击该提示，此时编译器会自动定位到可能出现错误的位置，最后结合提示信息分析出错原因。修正一个错误后，要再次尝试运行程序，而不要急着修改下一个错误。编译例 1-1 程序时，出现了图 1-36 所示的错误。

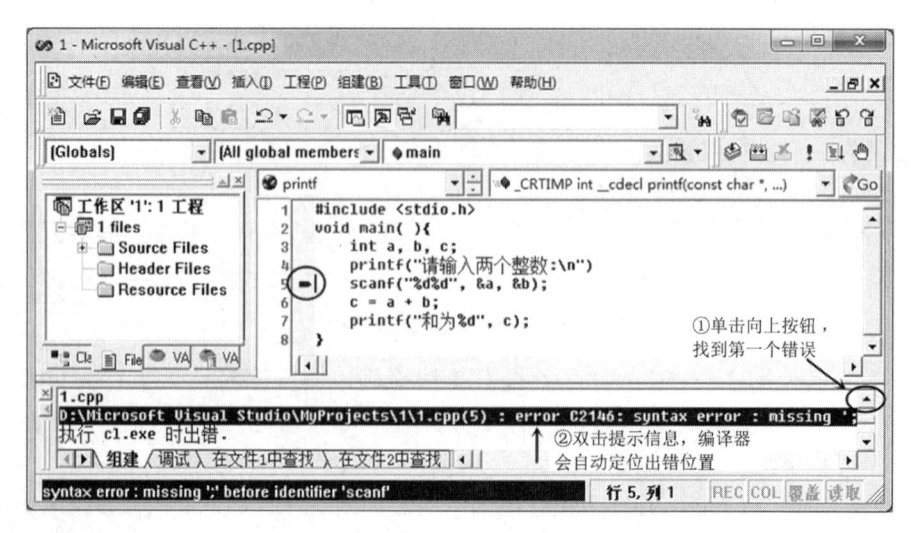

图 1-36 编译例 1-1 程序时出现的错误

由错误提示信息可知，标识符 scanf 前面少了一个;,即上一行语句的句末少了一个分号。

1.6 C 语言语句简析

C 语言语句由程序员编写并用于指挥计算机，由命令和操作数两部分组成。命令指挥计算机完成某一操作，操作数多为变量、字面量或一次操作的结果。

C 语言命令有关键字、操作符和函数 3 种。关键字是 C 语言中具有特定意义的字符串。关键字 int、float、char 与整型、浮点型、字符型有关，void 表示没有，return 用于结束函数执行，并返回函数的执行结果。操作符命令有常见的且含义相同的+、-、*、/（加、减、乘、除），有常见的但含义不同的赋值号=（C 语言中的等号是==），有专用的取地址操作符&。关键字和操作符是简单的命令，计算机可以直接执行。函数由程序员按照规定的语法定义，是完成特定功能的自定义命令。库函数由编译器在相应的头文件中定义，编程时将其引入即可使用。最常用的库函数是 stdio.h 中的 printf 函数和 scanf 函数。复杂的数学运算会用到 math.h 中的库函数，如求整数绝对值的 abs 函数、求小数绝对值的 fabs 函数等。

C 语言语句中的字符串多为标识符，用于标记 C 语言的关键字、变量和函数。关键字是规定的，变量和函数的区别在于函数带一对圆括号。应从程序员的角度理解 C 语言语句中出现的字符串，如 a + b * c 中的 a、b 和 c 就是变量，它们标识了 3 个存储单元，而非日常生活中的 abc。普通的字符串在 C 语言中需加一对双撇号，如"abc"。

printf 函数执行时，先得到一个输出字符串，然后依次输出其中的每个字符。在语句 printf("a+b=%d\n", 3 + 5);中，先执行操作符+命令，得到 3 + 5 的和为 8，再将占位序列中的%d 替换成 8，最终原语句相当于 printf("a+b=8\n");，输出结果为 a+b=8↙。

语句 int a = 3;中，int 是关键字命令，赋值号=是操作符命令，a 是变量，整数 3 是字面量。该语句定义了一个整型变量 a，且值被初始化为 3。

语句 c = sum(a, b);中，赋值号=是操作符命令，sum 是函数命令，c、a 和 b 是变量。先以 a、b 为实参调用 sum 函数，再将函数的返回值赋值给变量 c。

语句 scanf("%d", &sum);中，scanf 是函数命令，&是操作符命令；"%d"是字符串字面量，sum 是变量。取地址操作符&获得变量 sum 的地址，并将其作为实参；scanf 函数获得用户输入的一个整数，并将这个整数存储于实参地址标识的存储单元中，即变量 sum 中。

语句 printf("Hello,World!");中，printf 是函数命令，"Hello,World!"是字符串字面量，输出结果为 Hello,World!。

练习 1

1. 根据要求写出 C 语句。
（1）向计算机申请 4 个整型存储单元，并命名为 x、y、z 和 result。
（2）在计算机的屏幕上呈现信息"请输入 3 个整数"。
（3）让计算机获得用户输入的 3 个整数，并把它们存储到变量 x、y、z 中。
（4）命令计算机求变量 x、y 与 z 的和，并把和存储到变量 result 中。
（5）在计算机的屏幕上显示变量 result 的值。
2. 编写一个程序，求出用户输入的 3 个整数的和。

3. 指出并改正下列语句中的错误（一条语句中可能有多个错误）。

（1）scanf("%d,value");。

（2）printf("The sum of %d and %d is %d"\n,x,y);。

（3）*/Program to determine the largest of three in integers/*。

（4）printf("The value you entered is %d"\n,&value);。

（5）int return=10;。

4. 在 VC6.0 中编译本章例题中的程序和本练习第 2 题。

5. 下面的标识符合法吗？

aBc, -245, _245, +3a, 4E2, __, 2n, n2, account_total

6. 标识符的第一个字符为何不能是数字？

7. C 语言标识符区分大小写吗？n1 和 N1 是同一个标识符吗？利用下面的程序验证。

```
#include <stdio.h>
void main( ){
    int n1=3;
    printf("n1=%d", N1);
}
```

如果 n1 和 N1 是同一个标识符，程序会如何运行？如果 n1 和 N1 不是同一个标识符，程序又会如何运行？

8. 若有 int x = 2;，写出输出结果或输出语句。

（1）printf("x=");。

（2）printf("x=%d%d", x, x);。

（3）/* printf("x+y=%d", x + y);*/。

（4）printf("\% and %%");。

（5）printf("Welcome to \\n C! and x=%z");。

（6）输出"100%"。

（7）把"This is a C program."输出在两行，且第一行最后一个字母是 C。

9. 编程输出如下内容。

```
* * * * * * * * * * *
 * * * * * * * * * *
    Hello,World
 * * * * * * * * * *
* * * * * * * * * * *
```

10. 分析下面程序的执行顺序，并写出程序的运行结果。

```
#include <stdio.h>
void print( ){
    printf("* * * * * * * * * \n");
}
void main( ){
    print( );
    print( );
    printf("    Hello,World\n");
    print( );
```

```
        print( );
}
```
11. 分析下面的程序。
```
#include <stdio.h>
#include <stdlib.h>
void main( ){
    int a, b, sum;
    a = rand( );
    b = rand( );
    sum = a + b;
    printf("%d + %d = %d\n", a, b, sum);
}
```
提示：
（1）程序中的标识符 rand 是函数还是变量，为什么？
（2）查看附录中库函数 rand 的功能。什么是随机数？如何使用库函数 rand？
（3）讨论库函数的使用步骤。
12. 编程求用户输入的两个小数的和。
13. 重用可以简单地理解为使用别人写的代码。重用库函数，除了可以提高编码效率，还有其他方面的好处吗？
14. 分析下面的 C 语言语句。
```
3+2; z = x + y; return 2.3 + f; sum(x, 3) * 5; printf("sum(3, 2)\n"); 8;
```
15. 查找资料了解 C 语言的历史、C 语言标准和常用的 C 语言编译器（如 GCC）。

本章讨论提示

1. 例 1-1 利用加号命令求变量 a 与 b 的和，而这个程序利用 sum 函数命令求和。计算机可以直接执行加号命令，求出两个整数的和；计算机按照规定的流程执行 sum 函数命令求和。从功能上看，没必要定义 sum 函数，定义 sum 函数的目的是分析函数定义的语法和函数的执行过程，以便直观地理解函数。

2. 有返回值的函数最终表现为一个具体的数，通常需要将它存储起来，以便进一步地加工、处理。如 c = sum(3, 5)中，用变量 c 存储了 sum(3, 5)的执行结果 8。若仅有语句 sum(3, 5);，则函数执行完毕后，原语句就相当于语句 8;。其中没有命令，计算机不会进行任何操作，sum(3, 5) 实际上对程序没有产生任何影响，这条语句是多余的。

3. 用户输入的整数需被存储到变量中，计算机中变量的存储单元可以存放"任意大"的整数吗？

4. 计算机中有可以存放一个数的存储单元吗？

5. C 语言初学者没必要也没有能力把学习重点放在 C 语言的最新标准上。思考为什么是这样比了解最新的标准是什么更重要。因为初学者只会用到编译器的基本功能，所以不必纠结各种编译器的差异。初学者只要能熟练使用一种编译器，就能对其他编译器触类旁通。Windows 10 和 Windows 11 这两个版本的操作系统对中文版 VC6.0 的兼容性不好，本章中出现的中文版 VC6.0 界面仅供参考。本书使用安装了插件的英文版 VC6.0，增加了行号和代码补全功能。这两个版本的 VC6.0 在配套课件中提供，读者也可以到网上下载。

第 2 章　基本数据类型

章节导学

内存中的存储单元为什么要分类型呢？

现实世界中的数据可以根据形态分类，如 3、−5 是整数，2.3、1.23×10^{-5} 是小数，a、+ 是字符。计算机采用"纯粹"的二进制，只有 0 和 1。无论是整数、小数还是字符，只有被编码成由 0 和 1 组成的二进制串，计算机才能处理。类型不同的数据采用的编码规则不同，这导致了两个不同类型数据的编码结果可能相同。如某存储单元中的数据是 01011010，它可能是整数 90，也可能是小数 0.703125。若这个存储单元是整型，则值为 90；若这个存储单元是浮点型，则值为 0.703125。只有存储单元的类型确定了，即编码规则确定了，值才能被确定。因此，存储单元要分类型，变量自然也要分类型，变量的类型就是存储单元的类型。

同类型存储单元的长度通常是固定的。虽然固定的长度便于计算机存取数据，但是也限制了计算机处理数据的能力。用 4 个字节存储整数时，计算机只能存储编码长度为 32 位的整数。长度小于 32 位的编码可以在不改变值的前提下凑成 32 位，如前面加 0，但长度超过 32 位的编码出现在计算机中时，会被"舍弃"多余的位数，也就是说，计算机中的整数仅限于 4 个字节所能编码的整数。变量不仅有类型，还有取值范围。

十进制小数的二进制编码几乎都是无限小数，这使得计算机中的小数多为近似数，只能保证一定的精度。在计算机中，数的特点是整数有范围，小数有精度。

字符的编码是整数，表示该字符在字符码表中的位置。大写字母 A 与小写字母 a 是两个不同的字符，但它们在计算机中只是不同的整数，大、小写字母相互转换时，只需加、减两者之间的差。尽管计算机中的字符实为整数，可参与算术运算，但是运算结果一定要有实际意义。字符型非常重要，计算机通过字符型与用户交互。

遇到问题时，可以编程测试，根据程序的运行结果验证、推断，最终解决问题。

本章讨论

1. 分析整型变量的所赋值、实际值和输出值之间的关系。
2. 分析浮点型变量的所赋值、实际值和输出值之间的关系。
3. 字符型用作整型时，是无符号整型还是有符号整型？
4. 了解第 13 章数字化信息编码中字符的字形码。如何理解计算机通过字符型与用户交互？

C 语言基本的数据类型有整型、浮点型和字符型。数据类型常用于定义变量。变量用于标识内存中具体的存储单元，程序中的每个变量都有关联的存储单元。

2.1 计算机中的数据

计算机使用二进制，它只有 0 和 1 两个基本符号，很容易在物理上模拟，如用开关的接通和断开表示 1 和 0。现实世界中的数据必须转换为由 0 和 1 组成的二进制串，计算机才能存储和处理。由数据得到 01 串称为编码，由 01 串得到数据称为解码。

把整数 90 存入计算机时，90 的二进制形式为 1011010，即 90 的编码为 1011010。当用长度为 8 位（由 8 个开关组成）的整型存储单元存储整数时，无论整数大小，计算机只存储其 8 位长的二进制编码，90 需被编码为 01011010，其在内存中的存储状态如图 2-1 所示。

内存中有成千上万个类似的开关，计算机可以存储大量的由 0 和 1 组成的二进制串。一个开关被称为 1 位（bit），8 位为 1 个字节（Byte）。字节用 B 表示，位用 b 表示，如 4B 表示 4 个字节，32 位（32b）。

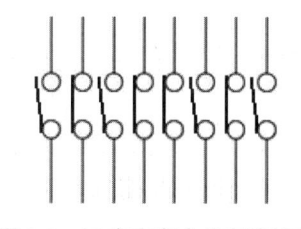

图 2-1　90 在内存中的存储状态

编程时，通常无须考虑存储单元的存储状态。若图 2-1 所示的存储单元在 C 语言中用整型变量 i 标识，那么程序员只需认为变量 i 的值是整数 90，而无须考虑变量 i 的存储状态。

同类型存储单元的长度是固定的。虽然这样便于计算机存取数据，但是限制了变量的取值范围。如 346 的编码为 101011010，需要一个至少 9 位的存储单元存储，不能将它赋值给存储单元只有 8 位的变量 i。语句 i = 346;可以执行，但计算机在赋值时会"舍弃"346 的编码中的最高位 1，只保留余下的 8 位。语句执行完毕，变量 i 的值不是 346，与程序员预期的结果不一致。其实这条语句有逻辑错误，即语句实际的执行结果与预期的结果不一致。

计算机中没有正负号，没有小数点，只有 0 和 1，是"纯粹"的二进制。本书在第 13 章将详细分析整数、小数和字符型数据的编码规则，再次强调，读者不必掌握这些编码知识也能熟练地使用 C 语言编程。为了使读者更好地理解本章的部分概念，下面简单介绍一些编码知识。

（1）1 个字节的编码有 2^8 种状态，可以编码 256 个数。

（2）数学中整数由符号位和数值位组成，计算机中整数编码也由符号位和数值位组成。整数编码的左边第一位是符号位，0 表示正，1 表示负。为了提高计算效率，计算机中采用补码编码整数。

（3）整数-1 的补码全是 1，当存储单元为 1 个字节时，补码是 8 个 1；当存储单元为 2 个字节时，补码是 16 个 1；当存储单元为 4 个字节时，补码是 32 个 1。

2.2 整型

整型对应整数，多用于定义可存储整数的变量。根据编码长度和编码方式，整型又分成了几类。

2.2.1 整型的类别

关键字 int 可用于定义整型变量，如语句 int i;就定义了一个整型变量 i。用 int 定义的整型变量的长度（变量标识的存储单元的长度）与编译器有关。在早期的 TC 编译器中，int 型变量的长度为 2 个字节，变量的取值范围为-2^{15}~$2^{15}-1$，即-32768~32767。在 VC6.0 中，int 型变量的长度为 4 个字节，变量的取值范围为-2^{31}~$2^{31}-1$，即-2147483648~2147483647。

除此之外，还有两类长度固定的整型：short int 和 long int。

short int 称为短整型，常简写为 short，编码长度为 2 个字节，取值范围为 $-2^{15} \sim 2^{15}-1$，即 $-32768 \sim 32767$。

long int 称为长整型，常简写为 long，编码长度为 4 个字节，取值范围为 $-2^{31} \sim 2^{31}-1$，即 $-2147483648 \sim 2147483647$。

使用整型变量一定要注意取值范围。语句 short i = 50000;可以执行，没有语法错误，但赋值 50000 超出了 short 型变量 i 的取值范围，赋值完成后，变量 i 的实际值不可能是 50000，语句有逻辑错误。因此，不能用超出取值范围的整数给整型变量赋值。

在实际应用中，如年龄、产量等数据不可能是负值。为了充分利用存储空间，可以用关键字 unsigned 把整型变为无符号整型。无符号整型的编码全是数值位，没有符号位，规定其值为非负数。关键字 unsigned 也称整型的修饰符。

unsigned short int 是无符号短整型，可简写为 unsigned short，编码长度为 2 个字节，取值范围为 $0 \sim 2^{16}-1$（65535）。

unsigned long int 是无符号长整型，可简写为 unsigned long，编码长度为 4 个字节，取值范围为 $0 \sim 2^{32}-1$（4294967295）。

unsigned int 是无符号整型，与 int 型类似，长度与编译器有关。在 VC6.0 中，unsigned int 等同于 unsinged long。

语句 unsigned short i = 50000;没有任何问题，执行后，变量 i 的值就是 50000。

有符号整型的修饰符为 signed，此修饰符常省略不写，故语句 short i;实际上是语句 signed short int i;的简写形式。整型分有符号整型和无符号整型，习惯上将有符号整型简称为整型。

2.2.2 整型字面量

字面量是一种表示值的记法，其值通常由"文本"表示，如 printf("%d", 23);中的 23 就是一个整型字面量。整型字面量也有类型：值在-32768 和 32767 之间的整型字面量为 int 型，超过上述范围且在-2147483648 和 2147483647 之间的整型字面量为 long 型。

在 TC 编译器中，整型字面量 23 为 int 型，用长度为 2 个字节的整型存储单元存放。整型字面量可以用后缀改变类型。有后缀 l 或 L 的整型字面量为 long 型，字面量 23L 在 TC 和 VC 编译器中均为 long 型，在 4 个字节的整型存储单元中存放；有后缀 u 或 U 的整型字面量是无符号型。整型字面量可以同时加上 u 和 l 两个后缀（次序、大小写不限），表示字面量为无符号长整型。

例 2-1 在 C 语言中，-1U 大于 0 吗？

分析：

从 C 语言的角度分析，字面量-1U 似乎有问题。后缀 U 表示它为无符号整型，不可能是负数，但它的值看上去却是-1。

从计算机的角度分析，字面量-1U 没有问题。在 VC6.0 中，-1U 是一个无符号长整型字面量。计算机中没有-1，只有它的编码（32 个 1），无符号长整型存储单元的存储状态为 32 个 1，这个字面量的值为 $2^{32}-1$，即 4294967295。

C 语言中-1U 不仅大于 0，还是最大的整数。

讨论：

（1）应该如何理解字面量-1 的值是-1 呢？

（2）分析语句 unsigned long i = -1;。

（3）分析语句 unsigned short j = -1;。

（4）如何评价上面的两条语句呢？

提示：

（1）在 VC6.0 中，整型字面量-1 是 int 型，计算机会用一个 4 个字节的整型存储单元存储-1 的编码（32 个 1），其值为-1。

（2）字面量-1 为 long 型，但变量 i 为无符号长整型，两者类型不匹配。长度相同的整型赋值时，可以不考虑类型而直接复制存储状态。赋值后，变量 i 的存储状态将变为 32 个 1，实际值为 $2^{32}-1$（4294967295）。

（3）字面量-1 为 long 型，但变量 j 为无符号短整型，两者类型不匹配。用长整型给短整型变量赋值时，可以不考虑类型，只复制部分存储状态。赋值后，变量 j 只能存储-1 编码中的低 16 位，存储状态为 16 个 1，实际值为 $2^{16}-1$（65535）。

（4）严格地说，这两条语句都有逻辑错误，当需要把无符号整型变量赋值为最大的整数时，常用-1 代替最大的整数，尽管这是习惯用法，但是最好用-1u 表示最大的整数。此外，只能使用-1u，不能使用-2u、-3u 等。

C 语言中也可以使用八进制形式和十六进制形式的整型字面量。整型字面量的进制用前缀表示：前缀为 0 的整数是八进制数；前缀为 0x 或 0X 的整数是十六进制数；无前缀的整数是十进制数，如语句 int i = 027, j = 0x17, k = 0X17;定义了 3 个整型变量 i、j、k，且它们的值都被初始化为 23。

提示：

$027 = 2 \times 8^1 + 7 \times 8^0 = 23$，$0x17 = 1 \times 16^1 + 7 \times 16^0 = 23$。

2.2.3 整型数据的输入和输出

2.2.3.1 给整型变量赋值

程序中可以用 3 种方法给一个整型变量赋值。

（1）定义变量时赋值，即初始化。如语句 short i = 23, j;定义了两个短整型变量 i 和 j，其中变量 i 的值被初始化为 23，变量 j 的值不确定。

（2）使用赋值语句。如语句 j = 32;，变量 j 赋值为 32。

（3）通过 scanf 函数将用户输入的整数赋值给整型变量。

下面讨论如何用 scanf 函数给整型变量赋值。

使用格式字符 d，scanf 函数可以获得用户输入的整数，并将它赋值给整型变量，然而类型不同的整型变量所对应的格式字符是不同的。对于长整型变量，格式字符需加一个附加格式说明符 l；对于短整型变量，格式字符需加一个附加格式说明符 h。附加格式说明符 l 和 h 又称长度修饰符。int 型变量对应的格式字符为 d；short 型变量对应 hd，long 型变量对应 ld。无符号整型变量对应的格式字符为 u：unsigned int 型变量对应 u，unsigned short 型变量对应 hu，unsigned long 型变量对应 lu。

通过 scanf 函数给整型变量赋值时，整型变量与其对应的格式字符应匹配。若有 short i; long

j; unsigned short ui; unsigned long uj;，则 scanf("%hd%ld%hu%lu", &i, &j, &ui, &uj);。

整型字面量的前缀表示进制，如 027 是八进制数，0x17 是十六进制数。利用 scanf 函数给整型变量赋值时，用户可以输入八进制整数和十六进制整数吗？

例 2-2 编程验证用户是否可以输入八（十六）进制形式的整数。

```
#include <stdio.h>
void main( ){
    short i, j;
    scanf("%hd%hd", &i, &j);
    printf("%hd,%hd\n", i, j);
}
```

分析：

程序运行时，用户输入"027　0x17✓"。当程序能准确识别出输入整数中的前缀时，scanf 函数就会将变量 i 和变量 j 赋值为 23，程序输出"23,23✓"。程序的运行结果如图 2-2 所示。

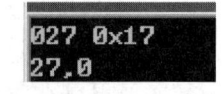

图 2-2 例 2-2 程序的运行结果

由程序的运行结果可知，scanf 函数把 027 识别成了十进制数 27，并没有把用户输入的前缀 0 当作八进制的标志。实际上，格式字符 d 仅能用于有符号十进制整数的输入与输出。scanf 函数在识别用户输入的数据时，会把 0x17 看作十进制整数，先成功匹配 0，再匹配 x 时，由于对十进制而言，x 是个非法字符，scanf 函数会结束本次识别，并将已识别成功的结果作为最终结果，即变量 j 赋值为 0。

格式字符 o 对应八进制整数，格式字符 x 或 X 对应十六进制整数。

例 2-3 使用格式字符 o 和 x（X）获得用户输入的整数。

```
#include <stdio.h>
void main( ){
    short i, j, k;
    scanf("%ho%hx%hX", &i, &j, &k);
    printf("%hd,%hd,%hd\n", i, j, k);
}
```

分析：

程序中 scanf 函数使用格式字符 o、x 和 X 获得用户输入的八进制数和十六进制数。当用户输入"027 0x17 0X17✓"时，程序的运行结果如图 2-3 所示。

图 2-3 例 2-3 程序的运行结果

由程序的运行结果可知，使用格式字符 o 时，scanf 函数正确地识别出了八进制数 027，从而把变量 i 赋值为 23；使用格式字符 x 和 X 时，scanf 函数正确地识别出了十六进制数 0x17 和 0X17，从而把变量 j 和变量 k 赋值为 23。

疑问一： 用户输入八进制数时必须加前缀 0，输入十六进制数时必须加前缀 0x 吗？

程序运行时，输入"27 17 17✓"测试。由程序的运行结果可知，即使没有前缀，scanf 函数也会认为用户输入的是八进制数或十六进制数。上述内容再次表明，scanf 函数只根据格式字符来确定用户输入数据的类型。

疑问二： 当用户输入负整数时，如"-27 -17 -17✓"，例 2-3 的运行结果是什么？

经测试，运行结果与语句 i = -027; j = -0x17; k = -0X17;的赋值结果相同，变量 i、j 和 k 的值均变成了-23。

提示：

（1）输入数据时，格式字符 d 与格式字符 o 和格式字符 x（X）的区别仅在于用户输入的数据进制不同。用户输入"17✓"，当格式字符为 d 时，scanf 函数会认为用户输入的是十进制整数 17；当格式字符为 o 时，scanf 函数会认为用户输入的是八进制整数 17；当格式字符为 x（X）时，scanf 函数会认为用户输入的是十六进制整数 17。

（2）格式字符 o 或 x（X）也需要加长度修饰符 l 和 h，以匹配 long 型和 short 型。

讨论：

将用户输入的数据赋值给一个变量时，scanf 函数会依次识别用户输入的每个字符，在什么情况下会结束识别呢？

提示：

（1）区分识别成功和识别失败两种情况。遇到哪些字符时，scanf 函数会结束一次数据识别并认为识别成功呢？遇到"非法"字符时，scanf 函数也会结束识别并认为识别失败。什么样的字符才是"非法"字符呢？识别失败时，scanf 函数会对相关变量赋值吗？

（2）如有 scanf("%d%d", &a, &b);，当用户输入"0x17 027✓"时，int 型变量 a 和 b 的值会是多少？非正常情况下结束识别，会影响 scanf 函数继续识别吗？如有 scanf("%ho%hx%hX", &i, &j, &k);，当用户输入"789 15 26✓"时，int 型变量 i、j 和 k 的值分别是多少呢？

2.2.3.2 输出整型变量的值

C 语言中的变量必须先定义再使用，故程序中出现的每个变量都有确定的类型，只要类型确定了，变量的实际值也就确定了。只有使用与变量类型相匹配的格式字符，printf 函数的输出值和变量的实际值才会一致。与 scanf 函数相同，在 printf 函数中，int 型用 d，short 型用 hd，long 型用 ld，unsigned int 型用 u，unsigned short 型用 hu，unsigned long 型用 lu。

当数据类型与格式字符不匹配时，printf 函数会如何输出呢？编程测试。

例 2-4 分析数据类型与格式字符不匹配时，程序的运行结果会如何。

```
#include <stdio.h>
void main( ){
    short i = -1;
    printf("%hd,%hu\n", i, i);
}
```

分析：

程序的运行结果如图 2-4 所示。

```
-1,65535
```

图 2-4 例 2-4 程序的运行结果

程序中 short 型变量 i 的值为-1，用格式字符串 hd 输出时，printf 函数正确地输出了它的实际值；用格式字符串 hu 输出时，printf 函数输出的值为 65535。变量 i 的存储状态为 16 个 1，以 hd 格式（有符号短整型）解码时，值为-1；以 hu 格式（无符号短整型）解码时，值为 65535。

printf 函数根据格式字符解码变量，printf 函数的输出值不一定是变量的实际值。本例以格式字符 hu 输出 short 型变量 i 的值没有意义，存在逻辑错误。

2.2.4 查看整数的存储状态

有 short i = -1;，变量 i 的实际值为-1，存储状态为 16 个 1。不熟悉编码知识时，读者可以利用 printf 函数输出整型数据的存储状态。二进制形式的存储状态较长，难以读写，故 printf 函数输出的存储状态为八进制形式或十六进制形式。

使用格式字符 o 可以输出整型数据八进制形式的存储状态；使用格式字符 x 和 X 可以输出整型数据十六进制形式的存储状态，x 和 X 的区别在于十六进制中的字母（a~f 或 A~F）是小写（x）还是大写（X）。

例 2-5 输出整型数据的存储状态。

```
#include <stdio.h>
void main( ){
    short i = -1;
    long j = -1;
    printf("%ho,%hx,%hX\n", i, i, i);
    printf("%lo,%lx,%lX\n", j, j, j);
}
```

分析：
程序的运行结果如图 2-5 所示。

```
177777,ffff,FFFF
37777777777,ffffffff,FFFFFFFF
```

图 2-5　例 2-5 程序的运行结果

short 型变量 i 的值为-1，存储状态为 16 个 1，用八进制表示为 0177777，用十六进制表示为 0xffff。long 型变量 j 的值为-1，存储状态为 32 个 1，用八进制表示为 037777777777，用十六进制表示为 0xffffffff。printf 的输出结果中并没有表示进制的前缀。

使用 printf 函数也可以输出整型字面量的存储状态，如语句 printf("%lx,%lx\n", 65537, -65537);的输出结果为 10001,fffeffff。由此可知，65537 和-65537 的十六进制形式的存储状态为 00010001 和 fffeffff。以八进制或十六进制形式输出数据时，printf 函数在默认情况下也不会输出高位上"多余"的 0。

在第 1 章调试执行程序时，可以发现 VC6.0 中没有赋值的整型变量的值为-858993460，用 printf("%lx", -858993460)输出它的编码的十六进制形式为 cccccccc。

2.2.5 整型的使用

整型按编码长度分为短整型和长整型，按编码中有无符号位分为有符号整型和无符号整型。整型共有 4 种类型，它们的取值范围不同。编程时，可以根据数据的取值范围选择变量的类型。如需存储用户输入的一个三位正整数，因整数的取值范围在 100 和 999 之间，故可选用 short 型变量，若选用 long 型变量也是可以的。

整型变量在使用时，需特别注意取值范围，当用超出取值范围的整数为整型变量赋值时，它的实际值肯定不会是所赋值，赋值语句会出现逻辑错误。

C 语言中用星号*代替乘号×，变量 n 乘以 2 不能写成 2n 或 n2，只能写成 2 * n 或 n * 2。

整数参与乘法运算时，计算结果很容易超出某整型变量的取值范围。若有 short n = 20000;，则语句 n = 2 * n;实为 n = 40000;，有逻辑错误。

C 语言中用斜杠/代替除号÷。两个整数进行除法运算时，虽不必担心计算结果会超出取值范围，但需注意商也是整数。由于整数和浮点数的编码格式不同，计算机只能进行同类型数据的计算。要么是两个整数进行运算，结果也是整数；要么是两个浮点数进行运算，结果也是浮点数。计算机中两个整数相除的商通常只取整数部分，舍去商的小数部分（即"向零取整"，正数变小，负数变大）。例如，3 / 2 的商为 1，2 / 3 的商为 0，3 / -2 的商为-1。

C 语言中用操作符%还能求出两个整数相除的余数。操作符%又称求余操作符。3 % 2 的值为 1，即 3 除以 2 的余数为 1，4 % 2 的值为 0。求余操作符%只能用于整数，不能用于浮点数。

讨论：

（1）3 % -2 的值是多少呢？-3 % 2 的值是多少呢？-3 % -2 的值是多少呢？

（2）两个整数不能整除且除数是正数时，余数的符号与被除数的符号有何关系？

提示：

（1）余数与商有关，余数=被除数-商×除数。

（2）若有 short i = -1;，则 printf("%hd,%hu\n", i, i);的输出结果为一负一正。用余数与被除数的关系可以验证变量 i 的正负，使用语句 printf("%d\n", i % 2);。

输入、输出整数时，应使用与数据类型相匹配的格式字符。两者不匹配的输入、输出语句可以被认为存在逻辑错误。

用-1u 表示最大的整数是习惯用法，可读性并不好。

2.3 浮点型

浮点型对应浮点数，可用于定义能存放小数的变量。

2.3.1 浮点型的类别

常用的浮点型有两类，即 float 型和 double 型，如表 2-1 所示。

表 2-1 常用的浮点型

类型	字节	精度	取值范围
float（单精度）	4	6~7	$-3.4 \times 10^{-38} \sim 3.4 \times 10^{38}$
double（双精度）	8	15~16	$-1.7 \times 10^{-308} \sim 1.7 \times 10^{308}$

对比浮点型和整型。首先，浮点型的取值范围足够大，使用浮点型变量时，不必刻意关注变量的取值是否超出取值范围。其次，浮点型不再分为有符号型和无符号型，全部为有符号型。浮点型也按存储单元的大小分成了两类。浮点型有单精度和双精度，整型有短整型和长整型。

浮点型的精度指的是什么呢？

例 2-6 有 float f = 0.1; double lf = 0.1;，通过程序的运行结果可知，单精度变量 f 和双精度变量 lf 的实际值如图 2-6 所示。请分析浮点型变量的特点。

```
单精度变量f: 0.1000000149011612000
双精度变量lf: 0.1000000000000000100
```

图 2-6 浮点数 0.1 的实际值

分析：

单精度变量 f 被初始化为 0.1，但其实际值 0.10000000149011612 与所赋值 0.1 相比显然存在误差，双精度变量 lf 的实际值也不是 0.1。可见，小数在计算机中多为近似数。

单精度变量能保证精确到小数点后面的 6 到 7 位，双精度变量能保证精确到小数点后面的 15 到 16 位。

讨论：

（1）同样是 4 个字节，单精度的取值范围为什么比整型的取值范围大很多呢？

（2）浮点型变量为何有误差呢？

提示：

（1）4 个字节的编码只有 2^{32} 种状态，只能编码 2^{32} 个数。float 型变量的实际值仅限于取值范围中的 2^{32} 个小数。由于小数在计算机中多为近似数，单精度的取值范围可以比整型的大很多。

（2）十进制小数的二进制编码几乎都是无限小数，这就使得计算机中的小数多为近似数。

2.3.2 浮点型字面量和浮点型数据的输入和输出

浮点型字面量分为一般形式和指数形式。一般形式如 0.25、-3.0，指数形式如 -1.23×10^{-2}、0.023×10^3。指数形式中的×号和上标形式难以输入，因此浮点型字面量的指数形式中省略×号，并用 e 或 E 代替底数 10，且指数也不写成上标的形式，如-1.23e-2 由 -1.23×10^{-2} 写成，其中-1.23 又称尾数，-2 又称阶码，0.023E3 即 0.023×10^3。

浮点型字面量默认为双精度，加后缀 f 或 F 可改为单精度。如 0.023E3 是 8 个字节的双精度数，而浮点数 0.023E3F 是 4 个字节的单精度数。

浮点型对应的格式字符有 f、e 和 E。在 scanf 函数中，只有前面加一个长度修饰符 l，这些格式字符才能对应双精度浮点型。用户在输入小数时可用一般形式，也可用指数形式。

例 2-7 浮点型数据的输入。

```
#include <stdio.h>
void main( ){
    float fa, fb, fc;
    double lfd;
    scanf("%f%f%f", &fa, &fb, &fc);
    printf("%f,%f, %f\n", fa, fb, fc);
    scanf("%le", &lfd);
    printf("%f\n", lfd);
}
```

分析：

程序的运行结果如图 2-7 所示。

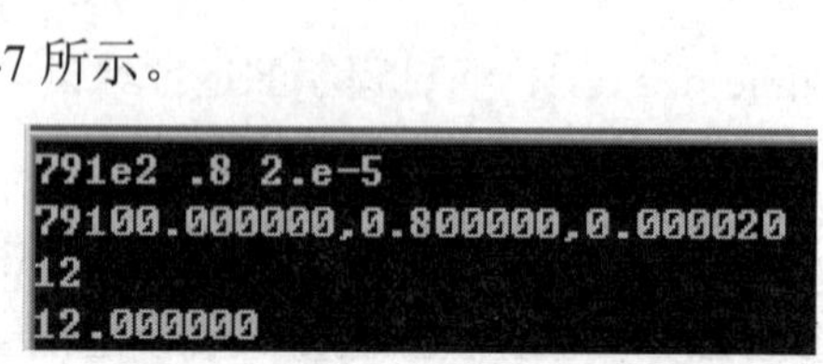

```
791e2 .8 2.e-5
79100.000000,0.800000,0.000020
12
12.000000
```

图 2-7 例 2-7 程序的运行结果

用户输入小数时，可以省略小数部分或整数部分，如.8、2.e-5 等。用户输入的整数会被理解成小数部分为 0 的小数，如整数 12 会被看作浮点数 12.0。输出浮点数时，小数点后默认为 6 位。

讨论：

（1）把 scanf 函数中的格式字符 f 换成 e 或 E，用同样的输入数据，程序的运行结果相同吗？在输入浮点型数据时，格式字符 f 与 e 或 E 有无区别？

（2）把第二个 scanf 函数中的长度修饰符 l 去掉，双精度变量 lfd 还能正常获得数据吗。

（3）语句 float f = .8;有语法错误吗？请编程测试，并判断程序的可读性好吗。

输出浮点型数据时，格式字符 f 对应浮点型数据的一般形式，格式字符 e 或 E 对应浮点型数据的规范的指数形式。格式字符为 e（或 E）时，分隔尾数和阶码的字符就是 e（或 E）。在规范的指数形式中，尾数的绝对值大于或等于 1 且小于 10，阶码部分因编译器的不同而稍有差异，阶码 2 在 VC6.0 中会被输出为+002。与输入时不同，无须长度修饰符 l，格式字符 f、e 或 E 也能正确地输出双精度变量的值。

例 2-8 浮点型数据的输出。

```
#include <stdio.h>
void main( ){
    float fa = 123.789;
    double lfd = 123.789;
    printf("%f,%e,%E\n", fa, fa, fa);
    printf("%f,%lf\n", lfd, lfd);
}
```

分析：

程序的运行结果如图 2-8 所示。

```
123.789001,1.237890e+002,1.237890E+002
123.789000,123.789000
```

图 2-8 例 2-8 程序的运行结果

用格式字符 f 输出单精度变量 fa 时，输出结果为 123.789001，该输出结果小数点后的第 6 位是 1，这与单精度浮点型可以保证精确到小数点后面的 6 到 7 位似乎矛盾。浮点型的精度是规范的指数形式中尾数的精度。将 123.789001 写成规范的指数形式时，1 是小数点后的第 8 位。

输出浮点型数据时，还可以指定小数点后面的位数。在%和格式字符 f、e 或 E 之间插入.n 形式的修饰符（如%.2f），其中 n 应为正整数，就能指定只输出小数点后面的 n 位。

例 2-9 控制浮点型数据输出中，小数点后面的位数。

```
#include <stdio.h>
void main( ){
    float fa = 123.789;
    double lfd = 123.789;
    printf("%.0f,%.1e,%.20E\n", fa, fa, fa);
    printf("%.0f,%.1e,%.20E\n", lfd, lfd, lfd);
}
```

分析：

程序的运行结果如图 2-9 所示。

```
124,1.2e+002,1.237890014648437500000E+002
124,1.2e+002,1.237890000000000000000E+002
```

图 2-9　例 2-9 程序的运行结果

只输出小数点后面的 n 位时，printf 函数会对第 n+1 位进行四舍五入。

2.3.3　浮点型的误差

浮点型数据存在误差，主要是因为由十进制小数转换为的二进制小数几乎都是无限小数，无论用多长的存储单元，都不可能在计算机中精确地表示这些无限的二进制小数。这种误差可称为转换误差。一些能转换为有限的二进制小数的十进制小数，在计算机中存储时就没有误差，如 0.5、−0.25 等。整数总能转换为有限的二进制小数，小数部分为 .0 的浮点数转换为二进制小数往往也没有误差，如 12.0、23.0 等。

即使 65536 能精确地转换为有限的二进制小数，short 型变量也不可能存储 65536。与之类似，能转换为有限的二进制形式的十进制小数，当它的编码长度超过浮点型变量的存储单元的长度时，同样会出现误差，这种误差可称为存储误差。

例 2-10　浮点型数据的误差。

```c
#include <stdio.h>
void main( ){
    float fa, fb, fc;
    double lfd;
    fa = 123789;
    fb = -12.3e3;
    fc = 12.25;
    printf("%.20f\n%.20f\n%.20f\n", fa, fb, fc);
    fa = 125125125.125e2;
    lfd = 125125125.125E2;
    printf("\nfa=%.20f\nlfd=%.20f\n", fa, lfd);
}
```

分析：

程序的运行结果如图 2-10 所示。

```
123789.00000000000000000000
-12300.00000000000000000000
12.25000000000000000000

fa=12512513024.00000000000000000000
lfd=12512512512.50000000000000000000
```

图 2-10　例 2-10 程序的运行结果

12.25 的小数部分 0.25 能转化为有限的二进制小数，因此 12.25 没有误差。

虽然 125125125.125e2 可以转化为有限的二进制小数，但是其规范的指数形式中小数点后有 11 位，超出了单精度浮点型的精度，故用单精度变量 fa 存储时，仍然会出现误差。双精度浮点型的精度有 15 到 16 位，用双精度变量 lfd 存储时，就不会出现误差。

讨论：
（1）浮点型变量可以精确存储多大的"整数"呢？
（2）1.5e18 与 1.32 的和是多少呢？

提示：
（1）浮点型的精度是规范的指数形式中尾数的精度。把整数写成规范的指数形式，若尾数中小数点后面的位数超出精度，则可能出现存储误差。如"整数 1.23456789e8"的"小数部分"有 8 位，而单精度精确到小数点后的 6 到 7 位，故单精度变量不能精确存储它。
（2）浮点型相加时，先统一阶码，再把尾数相加。统一阶码就是对齐小数点。求和时，1.32 在数学上会变成 0.00000000000000000132e18，但双精度精确到小数点后的 15 到 16 位，在计算机中尾数会变成 0。

2.4 字符型

字符型数据是非数值型数据，包括各种文字、数字与符号等。C 语言中的字符多指英文字符，通常包括英文字母、标点符号及运算符号(+、-、*、/)等。

2.4.1 字符型数据的编码

标准化是字符编码的原则，即规定每个字符对应 01 串。编码字符时，通常先把要编码的所有字符进行排序、编号，再把字符编号的编码作为字符的编码。若字母 Z 排在 90 号，则字母 Z 的编码就是整数 90 的编码，用字符型变量存储字母 Z 时，存储的是整数 90，但变量的值是字符 Z，即 90 号字符。

英文字符的编码常采用 ASCII 码。ASCII 码的码长为 1 个字节，且最高位为 0，因此 ASCII 码可以编码 128（2^7）个英文字符。ASCII 码表如表 2-2 所示。

表 2-2 ASCII 码表

编号	编码	字符	编号	编码	字符	编号	编码	字符	编号	编码	字符
0	0x0	NUL	32	0x20	空格	64	0x40	@	96	0x60	`
1	0x1	SOH	33	0x21	!	65	0x41	A	97	0x61	a
2	0x2	STX	34	0x22	"	66	0x42	B	98	0x62	b
3	0x3	ETX	35	0x23	#	67	0x43	C	99	0x63	c
4	0x4	EOT	36	0x24	$	68	0x44	D	100	0x64	d
5	0x5	ENQ	37	0x25	%	69	0x45	E	101	0x65	e
6	0x6	ACK	38	0x26	&	70	0x46	F	102	0x66	f
7	0x7	BEL	39	0x27	'	71	0x47	G	103	0x67	g
8	0x8	BS	40	0x28	(	72	0x48	H	104	0x68	h
9	0x9	HT	41	0x29	)	73	0x49	I	105	0x69	i
10	0xA	LF	42	0x2A	*	74	0x4A	J	106	0x6A	j
11	0xB	VT	43	0x2B	+	75	0x4B	K	107	0x6B	k
12	0xC	FF	44	0x2C	,	76	0x4C	L	108	0x6C	l
13	0xD	CR	45	0x2D	-	77	0x4D	M	109	0x6D	m
14	0xE	SO	46	0x2E	.	78	0x4E	N	110	0x6E	n

续表

编号	编码	字符	编号	编码	字符	编号	编码	字符	编号	编码	字符
15	0xF	SI	47	0x2F	/	79	0x4F	O	111	0x6F	o
16	0x10	DLE	48	0x30	0	80	0x50	P	112	0x70	p
17	0x11	DC1	49	0x31	1	81	0x51	Q	113	0x71	q
18	0x12	DC2	50	0x32	2	82	0x52	R	114	0x72	r
19	0x13	DC3	51	0x33	3	83	0x53	S	115	0x73	s
20	0x14	DC4	52	0x34	4	84	0x54	T	116	0x74	t
21	0x15	NAK	53	0x35	5	85	0x55	U	117	0x75	u
22	0x16	SYN	54	0x36	6	86	0x56	V	118	0x76	v
23	0x17	ETB	55	0x37	7	87	0x57	W	119	0x77	w
24	0x18	CAN	56	0x38	8	88	0x58	X	120	0x78	x
25	0x19	EM	57	0x39	9	89	0x59	Y	121	0x79	y
26	0x1A	SUB	58	0x3A	:	90	0x5A	Z	122	0x7A	z
27	0x1B	ESC	59	0x3B	;	91	0x5B	[	123	0x7B	{
28	0x1C	FS	60	0x3C	<	92	0x5C	\	124	0x7C	|
29	0x1D	GS	61	0x3D	=	93	0x5D	]	125	0x7D	}
30	0x1E	RS	62	0x3E	>	94	0x5E	^	126	0x7E	~
31	0x1F	US	63	0x3F	?	95	0x5F	_	127	0x7F	DEL

提示：

（1）0号字符（编号为0的字符）是一个字符，表中的NUL仅表示其作用。

（2）0号字符不是字符0（数字0），字符0是48号字符。

C语言中用关键字char定义字符型变量，长度为1个字节。语句char a;定义了一个字符型变量a，用于存储字符。

2.4.2 字符型字面量

把字符a存储到变量a中时，由于语句中的a是变量而非字符，用语句a = a;肯定不行。字符型字面量需用一对单撇号引起来，如：'a'是字符a，而不是标识符a；'9'是字符9，而不是整数9；'*'是星号字符，而不是操作符*。语句a = 'a';将字符a赋值给变量a，字符型变量a的值就是字符a。

例2-11 比较语句short i = 9;和语句char c = '9';。

分析：

语句short i = 9;将整数9赋值给变量i。语句char c = '9';将字符9赋值给变量c。短整型变量i，长度为2个字节，值为整数9；字符型变量c，长度为1个字节，值为字符9。i * 10就是9 * 10，值为90；c * 10为'9' * 10。尽管现实生活中字符不能参与算术运算，但是'9'在存储单元中表现为编号，'9' * 10可以执行，没有语法错误。查表可知，'9'为57号字符，故'9' * 10的值为570。在对'9' * 10求值时，应将其理解为9 * 10，预期值为90，故'9' * 10有逻辑错误。

例2-12 字符型变量ca中存储了一个大写字母，如何将其转换为小写字母呢？

分析：

若ca中存储了'A'，则需将其转换为'a'。查表可知，'A'的编号为65，'a'的编号为97，大、小写字母转换其实就是将 ca 的存储状态由 65 变成 97，即由 65 号字符变成 97 号字符，所以用语句 ca = ca + 32;可以完成转换。

由于每个大写字母的编码比其小写字母的编码小 32，无论变量 ca 中存储了哪个大写字母，语句 ca = ca + 32;都可以将其转换为小写字母。字符型变量的值是字符，但它实际存储了字符的编号，可以进行算术运算。需强调的是，字符参与算术运算时，一定要有实际意义。

ASCII 码表中的字符可分为控制字符与普通字符，多数控制字符在键盘上没有对应的键，如 0 号字符。控制字符可以用字符的编号直接表示，即一对单撇号中以反斜杠\开头，紧接八进制形式的字符编号或以 x 开头的十六进制形式的字符编号。如字符型字面量'\0'是 0 号字符，'\10'是 8 号字符。普通字符也可以用编号表示，字符 0 可表示为'0'，也可表示为'\x30'（3×16+0=48）。用字符编号表示字符，可读性并不好。一些特殊的字符还可以用转义序列表示，常用的转义序列如表 2-3 所示。

表 2-3 常用的转义序列

序列	含义	ASCII 码	等价形式
\b	退格，将输入/输出光标移到本行的前一列	8	\10(\x8)
\t	相当于按下 Tab 键，将输入/输出光标移到下一个第 8×n+1 列	9	\11(\x9)
\n	换行，将输入/输出光标移到下一行的第一列	10	\12(\xa)
\r	回车，将输入/输出光标移到本行的第一列	13	\15(\xd)
\'	单撇号（'）	39	\47(\x27)
\"	双撇号（"）	34	\42(\x22)
\\	反斜杠（\）	92	\134(\x5c)

语句 c = '\n';、c = '\12';、c = '\xa';或 c = '\Xa';都可以将字符型变量 c 赋值为换行符，但可读性最好的是 c = '\n';。

字符串可简单地理解为一串字符。C 语言中用一对双撇号界定字符串，位于其中的字符无须再用单撇号限定，如"9A\\'\12b* "，位于字符串中的单撇号 "'" 不再是特殊字符，无须用转义序列表示，上面的字符串可简写为"9A\\'\12b* "，这个字符串更好的写法为"9A\'\nb* "。

2.4.3 字符型数据的输入和输出

字符型对应格式字符 c。若有 char ca = '9';，则语句 printf("%c", ca);的输出结果为 9。用格式字符 c 输出变量 ca 的值时，printf 函数先按 1 个字节的整型解码变量 ca，得到整数 57（字符 9 是 57 号字符），然后找到并输出 57 号字符的字形码，此时显示器上呈现出字符 9 的形状，所以用户会认为输出结果为 9。

提示：

（1）与格式字符 c 对应的数据是 1 个字节的整型，即使有多个字节，printf 函数也只解码其中位于低位的 1 个字节。

（2）用户在显示器上观察到的输出结果均为字符的字形码，有关字形码的知识请参见第 13 章。

（3）看到 9，用户会认为输出结果是整数 9 还是字符 9，与上下文有关。

使用格式字符 d 可以输出字符的编号，语句 printf("%d", '9');的输出结果为 57，可理解为字符 9 是 57 号字符。对于格式字符 d，printf 函数首先按整型解码数据得到一个整数 57，然后得到整数 57 各位上的字符,即将其转换为字符串"57",最后输出每个字符的字形码。当显示器上呈现出字符 5 和字符 7 的形状时,用户会认为输出结果为整数 57。

控制字符没有字形码,输出时,不会在显示器上呈现某种形状,而是执行特定的操作。如 '\n' 的输出结果为:将输入/输出光标移动到下一行的第一列。

使用格式字符 c 获得用户输入的字符时,用户按下的每个键都是有效的输入。若用户直接按下回车键,则用户输入的字符是'\n'。如果使用格式字符 d 获得用户输入的字符,则会忽略用户按下的回车键,继续等待用户输入的整数。

例 2-13 字符型数据的输入和输出。

```
#include <stdio.h>
void main( ){
    char ca, cb, cc, cd;
    scanf("%c%c%c%c", &ca, &cb, &cc, &cd);
    printf("(ca)%c(cb)%c(cc)%c(cd)%c", ca, cb, cc, cd);
    printf("(ca)%d(cb)%d(cc)%d(cd)%d\n", ca, cb, cc, cd);
    ca = '\b';
    printf("Hello!%c, C!\n", ca);
}
```

分析:

程序的运行结果如图 2-11 所示。

```
Z e
(ca)Z(cb) (cc)e(cd)
(ca)90(cb)32(cc)101(cd)10
Hello, C!
```

图 2-11 例 2-13 程序的运行结果

当输入 "Z e↙" 时,用户实际上输入了 4 个字符,即'Z'、' '(空格)、'e'和'\n',字符型变量 cd 的值为字符'\n'。第一条 printf 函数调用语句中把占位序列%c 替换成相对应的字符后,得到的字符串为"(ca)Z(cb) (cc)e(cd)\n"。

转义序列\b 是控制字符,用于"退格",可将输入/输出光标移到本行的前一列。printf("Hello!%c, C!\n", ca);执行时,得到的字符串为"Hello!\b, C!\n",输出\b 时,光标前移一个字符,导致其后字符的输出与前面的字符!重叠。

在 C 语言标准输入输出库(stdio.h)中,有两个专用于字符型数据输入和输出的函数:putchar 函数和 getchar 函数。

putchar 函数的功能是向输出设备输出一个字符。putchar 函数既能输出字符型变量,又能输出字符型字面量。语句 printf("%c",ca);可替换为 putchar(ca);。

例 2-14 putchar 函数的用法。

```
#include <stdio.h>
void main( ){
char ca = 'H', cb = 'i', cc = '\n';
   putchar(ca); putchar(cb); putchar(',');
putchar(cc); putchar('C'); putchar('!');
}
```

分析：

程序的运行结果如图 2-12 所示。

getchar 函数的功能是获得用户输入的一个字符，并把字符的 ASCII 码作为函数的返回值。语句 scanf("%c", &ca); 可替换为 ca = getchar();。

图 2-12　例 2-14 程序的运行结果

例 2-15　getchar 函数的用法。

```
#include <stdio.h>
void main( ){
    char ca, cb;
    ca = getchar( );
    scanf("%c", &cb);
    putchar(ca);
    printf("\n%c\n", cb);
}
```

分析：

程序的运行结果如图 2-13 所示。

先用 getchar 函数获得用户输入的字符。用户输入"Zzj ↙"时，用户输入的 4 个字符会被存储到输入缓冲区中。输入缓冲区是内存中的一块存储单元，用户输入的全部数据会自动存储到输入缓冲区中。getchar 函数和 scanf 函数会到输入缓冲区中获得用户输入的数据，只有当输入缓冲区中没有数据时，程序才会暂停执行，等待用户输入数据。

图 2-13　例 2-15 程序的运行结果

getchar 函数到输入缓冲区中取走第一个字符 Z，此时，输入缓冲区中还有"zj↙"。再用 scanf 函数获得用户输入的字符时，由于输入缓冲区中有数据，程序不会暂停执行，让用户输入，所以 scanf 函数会直接取走输入缓冲区中的第一个字符 z。

2.5　再谈 printf 函数的使用

printf 函数常见的调用方式如下。

`printf(格式字符串,输出列表)`

printf 函数将格式字符串产生的输出字符串显示在指定的输出设备上。输出字符串中的普通字符以字形码的方式显示，控制字符以执行特定操作的方式"显示"。

格式字符串由 3 类字符串组成：普通字符、转义序列和占位序列。普通字符和转义序列的相关字符会直接作为输出字符串的一部分，占位序列则需要把输出列表中的值转换为相应的字符串后，才能作为输出字符串的一部分。有时也把占位序列称为格式字符串。

占位序列的组成如下。

`%[修饰标记][域宽][.精度][长度修饰符] 格式字符`

方括号中的部分为可选项，但可选项的次序是固定的。

长度修饰符有 l 和 h，精度修饰符通常用.n 形式表示。域宽修饰符通常用 m 表示，m 为一个正整数，限定了占位序列转换后的字符串的最小长度(字符个数)，即最少有 m 列（m 个字符）。当字符串的长度不足 m 列时，需要在实际字符串的左端或右端添加填充字符以凑够 m 列。

填充字符由修饰标记规定，默认为空格。当填充字符出现在实际字符串的左端时，称为右对齐；当填充字符出现在实际字符串的右端时，称为左对齐。对齐方式由修饰标记规定，默认为右对齐，当修饰标记是负号（-）时，为左对齐。附录二有格式化输入和输出的详细介绍。

语句 printf("%d", 23);中，与占位序列%d 对应的整数为 23，占位序列转换后的字符串为"23"，输出时占 2 列。原语句等同于 printf("23");。

语句 printf("%3d", 23);的占位序列是%3d，其中的整数 3 为域宽，要求占位序列转换后的字符串至少输出 3 列。由整数 23 得到的字符串"23"只有 2 列，需添加填充字符以凑够 3 列。占位序列中没有修饰标记，对齐方式默认为右对齐，且填充字符为空格（在强调空格字符时，本书中用·字符代替空格），故需在实际字符串的左端添加空格。转换后的字符串为"·23"，原语句等同于 printf("·23");。

例 2-16 有 float f = 123.0;int j = 123;，分析下面语句的输出结果。

```
(1) printf("%11.2e\n", f);
(2) printf("%11.2f\n", f);
(3) printf("%-11.2e\n", f);
(4) printf("%-11.2f\n", f);
(5) printf("%11d\n", j);
(6) printf("%-11d\n", j);
(7) printf("%-1d\n", j);
```

分析：

（1）与占位序列%.2e 对应的字符串为"1.23e+002"，输出时占 9 列。占位序列中的 11 为域宽，该字符串还需添加 2 个字符。占位序列中没有修饰标记，对齐方式默认为右对齐，需要在实际字符串的左端添加 2 个空格字符，故占位序列转换后的字符串为"...1.23e+002"，原语句等同于 printf("...1.23e+002\n");。

（2）原语句等同于 printf("...123.00\n");。

（3）修饰标记负号-规定对齐方式为左对齐，故占位序列转换后的字符串为"1.23e+002..."。

（4）原语句等同于 printf("123.00...\n");。

（5）原语句等同于 printf("...123\n");。

（6）原语句等同于 printf("123...\n");。

（7）与占位序列%d 对应的字符串为"123"，输出时占 3 列。占位序列中的域宽为 1，要求转换后的字符串输出时至少占 1 列，而字符串"123"符合要求，转换后的字符串就是"123"。由于不需要添加填充字符，所以对齐方式对转换后的字符串没有产生影响。

上面语句的输出结果如图 2-14 所示。

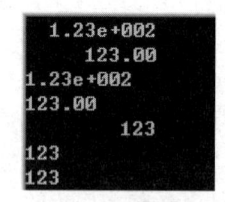

图 2-14 例 2-16 语句的输出结果

2.6 典型例题

例 2-17 当用户输入"5 23 1.23 7.89e2↙"时，分析下面程序的运行结果。

```
#include <stdio.h>
void main( ){
    char c;
```

```
    short i;
    float f;
    double lf;
    scanf("%c%hd%f%lf", &c, &i, &f, &lf);
    printf("z%c%hd%11.2e%-5.0fz\n", c, i, f, lf);
}
```

分析：

由格式字符可知，scanf 函数获得了用户输入的一个字符、一个 short 型整数、一个单精度数和一个双精度数，用户输入的 "5 23 1.23 7.89e2↙" 分别是字符 5、整数 23、单精度小数 1.23 和双精度小数 7.89e2。

输出时，z 是普通字符，原样输出；占位序列%11.2e 中，域宽为 11，精度为 2，输出少于 11 列时右对齐，即在实际字符串的左端补空格；占位序列%-5.0f 中，域宽为 5，精度为 0，输出少于 5 列时左对齐，即在实际字符串的右端补空格。程序的运行结果如图 2-15 所示。

图 2-15 例 2-17 程序的运行结果

讨论：

（1）把语句 scanf("%c%hd%f%lf", &c, &i, &f, &lf);改为 scanf("%hd%c%f%lf", &i, &c, &f, &lf);后，当用户输入 "23 5 1.23 7.89e2↙" 时，用户输入的数据分别是什么？

（2）字符型数据与数值型数据混合输入时，应注意什么问题？

提示：

（1）当用户输入 "23 5 1.23 7.89e2↙" 时，用户输入的数据分别是整数 23、字符空格、单精度小数 5 和双精度小数 1.23。输入完成后，输入缓冲区中的字符串为"·7.89e2\n"。

（2）字符型数据与数值型数据混合输入时，应先获得字符型数据。若先获得数值型数据，则输入缓冲区中通常会留下空格符或回车符，再获得字符型数据时，就不会让用户输入了，而是直接把输入缓冲区中的字符当作用户输入的数据。

例 2-18 倒序输出用户输入的一个三位正整数，如用户输入 "123" 时，程序输出 "321"。

分析： 一些具体的输入和输出如表 2-4 所示。

表 2-4 一些具体的输入和输出

输入和输出	第一次	第二次	第三次
用户可能输入的数据	123	230	523
程序预期输出的数据	321	32	325

设计算法：第一步，提示用户输入一个三位的正整数；第二步，用 short 型变量 i 存储用户输入的数据；第三步，求出变量 i 的倒序数；第四步，输出倒序数。

实现算法时，没有 C 语言命令可以求变量 i 的倒序数，第三步需要更详细的处理步骤。这一步可细化为先通过算术运算求出变量 i 各数位上的数，再在显示器上呈现倒序数，如 printf("%d%d%d", 3, 2, 1);或 printf("%d", 3 * 100 + 2 * 10 + 1);。

换一种思路解决这个问题。看到提示信息后，用户可能输入 "123↙"，从用户的角度看，用户输入了整数 123，但从程序员的角度看，用户只是输入了 4 个字符。设计新的算法：第一步，提示用户输入一个三位的正整数；第二步，获得并存储用户输入的 3 个字符；第三步，倒序输出用户输入的3个字符。

```
#include <stdio.h>
void main( ){
    char cb, cs, cg;
        printf("请输入一个三位的正整数：\n");
    scanf("%c%c%c", &cb, &cs, &cg);
    printf("您输入的整数是：%c%c%c\n", cb, cs, cg);
        printf("倒序后的整数是：%c%c%c\n", cg, cs, cb);
}
```

程序的运行结果如图 2-16 所示。

由运行结果可知，程序似乎解决了问题，但当用户输入"230"时，程序输出"032"，有一个 Bug（程序中出现的问题常被称为 Bug）。改正这个 Bug 时，可先由数字字符得到对应的整数，再计算出倒序数，如(cg - '0') * 100 + (cs - '0') * 10 + (cb - '0')。

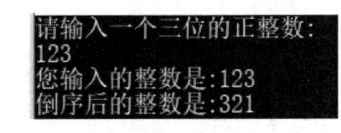

图 2-16　例 2-18 程序的运行结果

深度探究

1. 输入缓冲区

先来看第一个问题。有 short 型变量 j，用语句 scanf("%hd", &j);获得用户输入的一个整数。若用户输入两个整数才按下回车键，如"5 23↙"，会发生什么情况呢？编程验证。

```
#include <stdio.h>
void main( ){
    short j;
    scanf("%hd", &j);
    printf("%hd\n", j);
}
```

程序的运行结果如图 2-17 所示。

由程序的运行结果可知，变量 j 的值为用户输入的第一个整数 5。如果用户输入了多于 scanf 所需要的数据，则 scanf 函数会获得用户先输入的数据。

图 2-17　程序的运行结果

接下来的问题：用户输入的多余数据会丢失吗？继续编程验证。

```
#include <stdio.h>
void main( ){
    short j, k;
    scanf("%hd", &j);
    printf("%hd\n", j);
     scanf("%hd", &k);
    printf("%hd\n", k);
}
```

用户输入"5 23↙"时，程序的运行结果如图 2-18 所示。

由程序的运行结果可知，变量 k 的值为 23，用户输入的多余数据没有丢失。分析程序的运行结果，可以发现一个问题：scanf 函数被调用执行了两次，但程序并没有暂停两次，等待用户输入数据，而是仅在第一次调用执行 scanf 函数时暂停了。为什么会出现这种情况呢？

再次运行程序，当程序第一次暂停等待用户输入时，输入"5↙"，程序的运行结果如图 2-19 所示。

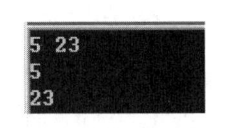

图 2-18　程序的运行结果　　　　　　　　图 2-19　程序的运行结果

显然，当用户输入"5↙"时，程序会再次暂停执行。通过对比程序的两次执行情况可以发现，程序是否再次暂停执行等待用户输入与程序第一次暂停时用户输入数据的多少有关。

程序暂停执行等待用户输入时，用户输入的全部数据会被存储到一块被称为输入缓冲区的内存中。scanf 函数从输入缓冲区中读取数据。如果输入缓冲区中有数据，scanf 函数将直接从输入缓冲区中取出数据，并不会暂停执行等待用户输入数据。只有当输入缓冲区中没有数据时，程序才会暂停执行，等待用户向输入缓冲区中输入数据。由于输入缓冲区的存在，用户输入的多余数据并不会"丢失"。

还有一个问题：字符型专用的输入函数 getchar 与 scanf 函数共用一个输入缓冲区吗？编程验证。

```
#include <stdio.h>
void main( ){
    short j;
    char ca;
    ca = getchar( );
    printf("%c\n", ca);
    scanf("%hd", &j);
    printf("%hd\n", j);
}
```

程序的运行结果如图 2-20 所示。

程序开始运行时，输入缓冲区中为空，当 getchar 函数被调用执行时，它在输入缓冲区中找不到数据，程序会暂停执行，并等待用户输入数据。如程序运行结果中的第一行所示，当用户输入"z 23 ↙"后，getchar 函数通过输入缓冲区获得用户输入的字符 z。程序继续执行，printf 函数输出了变量 ca 的值，即第二行显示了字符 z。紧接着 scanf 函数被调用执行。由运行结果可知，程序并没有暂停执行让用户输入数据；由程序运行结果中的第三行可知，变量 j 被 scanf 函数赋值为 23，而 23 是刚才程序暂停时用户输入的多余数据。可见，getchar 函数与 scanf 函数使用同一个输入缓冲区。

图 2-20　程序的运行结果

2. scanf 函数对空格符或换行符的处理

遇到空格符或换行符（\n）时，scanf 函数的处理分两种情况。第一种情况发生在数据识别进行时，即已经有了成功匹配的字符和识别结果。有 scanf("%d", &j);，当用户输入"23↙"时，用户实际上只是输入了 3 个字符：字符 2、字符 3 和字符\n。由于使用的是格式字符 d，所以用户输入的应是一个十进制整数。scanf 函数会依次识别输入缓冲区中用户输入的字符，还会从输入缓冲区中取走匹配成功的字符。首先是字符 2，匹配成功，此时识别的结果为整数 2。继续识别字符，然后是字符 3，也匹配成功，此时的识别结果为整数 23。继续识别字符，最后是字符\n。这就属于第一种情况，即在识别进行时遇到字符\n，scanf 函数会认为此次识别操作已成功完成，结束此次的识别操作，并将识别结果（整数 23）作为最终的结果赋值给变量 j。scanf 函数并不取走字符\n，本次识别结束后，输入缓冲区中还有一个字符\n。如在识别进行时遇到空格符，scanf 函数会进行同样的处理。

第二种情况发生在开始识别时，scanf 函数会根据格式字符选择不同的操作。当格式字符为 c 时，scanf 函数会把遇到的空格符或换行符作为有效数据，取走字符并赋值给变量；当格式字符不是 c 时，scanf 函数会先取走字符并忽略空格符或换行符，再继续识别字符。编程验证如下。

```
#include <stdio.h>
void main( ){
    short j;
    char ca;
    scanf("%c%hd", &ca, &j);
    printf("%c,%hd\n", ca, j);
    scanf("%hd%c", &j, &ca);
    printf("%c,%hd\n", ca, j);
}
```

程序的运行结果如图 2-21 所示。

由程序的运行结果可知，语句 scanf("%c%hd", &ca, &j);正确地将用户输入的一个字符和一个整数赋值给了相关变量。

对于语句 scanf("%hd%c", &j, &ca);，用户输入"23 z↙"时，scanf 函数先根据格式字符 d 成功匹配了字符 2 和字符 3；遇到空格符后，它结束了本次识别，变量 j 的值变成了 23。再次开始识别时，scanf 函数先遇到了仍然留在输入缓冲区中的空格符，由于格式字符为 c，scanf 函数就从输入缓冲区中取走了空格符，并将它赋值给了字符型变量 ca，所以字符型变量 ca 的值为空格，而不是字符 z。

图 2-21 程序的运行结果

分析下面程序中的逻辑错误。

```
#include <stdio.h>
void main( ){
  short i,j;
    char ca;
    printf("请输入两个整数！\n");
    scanf("%hd%hd", &i, &j);
    printf("%hd+%hd=%hd\n", i, j, i + j);
    printf("请输入一个小写字母！\n");
    ca = getchar( );
    printf("大写字母为：%c\n", ca - ('a' - 'A'));
}
```

3. 匹配不成功对 scanf 函数的影响

当遇到非法字符导致匹配不成功时，scanf 函数会立即结束本次识别。如果刚开始识别就遇到非法字符，scanf 函数会对相关变量赋值吗？编程验证。

```
#include <stdio.h>
void main( ){
    short j;
    printf("变量原始状态：%hx\n", j);
    scanf("%hd", &j);
    printf("变量赋值后的状态：%hx\n", j);
}
```

程序的运行结果如图 2-22 所示。

对于格式字符 d，用户输入的字符 z 是非法字符。scanf 函数在刚开始识别时就遇到了非法字符，由于匹配不成功，立即结束了本次识别。从程序的运行结果可知，由于没有成功匹配任何字符，变量 j 的存储状态没有任何改变，即变量 j 依然是原值。

图 2-22　程序的运行结果

匹配不成功会影响下一次的输入吗？编程验证。

```
#include <stdio.h>
void main( ){
    short j, k;
    printf("变量原始状态：%hx,%hx\n", j, k);
    scanf("%hd%hd", &j, &k);
    printf("变量赋值后的状态：%hx,%hx\n", j, k);
}
```

程序的运行结果如图 2-23 所示。

由程序的运行结果可知，匹配不成功影响了下一次的输入。相对于格式字符 d，23 是合法数据，但变量 k 的值依然没有任何改变，这个结论不是问题的关键。分析程序的另一种运行结果如图 2-24 所示。

图 2-23　程序的运行结果　　　　　图 2-24　程序的运行结果

当用户输入字符 z 时，匹配不成功，scanf 函数不会对变量 j 赋值，此时程序应该暂停执行，等待用户输入第 2 个整数，但程序为什么没有暂停呢？

在匹配不成功时，scanf 函数不会从输入缓冲区中取走非法字符。当 scanf 函数获得用户输入的第 2 个整数时，发现输入缓冲区中有字符 z，于是 scanf 函数不再让用户输入数据，而是开始匹配输入缓冲区中的数据。匹配成功后，变量 k 的值同样没有改变。编程测试。

```
#include <stdio.h>
void main( ){
    short j, k;
    char ca;
    scanf("%hd", &j);
```

```
        scanf("%c", &ca);
        printf("(ca)%c\n", ca);
        scanf("%hd", &k);
        printf("(k)%hd\n", k);
}
```

程序的运行结果如图 2-25 所示。

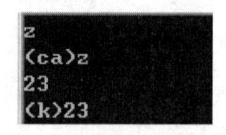

图 2-25　程序的运行结果

4. 当用户一次输入多个数据时，数据之间可以用其他字符分隔吗？

scanf 函数常见的调用方式如下。

scanf(格式字符串,输入列表);

scanf 函数中的格式字符串通常由占位序列和普通字符组成。在格式字符串"%d,%d"中，%d 是占位序列，两个%d 中间的逗号是一个普通字符。用户输入的数据必须与 scanf 函数中的格式字符串完全对应。如果 scanf 函数的格式字符串为"%d,%d"，则用户输入的数据必须由一个整数形式的字符串（对应第一个%d）、一个逗号（对应中间的逗号）和一个整数形式的字符串（对应第二个%d）构成，如 23,32。编程测试。

```
#include <stdio.h>
void main( ){
    short j, k;
    scanf("%hd,%hd", &j, &k);
    printf("%hd:%hd\n", j, k);
}
```

程序的运行结果如图 2-26 所示。

讨论：当格式字符串为"%d\n"时，如何输入才能匹配成功？

提示：格式字符串"%d\n"中的\n 是回车，对应的输入应为"一个整数加回车"，但按下回车键时，输入的\n 会作为一次输入结束的标志，不会用来匹配格式字符串"%d\n"中的\n，于是就会出现格式字符串"%d\n"中的\n 一直没有匹配的情况，按下回车键也没有用，因为缺少输入，所以无法结束。请编程测试。

图 2-26　程序的运行结果

5. 当字符型用作整型时，是无符号整型还是有符号整型呢？

字符型长度为 1 个字节，有 256 种状态，用作整型时，如果是无符号整型，则取值范围为 0~255，如果是有符号整型，则取值范围为-128~127。无符号的-1 是最大的整数，设 char ca = -1;，若 ca 的实际值为 255，则字符型为无符号整型，若实际值为-1，则字符型为有符号整型。

在不确定字符型是何种整型时，用 printf 函数无法输出变量 ca 的实际值。当 ca 的值为 255 时，ca/2 的商为 127；当 ca 的值为-1 时，ca/2 的商为 0。编程测试。

```
#include <stdio.h>
void main( ){
```

```
    char ca = -1;
    printf("%d\n", ca / -2);
}
```

程序的运行结果如图 2-27 所示。

由程序的运行结果可知，变量 ca 的实际值为-1，即字符型用作整型时，是 1 个字节的有符号整型。

图 2-27　程序的运行结果

练习 2

1. 分析程序。

```c
#include <stdio.h>
void main( ){
    short j = 50000;
    unsigned short uj = 50000;
    printf("%hd, %hu\n", j, uj);
}
```

2. 分析程序。

```c
#include <stdio.h>
void main( ){
    unsigned short j = -1u;
    printf("%hu\n", j);
}
```

3. 按升序（从小到大）排列下面的整型字面量。

```
0xac    0253    169    -027    -0X20
```

4. 分析程序。

```c
#include <stdio.h>
void main( ){
    short i, j, k;
    scanf("%hd%hd%hd", &i, &j, &k);
    printf("%hd,%hd,%hd\n", i, j, k);
}
```

当用户输入"23-023-0x23↙"时，写出程序的运行结果。

将语句 scanf("%hd%hd%hd", &i, &j, &k);改为 scanf("%hd%ho%hx", &i, &j, &k);，用户输入的数据不变，再次写出程序的运行结果。

5. 若有 long j = 2147483647;，则 j + 1 的值不会是 2147483648（long 型变量的取值范围为 -2147483648～2147483647），那么它的值是多少呢？如果变量 j 的值为-2147483648，则 j－1 的值也不会是-2147483649，那么它的值又是多少呢？请编程测试，并分析结论"计算机中的整数构成一个环"。

6. 指出下面数据中不合法的浮点型字面量。

```
233.0, 791E+2, 2.e3, 2e3, 12e2.0, 3., 0.791E-2, .8
```

提示：不合法的浮点型字面量会导致语法错误。此外，合法并不代表可读性好。

7. 改正下面程序中的错误。
```
#include <stdio.h>
void main( ){
    double lfd;
    scanf("%e", &lfd);
    printf("%e\n", lfd);
}
```

8. 分析程序。
```
#include <stdio.h>
void main( ){
    float fa = 3.11, fb = 3.12;
    printf("%.2f\n", fa + fb);
    printf("%.2f\n", 6.23);
}
```
把%.2f 替换为%.8f 和%.18f 后，对比分析程序的运行结果。

9. 3/2 的值为 1，3.0/2.0 的值是 1.0 还是 1.5 呢？请编程验证。3.0％2.0 的值是多少呢？1/3＊3 的值是多少呢？

10. 分析浮点型的精度。

提示：

（1）在什么情况下，浮点型数据不会出现误差？

（2）使用浮点型变量时，应注意什么问题？

11. sizeof 是一个操作符，可用于求一个变量相关存储单元的字节数或数据类型的编码长度（以字节为单位）。分析程序。
```
#include <stdio.h>
void main( ){
    int i = 5;
    printf("int(字节数):%d\n", sizeof i);
    printf("long double(字节数):%d\n", sizeof(long double));
    printf("23(字节数):%d\n", sizeof 23);
}
```

12. 查 ASCII 码表，写出下面程序的运行结果，如何评价这样的程序呢？
```
#include <stdio.h>
void main( ){
    printf("\x48\145\x6c\154\157\x2c\103\41\n");
}
```

13. 分析 ASCII 码表的编码规律。

14. 写出下面程序的运行结果并分析。
```
#include <stdio.h>
void main( ){
    char ca = '0';
    printf("%c,%d\n", ca, ca);
}
```

15. 控制字符的输出结果与普通字符的输出结果有何不同？

16. 分析下面程序的运行结果，并讨论转义序列\t、\b 和\r 的作用。

```
#include <stdio.h>
void main( ){
  printf("%d\t%d\t%d\n", 23, 23, 23);
  printf("%d\t%d\t%d\n", 232323, 123456789, 23);
     printf("%d\b%d\n", 23, 56);
     printf("%d\r%d\n", 123, 56);
}
```

17. 把用户输入的一个整数和一个字符分别存储到 short 型变量 j 和字符型变量 ca 中时，语句 scanf("%c%d", &ca, &j);和语句 scanf("%d%c", &j, &ca);有无区别？

18. 语句 printf("%d",'a' - 'A');的输出值是多少呢？有什么实际意义？设 char 型变量 ca 的值为字符 a，语句 printf("%c", ca - 32);会输出什么字符？分析语句 printf("%c", ca - 32);、语句 printf("%c", ca - ('a' - 'A'));及语句 printf("%c", ca - 'a' + 'A');。

19. 比较算式'5' * '5'和 5 * 5。设 char 型变量 ca 的值是一个数字字符，如何得到与之对应的整数呢？

20. 阶乘函数的功能是求一个整数的阶乘，即输入一个整数，函数输出该整数的阶乘。在定义阶乘函数时，函数的返回值应选用什么类型呢？用 short 型作函数的返回值类型时，阶乘函数最大能输出哪个整数的阶乘呢？用 unsigned short、long、unsigned long、float 或 double 作函数返回值类型时，情况会如何呢？

本章讨论提示

1. 整型变量的所赋值不能超出变量的取值范围。只有使用类型相匹配的格式字符，printf 函数的输出值才是整型变量的实际值。

2. 浮点型变量的实际值通常是所赋值的近似数，输出浮点型变量的实际值并没有太大的实际意义。

3. 参见深度探究 5。

4. 请用户输入两个整数，当用户输入"23 32✓"时，会觉得自己输入了两个整数，实际上用户只是输入了一串字符"23 32\n"。语句 scanf("%d%d", &a, &b);执行时，将用户输入的字符转化为真正的整数。用语句 printf("和为%d", c);输出结果时，printf 函数会将整数 55 转化为字符串 55，并在程序的运行窗口中显示每个字符的形状，用户看到后，会认为和为整数 55。

第 3 章　表达式

章节导学

用操作符把操作数连接起来且符合 C 语言语法规则的式子就是表达式。本章讨论赋值表达式、算术表达式和逗号表达式。

数学中先乘除后加减，C 语言中也是优先级高的操作符先执行。由于+号的优先级更高，所以表达式 c＝a＋b 的求值顺序为先相加再赋值。当操作符的优先级相同时，是左结合的，即谁在左边先算谁。C 语言是高级程序设计语言，功能相同的操作符，其相对优先级和结合性与数学中的一致，即先乘除后加减，只有乘除或加减时，谁在左边先算谁。为了使代码更简洁，C 语言中有 3 类操作符是右结合的，即谁在右边先算谁。

C 语言表达式有一个确定的值，如表达式 a＝3 的作用是把变量 a 赋值为 3，它也有值。与有返回值的函数的执行结果类似，所有表达式的执行结果都表现为一个具体的值。

类型不同的数据，其编码规则不同，计算机中只有同类型的数据才能进行算术运算。受运算器种类的限制，只有规定类型的同类型数据才能进行算术运算。尽管算术表达式中的运算是常见的加、减、乘、除，但是它比数学中的求值复杂许多。

逗号操作符用于将多条语句转化为一个逗号表达式。为了实现这一功能，不但要求逗号操作符带序列点以屏蔽操作符优先级的影响，而且要求逗号操作符的优先级最低。

表达式的求值规则是先考虑序列点，再考虑优先级和结合性。分析表达式时，先确定操作符的求值顺序，再依次执行操作符命令。只要能求出表达式的值，表达式就是合法的。

C 语言是精心设计的编程语言，许多语法规则都有内在的逻辑。思考规则背后蕴含的逻辑，有助于读者加深对编程语言的理解。

种类繁多的操作符使得 C 语言不但灵活，而且功能强大。算法中的许多步骤都需要翻译成 C 语言表达式，只有精通 C 语言表达式，才能熟练地使用表达式指挥计算机解决实际问题。此外，要养成以加圆括号的方式分析表达式求值顺序的习惯。

本章讨论

1. 表达式的值为什么在运算器的存储单元中？

2. 在求三位正整数 n 的各数位上的数之和时，有读者认为用表达式 n/100＋n％100/10＋n％10 更简洁。与例 3-17 所用的算法相比，哪个更好？

3. 分别求表达式 (−1u−2)/−1 和(−1−2)/−1 的值。

3.1　概述

用操作符把操作数连接起来且符合 C 语言语法规则的式子被称为表达式。单独的一个字面量或变量也是表达式。例如，i＋(j−m/n)％5、n＞5＆＆i％3＝＝0、x＝y++％2、n＝i＞j？

2：-2、n >>= 2、x = 3, y *= 6, 89 + 56 都是表达式。

表达式由操作符和操作数组成。操作符又称运算符，是一种表示对数据进行何种处理的符号，如+、-、*、&等。操作符处理的对象被称为操作数。操作数可以是字面量、变量或有返回值的函数调用等。C 语言操作符如表 3-1 所示，也可参见附录五。

表 3-1　C 语言操作符

优先级	操作符	名称	分类		结合性
1	( )	圆括号			左结合
	[ ]	下标运算操作符	下标		
	->	指向成员操作符	分量		
	.	成员操作符			
2	!	逻辑非操作符	逻辑	单目操作符	右结合
	~	按位取反操作符	位		
	++	自增操作符			
	--	自减操作符			
	-	负号操作符			
	（类型）	强制类型转换操作符			
	*	间接引用操作符	指针		
	&	取地址操作符			
	sizeof	求内存字节数操作符			
3	*	乘法操作符	算术	双目	左结合
	/	除法操作符			
	%	求余操作符			
4	+	加法操作符	算术	双目	左结合
	-	减法操作符			
5	<<	左移操作符	位	双目	左结合
	>>	右移操作符			
6	<	小于操作符	关系	双目	左结合
	<=	小于或等于操作符			
	>	大于操作符			
	>=	大于或等于操作符			
7	==	等于操作符	关系	双目	左结合
	!=	不等于操作符			
8	&	按位与操作符	位	双目	左结合
9	^	按位异或操作符	位	双目	左结合
10	|	按位或操作符	位	双目	左结合
11	&&	逻辑与操作符	逻辑	双目	左结合
12	||	逻辑或操作符	逻辑	双目	左结合
13	?:	条件操作符	条件	三目	右结合
14	= += -= *= /= %= >>= <<= &= ^= |=	赋值操作符	赋值	双目	右结合
15	,	逗号操作符	逗号	双目	左结合

根据所需操作数的个数，操作符可分为需要一个操作数的单目操作符、需两个操作数的双目操作符和需要三个操作数的三目操作符。根据功能，操作符可分为赋值操作符、算术操作符、

关系操作符、逻辑操作符、位操作符和指针操作符等。操作符是 C 语言命令，种类繁多的操作符使得 C 语言既灵活又功能强大。

根据最后执行的操作符的类别，表达式相应地分为赋值表达式、算术表达式等。

表达式都有一个确定的值。所谓表达式的值，是指按照规则依次执行操作符命令，最终所得到的结果。例如，在对表达式 3-2/5 求值时，先算除法，2/5 的值为 0，再算减法，3-0 得 3，所以表达式的值为 3，类型为 int 型。表达式的值多在运算器中存储。

表达式的求值规则为优先级高的操作符先执行，相邻的同优先级操作符根据结合性确定执行顺序。大多数操作符的结合性是左结合的，相邻的同优先级操作符自左向右依次执行，即谁在左边先算谁。为了使代码更简洁，有 3 类操作符的结合性是右结合的，即谁在右边先算谁。圆括号操作符的优先级最高，可以用加圆括号的方式确定一个表达式的求值顺序，如表达式 3-2/5 的求值顺序为(3-(2/5))。分析表达式时，根据优先级和结合性，用加圆括号的方式确定表达式的求值顺序。

操作符的优先级会影响某些操作符的功能或执行过程，为了屏蔽优先级的影响，这些操作符都会带一个序列点。带序列点的操作符有逗号操作符、逻辑与操作符、逻辑或操作符和条件操作符。在对表达式求值时，首先考虑序列点，然后考虑优先级，最后考虑结合性。当表达式中有序列点时，也需要根据优先级和结合性给表达式加圆括号，以确定序列点相关操作符的左操作数和右操作数。此外，要养成以加圆括号的方式分析表达式求值顺序的习惯。

例 3-1 查表确定下面表达式中各操作符的优先级和结合性，并用加圆括号的方式确定求值顺序。

① i = j = k = 23　　　　② -i++　　　　③ n > 5 && i % 3 = = 0

分析：

（1）表达式 i = j = k = 23 中只有一种操作符，求值顺序由赋值操作符的结合性决定。赋值操作符=是右结合的，即从右向左求值。表达式的求值顺序为(i = (j = (k = 23)))。

（2）表达式-i++有操作符++和操作符-，应先确定-是减法操作符还是负号操作符。由于操作符-只有变量 i 一个操作数，而减法操作符需要有两个操作数，所以-为负号操作符。操作符++和操作符-优先级相同，是右结合的，表达式的求值顺序为(-(i++))。

（3）表达式 n > 5 && i % 3 = = 0 中的操作符较多，按优先级从高到低排序为%、>、= =和&&，求值顺序为((n > 5) && ((i % 3) = = 0))。

例 3-2 把数学中的代数式 $\dfrac{|a|+\sqrt{b^2-x^y}}{5}$ 改写为 C 语言表达式，其中的字母已被定义为同名的 double 型变量。

分析：

这个代数式中需要求绝对值、平方根和幂。由表 3-1 可知，C 语言中没有此类功能的操作符。许多复杂的数学运算，如求平方根、正弦值等，已在 math.h 库中实现了。求绝对值可用 fabs 函数，求平方根可用 sqrt 函数，求幂可用 pow 函数，求正弦值可用 sin 函数。常用的 C 语言库函数见附录四。

分数形式可改写为除法。

综上所述，原代数式可以改写为 (fabs(a) + sqrt(b * b - pow(x, y))) / 5。

后面加一个分号;，C 语言表达式就变成了 C 语言表达式语句。计算机执行表达式语句的过程，就是根据规则对表达式进行求值的过程。

3.2 赋值表达式

3.2.1 赋值操作符

=是赋值操作符、双目操作符，是右结合的，优先级在表 3-1 中为 14。赋值表达式的一般形式如下。

变量 = 子表达式

由于赋值操作符的优先级非常低，赋值表达式在执行时，通常先求出右边子表达式的值，再把值转换为变量的类型存储到变量中。

赋值操作符的功能是赋值，操作符=左边的操作数需为变量或存储单元。表达式 'a' = 23 和 3 = i 中，左边的操作数是字面量，表达式非法。表达式 a + b = 23 的求值顺序为((a + b) = 23)，子表达式 a + b 先执行，再执行赋值操作，这时赋值操作符的左操作数是和而非变量，赋值操作不能执行，原表达式非法。

赋值操作符=可读作"赋值为"，等号操作符==才读作"等于"。

例 3-3 分析程序。

```
#include <stdio.h>
void main( ){
   int i, j = 3;
   i = 1;
   i = i + 1;
   j = i;
   printf("%d,%d\n", i, j);
}
```

分析：

程序中先定义了两个 int 型变量 i 和 j，其中变量 j 的值初始化为 3。

赋值语句 i = 1;执行时，将整型字面量 1 赋值给变量 i，i 的值变为 1。

语句 i = i + 1;执行的过程就是对表达式 i = i + 1 求值的过程。赋值操作符的优先级在表 3-1 中为 14，低于加法操作符的优先级，表达式的求值顺序为(i = (i + 1))。加法操作符先执行，将变量 i 的值 1 赋值给运算器中的存储单元，运算器计算两个操作数 1 与 1 的和。原表达式变为 i = 2。赋值操作将运算器中的和存储到变量 i 中，变量 i 的值变为 2。赋值操作符最后执行，表达式 i = i + 1 是赋值表达式。

表达式 j = i 是将变量 i 赋值为变量 j，变量 j 的值由原来的 3 变为 2。赋值操作符执行时，会参照变量 i 的存储状态设置变量 j 的存储状态，但不会改动变量 i 的存储状态，赋值后，变量 i 的值仍然为 2，变量 j 的值变为 2。

程序的运行结果为：

2,2✓

赋值操作只会影响左操作数，不会影响右操作数。在对子表达式 i + 1 求值时，将变量 i 赋值给运算器中的存储单元，并不会影响变量 i 的值。

例 3-4 有 int i, j, k;，表达式 i = j = k = 23 合法吗？

分析：

如何判断一个表达式是否合法呢？

方法一：按照规则对表达式求值，如果能得到一个值，表达式就是合法的；如果在求值的过程中出现了问题，表达式就是非法的。

方法二：把表达式变成表达式语句，如果语句能通过编译，相关表达式就是合法的。

一定要养成人工执行源程序的好习惯，最好先利用方法一得出结论，必要时再利用方法二进行验证。

赋值操作符是右结合的，原表达式的执行顺序为(i = (j = (k = 23)))。子表达式 k = 23 先执行，将变量 k 赋值为 23。尽管赋值表达式的作用是给变量赋值，但是赋值表达式也有值，每个 C 语言表达式都有值。表达式 3 + 2 的作用是求和，与求值的表达式相比，赋值表达式被关注的是赋值操作，其执行结果为一个值的事实常被忽略。子表达式 k = 23 将变量 k 赋值为 23，且该表达式的值为 23，原表达式变为 i= (j = 23)。

子表达式 j = 23 执行，变量 j 的值变为 23，且表达式的值为 23，原表达式变为 i = 23。子表达式 i = 23 执行，变量 i 的值变为 23，子表达式的值为 23，其为整型。

表达式 i = j = k = 23 的值为 23，能求出值，因此表达式合法。

语句 i = j = k = 23;的作用是把 3 个变量都赋值为整数 23，该语句是 k = 23;、j = 23;和 i = 23;三条语句的简写形式。右结合的赋值操作符可以使语句更简洁。

例 3-5 分析表达式 a = 3 * 2 = 5 * 7。

分析：

表达式 a = 3 * 2 = 5 * 7 的求值顺序为(a = ((3 * 2) = (5 * 7)))。

乘法操作符执行后，原表达式变为 a =(6 = 35)。子表达式 6 = 35 中，赋值操作符的左操作数为非变量，该子表达式不合法，原表达式 a = 3 * 2 = 5 * 7 也是非法的。

表达式中的两个乘法操作符不相邻，不能根据结合性确定它们的执行顺序。不相邻的乘法操作符的执行顺序通常不会影响表达式的最终结果，C 语言中也没有规定它们的执行顺序。

3.2.2 类型不匹配的赋值操作

所谓类型不匹配，是指赋值表达式中右边子表达式的类型与左边变量的类型不一致。如果把字符型看作编码长度为 1 个字节的有符号整型，则数据类型有整型和浮点型两大类。下面讨论几种类型不匹配时的赋值操作。

3.2.2.1 整型之间相互赋值

若所赋值在变量的取值范围之内，则变量的值会变成所赋值。若所赋值超出变量的取值范围，则赋值操作有逻辑错误。

例 3-6 编码长度不同的整型间相互赋值。

```
#include <stdio.h>
void main( ){
    short i = -1;
    unsigned short ui = 65535;
    long li, lj;
    unsigned long uli, ulj;
```

```
        li = i;
        lj = ui;
        printf("(-1)%ld\t(65535)%ld\n", li, lj);
        uli = i;
        ulj = ui;
        printf("(-1)%lu\t(65535)%lu\n", uli, ulj);
}
```

分析：

程序的运行结果如图 3-1 所示。

```
(-1)-1      (65535)65535
(-1)4294967295   (65535)65535
```

图 3-1 例 3-6 程序的运行结果

-1 和 65535 在长整型变量的取值范围之内，语句 li = i;和语句 lj = ui;执行后，长整型变量 li 和 lj 的值分别为-1 和 65535。

语句 uli = i;即 uli = -1;，无符号长整型变量 uli 不能取负值，但-1 是个特例，它可以表示最大的正整数，所以 uli 赋值为最大的正整数 $2^{32}-1$。

65535 在无符号长整型变量的取值范围之内，语句 ulj = ui;执行后，变量 ulj 的值为 65535。

3.2.2.2 整型与浮点型之间相互赋值

尽管整型和浮点型都是 01 串，但是它们的编码规则不同，两者之间相互赋值时，需要进行编码之间的转换操作。将浮点型数据赋值给整型变量时，只会将浮点数的整数部分赋值给整型变量；将整型数据赋值给浮点型变量时，整型数据会转换为小数部分为 0 的浮点数。

例 3-7 整型与浮点型之间相互赋值。

```
#include <stdio.h>
void main( ){
        short i = -1, j;
        unsigned short ui = 65535;
        float fa = 2.3, fb, fc;
        j = fa;
        fb = i;
        fc = ui;
        printf("%hd\t%f\t%f\n", j, fb, fc);
}
```

分析：

程序的运行结果如图 3-2 所示。

```
2           -1.000000           65535.000000
```

图 3-2 例 3-7 程序的运行结果

j = fa 相当于 j = 2，fb = i 相当于 fb = -1.0，fc = ui 相当于 fc = 65535.0。

3.2.2.3 浮点型之间相互赋值

单精度和双精度的编码长度不同，两者相互赋值时，也需要进行编码的转换。将双精度数赋值给单精度变量时，编码长度由8个字节变成4个字节，会损失精度。若变量f是单精度，则赋值语句 f = 0.1;把单精度变量f赋值为双精度字面量0.1，在VC6.0编译器中通常会引起图3-3所示的警告。

```
warning C4305: '=' : truncation from 'const double' to 'float'
```

图3-3 精度损失引起的警告

警告不是错误，仅用于提示可能会发生错误或代码不规范。有的警告可以忽略，有的警告要引起注意。

3.2.3 复合赋值操作符

表达式 i = i + 1 可简写为 i += 1，可读作变量i加赋值1。操作符+=被称为复合赋值操作符，两个操作符中间不能有空格。复合赋值操作符还有很多，如与减法操作符组成的-=、与除法操作符组成的/=、与求余操作符组成的%=等。复合赋值操作符与赋值操作符具有相同的优先级和结合性。在对表达式 i += 1 求值时，仍需将其还原为 i = i + 1，复合赋值操作符的左操作数也只能是变量或存储单元。

例3-8 int j = 2;，分析表达式 j *= j + 3 和 j + 2 += 3。

分析：

（1）表达式 j *= j + 3 的求值顺序为(j *= (j + 3))。加号操作符先执行，子表达式 j + 3 的值为5，原表达式变为 j *= 5。j *= 5 是 j = j * 5 的简写，即 j = 2 * 5。乘法操作符先执行，表达式变为 j = 10，变量j赋值为10，原表达式的值为10。

（2）表达式 j + 2 += 3 的求值顺序为((j + 2) + = 3)。加号操作符先执行，子表达式 j + 2 的值为4，原表达式变为 4 += 5。复合赋值操作符+=的左操作数为字面量4，子表达式 4 += 5 是非法的，原表达式 j + 2 += 3 也是非法的。

3.3 算术表达式

3.3.1 算术表达式求值

C语言中的+、-、*、/和%是算术操作符，用算术操作符和圆括号将操作数连接起来组成的表达式，称为算术表达式。算术操作符的相对优先级和结合性与数学中的相对优先级和结合性一致。不同类型的数据，其编码规则不同，计算机中只有同类型的数据才能进行算术运算。编译器VC6.0中虚拟了3种运算器：long型运算器、unsigned long型运算器和double型运算器。只有long型、unsigned long型和double型的数据才能进行算术运算。类型不同或不是这3种类型的两个操作数需要转换为这3种类型之后才能进行算术运算。类型转换时，double型优先于unsigned long型和long型，unsigned long型优先于long型。若有double型或float型，则统一转换为double型；没有浮点型时，若有unsigned long型，则统一转换为unsigned long型；没有浮点型和unsigned long型时，统一转换为long型。

例3-9 有符号整型与无符号整型的混合运算。

（1）有 unsigned short ui = 23; int j = -32;，分析表达式 ui + j 的值的类型。

分析：

表达式 ui + j 的两个操作数分别为 unsigned short 型和 int 型，需转换为 long 型，即选用 long 型运算器。执行加法操作时，将操作数 ui 和 j 赋值给运算器中的 long 型存储单元，和也用 long 型存储单元存储，故表达式 ui + j 的值的类型为 long 型，值为 9。

（2）有 unsigned long ui = 23; short j = -32;，分析表达式 ui + j 的值的类型。

分析：

表达式 ui + j 的两个操作数分别为 unsigned long 型和 short 型，选用 unsigned long 型运算器。执行加法操作时，将操作数 ui 和 j 赋值给运算器中的 unsigned long 型存储单元，和也用 unsigned long 型存储单元存储，故表达式 ui + j 的值的类型为 unsigned long 型。将-32 赋值给运算器中的 unsigned long 型存储单元时，会出现逻辑错误，故不能确定值是多少。

例 3-10 求下面算术表达式的值。

20 + 5 / 2 + 18.6 / 3

分析：

表达式的求值顺序为((20 + (5 / 2)) + (18.6 / 3))。

子表达式 5 / 2 执行时，操作数类型都是 int 型，计算结果为 2，其类型为 int 型；子表达式 18.6 / 3 中的两个操作数类型不同，在对它求值时，3 需转换为 3.0，计算结果为 6.2，其类型为 double 型。原表达式变为(20 + 2) + 6.2。子表达式 20 + 2 的值为 22，其类型为 int 型；表达式 22 + 6.2 中的两个操作数类型不同，在对它求值时，22 自动转换为 22.0，结果为 28.2，其类型为 double 型。

表达式中有 double 型操作数，而子表达式 5 / 2 中的两个操作数是 int 型，可以求值，不会转换为 double 型。

3.3.2 强制类型转换操作符

有 float f = 2.9;和 int j;，表达式 f % 2 是不合法的，求余操作符%的操作数必须是整型。语句 j = f;是合法的。整型变量不能存储单精度数据，赋值时，编译器会先由浮点数 2.9 得到整数 2，再完成赋值操作。由浮点数 2.9 得到整数 2 的过程被称为类型转换。无须命令自动进行的类型转换被称为隐式类型转换。求余操作符%执行时，不会对操作数进行隐式类型转换。需要进行类型转换时，可以使用强制类型转换操作符。强制类型转换操作符的一般形式如下。

(类型名) 操作数

强制类型转换操作符是单目操作符，优先级为 2。强制类型转换操作的结果与赋值时进行的隐式类型转换操作的结果相同。有 int i = 5;，表达式(double)i 的值为 5.0，其类型为 double 型。表达式(int)2.9 的结果为 2，其类型为 int 型。

表达式(int)f % 2 中，强制类型操作符(int)比求余操作符%的优先级高。子表达式(int)f 的值为 2，其类型为 int 型，原表达式变为 2 % 2，值为 0，其类型为 int 型。

表达式(int)(3.2 / 2)中有 3 个操作符：强制类型操作符(int)、圆括号操作符(　)和除法操作符/。圆括号操作符优先级最高，执行后原表达式变为(int)1.6，最终结果为 1，其类型为 int 型。

例 3-11 强制类型转换操作。

```
#include <stdio.h>
void main( ){
    float fa = 2.9, fb, fc;
```

```
        int i;
    i = fa;
        fb = (float)(5 / 2);
        fc = (float)5 / 2;
        printf("%d\t%f\t%f\t%f\n", i, fa, fb, fc);
}
```

分析：

程序的运行结果如图 3-4 所示。

```
2       2.300000        2.000000        2.500000
```

图 3-4　例 3-11 程序的运行结果

表达式(float)(5 / 2)中，圆括号操作符优先级最高，子表达式(5 / 2)先求值，原表达式变为(float)2，最终结果为 2.0，其类型为 float 型。

表达式(float)5 / 2 中，强制类型转换操作符优先级最高，子表达式(float)5 先求值，原表达式变为 5.0 / 2，最终结果为 2.5，其类型为 double 型。

3.3.3　自增自减操作符

编程时，经常需要将某变量的值加 1 或减 1。让变量 i 的值加 1，可用表达式 i=i+1 或 i+=1，而更简洁的表达式为 i++或++i。操作符++是自增操作符，单目操作符，故优先级为 2，是右结合的。自增操作符++的作用是让变量的值增加 1，其操作数只能是变量或存储单元。在对表达式 3++求值时，将其还原为 3 = 3 + 1，赋值操作符的左操作数不是变量，表达式是非法的。

表达式 i++和++i 的作用相同，都可以使变量 i 的值增加 1，这两个表达式的区别在于它们的值不同。表达式 i++的值为变量 i 的原值，表达式++i 的值为变量 i 加 1 后的新值。有 int i = 2, j;，表达式 j = ++i 的求值顺序为(j = (++i))。子表达式++i 执行时，先将变量 i 的值由 2 变为 3，再把变量 i 的新值 3 作为执行结果，原表达式变为 j = 3。表达式 j = ++i 有两个作用：将变量 i 的值加 1 和将变量 j 赋值为 3。有 int m = 2, n;，表达式 n = m++的求值顺序为(n = (m++))。子表达式 m++执行时，先将变量 m 的值由 2 变为 3，再把变量 m 的原值 2 作为执行结果，原表达式变为 n = 2。表达式 n = m++有两个作用：将变量 m 的值加 1 和将变量 n 赋值为 2。

操作符--是自减操作符。自减操作符将变量的值减 1，自增操作符将变量的值加 1，除此之外，两者的用法完全相同。

例 3-12　自增自减操作符。

```
#include <stdio.h>
void main( ){
    int i, j, m, n;
    i = j = -8.6;
    printf("%d,%d\n", i, j);
    m = --i;
    printf("%d,%d\n", i, m);
    n = j--;
    printf("%d,%d\n", j, n);
}
```

分析：

程序的运行结果如图 3-5 所示。

语句 i=j=-8.6;将整型变量 i、j 的值赋值为-8。语句 m=--i;有两个作用：将变量 i 的值减 1，由-8 变为-9；将变量 m 赋值为变量 i 的新值-9。语句 n=j--;有两个作用：将变量 j 的值减 1，由-8 变为-9；将变量 n 赋值为变量 j 的原值-8。

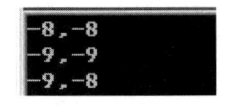

图 3-5　例 3-12 程序的运行结果

例 3-13　已知 int i = -3;，求表达式-i++的值。

分析：

表达式-i++中有两个单目操作符。单目操作符的优先级为 2，是右结合的，原表达式的求值顺序为(-(i++))。子表达式 i++的值为 i 的原值，即-3，表达式变为-(-3)，值为 3，其类型为 int 型。

在符合规则的前提下，编译器会尽量匹配更多的字符。表达式 i---j 中有一个自减操作符--和一个减法操作符-。表达式 i---j 的可读性非常差，应写作 i-- -j 或(i--) - j。

3.4　逗号表达式

逗号操作符（,）的优先级最低，是左结合的。逗号表达式的一般形式如下。

子表达式 1,子表达式 2,…,子表达式 n

逗号表达式求值的过程是自左向右，表达式 1 先求值，表达式 2 再求值，…，表达式 n 最后求值。子表达式 n 的值和类型也是整个逗号表达式的值和类型。

例 3-14　分析下面两个表达式。

① a = (a = 3 * 5, a * 4)　　② b = a = 3 * 5, a * 4

分析：

（1）表达式 a = (a = 3 * 5, a * 4)的求值顺序为(a = ((a = (3 * 5)), (a * 4)))。

圆括号操作符优先级最高，先执行，最后是一个赋值表达式，执行赋值操作。圆括号里面的子表达式为逗号表达式，执行时，子表达式 a = 3 * 5 先求值，变量 a 赋值为 15。子表达式 a * 4 接着求值，a * 4 即 15 * 4，值为 60，该值也是逗号表达式 a = 3 * 5, a * 4 的值，原表达式变为 a = 60，变量 a 赋值为 60，整个表达式的值为 60。

该表达式只能用于分析表达式的求值过程。

（2）b = a = 3 * 5, a * 4 的求值顺序为((b = (a = (3 * 5))), (a * 4))。逗号操作符的优先级最低，是一个逗号表达式。子表达式 b = a = 3 * 5 先求值，变量 b 和 a 均赋值为 15。子表达式 a * 4 接着执行，a * 4 即 15 * 4，值为 60，整个表达式的值为 60。

子表达式 a = 15, a * 4 中，乘法操作符的优先级高，若遵循"优先级高的操作符先求值"的求值规则，应先求子表达式 a * 4 的值，再进行赋值操作，逗号表达式为什么是自左向右依次求值呢？

逗号操作符有序列点。在对含有序列点的表达式求值时，要保证有序列点的操作符左边的操作数先于其右边的操作数求值。表达式 3 * 2 + 3 - 2 的求值顺序为(((3 * 2) + 3) - 2)。操作符 * 的左操作数为 3，右操作数为 2；操作符+的左操作数为(3 * 2)，右操作数为 3；操作符-的左操作数为((3 * 2) + 3)，右操作数为 2。

表达式 a = 15, a * 4 的求值顺序为((a = 15), (a * 4))。逗号操作符的左操作数为(a = 15)，右操作数为(a * 4)，根据序列点的规则，左操作数(a = 15)先于右操作数(a * 4)求值。

逗号操作符的作用是把多条 C 语句变成一条 C 语句，如语句 i = 0;和语句 j = ++i;可以写成一条语句 i = 0, j = ++i;，只有子表达式依次求值才不会改变原来语句的执行顺序。只有逗号操作符的优先级最低，左边的子表达式才会是左操作数，右边的子表达式才会是右操作数；只有逗号操作符有了序列点，逗号表达式的求值顺序才能不考虑操作符的优先级，自左向右依次对子表达式求值。

3.5 典型例题

例 3-15 有 char c1,c2;，求 sizeof c1，sizeof(c1 + c2);。

分析：

sizeof 操作符的功能是返回一个变量或类型的大小（以字节为单位）。操作数 c1 为字符型变量，表达式 sizeof c1 的值为 1，即变量 c1 的长度为 1 个字节。在对表达式 c1 + c2 求值时，使用 long 型运算器，表达式 c1 + c2 的值为 long 型，表达式 sizeof(c1 + c2)的值为 4。

例 3-16 分析程序。

```
#include <stdio.h>
void main( ){
    float fa = 5.6789;
    int n;
    fa = fa * 100 + 0.5;
    n = fa;
    fa = n / 100.0;
    printf("%f\n", fa);
}
```

分析：

语句 fa = fa * 100 + 0.5;中，表达式的求值顺序为(fa = ((fa * 100) + 0.5))。子表达式((fa * 100) + 0.5)的值为 568.39，表达式变为 fa = 568.39，变量 fa 赋值为 568.39。

语句 n = fa;即 n = 568.39;，int 型变量 n 赋值为 568。

语句 fa = n / 100.0;执行时，子表达式 n / 100.0 先求值。100.0 为双精度数，使用 double 型运算器，568.0 / 100.0 的值为双精度数 5.68，表达式变为 fa = 5.68，变量 fa 赋值为 5.68。

程序的运行结果为：

5.680000↙

程序的功能是将浮点型变量 fa 的值由 5.6789 变为 5.68，即将变量 fa 的值保留到小数点后第二位，第三位四舍五入。

例 3-17 输入一个三位的正整数，并输出其各数位上的数之和。如输入"235"时，程序输出"10"。

分析：

一些具体的输入和输出如表 3-2 所示。

表 3-2　具体的输入和输出

输入和输出	第一次	第二次	第三次	变量
用户可能输入的数据	123	780	523	n
程序预期输出的数据	6	15	10	n 各数位上的数之和

用户输入的整数被存储到 int 型变量 n 中，求出变量 n 个位上、十位上和百位上的数，就可以求出各数位上的数之和。

变量 n 除以 10 的余数就是它个位上的数，如 235％10 的值为 5，表达式 n％10 的值为变量 n 个位上的数。

可以分两步求变量 n 十位上的数。先将变量 n 十位上的数移动到个位上，再用求余操作求出个位上的数，即为原来十位上的数。如 235/10，值为 23，从 235 到 23，十位上的数 3 被移动到了个位上。用 n = n / 10;处理后，表达式 n％10 的值为现在变量 n 个位上的数，即为原来十位上的数。

用 n = n / 10;处理后，原来百位上的数移动到了现在的十位上。继续用 n = n / 10;处理后，表达式 n％10 的值即为原来百位上的数。

请写出具体的算法。

```
#include <stdio.h>
void main( ){
    int n, ge, shi, bai;
    printf("请输入一个三位的正整数\n");
    scanf("%d", &n);
    ge = n % 10;
    n = n / 10;
    shi = n % 10;
    n /= 10;
    bai = n % 10;
    printf("%d\n", ge + shi + bai);
}
```

程序的运行结果如图 3-6 所示。

```
请输入一个三位的正整数
235
10
```

图 3-6　例 3-17 程序的运行结果

关键算法提示如下。

（1）把变量 n 除以 10 的余数存储到变量中。

（2）把变量 n 除以 10 的商存储到变量 n 中，再把变量 n 除以 10 的余数存储到变量中。

（3）继续把变量 n 除以 10 的商存储到变量 n 中，把变量 n 除以 10 的余数存储到变量中。

分析程序时，不仅要分析语句的执行过程和作用，还要理解语句的目的。当用户输入"235"时，填写表 3-3，并分析程序中的关键语句。

表 3-3　程序中关键语句的分析

语句	作用	目的
ge = n % 10;	变量 ge 赋值为（　　）	把变量 n 个位上的数存储到变量 ge 中
n = n / 10;	变量 n 的值由（　　）变为（　　）	舍弃变量 n 个位上的数
shi = n % 10;	变量 shi 赋值为（　　）	把变量 n 个位上(原十位上)的数存储到变量 shi 中
n /= 10;	变量 n 的值由（　　）变为（　　）	舍弃变量 n 个位上(原十位上)的数
bai = n % 10;	变量 bai 赋值为（　　）	把变量 n 个位上(原百位上)的数存储到变量 bai 中

例 3-18 交换两个字符型变量的值。

分析：

设字符型变量 ca 的值为'a'，字符型变量 cb 的值为'b'，交换后 ca 的值变为'b'，cb 的值变为'a'。

先将变量 cb 赋值给 ca，再将变量 ca 赋值给 cb，可以完成交换吗？

上述算法不可行。语句 ca = cb;执行时，变量 ca 的值会变为'b'，ca 的原值'a'将丢失，再执行 cb = ca;时，变量 ca 的现值就是'b'了，语句实为 cb = 'b';。

算法可改进为：先将变量 ca 的原值进行存储，再将变量 cb 赋值给 ca，最后将存储的变量 ca 的原值赋值给 cb。

```
#include <stdio.h>
void main( ){
    char ca, cb, temp;
    scanf("%c%c", &ca, &cb);
    printf("ca 的原值：%c,cb 的原值：%c\n", ca, cb);
    temp = ca;
    ca = cb;
    cb = temp;
    printf("ca 的现值：%c,cb 的现值：%c\n", ca, cb);
}
```

程序的运行结果如图 3-7 所示。

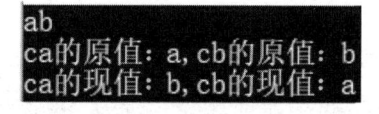

```
ab
ca的原值：a,cb的原值：b
ca的现值：b,cb的现值：a
```

图 3-7　例 3-18 程序的运行结果

当用户输入"ab"时，填写表 3-4，并分析程序中的关键语句。

表 3-4　程序中关键语句的分析

语句	变量的值			作用
	ca	cb	temp	
temp=ca;				存储变量 ca 的原值
ca=cb;				ca 的值变为 cb 的值
cb=temp;				cb 的值变为 ca 的原值

例 3-19 输入方程 $ax^2+bx+c=0$ 的系数 a、b、c，并保证 $b^2-4ac>0$，求方程的根。

分析：

一元二次方程的求根公式为 $x = \dfrac{-b}{2a} \pm \dfrac{\sqrt{b^2-4ac}}{2a}$，求根时，只需把它改写为表达式即可。公式中的求平方根运算需要用到数学库中的 sqrt 函数。

用 double 型变量 a、b、c 存储用户输入的系数。为了使计算过程更清晰，用 double 型变量 m 存储 -b / (2 * a) 的值，用 double 型变量 n 存储 sqrt(b * b – 4 * a * c) / (2 * a) 的值，方程的两个根分别为 m + n 和 m - n。

```
#include <stdio.h>
#include <math.h>
void main( ){
    double a, b, c, m, n;
    printf("请输入方程的系数，并保证有实根\n");
    scanf("%lf%lf%lf", &a, &b, &c);
    m = -b / (2 * a);
    n = sqrt(b * b - 4 * a * c) / (2 * a);
    printf("方程的根为:%.2f和%.2f\n", m + n, m - n);
}
```

程序的运行结果如图 3-8 所示。

图 3-8　例 3-19 程序的运行结果

深度探究

自增操作符的误用

若两个子表达式的求值顺序不会影响表达式的最终结果，则它们的求值顺序在 C 语言中可能不确定，编译器可以根据不同的优化原则自主决定求值顺序。在表达式 3 * a + 5 * b 中，乘法操作符的优先级最高，但两个乘法操作符不相邻，无法用结合性确定求值顺序，它们的求值顺序不确定，不过无论哪个乘法先执行，都不会影响表达式的最终结果。

自增操作符比较复杂，误用自增操作符会导致不同编译器对某些表达式的求值结果不一致的情况。

有 int i = 5;，分析表达式 (i++) + (i++)。

在对子表达式 i++ 求值时，变量 i 的值加 1，由 5 变为 6，子表达式的值为变量 i 的原值 5。在对另一个子表达式 i++ 求值时，变量 i 的值是原值 5 还是新值 6 呢？

在 VC6.0 中，在对另一个子表达式 i++ 求值时，变量 i 的值为原值 5，即整个子表达式求值后，变量 i 才表现为新值。表达式 (i++) + (i++) 的值为 10（5 + 5），整个表达式求值完毕，变量 i 再执行自增操作 2 次，值由 5 变为 7。

在 TC 中，在对另一个子表达式 i++ 求值时，变量 i 的值为新值 6。在对子表达式 i++ 求值时，变量 i 会执行自增操作，立即改变自己的值，表达式 (i++) + (i++) 的值为 11（5 + 6）。

如何评价这个表达式呢？

使用简洁、易懂的表达式，可以提高程序的可读性。可读性好的程序意味着算法逻辑清晰，不易出错；可读性差的表达式难以理解。这个表达式有什么作用呢？其实程序中没有必要出现这样的表达式。编程时，应选用简洁、易懂和无歧义的表达式，以提高程序的可读性和可移植性。原表达式在 VC6.0 中可改写为 i + i 和 i += 2，在 TC 中可改写为 i + i + 1 和 i += 2。

为了避免自增或自减操作符的误用，若表达式中有 i++、++i、--i 或 i--，则其他子表达式中就不要使用变量 i 了。

练习 3

1. 把下面的 C 语言表达式还原为代数式。
   ① a / b / c * e * 3   ② exp(x * x / 2) / sqrt(2 * sin(3.1415926 / 180 * 30))
   ③ sqrt(fabs(pow(x, y) + log(y)))   ④ a * e / c / b * 3

2. 把下面的代数式改写为 C 语言表达式。
   ① ax^3+bx^2+d ② $\dfrac{ab-cd}{2a}$ ③ $\dfrac{a}{b+\dfrac{c}{a}}$

   ④ $\cos 60° + 8e^y$ ⑤ $\dfrac{1}{2}(ax+\sin\pi)$

3. 求表达式 1 / 2 * (a * x + (b + x) / (4 * a)) 的值。

4. 参考表 3-1，用加圆括号的方式确定下面表达式的求值顺序。
   ① flag & n != 0   ② c = getchar( ) != '\n'   ③ hi << 4 + low   ④ *p[3]
   ⑤ *p++   ⑥ 0 < n < q   ⑦ !x || y++
   ⑧ x + y > 0 && i++ < 0

5. 讨论 C 语言操作符优先级的规律。

6. 分析表达式 a -= a *= a += a /= 2 的求值顺序，当 int 型变量 a 的值为 10 时，表达式的值是多少？当变量 a 的值为 25 时，表达式的值是多少？

7. 求下面表达式的值，并编程验证结果。
   -7 / 5   -7 % 5   7 % -5   7 / -5   -7 / -5   -7 % -5

8. 有整型变量 i，化简表达式 (2 * i + 1) / 2 和表达式 (2 * i – 1) / 2。

9. 求下面表达式的值。
   ① 3 / 2 + 2.0   ② 3 / 2.0 + 2   ③ (float)3 / 2 + 2
   ④ (float)(3 / 2 + 2.0)   ⑤ (4 + 1) / 2 + sqrt(9.0) * 1.2 / 2 + 5.5
   ⑥ x %= 7 + 7 % 5(int 型变量 x 的值为 12)   ⑦ ('z' - 'a') % 3 + 3.2

10. 已知 f 为 float 型变量，分别求 sizeof(f)、sizeof(f + 2.3)、sizeof(f + 2)、sizeof 3.14 和 sizeof 3.14f 的值。

11. -1+1U 等于 0 吗？-2+1U 大于 0 吗？

12. 有 unsigned short ui = 3 和 uj = 5，表达式 ui – uj 的值是什么类型？

13. 分析下面程序的运行结果。

```
#include <stdio.h>
void main( ){
    int i, j, k;
```

```
        i = j = k = 3;
        k = i++ + 1;
        printf("%d,%d,", i, k);
        k = ++i + 1;
        printf("%d,%d\n", i, k);
        k = j-- - 1;
        printf("%d,%d,", j, k);
        k = --j - 1;
        printf("%d,%d\n", j, k);
}
```

14. 已知 float f = 5.1739，求表达式(int)(f * 100 + 0.5) / 100、(int)(f * 100 + 0.5) / 100.0、(f * 100 + 0.5) / 100 和(f * 100 + 0.5) / 100.0 的值。

15. 当用户输入"235"时，分析下面程序的运行结果，并与例 3-17 进行比较。

```
#include <stdio.h>
void main( ){
    int n, sum;
    printf("请输入一个三位的正整数\n");
    scanf("%d", &n);
    printf("(%d)", n);
    sum = n / 100;
    printf("%d+", sum);
    n = n % 100;
    sum = sum + n / 10;
    printf("%d+", n / 10);
    n %= 10;
    sum += n;
    printf("%d=%d\n", n, sum);
}
```

16. 当输入两位数（如 23）与四位数（如 2352）时，分析例 3-17 的输出结果，并上机验证。当 int 型变量 n 的值为 235 时，求表达式 n / 100 + n % 100 / 10 + n %10 的值。

17. 对一个三位的正整数加密，该整数各数位上的数都用加 7 的和除以 10 的余数取代，再把个位与百位交换，最后输出加密后的数字（如输入"235"时，输出"209"；输入"523"时，输出"92"）。请编程实现。

18. 把本练习第 17 题中的加密数字进行解密（如输入"209"时，输出"235"；输入"92"时，输出"523"）。

19. 改正下面程序中的错误。

```
#include <stdio.h>
void main( ){
    int n, sum;
    printf("请输入一个自然数\n");
    scanf("%d", &n);
    sum = 1 / 2 * n * (n + 1);
    printf("1 + … + %d = %d\n", n, sum);
}
```

20. 编写程序，使用户输入一个介于 b 和 y 之间的小写字母，输出该字母的大写字母及与之前后相邻的大写字母（如用户输入"c"时，程序输出"BCD"）。

21．编程交换两个 float 变量的值。

22．分析下面的程序。

```c
#include <stdio.h>
void main( ){
   int a = 3, b = 5;
       printf("%d, %d\n", a, b);
       a = a + b;
       b = a - b;
       a = a - b;
       printf("%d, %d\n", a, b);
}
```

当 a 的值为 2147483647，b 的值为 3 时，语句 a = a + b; 有问题吗？程序还能正确输出吗？

23．用本练习第 22 题中的算法改写例 3-18。

24．三角形面积可以用海伦公式 $\sqrt{s(s-a)(s-b)(s-c)}$ 计算，其中 a、b、c 是三角形的三边长，$s = (a + b + c) / 2$。当用户输入三角形的三边长时，输出这个三角形的面积。

25．下面程序模拟了哪个算式的计算过程。

```c
#include <stdio.h>
void main( ){
     int sum, i;
     sum = 1;
     i = 2;
     sum += i;
     ++i;
     sum += i;
     ++i;
     sum += i;
     ++i;
     sum += i;
     printf("%d\n", sum);
}
```

本章讨论提示

1．表达式由运算器求值。无论是赋值操作中的类型转换，还是算术表达式中的加、减、乘、除，都在运算器中完成。运算器求值的结果也是表达式的值，它被存储到运算器的存储单元中。

2．例 3-17 所用算法的处理过程可以重复，无论正整数是五位还是八位，都可以用。

3．表达式 (-1u - 2) / -1 中，圆括号操作符的优先级最高，先执行，在对子表达式 -1u - 2 求值时，用 unsigned long 型运算器，结果也是 unsigned long 型；再进行除法运算时，仍然要用 unsigned long 型运算器。分母 unsigned long 型 -1 是最大数，结果为 0，其类型为 unsigned long 型。表达式 (-1 - 2) / -1 的值为 3，其类型为 long 型。

思考：

1．当用户输入一个非负整数时，编程求它的绝对值。

2．当用户输入一个负整数时，编程求它的绝对值。

3．当用户输入一个整数时，编程求它的绝对值。

第 4 章　逻辑运算和选择结构

章节导学

求整数绝对值的算法有点复杂。当用户输入一个负整数时，用负号操作符求出相反数，即可得到绝对值；当用户输入的不是负整数时，无须处理，输入的数就是绝对值。如何确定用户输入的整数是否为负整数呢？

除了算术运算，运算器还能进行逻辑运算。逻辑运算的结果为真或假。用变量 n 存储用户输入的整数，表达式 n<0 的值为真或假。如果值为真，则变量 n 的值是负的，即用户输入了一个负整数；否则，用户输入的不是一个负整数。根据表达式 n<0 的值可以确定用户输入的整数是否为负整数。逻辑表达式通常表示一个结论，表达式 n < 0 表示用户输入了一个负整数。

求绝对值的关键步骤：如果表达式 n < 0 的值为真，就求出变量 n 的相反数；否则，不求相反数。C 语言中用选择结构控制计算机实现这样的处理流程。

含有选择结构的程序被称为选择结构程序。选择结构程序可以根据用户实际的输入，选用有针对性的处理流程，而忽略不匹配的处理流程。选择结构程序可以处理多种情况，功能强大。

处理复杂的情况时，选择结构中还会包含选择结构。在嵌套的选择结构中，外层条件常用于初步筛选，内层条件多用于进一步地缩小范围。分析嵌套的选择结构时，准确找出每个选择结构的组成部分是前提，厘清选择结构之间的层次关系是关键。

解决问题时，首先列举一些输入数据并得到输出结果，分析问题包含了几种情况；然后厘清它们之间的内在联系和对应的逻辑表达式；最后用选择结构把逻辑表达式和匹配的处理流程关联起来。

注意思维的条理性。分析问题时，可以先忽略一些细节，从宏观上给出处理问题的框架，然后完善步骤。

本章讨论

分析下面的程序有何作用。

```c
#include <stdio.h>
void main( ){
    int i, n, sum = 0;
    printf("请输入一个不大于 5 的正整数！\n");
    scanf("%d", &n);
    if(n > 5 || n < 0){
            printf("输入错误！\n");
            return;
    }
    i = 1;
```

```
        if(i <= n){
            sum += i;
            ++i;
        }
        if(i <= n){
            sum += i;
            ++i;
        }
        if(i <= n){
            sum += i;
            ++i;
        }
        if(i <= n){
            sum += i;
            ++i;
        }
        if(i <= n){
            sum += i;
            ++i;
        }
        printf("%d\n", sum);
}
```

4.1 C语言中的逻辑型

我们在编程时常遇到一类可以用"是"或"否"回答的问题,如"用户输入的数是否为三位的正整数""用户输入的整数是否为负数",这类问题可转化为一个结论,如"用户输入的整数是否为负数?"可转化为"用户输入的整数是负数"。当结论为真时,原问题的答案为"是";当结论为假时,原问题的答案为"否"。当用户输入的整数用变量 n 存储时,结论就变成了"变量 n 是负数",可以用 n < 0 表示。

用户输入完成后,对表达式 n < 0 求值,计算机会得到一个为"真"或"假"的值。当表达式 n < 0 的值为真时,表示用户输入了一个负整数;否则,用户输入的不是负整数。

对表达式进行求值,得出"真"或"假"的运算,称为逻辑运算。"真"和"假"又称逻辑量,逻辑运算的结果不是真就是假。C 语言中没有逻辑型,当表达式的值为真时,值为整数 1,即逻辑量"真"用整数 1 表示;当表达式的值为假时,值为整数 0,即逻辑量"假"用整数 0 表示。

例 4-1 分析下面的程序。

```
#include <stdio.h>
void main( ){
    int n;
    scanf("%d", &n);
    printf("用户输入的是负整数。%d\n", n < 0);
}
```

程序两次的运行结果如图 4-1 所示。

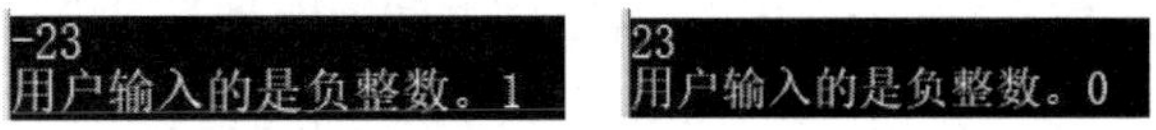

```
-23                          23
用户输入的是负整数。1        用户输入的是负整数。0
```

图 4-1 例 4-1 程序的两次运行结果

分析：

由程序的运行结果可知，表达式 n<0 的值与用户实际的输入有关。当用户输入"-23"时，表达式的值为 1，即为真；当用户输入"23"时，表达式的值为 0，即为假。

虽然 C 语言中真为整数 1，假为整数 0，但是"整数 1 就是真，整数 0 就是假"的说法是错误的，浮点数 0.0 和 0 号字符'\0'也是假。非假即真，不是整数 0、浮点数 0.0 和 0 号字符'\0'的其他数据都为真。

讨论：

（1）讨论 C 语言中逻辑量的编码特点。

（2）3 既是一个整数，又是一个逻辑量，使用时会出现歧义吗？

提示：

（1）逻辑量编码具有不对称性。尽管真为 1，假为 0，但是只有当整数 0、浮点数 0.0 和 0 号字符'\0'都为假时，其他数据才为真。

（2）C 语言中没有逻辑型，3 既是整数又是逻辑量"真"，'0'既是字符又是逻辑量"真"，0.0 既是浮点数又是逻辑量"假"。普通数据也是逻辑量，由于它们能参与的运算不同，可以很容易地通过上下文区分，在使用时不会出现歧义。

4.2 关系表达式

C 语言提供了 6 种关系操作符：<（小于）、<=（小于或等于）、>（大于）、>=（大于或等于）、==（等于）和!=（不等于）。关系运算就是比较大小，结果为逻辑量"真"或"假"，是一种简单的逻辑运算。

6 种关系操作符中，前 4 种的优先级相同，后 2 种的优先级也相同，并且前 4 种的优先级高于后 2 种的优先级。关系操作符的优先级低于算术操作符（先求值再比较大小）且高于赋值操作符。用关系操作符将两个子表达式进行连接，形成的式子就是关系表达式，如 a>(b+c)、a%2==0、a!=b 等都是合法的关系表达式。

例 4-2 分析下面的关系表达式。

① 'A' > 'Z'   ② 3 - 5u > 0

③ a % 2 != 0   ④ 99 < x < 1000，整型变量 x 的值为 2523

分析：

（1）关系运算是比较大小，关系表达式的操作数是普通数据。比较两个字符的大小，就是比较两个字符的编号。查表可知，'A'排在'Z'前面，'A'的编号小于'Z'的编号，故表达式'A'>'Z'的值为 0，即为假。

（2）3 - 5u > 0 的求值顺序为((3 - 5u)>0)，即先进行算术运算，再进行关系运算。3 为 int 型，5u 为无符号 int 型，故 3 - 5u 的结果为无符号型。3 - 5u 不可能等于 0，因此大于 0，3 - 5u > 0 的值为 1，即为真。

（3）a % 2 != 0 的求值顺序为((a % 2) != 0)。子表达式 a % 2 的值与变量 a 的值有关。当 a

为奇数时，a%2 的值为整数 1，原表达式变为 1!=0，值为整数 1，即为真；当 a 不为奇数时，a%2 的值为整数 0，原表达式变为 0!=0，值为整数 0，即为假。表达式 a%2!=0 表示结论"变量 a 是奇数"。

讨论：

从效率和可读性两方面讨论：应选用算术表达式 a%2 还是关系表达式 a%2!=0，来表示结论"变量 a 是奇数"呢？

（4）原表达式的求值顺序为((99 < x) < 1000)。当 x 为 2523 时，子表达式 99 < x 的值为 1，即为真，原表达式变为 1 < 1000。进行比较操作时，1 是整数 1，而不是逻辑量"真"。子表达式 1 < 1000 的值为 1，即为真。原表达式的值为 1，即为真。无论变量 x 为何值，该表达式的值总为真。值总为真的表达式又称恒真表达式，如 1 > 0、99 < x < 2 等。

由求值过程可知，与数学上的代数式 99 < x < 1000 不同，表达式 99 < x < 1000 并不能表示结论"变量 x 的值在 99 和 1000 之间"。

4.3 逻辑表达式

4.3.1 逻辑操作符

逻辑量"真"和"假"能参与的运算有逻辑与操作符&&、逻辑或操作符||和逻辑非操作符!。由于逻辑与、逻辑或和逻辑非的操作数是逻辑量，所以称这 3 种运算为逻辑运算。表达式 3 && 0 中的操作数 3 为逻辑量"真"，不是整数 3，表达式应理解为"真逻辑与假"。

逻辑与&&的运算只有 4 种情况，可用一个表格简明地表示运算结果，这样的表格常称为真值表。表 4-1 是逻辑与操作符&&的真值表，即运算规则。

表 4-1 逻辑与操作符&&的真值表

a 的值	b 的值	a && b 的值
真	真	1（真）
真	假	0（假）
假	真	0（假）
假	假	0（假）

由逻辑与操作符&&的运算规则可知，3 && 0 的值为 0，即为假。只有当两个操作数的值都为真时，操作符&&的运算结果才为 1，即为真，因此逻辑与操作符&&表示并且。3 && 0 可理解为"真并且假的结果为假"。只有当 x > 99 并且 x < 1000 同时为真时，数学上的代数式 99 < x < 1000 才为真。表达式 (x > 99) && (x < 1000) 表示结论"变量 x 的值在 99 和 1000 之间"。

逻辑或操作符||的真值表如表 4-2 所示。

表 4-2 逻辑或操作符||的真值表

a 的值	b 的值	a || b 的值
真	真	1（真）
真	假	1（真）
假	真	1（真）
假	假	0（假）

由逻辑或操作符||的运算规则可知，当操作数 a 或操作数 b 的值为真时，表达式 a || b 的值为 1，即为真。逻辑或操作符||表示或，3 || 0 可理解为"真逻辑或假"，值为 1，即为真。

例 4-3 用表达式表示结论"变量 a 的绝对值大于 5"。

分析：

当| a | > 5 时，有 a > 5 或 a < -5，故表达式为(a > 5) || (a < -5)。

逻辑操作符!是单目操作符。当操作数 a 为真时，表达式!a 的值为 0，即为假；当操作数 a 为假时，表达式!a 的值为 1，即为真。

逻辑与&&和逻辑或||的优先级低于关系操作符，而逻辑与&&的优先级又高于逻辑或||的优先级。单目操作符的优先级为 2，逻辑非!的优先级不但高于关系操作符，而且高于算术操作符。首先进行算术运算，然后进行关系运算，最后进行逻辑运算。由逻辑操作符的优先级可知，逻辑表达式(x > 99) && (x < 1000)可写作 x > 99 && x < 1000，逻辑表达式(a > 5) || (a < -5)可写为 a > 5 || a < -5。

用普通数据作逻辑量时，可读性很差，通常也没有实际意义，如表达式 3 || 0。逻辑表达式的操作数多为关系表达式。

例 4-4 写出与下面结论等价的表达式。

① 整型变量 n 是 4 的倍数，而不是 100 的倍数。
② 整型变量 x、y、z 中，x、y 至少有一个小于 z。
③ 整型变量 x、y、z 中，x、y 只有一个小于 z。
④ 长度为 *a*、*b*、*c* 的三边可以构成一个三角形。

分析：

（1）若变量 n 是 4 的倍数，则 n 除以 4 的余数等于 0，表达式为 n % 4 == 0。若变量 n 不是 100 的倍数，则 n 除以 100 的余数不等于 0，表达式为 n % 100 != 0。由"是……而不是……"可知，两者是"并且"的关系，用逻辑与，表达式为 n % 4 == 0 && n % 100 != 0。适当地加圆括号可以提高表达式的可读性，如(n % 4 == 0) && (n % 100 != 0)。

（2）x、y 中至少有一个变量小于 z，即 x 小于 z 或 y 小于 z，等价的逻辑表达式为 x < z || y < z。

（3）x、y 中只有一个变量小于 z，即只有 x 小于 z 或只有 y 小于 z。只有 x 小于 z，即 x 小于 z 且 y 不小于 z。等价的逻辑表达式为(x < z && y >= z) || (y < z && x >= z)。

（4）构成三角形的三边应满足任意两边之和大于第三边的条件，"任意两边"实际包含了 3 种情况，这 3 种情况之间是"并且"的关系，相应的逻辑表达式为 a + b > c && a + c > c && b + c > a。

4.3.2 短路计算

分析逻辑与&&的真值表可知，当左操作数 a 的值为假时，表达式 a && b 的值为 0，即为假，因此，在对表达式 a && b 求值时，会先对左操作数 a 求值，如果 a 的值为假，就不再对右操作数 b 求值了，可以直接得到表达式 a && b 的值为 0，即为假。同理，在对表达式 a || b 求值时，如果左操作数 a 的值为真，也无须对右操作数 b 求值，可以直接得到表达式 a || b 的值为 1，即为真。

满足条件时，不对右操作数 b 求值，而直接得到表达式 a && b（或 a || b）的值的求值方法

被称为短路计算。C 语言中逻辑与和逻辑或均使用短路计算求值。

例 4-5 已知 int j = 2;，分析表达式 j > 0 || ++j 的求值过程。

表达式 j > 0 || ++j 的求值顺序为((j > 0) || (++j))，逻辑或的左操作数为 j > 0，右操作数为++j。变量 j 的值为 2，子表达式 j > 0 的值为 1，即为真，可以使用短路计算的求值方法，原表达式的值为 1，即为真。由于使用了短路计算的求值方法，右操作数++j 没有求值，变量 j 没有自增。

原表达式中自增操作符的优先级最高，为什么不先对子表达式++j 求值呢？若按操作符的优先级求值，短路计算会失去意义。为了屏蔽优先级对短路计算的影响，逻辑或||有序列点。根据表达式的求值规则，先考虑序列点的影响，逻辑或操作符的左操作数会先于其右操作数求值。

逻辑与&&也有序列点。逻辑与&&和逻辑或||的序列点用于消除操作符优先级对短路计算的影响。

例 4-6 分析下面程序的输出结果。

```
#include <stdio.h>
void main( ){
    int a = 0;
    printf("%d\n", 'a' || (a = 1) && (a += 2));
    printf("a的值为%d\n", a);
    printf("%d\n", (a = 0) && (a = 5) || (a += 1));
    printf("a的值为%d\n", a);
}
```

分析：

表达式'a' || (a = 1) && (a += 2)中，圆括号操作符和逻辑与&&的优先级都比逻辑或||的优先级高，故求值顺序为('a' || ((a = 1) && (a += 2)))。逻辑或||左操作数为'a'，右操作数为子表达式 (a = 1) && (a = 2)。序列点要求先对左操作数求值，'a'的值为非 0，即为真，可以使用短路计算的求值方法，不再对右操作数(a = 1) && (a += 2)求值，原表达式('a') || ((a = 1) && (a += 2))的值为 1，即为真，变量 a 的值依然为 0。

表达式(a = 0) && (a = 5) || (a += 1)的求值顺序为(((a = 0) && (a = 5)) || (a += 1))。先考虑逻辑与&&的序列点，其左操作数为子表达式(a = 0)，右操作数为子表达式(a = 5)，先对左操作数求值。左操作数(a = 0)的值为 0，即为假，可以使用短路计算的求值方法，子表达式(a = 0) && (a = 5)的值为 0，即为假，且右操作数(a = 5)不会被求值，原表达式变为 0 || (a += 1)。逻辑或||有序列点，它的左操作数 0 先于右操作数(a += 1)求值。0 为假，不能使用短路计算的求值方法，继续对右操作数求值。在对子表达式 a += 1 求值时，变量 a 的值由 0 变为 1，且表达式的值也为 1，即为真，故原表达式的值为 1，即为真。

程序的运行结果如图 4-2 所示。

使用字符型字面量和赋值表达式"客串"逻辑量只是为了直观地分析逻辑表达式的求值过程，程序中不应该也没必要出现这样的表达式。

图 4-2 例 4-6 程序的运行结果

4.4 if 选择结构

4.4.1 if 选择结构的语法

根据表达式 n < 0 的值，可以确定用户输入的整数是否为负数，从而进行针对性的处理，

求出整数的绝对值,具体算法如下。

第一步:获得用户输入的整数,并存储到整型变量 n 中。
第二步:如果表达式 n<0 的值为真,就执行语句 n = -n;;否则,就不执行语句 n = -n;。
第三步:输出变量 n 的值,即求出了用户输入的整数的绝对值。

对表达式求值,如果它的值为真,就执行语句;否则,就不执行语句。这样的操作在 C 语言中可以用 if 选择结构来实现,if 选择结构的形式如下。

```
if(表达式)
    语句
```

其中,if 为 C 语言关键字,圆括号中表达式的值为逻辑量;语句为任意的单条 C 语言语句。if 选择结构一般分两行书写,且第二行的语句需缩进。

if 选择结构执行时,先对表达式求值,如果值为真,就执行语句;否则,就不执行语句。可用图 4-3 直观地表示 if 选择结构的执行流程。

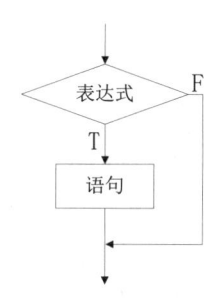

图 4-3 if 选择结构的执行流程

例 4-7 求整数的绝对值。

```c
#include <stdio.h>
void main( ){
    int n;
    scanf("%d", &n);
    if(n < 0)
        n = -n;
    printf("绝对值为: %d\n", n);
}
```

程序的两次运行结果如图 4-4 所示。

图 4-4 例 4-7 程序的两次运行结果

第一次用户输入了正整数 5,if 选择结构执行时,表达式 n<0 的值为假,语句 n=-n;不执行,程序的输出结果为 5。第二次用户输入了-5,if 选择结构执行时,表达式 n<0 的值为真,语句 n = -n;执行,变量 n 赋值为 n 的相反数,即 5,程序的输出结果为 5。无论用户输入的整数是正的还是负的,程序都输出了正确的结果。

由于使用了选择结构,例 4-7 可以根据用户实际输入的数据决定是否执行某条语句,以进行针对性的处理。包含选择结构的程序又称选择结构程序。可用图 4-5 直观地表示例 4-7。在程序的一次运行过程中,按执行顺序排列的所有语句称为程序的一条可执行路径。由图 4-5

可知，例 4-7 有两条可执行路径，可以处理两种情况。

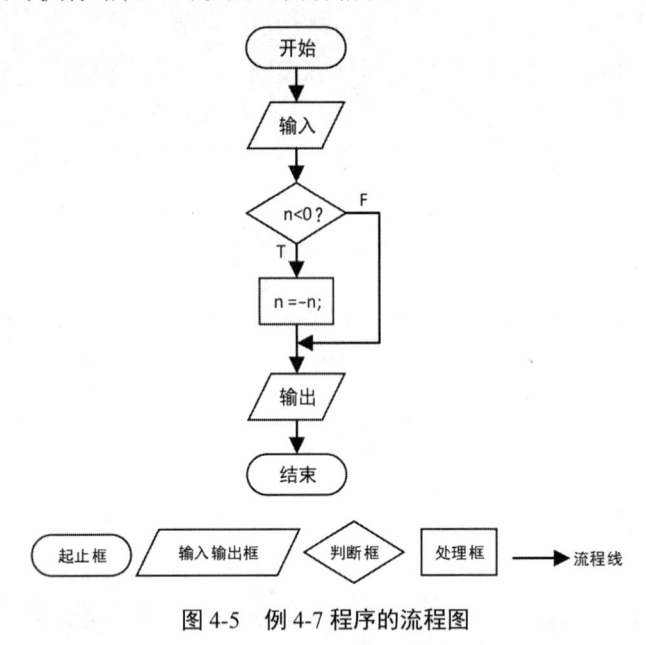

图 4-5　例 4-7 程序的流程图

程序流程图是用统一规定的标准符号描述程序运行的具体步骤的图形。程序流程图中用圆角矩形表示程序流程的开始或结束，用平行四边形表示输入或输出，用菱形表示对某个条件进行判断，用矩形表示需要执行或处理的内容，用箭头表示流程的方向与顺序。

例 4-8　编程实现下面的函数。

$$y = \begin{cases} x+1 & x<0 \\ x & x=0 \\ x-1 & x>0 \end{cases}$$

分析：

利用具体数据分析，如表 4-3 所示。

表 4-3　具体数据分析

输入和输出	第一次	第二次	第三次	变量
用户可能输入的数据	3	0	−3	x
程序预期输出的数据	2	0	−2	有 3 种可能

用整型变量 x 存储用户输入的整数，用整型变量 y 存储函数值。用户可能输入的数据有 3 种情况：输入的整数小于 0、等于 0 和大于 0。程序需处理这 3 种情况。

若用户输入的整数小于 0，则表达式 x<0 为真。第一种情况处理过程为：如果表达式 x<0 为真，就执行语句 y = x + 1;，否则，就不执行该语句。可以用下面的 if 选择结构实现。

```
if(x < 0)
 y = x + 1;
```

其余两种情况与此类似。

```
#include <stdio.h>
void main( ){
    int x, y;
```

```
    scanf("%d", &x);
    if(x < 0)
        y = x + 1;
    if(x == 0)
        y = x;
    if(x > 0)
        y = x - 1;
    printf("f(%d) = %d\n", x, y);
}
```

讨论：

(1) 当用户输入"-3"时，例4-8中的第二条if选择结构语句会执行吗？

(2) 例4-8处理了几种情况？例4-8的输出结果可能为f(3)=2，其中的"="是等号，还是赋值号？

(3) 画出例4-8的流程图，并分析它有几条可执行路径。

提示：

(1) if选择结构会执行，先对表达式求值，值为假，因此不执行包含语句。

(2) 一对双撇号中的字符只是普通字符而非操作符命令。程序的输出面向普通用户，输出结果中的符号"="是等号。

(3) 由流程图可知，理论上可执行路径有8条，而程序只处理了3种情况。由于3条选择结构的条件互斥，当第一条选择结构为真时，其余两条选择结构必定为假，所以程序只能处理3种情况。

4.4.2　if选择结构的用法

例4-9　分析下面的程序。

```
#include <stdio.h>
void main( ){
    int n;
    scanf("%d", &n);
    if(n < 0);
        n = -n;
    printf("绝对值为%d\n", n);
}
```

分析：

与例4-7相比，这个程序在if选择结构的首行末尾多加了一个分号。

程序的第一次运行结果如图4-6所示。

程序的运行结果正确。选择结构程序通常处理了多种情况，每种情况都需要验证。再次运行程序，输入正整数"5"，第二次运行结果如图4-7所示。

　　-5　　　　　　　　　　　　　　5
　　绝对值为5　　　　　　　　　　绝对值为-5

图4-6　例4-9程序的第一次运行结果　　图4-7　例4-9程序的第二次运行结果

由程序的运行结果可知，程序出现了逻辑错误。

if 选择结构只能包含一条语句，分开写成两行是为了让代码有更好的可读性。程序中 if 选择结构的第一行末尾有一个分号；，单独的一个分号也是一条语句，即无须执行任何操作的空语句。程序中的选择结构实际如下。

```
if(n < 0)
    ;
n = -n;
```

语句 n = -n;不属于 if 选择结构，不管 if 选择结构如何执行，每次运行程序，它都会执行。这两条语句的执行流程如图 4-8 所示。

提示：

（1）if 选择结构是一个整体，算一条 C 语言语句。

（2）由于选择结构程序具有多条可执行路径，测试时，需覆盖每条可执行路径。

（3）代码风格只影响程序的可读性。

if 选择结构只能包含一条语句，如需包含多条语句，可以使用复合语句。包含在一对花括号{}中的 C 语言语句就是复合语句。复合语句中可以包含多条 C 语言语句，但整个复合语句是一个整体，算一条 C 语言语句。复合语句执行时，将自上而下依次执行其中的每条语句。使用复合语句的 if 选择结构的一般形式如下。

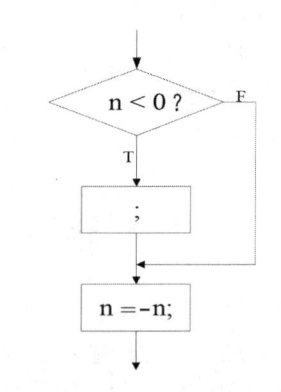

图 4-8 含空语句的 if 选择结构

```
if(表达式){
    ...
    ...
}
```

例 4-10 将用户输入的两个整数分别存储到变量 m 和变量 n 中，且将其中较小的整数存储到变量 m 中。

关键算法：如果 m > n 为真，就交换 m 和 n 的值；否则，就说明已经符合要求，m 和 n 不交换。可以用 if 选择结构实现。交换两个变量的值需要多条语句，可以将它们放在一对花括号中组合成复合语句。

```
#include <stdio.h>
void main( ){
    int m, n, t;
    scanf("%d%d", &m, &n);
    if(m > n){
        t = m;
        m = n;
        n = t;
    }
    printf("m=%d,n=%d\n", m, n);
}
```

例 4-11 输入一个三位的正整数，输出其各数位上的数之和。若用户输入错误，则输出"不是三位的正整数！输入错误，程序退出！"，并退出程序。

分析：

利用具体数据分析，如表 4-4 所示。

表 4-4 具体数据分析

输入和输出	第一次	第二次	变量
用户可能输入的数据	1000	100	n
程序预期输出的数据	输入错误，程序退出！	10	有两种情况

用户可能输入的数据分为两种情况：不是三位的正整数和是三位的正整数。用整型变量 n 存储用户输入的整数。

如果变量 n 不是一个三位的正整数，就输出信息，退出程序；否则，就求和。

条件为真时执行一种操作，条件为假时执行另一种操作，不能用 if 选择结构实现，需要把"否则"也当成条件再判断一次，拆成两个 if 选择结构。修改算法为：如果变量 n 不是一个三位的正整数，就输出信息，退出程序，否则就不执行；如果变量 n 是一个三位的正整数，就求和，否则就不求和。

运行程序就是执行 main 函数，退出程序时，用 return;结束 main 函数的执行即可。

```c
#include <stdio.h>
void main( ){
    int n, ge, shi, bai;
    printf("请输入一个三位的正整数\n");
    scanf("%d", &n);
    if(!(n > 99 && n < 1000)){
            printf("%d不是三位的正整数！\n", n);
            printf("输入错误，程序退出！\n");
            return;          //结束 main 函数的执行就是退出程序
    }
    if(n > 99 && n < 1000){
            ge = n % 10;
            n /= 10;
            shi = n % 10;
            n /= 10;
            bai = n % 10;
            printf("%d+%d+%d=%d\n", ge, shi, bai, ge + shi + bai);
    }
}
```

程序两次的运行结果如图 4-9 所示。

```
请输入一个三位的正整数
1000
1000不是三位的正整数！
输入错误，程序退出！
```

```
请输入一个三位的正整数
100
0+0+1=1
```

图 4-9 例 4-11 程序的两次运行结果

当用户输入的不是一个三位的正整数时，程序会退出，不再执行下面的 if 选择结构。若程序不退出，则下面的 if 选择结构的条件必定为真。不必使用 if 选择结构检查条件是否为真，程序可修改如下。

```c
#include <stdio.h>
void main( ){
    int n, ge, shi, bai;
    printf("请输入一个三位的正整数\n");
    scanf("%d", &n);
    if(n <= 99 || n >= 1000){
        printf("%d不是三位的正整数！\n", n);
        printf("输入错误，程序退出！\n");
        return;          //结束main函数的执行就是退出程序
    }
    //程序没有退出，执行到这里时，变量n一定是三位的正整数
    ge = n % 10;
    n /= 10;
    shi = n % 10;
    n /= 10;
    bai = n % 10;
    printf("%d+%d+%d=%d\n", ge, shi, bai, ge + shi + bai);
}
```

讨论：

return 语句对 if 选择结构有何影响？

4.5　if-else 选择结构

如果变量 n 不是一个三位的正整数，就输出信息，退出程序；否则，就求和。该处理过程可以用 if-else 选择结构来实现。if-else 选择结构的形式如下。

```
if(表达式)
    语句1
else
    语句2
```

if-else 选择结构执行时，首先对表达式进行求值，如果值为真，就执行位于关键字 if 和关键字 else 之间的语句 1；否则，就执行关键字 else 后的语句 2。if-else 选择结构的执行流程如图 4-10 所示。

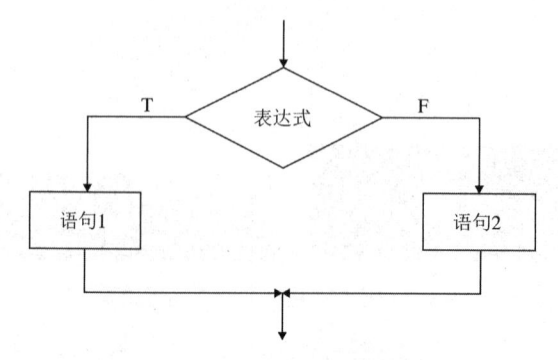

图 4-10　if-else 选择结构的执行流程

提示：

（1）在关键字 if 和 else 之间只能有一条语句。

（2）在 if-else 选择结构的一次执行过程中，语句 1 和语句 2 显然只能有一条语句被执行，非此即彼。

（3）if-else 选择结构是一个整体，算一条语句。

例 4-12 用 if-else 选择结构改写例 4-11。

```
#include <stdio.h>
void main( ){
    int n, ge, shi, bai;
    printf("请输入一个三位的正整数\n");
    scanf("%d", &n);
    if(n <= 99 || n >= 1000){
            printf("%d 不是三位的正整数！\n", n);
            printf("输入错误，程序退出！\n");
    }
    else{
            ge = n % 10;
            n /= 10;
            shi = n % 10;
            n /= 10;
            bai = n % 10;
            printf("%d+%d+%d=%d\n", ge, shi, bai, ge + shi + bai);
    }
}
```

讨论：

（1）程序中为什么没有了 return 语句？

（2）两个相连的 if 选择结构能用一个 if-else 选择结构代替吗？反之，一个 if-else 选择结构能用两个 if 选择结构代替吗？

例 4-13 用户输入两个正整数，其中较大的数是被除数。当两数能整除时，求出商；当两数不能整除时，求出商和余数。

分析：

利用具体数据分析，如表 4-5 所示。

表 4-5　具体数据分析

输入和输出	第一次	第二次	变量
用户可能输入的数据	6 和 3	2 和 19	m 和 n
程序预期输出的数据	6/3=2	19/2=9……1	有两种情况

关键算法：先确定被除数，再求商或求商和余数。用户输入的数据用变量 m 和 n 存储，如果 m<n，就交换 m 和 n 的值，否则就不交换。接着处理时，m 是被除数。

```
#include <stdio.h>
void main( ){
    int m, n, t;
    scanf("%d%d", &m, &n);
```

```
        if(m < n){
                t = m;
                m = n;
                n = t;
        }
    if(m % n == 0)
            printf("%d/%d=%d\n", m, n, m / n);
    else
            printf("%d/%d=%d...%d\n", m, n, m / n, m % n);
}
```

讨论：

当用户输入"5 5"时，m 和 n 的值会交换吗？

4.6 嵌套的选择结构

选择结构包含的语句可以是其他的选择结构，这就形成了嵌套的选择结构。包含了选择结构的选择结构又称嵌套的选择结构。嵌套的选择结构常用来区分复杂的情况。

例 4-14 输入成绩，数据合法（0～100）时输出是否及格。

分析：

利用具体数据分析，如表 4-6 所示。

表 4-6 具体数据分析

输入和输出	第一次	第二次	第三次	变量
用户可能的输入	88	52	−23	grade
程序预期的输出	及格！	不及格！	没要求，什么也不做	有 3 种情况

用单精度变量 grade 存储用户输入的数据。当成绩合法（0～100）时，处理数据；当成绩不合法时，题目中没要求，什么也不做。该处理过程可用一个 if 选择结构实现，初步分析的结果如图 4-11 所示，其中的虚线部分表示需要进一步的分析。

在处理合法数据时，先判断成绩是否及格：如果成绩不小于 60 为真，就输出"及格！"；否则，就输出"不及格！"。该处理过程可用 if-else 选择结构实现，如图 4-12 所示。

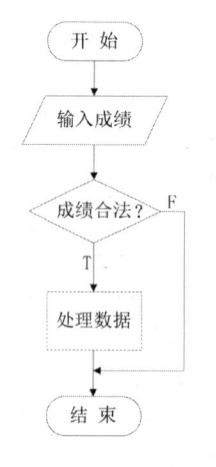

图 4-11 例 4-14 初步分析的结果

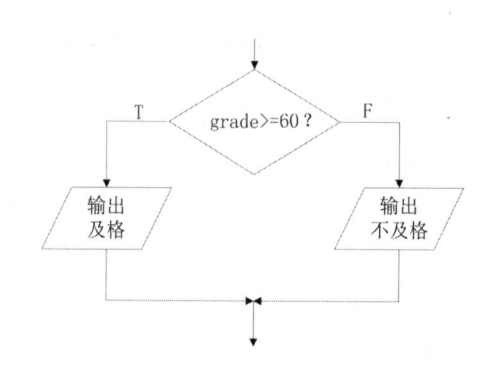

图 4-12 用 if-else 选择结构实现处理过程

由分析可知，处理过程是 if 选择结构中嵌套了一个 if-else 选择结构，程序如下。

```
#include <stdio.h>
void main( ){
    float grade;
    printf("请输入成绩(0～100)\n");
    scanf("%f", &grade);
    if(grade >= 0 && grade <= 100)
            if(grade >= 60)
                printf("及格!\n");
            else
                printf("不及格!\n");
}
```

讨论：

（1）程序中有几个选择结构？指出每个选择结构所包含的语句。

（2）例 4-14 共有几条可执行路径，分别对应什么样的情况？

（3）外层的 if 选择结构用于筛选什么样的数据，内层的 if-else 选择结构用于区分什么样的数据？

例 4-15 输入成绩，当数据合法（0～100）时，如果成绩及格，就输出信息"及格!"；当数据不合法时，输出信息"成绩有误!"。

分析：

利用具体数据分析，如表 4-7 所示。

表 4-7 具体数据分析

输入和输出	第一次	第二次	第三次	变量
用户可能输入的数据	88	52	−23	grade
程序预期输出的数据	及格!	没要求，什么也不做	成绩有误!	有 3 种情况

用单精度变量 grade 存储用户输入的数据。当成绩合法（0～100）时，处理数据；当成绩不合法时，输出信息"成绩有误!"。该处理过程可用 if-else 选择结构实现，初步分析的结果如图 4-13 所示，其中的虚线部分表示需要进一步的分析。

当成绩合法（0～100）时，数据的处理过程非常简单。如果成绩及格，就输出信息"及格!"；否则，题目中没要求，什么也不做。该处理过程可用 if 选择结构实现，如图 4-14 所示。

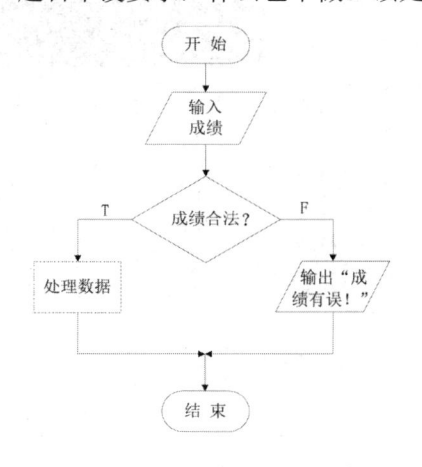

图 4-13 例 4-15 初步分析的结果 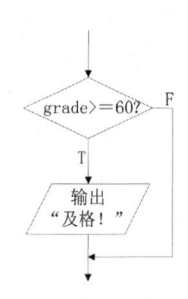 　　图 4-14 例 4-15 进一步的处理

由分析可知，处理过程是 if-else 选择结构中嵌套了一个 if 选择结构，程序如下。

```c
#include <stdio.h>
void main( ){
    float grade;
    printf("请输入成绩(0~100)\n");
    scanf("%f",&grade);
    if(grade >= 0 && grade <= 100)
            if(grade >= 60)
                printf("及格! \n");
        else
            printf("成绩有误! \n");
}
```

例 4-15 处理了 3 种情况：成绩是非法的，成绩是合法的且及格，成绩是合法的且不及格。这 3 种情况都需要测试，测试数据如表 4-8 所示。

表 4-8　例 4-15 的测试数据

输入和输出	成绩非法	成绩合法且及格	成绩合法且不及格
输入的测试数据	-23	88	52
程序预期输出的数据	成绩有误!	及格!	无任何输出
程序实际输出的数据			

程序的 3 次运行结果如图 4-15 所示。

程序实际输出的数据与预期输出的数据不同，程序有逻辑错误。遇到逻辑错误时，可以从实际输出的数据中寻找线索，排查出错原因。当用户输入"-23"时，表达式 grade >= 0 && grade <= 100 的值为假，应执行 else 部分输出"成绩有误!"，而实际上程序并没有执行 else 部分。

对比例 4-14 和例 4-15 可以发现，两个程序中的关键代码仅编码风格不同。编码风格只影响程序的可读性，也就是说，两个程序的关键代码是一样的，都是 if 选择结构中嵌套了一个 if-else 选择结构。在例 4-15 中，关键字 else 并没有与它对齐的 if 配对。

C 语言规定，else 总是与它上面最近的未配对的 if 配对，不能通过编码风格改变 else 的配对规则。在例 4-15 中，else 与最近的 if 配对了，这显然与算法设计的处理过

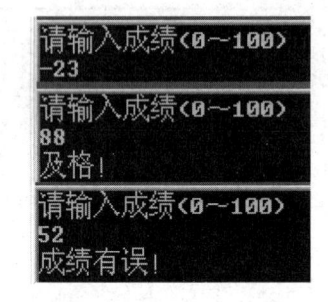

图 4-15　例 4-15 程序的 3 次运行结果

程不符。让 else 与较远的 if 配对需要借助复合语句，复合语句外面的 else 不与复合语句里面的 if 配对。例 4-15 中的相关代码可修改如下。

```c
if(grade >= 0 && grade <= 100){
    if(grade >= 60)
            printf("及格! \n");
}
else
    printf("成绩有误! \n");
```

例 4-16　根据程序流程图实现下面的函数（同例 4-8）。

$$y = \begin{cases} x+1 & x<0 \\ x & x=0 \\ x-1 & x>0 \end{cases}$$

（1）程序流程图一如图 4-16 所示。

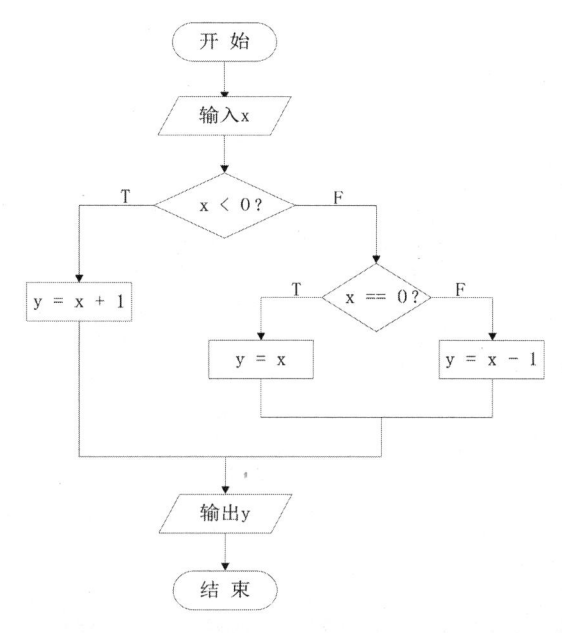

图 4-16　程序流程图一

分析：

由图 4-16 可知，程序流程是 if-else 选择结构中嵌套了 if-else 选择结构，有 3 条可执行路径，正好对应函数中自变量 x 的 3 种取值情况。

```
#include <stdio.h>
void main( ){
   int x, y;
   scanf("%d", &x);
   if (x < 0)
           y = x + 1;
   else
           if(x == 0)
               y = x;
           else
               y = x - 1;
   printf("f(%d)=%d\n", x, y);
}
```

讨论：

比较例 4-16 和例 4-8。

提示：

无论何种情况，例 4-16 少则比较一次，多则比较两次，就可以得出结果，而例 4-8 要比较三次，例 4-16 的效率更高。

（2）程序流程图二如图 4-17 所示。

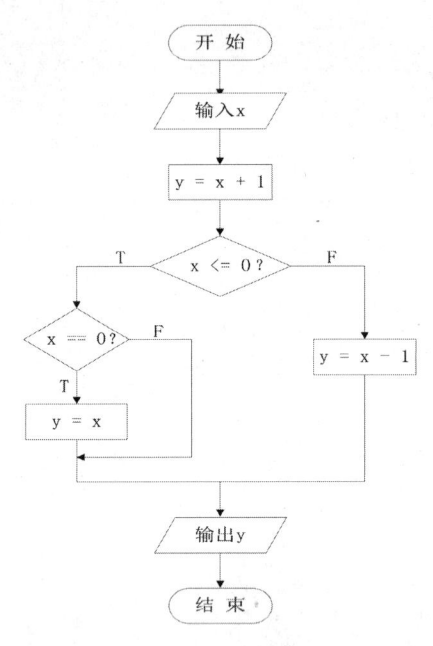

图 4-17　程序流程图二

分析：

由图 4-17 可知，程序流程是 if-else 选择结构中嵌套了一个 if 选择结构，也有 3 条可执行路径。程序在获得输入的数据后，会直接把变量 y 赋值为 x + 1，表示先假设用户输入的是负数。接着处理时，如果用户输入的是负数，就不再赋值了，否则，就再用正确的值给变量 y 赋值。先假设，再修正，是解决问题时常用的一种思路。

```
#include <stdio.h>
void main( ){
    int x, y;
    scanf("%d", &x);
    y = x + 1;
    if(x <= 0){
            if(x == 0)
                y = x;
    }
    else
            y = x - 1;
    printf("f(%d)=%d\n", x, y);
}
```

4.7　条件操作符

条件操作符?:是 C 语言中唯一的三目操作符，需要 3 个操作数。条件表达式的一般形式如下。

表达式1 ? 表达式2 : 表达式3

在对条件表达式求值时，先求表达式 1 的值，如果值为真，就对表达式 2 求值，否则就对表达式 3 求值。条件表达式的求值过程如图 4-18 所示。

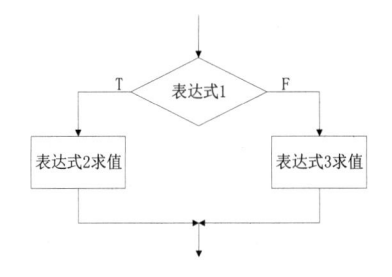

图 4-18 条件表达式的求值过程

条件表达式多用于改写简单的 if-else 选择结构，如以下选择结构。
```
if(a > b)
      max = a;
else
   max = b;
```
该选择结构可用条件表达式改写为 max = (a>b)? a : b。

条件操作符的优先级为 13，仅仅高于逗号操作符和赋值操作符。条件表达式 i > j ? ++i : ++j 的求值顺序为((i > j) ? (++i) : (++j))，其中自增操作符的优先级最高，但对它求值时，它不会先进行自增操作，因为原表达式可以被看作下面 if-else 选择结构的改写形式。
```
if(i > j)
      ++i;
else
   ++j;
```
++i 和++j 只能执行其中一个。条件操作符的?处也有一个序列点，左操作数 i > j 先求值，如果值为真，++i 求值，否则++j 求值，与 if-else 选择结构的执行过程相同。

条件操作符是右结合的，条件表达式 a > b ? a : c > d ? ++c : ++d 的求值顺序为((a > b) ? a : ((c > d) ? (++c) : (++d)))。这个表达式的可读性太差，应改用嵌套的选择结构。

条件表达式的值的类型为子表达式 2 和子表达式 3 的类型中较高的类型。数据类型所占的存储空间越大，级别越高。基本类型从高到底的排列顺序为 double>float>int>char。例如，3 > 2 ? 1 : 2.3 的值为 1.0，由于 2.3 的类型为双精度，高于整型，所以值的类型为双精度。

例 4-17 用条件表达式输出用户输入的两个整数中的较大者。
```
#include <stdio.h>
void main( ){
    int x, y;
    scanf("%d%d", &x, &y);
    printf("较大的数是%d\n", x > y ? x : y);
}
```
讨论：
有序列点的操作符有哪些？它们为什么需要序列点？

4.8 switch 选择结构

4.8.1 基本的 switch 选择结构

switch 选择结构包含一系列 case 标号和一个可有可无的 default 标号，它的一般形式如下。

```
switch(表达式){
    case 常量表达式 1:
        语句序列 1
    case 常量表达式 2:
        语句序列 2
    ...
    case 常量表达式 n:
        语句序列 n
    default:
        语句序列 n+1
}
```

一个 case 标号由 case 关键字、空格、常量表达式和冒号组成。常量表达式通常指操作数为字面量的表达式。常量表达式的值固定不变，如 100 或 20＊5 均为常量表达式。表达式 20＊i 不是一个常量表达式，因为表达式的值与变量 i 的值有关。一个 case 标号关联一个语句序列。语句序列是位于 case 标号下面的一组语句。default 标号最多有一个，由 default 关键字和冒号组成。default 标号也关联一个语句序列。default 标号虽然可以出现在 switch 选择结构中的任意位置，但是通常位于所有 case 标号的后面。

switch 选择结构执行时，首先对表达式求值，然后将表达式的值依次与 case 标号中常量表达式的值进行比较。如果两个值相等，就开始执行位于该 case 标号下面的语句。如果找不到相等的值，且 switch 选择结构有 default 标号，就开始执行位于 default 标号下面的语句；若 switch 选择结构没有 default 标号，则执行完毕，任何语句都不执行。只要确定了开始执行的位置，switch 选择结构就不再进行比较，位于开始位置下面的所有语句都将被执行，当执行到标识 switch 选择结构结束的右花括号}处时，switch 选择结构才执行完毕。

switch 选择结构的流程图如图 4-19 所示。

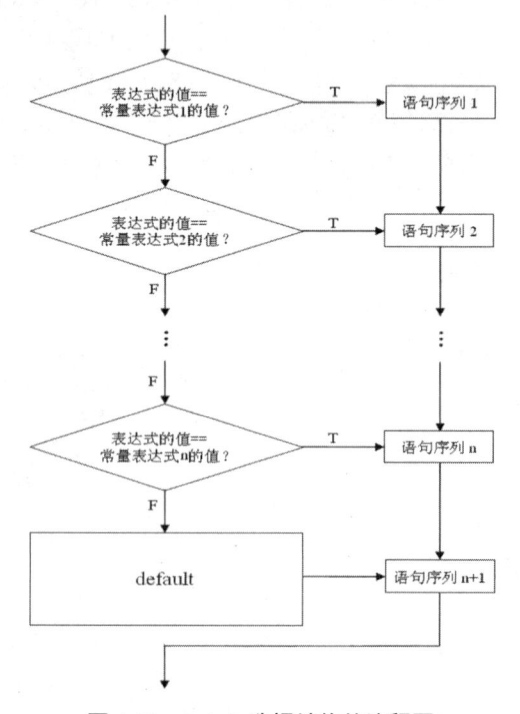

图 4-19　switch 选择结构的流程图

讨论：

（1）case 标号起什么作用？

（2）常量表达式的值为什么不用浮点型数据？

提示：

（1）switch 选择结构的执行过程可简单归结为：先对表达式求值，确定开始执行的位置，然后自上而下依次执行下面的语句。

（2）如何比较两个浮点型数据是否相等？switch 选择结构在确定开始执行的位置时，会进行什么操作？可参考例 4-25。

例 4-18 当输入"b"时，分析程序的运行结果。

```
#include <stdio.h>
void main( ){
    char c;
    scanf("%c", &c);
    switch(c){
        case 'c':
            printf(" a ");
        case 'b':
            printf(" c ");
case 'a':
printf(" b ");
        default:
            printf("您的输入不是a、b或c!\n");
    }
}
```

程序的运行结果如图 4-20 所示。

图 4-20　例 4-18 程序的运行结果

由程序的运行结果可知，相等的 case 标号下面的语句都会被执行，但在大多数情况下，只需执行一个语句序列即可。

4.8.2　包含 break 语句的 switch 选择结构

关键字 break 加个分号就构成了 break 语句。switch 选择结构在执行语句序列时，如果遇到 break 语句，就会立即中断语句序列的执行，也就意味着 switch 选择结构执行完毕。

例 4-19 包含 break 语句的 switch 选择结构。

```
#include <stdio.h>
void main( ){
    char c;
    scanf("%c", &c);
    switch(c){
        case 'c':
```

```
            printf(" a ");
                break;
        case 'b':
            printf(" c ");
            break;
        case 'a':
printf(" b ");
            break;
        default:
            printf("您的输入不是a、b或c! \n");
            break;    /*这条break;语句可以省略吗? */
    }
}
```

程序的运行结果如表 4-9 所示。

表 4-9 程序的运行结果

输入	C	b	a	d
输出	A	c	b	您的输入不是a、b或c!

例 4-19 中 switch 选择结构的流程图如图 4-21 所示。

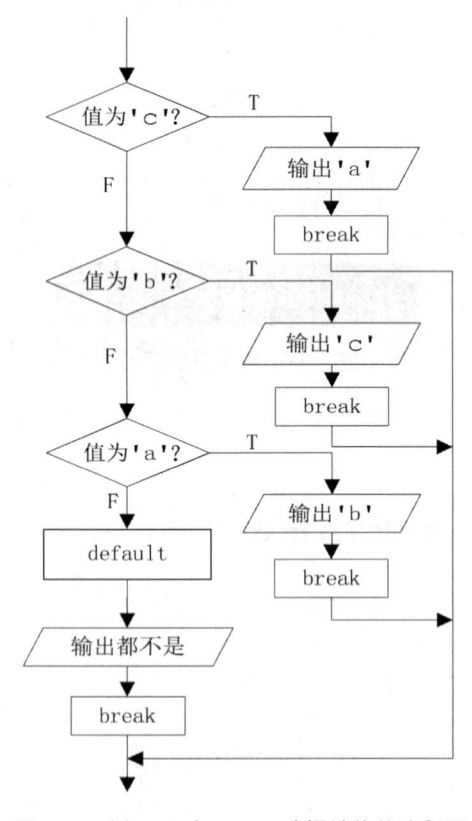

图 4-21 例 4-19 中 switch 选择结构的流程图

讨论：如何理解"包含 break 语句的 switch 选择结构是相等关系的多分支选择结构"这个结论？所谓相等关系的多分支选择结构，是指类似下面的 if 选择结构。

```
if(c == 'c') putchar('a');
if(c == 'b') putchar('c');
if(c == 'a') putchar('b');
```

提示：

switch 选择结构肯定不是简单地替代"相等关系的多分支选择结构"。switch 选择结构更简洁，效率更高。（为什么效率更高？）

case 标号仅起指示位置的作用，与 case 标号相关联的语句序列可以为空，此时 switch 选择结构的执行过程不变，依然从该位置开始依次执行下面的语句序列，如下面这段代码可以判断变量 i 能否被 4 整除。

```
switch(i % 4){
    case 1:
    case 2:
    case 3:
        printf("%d不能被4整除!\n", i);
        break;
    case 0:
        printf("%d能被4整除!\n", i);
        break;
}
```

例 4-20 分析下面的程序。

```
#include <stdio.h>
void main( ){
    int i;
    printf("---------------------------\n");
    printf(".....学生成绩管理系统.....\n");
    printf("---------------------------\n");
    printf("******1.浏览学生信息******\n");
    printf("******2.新增学生信息******\n");
    printf("******3.查询学生信息******\n");
    printf("******4.修改学生信息******\n");
    printf("******5.保存并退出  ******\n");
    printf("请选择：");
    scanf("%d", &i);
    switch(i){
    case 1:
        printf("您选择了浏览!\n");
        break;
    case 2:
        printf("您选择了新增!\n");
        break;
    case 3:
        printf("您选择了查询!\n");;
        break;
    case 4:
```

```
                printf("您选择了修改！\n");
                break;
            case 5:
                printf("您选择了退出！\n");
                break;
            default:
                printf("您的输入(%d)有误！\n", i);
                break;
        }
}
```

程序的运行结果如图 4-22 所示。

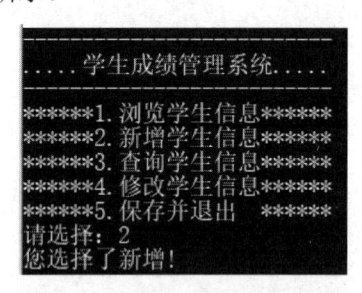

图 4-22　例 4-20 程序的运行结果

程序首先输出了一个学生成绩管理系统的菜单，然后使用 switch 选择结构获得用户选择的程序功能，最后以输出功能名称的方式模拟程序的运行。

4.9　典型例题

例 4-21　把用户输入的三个整数存储到变量 a、b 和 c 中，编程使 a、b 和 c 三个变量的值保持升序排列，即变量 a 的值最小，变量 c 的值最大。

分析：

利用具体数据分析，如表 4-10 所示。

表 4-10　具体数据分析

输入和输出	第一次	第二次	第三次	变量
用户可能输入的数据	3、2 和 5	5、2 和 3	2、3 和 5	a、b 和 c
程序预期输出的数据	a:2 b:3 c:5	a:2 b:3 c:5	a:2 b:3 c:5	a<b<c

有许多方法可以使 a、b 和 c 三个变量的值保持升序排列，请试着理解下面的算法，并体会如何用伪码（夹杂着文字说明的代码）描述处理步骤。

第一步：先使变量 a 和 b 的值保持升序排列。

第二步：再使 a、b 和 c 三个变量的值保持升序排列。

问题解决了，但好像又没有解决。上述算法从宏观上解决了问题，需要再细化，体现思维的条理性。

对于第一步：如果 a > b 为真，就交换变量 a 和 b 的值，使它们有序；否则，无须交换，变量 a 和 b 的值已经有序。这一步可用 if 选择结构实现，相应的代码如下。

```
if(a > b)  {变量 a 和 b 的值互换}
```

第二步处理时，变量 a 和 b 的值已经有序，即变量 b 的值一定比变量 a 的值大。在此前提条件下，使 a、b 和 c 三个变量的值保持升序排列。

比较变量 c 与 b 的值。如果 b > c 为真，可以确定变量 b 的值最大，题目要求由变量 c 存储最大值，故需交换变量 b 和 c 的值。交换后，可以确定变量 c 存储了三个整数中的最大值。由于交换，现在变量 b 的值是变量 c 原来的值，变量 a 的值和改变后的变量 b 的值不一定有序。再次用第一步的方法使变量 a 和变量 b 的值有序。变量 a 和 b 的值有序后，变量 a、b 和 c 的值也就有序了。如果 b > c 为假，可以确定变量 c 的值最大，而变量 a 和 b 的值已经有序，即变量 a、b 和 c 的值已经有序，此时无须进行任何操作。

第二步也可以用 if 选择结构实现，相关算法如下。

```
if(b > c){
//变量 b 的值最大，用变量 c 存储
    交换变量 b 和 c 的值；
//让变量 a 的值和改变后的变量 b 的值重新有序
    if(a > b){
变量 a 和 b 的值互换；
}
}
```

程序如下。

```c
#include <stdio.h>
void main( ){
    int a, b, c, temp;
    scanf("%d%d%d", &a, &b, &c);
    /*第一步让子序列 a、b 有序*/
    if(a > b){
        temp = a;
        a = b;
        b = temp;
    }
    /*第二步让子序列 a、b、c 有序*/
    if(b > c){
        //变量 b 的值最大，交换变量 b 和 c 的值
        c = b + c;
        b = c - b;
        c = c - b;
        //变量 b 的值已经改变，再次使变量 a 和 b 的值有序
        if(a > b){
            temp = a;
            a = b;
            b = temp;
        }
    }
    printf("排序后：a=%d,b=%d,c=%d\n", a, b, c);
}
```

讨论：

（1）输入"5""3""2"时，分析程序的运行过程。输入"5""2""3"和"2""3""5"时，分析程序的运行过程。也可以画出程序的流程图，结合流程图分析。

（2）第二步处理时，可以让变量c与变量a进行比较吗？写出详细的步骤。

例4-22 根据一般规律"四年一闰，百年不闰，四百年再闰"，判断某一年是否为闰年。

分析：

利用具体数据分析，如表4-11所示。

表4-11 具体数据分析

输入和输出	第一次	第二次	第三次	第四次	变量
用户可能输入的数据	2001	2008	2100	2800	year
程序预期输出的数据	否	是	否	是	是或否

用整型变量year存储用户输入的数据。用户可能输入的数据大致有这几种情况：不是4的倍数，是4的倍数且不是100的倍数，是100的倍数且不是400的倍数，是400的倍数。分析这些情况之间的逻辑关系，可以用什么样的选择结构区分它们呢？

关键算法如下。

如果 year 不是 4 的倍数，它就不是闰年。
否则（year 是 4 的倍数）
　　如果 year 不是 100 的倍数，它就是闰年。
　　　否则（year 是 100 的倍数）
　　　　如果 year 不是 400 的倍数，它就不是闰年。
　　　　　否则（year 是 400 的倍数）
　　　　　就是闰年。

```c
#include <stdio.h>
void main( ){
  int year, leap; /*leap用来标记year是否为闰年*/
  scanf("%d", &year);
  if(year % 4 != 0)
      leap = 0;
  else
        if(year % 100 != 0)
          leap = 1;/*闰年的条件是什么？*/
  else
    if (year % 400 != 0)
        leap = 0;
      else
        leap = 1;/*闰年的条件是什么？*/
  if(leap == 1)
      printf("%d年是闰年！\n", year);
  else
      printf("%d年不是闰年！\n", year);
}
```

提示：

为了使代码简洁、美观，要避免过多的缩进，嵌套的if-else选择结构通常写成如下形式。

```
if(year % 4 != 0)
    leap = 0;
else if(year % 100 != 0)
    leap = 1;
else if(year % 400 != 0)
    leap = 0;
else
    leap = 1;
```

对照程序中的代码，分析改写后的代码有几个选择结构，并指出每个 if-else 选择结构包含的语句。

讨论：

（1）画出程序的流程图。

（2）程序有几条可执行路径？每条可执行路径分别对应哪种情况？

（3）leap 变量有什么作用？

例 4-23 输入百分制成绩，输出相应的等级。百分制成绩和等级的对应关系为：90~100 为 A，80~89 为 B，70~79 为 C，60~69 为 D，0~59 为 E。

分析：

利用具体数据分析，如表 4-12 所示。

表 4-12 具体数据分析

输入和输出	第一次	第二次	第三次	第四次	第五次	变量
用户可能输入的数据	95	86	77	68	39	grade
程序预期输出的数据	A	B	C	D	E	有 5 种情况

用单精度变量 grade 存储用户输入的成绩。用户可能输入的数据至少有 5 种情况，关键算法可用图 4-23 表示。

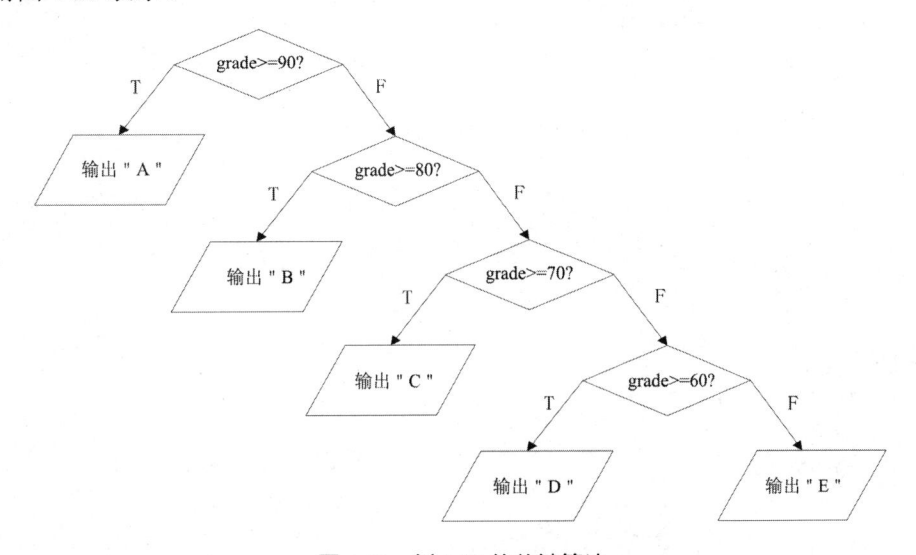

图 4-23 例 4-23 的关键算法

```
#include <stdio.h>
void main( ){
```

```c
    float grade;
    scanf("%f", &grade);
    if(grade > 100 || grade < 0){
        printf("输入错误! \n");
        return;
    }
    if(grade >= 90)       putchar('A');
    else if(grade >= 80)  putchar('B');
    else if(grade >= 70)  putchar('C');
    else if(grade >= 60)  putchar('D');
    else   putchar('E');
    putchar('\n');
}
```

分析程序的可执行路径和每个 if-else 选择结构包含的语句。

例 4-24 用 switch 选择结构改写例 4-23。

分析：

switch 选择结构是"相等关系"的多分支选择结构，成绩为多少时输出字符 A，为多少时输出字符 B？

等级与成绩十位上的数相关联，成绩十位上的数是 10 或 9 时为 A 级，是 8 时为 B 级，是 7 时为 C 级，是 6 时为 D 级，其余为 E 级。

```c
#include <stdio.h>
void main( ){
    int i;
    float grade;
    scanf("%f", &grade);
    if(grade > 100 || grade < 0){
        printf("输入错误! \n");
        return;
    }
    i = (int)grade / 10;  /*此处也可以不用强制类型转换*/
    switch(i){
    case 10:
    case 9:
        putchar('A');
        break;
    case 8:
        putchar('B');
        break;
     case 7:
        putchar('C');
        break;
     case 6:
            putchar('D');
            break;
```

```
        default:
            putchar('E');
            break;
    }
    putchar('\n');
}
```

例 4-25 输入类似 3.11+3.12=6.23 含+、-、*或/的等式，编程判断等式是否成立。

分析：

首先用 3 个单精度变量把用户输入等式中的两个操作数和结果存储起来，然后用 2 个字符型变量把等式中的操作符和等号存储起来，接着根据操作符的类型进行计算，最后把计算结果与用户输入的结果进行比较，以判断等式是否成立。

```
#include <stdio.h>
void main( ){
    float fa, fb, fc, fd;
    char ca, cb;
    scanf ("%f%c%f%c%f", &fa, &ca, &fb, &cb, &fc);
    switch(ca){
        case '+':
            fd = fa + fb;
            break;
        case '-':
            fd = fa - fb;
            break;
        case '*':
            fd = fa * fb;
            break;
        case '/':
            if(fb == 0){
                printf("除数不能为零！\n");
                return;
            }
            fd = fa / fb;
            break;
    }
    if(fd == fc)
        printf("等式成立！\n");
    else
        printf("等式不成立！\n");
}
```

程序的运行结果如图 4-24 所示。

讨论：

程序的运行结果为什么会出错呢？如何比较两个浮点数是否相等？

图 4-24 例 4-25 程序的运行结果

提示：

程序的运行结果会出错，与浮点型的精度有关。判断两个浮点数是否相等，通常转化为判断它们之间的差的绝对值是否小于精度。在例 4-25 中，可以把 fd == fc 改为 fabs(fd − fc) < 1e−6。库函数 fabs 可以求出浮点数的绝对值，它被包含在 math.h 头文件中。

练习 4

1. C 语言中逻辑量"真"和"假"的编码有何特点？e 为整型变量，!e 与 e != 1 等价吗？!e 与 e == 0 等价吗？

2. 分析表达式的求值顺序。
   ① 'a' > 'b' && a = 1。
   ② a = '\0' && i++。

3. 有 int a = 2,b = 3,c = 5;，求下面各逻辑表达式的值。
   ① a * b > c && a + b <= c。
   ② a + b > c || a + b < c。
   ③ '0' && a < c − 1。
   ④ '\0' || !(a > c) − 1。
   ⑤ a > b < c。
   ⑥ !a * c > b || (c = a)。
   ⑦ a > 0 && (x = b || 1)。
   ⑧ !(x = c) || a == b − 1。

4. 写出与下面结论等价的表达式。
   ① 三边长为 a、b、c 的三角形是直角三角形。
   ② a、b、c 三个整数中 b 最大。
   ③ a、b、c 三个整数中，至少有两个整数是负数。
   ④ a、b、c 三个整数中，只有两个整数是负数。
   ⑤ 字符型变量 ch 的值为大写字母。
   ⑥ x 的取值范围为[1,10]或(23,72)。
   ⑦ $1 < x < 3$ 或 $x < 0$。

5. 用两条语句 x < 0 && (x = −x); printf("%f\n", x);可以输出 x 的绝对值吗？如何评价这两条语句？

6. 用 if 选择结构验证练习 3 第 11 题，并为练习 3 第 17 题、第 20 题和第 24 题增加输入数据合法性检查的代码。

7. 输入一个小写字母，并输出该字母后面的第 3 个字母。所有小写字母构成循环，即 z 后面的字母为 a。如输入"a"时输出"d"，输入"y"时输出"b"。（用 if 选择结构而非表达式(ch+3 − 'a') % 26 + 'a'实现该题目的要求。）

8. 画出下面程序的流程图。程序有几条可执行路径？每条可执行路径分别对应什么样的输入数据？

```
#include <stdio.h>
void main( ){
```

```
    int x, y;
    scanf("%d%d", &x, &y);
    if(x > 0)
        x += y;
    if(y > 0)
        y -= x;
    printf("x=%d,y=%d\n", x, y);
}
```

提示：程序中每多一个 if 选择结构，理论上可执行路径会是原来的两倍。例 4-8 中有 3 个 if 选择结构，理论上有 8 条可执行路径，但它实际上只有 3 条可执行路径，为什么？

9. 分析下面的程序。

```
#include <stdio.h>
void main( ){
    int n;
    printf("请输入一个三位的正整数：\n");
    scanf("%d", &n);
    if(!(99 < n && n < 1000)){
        printf("(%d)输入错误，程序退出！\n", n);
            return;
    }
    printf("(%d)输入正确！\n", n);
}
```

提示：

（1）用 523 和 -523 测试时，分析程序的输出结果。

（2）画出该程序的流程图，return 语句对 if 选择结构有何影响？

10. 用变量 x 和 y 存储用户输入的两个整数。如果 x^2+y^2 的值大于 100，就输出 x^2+y^2 舍弃个位和十位上的数之后的值；否则，就输出两数之和。

11. 编程实现下面的函数。

$$y = \begin{cases} 2 & x = 0 \\ x & x < 2 且 x \neq 0 \\ 2x-1 & x \geq 2 \end{cases}$$

12. 输入一个字符，如果是大写字母，就输出对应的小写字母；如果是小写字母，就输出对应的大写字母；其他字符，原样输出。分别用 if 选择结构和 if-else 选择结构编程实现该题目的要求。

13. 编程输出用户输入的 3 个数中的最大值。下面的程序也能求出最大值，请把它补充完整。

```
#include <stdio.h>
void main( ) {
    int x, y, z;
    scanf("%d%d%d", &x, &y, &z);
    int max;
    max = x < y ? _____ ;
```

```
        printf("%d\n", max < z ? _____);
}
```

14. 用 if 选择结构改写例 4-22。

15. 分析实现了下面函数的程序，并把画线处的代码补充完整。

$$y = \begin{cases} x & 0 \leqslant x < 10 \\ 10 & 10 \leqslant x < 30 \\ 30 - 0.5x & 30 \leqslant x < 50 \\ 50 & x \geqslant 50 \end{cases}$$

```
#include <stdio.h>
void main( ){
    int x, i;
    float y;
    scanf("%d", &x);
    if (_____) i = 5;
    else i=_____;
    switch(i){
        case 0:
            y = x;
            break;
        case 1:
        case 2:
            y = 10;
            break;
        case 3:
        case 4:
            y = 30 - 0.5 * x;
            break;
        case 5:
            y = 50;
            break;
        default:
            y = -1;
            break;
    }
    if(_____)
        printf("y=%3.1f\n", y);
    else
        printf("输入错误! \n");
}
```

16. 分析下面的程序，用 break 语句退出 switch 选择结构后，程序将如何执行呢？

```
#include <stdio.h>
void main( ){
    int a = 2, b = 3;
    switch(a > 0){
```

```
        case 1:
            switch(b < 0){
                default:
                    printf("case 1:default\n");
                case 1:
                    printf("case 1:case 1\n");
                    break;
                 case 2:
                    printf("case 1:case 2\n");
                    break;
            }
        case 2:
          printf("case 2:\n");
         default:
          printf("default!\n");
          break;
         case 0:
            printf("case 0:\n");
    }
    printf("a = %d,b = %d\n", a, b);
}
```

17. 整型变量 x 与字符型变量 y 有如下对应关系，如表 4-13 所示。

表 4-13　整型变量 x 与字符型变量 y 的对应关系

整型变量 x	字符型变量 y	x / 100
100<x<=200	A	1，2
200<x<=500	B	2，3，4，5
500<x<=1000	C	5，6，7，8，9，10
1000<x	D	10，11，12……

输入 x 的值时，输出相应 y 的值，并用 switch 选择结构实现。（提示：考虑（x-1）/ 100 的值。）

18. 当输入的数据为 "5,3,2" 和 "5,2,2" 时，分析下面程序的运行结果。

```
#include <stdio.h>
void main( ){
  int a, b, c;
  printf("a=");  scanf ("%d", &a);
  printf(",b=");  scanf ("%d", &b);
  printf(",c=");  scanf ("%d", &c);
  if(a < b && a < c)
     if(b < c)
         printf("\n%d,%d,%d\n", a, b, c);
     else
         printf("\n%d,%d,%d\n", a, c, b);
  if(b < a && b < c)
```

```
        if(a < c)
            printf("\n%d,%d,%d\n", b, a, c);
        else
            printf("\n%d,%d,%d\n", b, c, a);
    if(c < a && c < b)
        if (a < b)
            printf("\n%d,%d,%d\n", c, a, b);
        else
            printf("\n%d,%d,%d\n", c, b, a);
}
```

19. 把用户输入的 5 个整数按升序输出。

20. 例 4-22 的算法也可以从 year 是否为 100 的倍数开始,把图 4-25 补充完整,并编程实现。

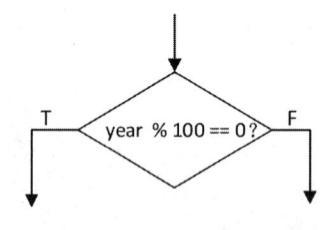

图 4-25 例 4-22 的另一种算法

21. 判断用户输入的整数能否被 2、3、5 整除,并根据情况输出以下信息之一。

① 能同时被 2、3、5 整除。
② 能被其中两个(哪两个)数整除。
③ 能被其中一个(哪一个)数整除。
④ 不能被 2、3、5 中的任一个数整除。

22. 例 4-23 的处理过程也可以用图 4-26 表示,请写出与此相对应的程序,并对比分析这两种处理方式输出"A" "B" "C" "D" "E"时,分别比较了多少次。

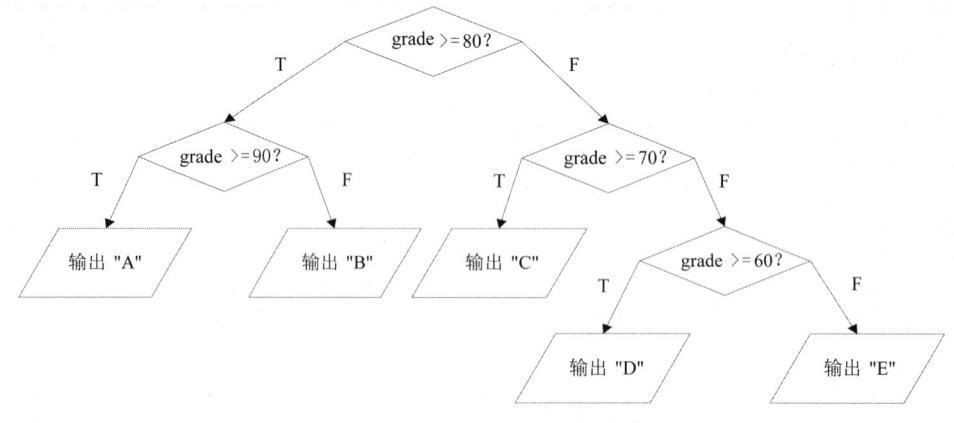

图 4-26 例 4-23 的另一种处理过程

23. 某专卖店销售运动服。若购买数量不少于 30 套,则每套 120 元;若购买数量不足 30 套,则每套 150 元;只购买上衣每件 90 元;只购买裤子每条 80 元。编程实现输入所买上衣和裤子的件数时,输出应付款。(提示:当输入"23"和"32"时,应按 23 套运动服和 9 条裤子计算应付款。)

24. 输入方程 $ax^2+bx+c=0$ 的系数时，编程输出方程的根，并注意区分以下情况。

① 方程有无数个根（$a=b=c=0$）。

② 方程无根（$a=b=0$，$c\neq0$）。

③ 方程只有一个实根（$a=0$，$b\neq0$）。

④ 方程有两个实根（判断两根是否相等）。

⑤ 方程有两个虚根（输出 $3+2i$ 形式的虚根）。

25. 输入三角形的三条边，根据情况输出以下信息中的一种。

① 可以组成等边三角形。

② 可以组成等腰三角形。

③ 可以组成等腰直角三角形（测试数据 2.3、3.252691、2.3）。

④ 可以组成一般直角三角形。

⑤ 可以组成一般三角形。

⑥ 不能组成三角形。

26. 根据用户输入的字符，按表 4-14 输出有关信息。

表 4-14 输入与输出的对应关系

输入	c	b	a	不是字符 a、b 或 c 时
输出	a	b	c	您的输入不是 a、b 或 c！

要求：

① 使用 if 选择结构实现程序。

② 使用 if-else 选择结构实现程序。

③ 使用 switch 选择结构实现程序。

④ 比较 3 种不同实现方式的程序。

本章讨论提示

当输入的正整数 n 不大于 5 时，程序会求 $1+2+3+\cdots+n$ 的和。

第 5 章　循环结构

章节导学

（本章视频）

大多数问题都可以用重复的步骤来解决，设计算法通常就是寻找解决问题的重复步骤，"什么在重复"和"在什么条件下重复"是关键。

穷举和迭代是最常见的重复。穷举法是尝试所有可能的选项以找到正确答案的方法，即一个一个地尝试。数列的当前项与前面的项之间的关系被称为迭代公式，重复利用迭代公式求出数列中的每一项的方法就是迭代法。用代码模拟计算前几项时发现，设置初始条件计算第一项的过程通常与计算其他项的过程不同，需要调整。

C 语言中利用循环结构实现重复。计算机可以高效地执行重复性的操作，除了具有"整数有范围，小数有精度"的特点，还擅长重复。

分析解决复杂问题时，常采用"自顶向下，逐步求精"的方式。"自顶向下"要求从宏观上分析问题，不拘泥于细节，把握问题的本质；"逐步求精"要求从局部着力，从细节入手，针对具体问题，列举"原始数据"，发现共性，从而获得普遍的规律。"自顶向下，逐步求精"体现了思维的条理性。

当采用"自顶向下，逐步求精"的方式有条理地分析复杂问题时，常常会得到嵌套的循环结构。

分析问题，设计算法，以及把加工、处理步骤翻译成代码的能力是写作能力；人工执行代码的能力是阅读能力。写作能力和阅读能力相辅相成。读者养成以表格形式分析循环结构执行过程的习惯，可以快速提高阅读能力，同时会带动写作能力的提升。

再次强调：多上机编程是学好 C 语言的必由之路，只有实践才能出真知，只有理论指导下的实践才是最有效的实践，一定要养成人工执行源程序的习惯。

本章讨论

以二进制形式输出用户输入的十进制正整数。十进制整数转换为二进制形式时，采用除 2 取余法，以 8 为例：8/2=4……0，4/2=2……0，2/2=1……0，1/2=0……1。因此，8 的二进制形式为 1000。

C 语言提供了 3 种循环结构：while 循环结构、for 循环结构和 do-while 循环结构。

5.1　while 循环结构

5.1.1　while 循环结构语法

while 循环结构的一般形式如下。

```
while(表达式)
```

语句

其中,表达式应为逻辑表达式,又称循环控制表达式或循环条件。语句可以是单条语句,也可以是复合语句,又称循环体。

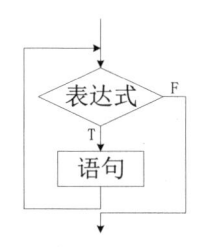

while 循环结构的执行流程为:先对表达式求值,如果值为真,就执行语句;否则,while 循环结构就执行完毕。与 if 选择结构不同,语句执行后,while 循环结构会再次重复上面的执行流程,也就是说,只有当循环条件为假时,while 循环结构才会结束执行。while 循环结构的执行流程如图 5-1 所示。

图 5-1 while 循环结构的执行流程

例 5-1 分析 while 循环结构的执行过程。

```
int i = 5;        /*设置初值*/
while(i > 0){
    printf("*");
    --i;          /*调整循环变量的值*/
}
```

分析:

循环结构的执行过程可以通过画表分析来实现。表格由循环控制和循环体两部分组成。表格中的前两列分别是循环变量和循环条件,从第三列开始,每列表示一条循环体语句。每行表示循环结构的一次执行过程,第一行表示循环结构的第 1 次执行。例 5-1 中 while 循环结构的执行过程如表 5-1 所示。

表 5-1 例 5-1 中 while 循环结构的执行过程

循环控制		循环体	
循环变量	循环条件		
i	i > 0	printf("*");	--i;
5	真	*	i:5→4
4	真	*	i:4→3
3	真	*	i:3→2
2	真	*	i:2→1
1	真	*	i:1→0
0	假	×	×

循环结构执行时,先对表达式求值,当循环变量 i 的值为 5 时,循环条件 i > 0 的值为真,循环体执行;printf 函数输出一个*号,--i 将循环变量 i 的值由 5 变为 4。继续对表达式求值(见表 5-1),当循环结构第 6 次执行时,循环变量 i 的值为 0,循环条件 i > 0 的值为假,循环结构退出执行。在表 5-1 中,i:5→4 表示变量 i 的值由 5 变为 4,×表示语句不执行。

讨论：
（1）循环变量 i 的值和*号的个数有什么样的联系？
（2）如何控制循环结构重复执行的次数？用 while 循环结构输出 10 个*号。

提示：
程序的变量通常有实际意义。

例 5-2 画表分析下面 while 循环结构的执行过程。

```
(1) char ch ='Z';
    while(ch >= 'A'){
        printf("%3c", ch);
        --ch;
    }
(2) int i = 1;
    while(1.0 / i > 1.23e-3){
        ++i;
    }
    printf("(1.0 / %d ) %f <= 0.00123\n", i, 1.0 / i);
```

分析：
（1）例 5-2（1）中 while 循环结构的执行过程如表 5-2 所示，其中，·表示空格。

表 5-2　例 5-2（1）中 while 循环结构的执行过程

循环控制		循环体	
ch	ch >= 'A'	printf("%3c", ch);	--ch;
'Z'	真	··Z	ch:'Z'→'Y'
'Y'	真	··Y	ch:'Y'→'X'
……	……	……	……
'A'	真	··A	ch:'A'→'A'的前一个字符
'A'的前一个字符	假	×	×

循环体执行了 26 次，输出了从 Z 到 A 共 26 个大写字母。循环变量 ch 表示要输出的大写字母。

（2）例 5-2（2）中 while 循环结构的执行过程如表 5-3 所示。

表 5-3　例 5-2（2）中 while 循环结构的执行过程

循环控制		循环体
i	1.0 / i > 1.23e-3	++i;
1	真	i:1→2
2	真	i:2→3
……	……	……
不能确定值（不会超过 1000）	假	×

这段代码可以找出倒数不大于 0.00123 的最小正整数。

5.1.2　while 循环结构用法

例 5-3　编程计算 1+2+3+…+100 的和。

分析：

利用数学公式可以直接求和，下面演示如何用循环解决这个问题。

求 1+2+3+4+5 的和，并分析什么在重复和在什么条件下重复。

<u>1+2</u>+3+4+5

=<u>3+3</u>+4+5

=<u>6+4</u>+5

=<u>10+5</u>

=15

如果不考虑 1+2，计算过程就是重复执行加法运算，即重复地计算前一次的和与新的加数的和。用整型变量 sum 存储每次相加的和，用整型变量 i 存储新的加数，则重复的是 sum = sum + i，即前一次的和 sum 与新的加数 i 相加后，得到的和再次用变量 sum 存储。

首先计算的是 1+2，可将变量 sum 的初值设置为 1，加数 i 的值设置为 2。语句 sum = sum + i;可求出 1+2 的和为 3。然后计算 3+3，这时 sum 的值已经是上次的和 3，而加数 i 的值仍为 2，需要将它变为新的加数。新的加数总比原加数大 1，可使变量 i 自增 1。接着执行 sum=sum+i;，可求出 3+3 的和，并将其存储到变量 sum 中。上面的计算过程可用下面的代码表示。

```
int i = 2, sum = 1;
sum = sum + i;
++i;
sum = sum + i;
++i;
sum = sum + i;
++i;
sum = sum + i;
++i;
```

什么在重复呢？语句 sum=sum+i;和语句++i;在重复。在什么条件下重复呢？由加数决定，只要加数不大于 5（即表达式 i<=5 为真），就需要重复。上面的计算过程可用下面的 while 循环结构更简洁地实现。

```
int i = 2, sum = 1;
while(i <= 5){
    sum = sum + i;
    ++i;
}
```

讨论：

（1）用表格分析这个 while 循环结构执行的过程，并与实际的计算过程进行比较。

（2）计算 0+1+2+3+4+5 时，上面的 while 循环结构该如何修改呢？

```
#include <stdio.h>
void main( ){
    int i = 1, sum = 0;
    while(i <= 100){
        sum += i;
        ++i;
    }
```

```
    printf("1+2+…+%d=%d\n", i - 1, sum);
}
```

分析：

变量 sum 用于存储和，在没有开始计算之前，和应为 0，故程序中变量 i 的初值为 1，变量 sum 的初值为 0。

例 5-4 输入一个正整数，并输出其各数位上的数之和。

分析：

当输入"2352"时，需输出"12"，即 2+5+3+2，其本质也是重复执行加法运算。变量 n 用于存储输入的正整数。存储和的 sum 变量的初值为 0，整型变量 i 表示新的加数。参考例 3-17 的算法，重复 n%10 和 n=n/10，则变量 i 的值依次为变量 n 个位上的数、十位上的数、百位上的数……综上所述，求和的过程可用下面的语句实现。

```
i = n % 10;        //求个位上的数
sum = sum + i;     //求和
n = n / 10;        //原来十位上的数变成了个位上的数
i = n % 10;        //求个位上的数（实为原来十位上的数）
sum = sum + i;
n = n / 10;
i = n % 10;
sum = sum + i;
n = n / 10;
...
```

整个过程一直重复，什么在重复呢？在什么条件下重复呢？

在重复的过程中，变量 n 一直在变小，但只要它的值大于 0，就表明还需继续求和，重复的条件为变量 n 大于 0。

```
#include <stdio.h>
void main( ){
   int n, i, sum = 0;
   int m;
   scanf("%d", &n);
   m = n;
   while(n > 0){
      i = n % 10;
      sum += i;
      n /= 10;
   }
   printf("%d 各数位上的数之和为%d\n", m, sum);
}
```

与例 5-3 不同，在例 5-4 中，由于第一个加数未知，所以只能先求加数再求和。

讨论：

（1）当输入"2352"时，分析程序中 while 循环结构的执行过程。

（2）程序中 printf("%d 各数位上的数之和为%d\n", m, sum);能否替换为 printf("%d 各数位上的数之和为%d\n", n, sum);？

例 5-5 100 个僧人分 100 个馒头，大僧每人分 3 个，小僧 3 人分 1 个，正好分完。请问大、小僧各几人？

分析：

重复的步骤就是一个一个地尝试。一个大僧 3 个馒头，大僧最多为 33 人，从 1 人到 33 人，依次尝试。

当大僧为 1 人时，小僧为（100-1）人，if(3 * 1 + (100 - 1) / 3 == 100)　printf("大僧：%d, 小僧：%d\n", 1, 100 - 1);

当大僧为 2 人时，小僧为（100-2）人，if(3 * 2 + (100 - 2) / 3 == 100)　printf("大僧：%d, 小僧：%d\n", 2, 100 - 2);

……

当大僧为 33 人时，小僧为（100-33）人，if(3 *33 + (100 - 33) / 3 == 100)　printf("大僧：%d, 小僧：%d\n", 33, 100 -33);

在上述过程中，大僧的人数从 1 到 33，可以改写为循环结构，循环变量 i 表示大僧的人数，初值为 1，循环控制表达式为 i <= 33，循环体中循环变量 i 自增 1。

尝试所有可能的选项以找到正确答案的方法被称为穷举法。

```
#include <stdio.h>
void main( ){
    int i = 1;
    while(i <= 33){
        if(3 * i + (100 - i) / 3 == 100)
            printf("大僧：%d, 小僧：%d\n", i, 100 - i);
        ++i;
    }
}
```

程序的运行结果如图 5-2 所示。

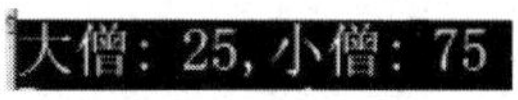

大僧：25, 小僧：75

图 5-2　例 5-5 程序的运行结果

尽管程序输出了正确的结果，但是算法有一点问题。若把题目中的条件改为"大僧每人分 2 个馒头，小僧 4 人分 1 个馒头"，则 if 选择结构中的判断条件就变成了 2 * i + (100 - i) / 4 == 100，程序的运行结果为"大僧：43, 小僧：57"。大僧分 2×43=86 个馒头，小僧分 57 / 4 ≈14 个馒头，也恰好是 100 个。计算机中整数除法的商仍为整数导致出错，为了防止出错，可改为穷举小僧的人数。

```
#include <stdio.h>
void main( ){
    int i = 3;
    while(i <= 100){
        if(i / 3 + (100 - i) * 3 == 100)
            printf("大僧：%d, 小僧：%d\n", 100 - i, i);
        i += 3;
    }
}
```

例5-6 输入一个正整数,并输出其倒序数(如123的倒序数为321)。

分析:

当用户输入"123"时,如何得到其倒序数321呢?由例5-4可知,通过循环可依次获得个位上的数3、十位上的数2、百位上的数1。用3×100+2×10+1求倒序数时,不能改写为重复的步骤,要用((0×10+3)×10+2)×10+1求倒序数。用变量rev存储倒序数,并赋初值为0,重复的过程为: rev = rev * 10 + 3; rev = rev * 10 + 2; rev = rev * 10 + 1;。

```
#include <stdio.h>
void main( ){
    int n, i, rev = 0;
    scanf("%d", &n);
    while(n > 0){
        i = n % 10;
        rev = rev * 10 + i;
        n /= 10;
    }
    printf("倒序数为%d\n", rev);
}
```

表达式 rev = rev * 10 + i 被称为迭代公式,通过重复迭代公式求问题解的算法被称为迭代公式法。

讨论:

当输入"2352"时,画表分析循环结构的执行过程。

5.2 for循环结构

5.2.1 for循环结构语法

通过分析while循环结构的执行过程可知,循环体执行的次数由循环变量的初值、循环条件和循环变量的调整幅度决定。循环变量在循环结构执行前设置初值,且仅设置一次;循环条件决定循环体是否执行;循环变量在循环体中调整。当循环条件为真时,循环体执行,循环变量改变;当不断改变的循环变量使循环条件为假时,循环结构执行完毕。为了使循环结构更紧凑、更直观,C语言提供了for循环结构。

for循环结构的一般形式如下。

```
for(表达式1; 表达式2; 表达式3)
    语句;
```

表达式1的作用是设置循环变量的初值。for循环结构执行时,先对表达式1求值,且仅求值一次,然后对表达式2求值。表达式2是循环控制表达式,当它的值为真时,执行循环体,当它的值为假时,立即结束for循环结构的执行。表达式3用于调整循环变量的值,循环体执行完成后,先对表达式3求值,再对表达式2求值,以确定是否重复执行循环体。

for循环结构的执行流程如图5-3所示。

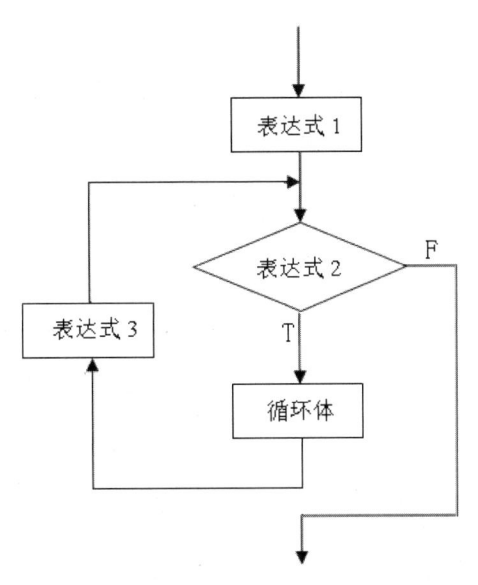

图 5-3　for 循环结构的执行流程

例 5-7　用 for 循环结构输出 5 个*号。
```
int i;
for(i=5; i>0; --i)
    printf("*");
```
与例 5-1 中的 while 循环结构相比，for 循环结构有更好的可读性。

画表分析 for 循环结构的执行过程。尽管表达式 3（--i）不属于循环体，但是循环体执行完成后，表达式 3 必定执行，故将表达式 3 放在最后一列。例 5-7 中 for 循环结构的执行过程如表 5-4 所示。

表 5-4　例 5-7 中 for 循环结构的执行过程

循环控制		循环体	
i	i > 0	printf("*");	--i
5	真	*	5→4
4	真	*	4→3
3	真	*	3→2
2	真	*	2→1
1	真	*	1→0
0	假	×	×

例 5-8 用 for 循环结构解决例 5-5 中的"百僧分馍"问题。
```
#include <stdio.h>
    void main( ){
        int i;
        for(i=3; i<=100; i+=3)
            if(i / 3 + (100 - i) * 3 == 100)
                printf("大僧：%d, 小僧：%d\n", 100 - i, i);
}
```

for 循环结构的执行过程如表 5-5 所示。

表 5-5 例 5-8 中 for 循环结构的执行过程

循环控制		循环体	
i	i < 100	if 选择结构	i += 3
3	真	假，不执行语句	3→6
6	真	假，不执行语句	6→9
……	……	……	……

for 循环结构中的表达式 1 和表达式 3 可以省略其中一个或都省略，但;号不能省略。省略的表达式默认为空语句。for(;表达式 2;)与 while(表达式 2)等价。表达式 1 和表达式 3 也可为逗号表达式，如 for(i=1, sum=0; i<=100; ++i) sum += i;。

当表达式 2 省略时，其值默认为真，for(; ;)即 for(; 1>0;)。

5.2.2 for 循环结构用法

例 5-9 用 for 循环输出 100 以内的奇数之和与偶数之和。

分析：

可以用两个循环结构，先求 1+3+…+99 之和，再求 2+4+…+100 之和，也可以在一个循环结构中求它们的和。

```
#include <stdio.h>
void main( ){
    int i, oddSum = 0, evenSum = 0;
    for(i=1; i<=100; ++i){
        if(i % 2 == 0)
            evenSum += i;
        else
            oddSum += i;
    }
    printf("1+3+...+99=%d\n2+4+...+100=%d\n", oddSum, evenSum);
}
```

讨论：

画表分析下面的循环结构。

```
for(i=1; i<=99; i+=2){
    oddSum += i;
    evenSum += i + 1;
}
```

例 5-10 输入两个正整数，并求它们的最小公倍数。

分析：

例 5-10 可以用穷举法。用整型变量 m 和 n 存储用户输入的数据，可能的最小公倍数有哪些呢？可能是 1, 2, 3, …, n*m；也可能是 m, 2*m, 3*m, …, n*m。穷举 m 的倍数效率更高。用循环变量 i 存储 m 和 n 的公倍数，穷举时，值从 m 到 n*m，每次增加 m。

```
for (i=m; i<=m * n; i+=m){
    //如果变量 i 是 n 的倍数，i 就是公倍数，输出值
}
```

由于从小到大穷举，所以最先输出的公倍数就是最小公倍数。

```
#include <stdio.h>
void main( ){
    int i, m, n;
    scanf("%d%d", &m, &n);
    for (i=m; i<=m * n; i+=m)
      if(i % n == 0)
            printf("%d和%d的最小公倍数为%d。\n", m, n, i);
}
```

程序的运行结果如图 5-4 所示。

```
2 4
2和4的最小公倍数为4。
2和4的最小公倍数为8。
```

图 5-4　例 5-10 程序的运行结果

该程序不仅输出了最小公倍数，还多输出了一个，程序有 Bug。事实上，找到最小公倍数后就不用再穷举了，循环条件不能是 i<=m*n。循环中通过变量 i 穷举 m 的倍数，如果变量 i 不是 n 的倍数，就继续穷举，否则变量 i 就是公倍数，需要结束循环。循环条件可修改为 i%n!=0，程序中关键代码修改如下。

```
for(i=m; i%n!=0; i+=m)
    ;      //循环体为空语句
printf("%d和%d的最小公倍数为%d\n", m, n, i);
```

讨论：

（1）当输入"2"和"4"时，分析改正前、后两个循环结构的执行过程。

（2）当循环体中有关于循环变量的条件判断时，这个条件可能与循环条件有关。

例 5-11　斐波那契数列的一般项 F_n 定义如下。

$$F_n = \begin{cases} 1 & n=1 \\ 1 & n=2 \\ F_{n-2} + F_{n-1} & n \geq 3 \end{cases}$$

输出它的前 30 项，且每行输出 5 项。

分析：

从第 3 项开始计算，过程如表 5-6 所示。

表 5-6　斐波那契数列的计算过程

n	第 n-2 项	第 n-1 项	第 n 项
3	1	1	2
4	1	2	3
5	2	3	5
6	3	5	8
7	5	8	13

直接输出前两项，计算第 3 项、第 4 项、第 5 项、…、第 30 项。重复计算，每重复一次，计算出一项，可以构造一个重复 28 次的循环结构模拟过程。

```
for(n=3; n<=30; ++n){
```

```
        //计算并输出第 n 项
    }
```

用变量 a 存储要计算的第 n 项,用变量 a2 存储第 n-2 项,用变量 a1 存储第 n-1 项。

求第 3 项时,a1 = a2 = 1; a = a1 + a2;。

求第 4 项时,a2 = a1; a1 = a; a = a1 + a2;。

求第 5 项时,a2 = a1; a1 = a; a = a1 + a2;。

……

找到重复的内容后,发现第 3 项和其他项不同,需要调整。

a1 = a2 = 1;。

求第 3 项时,a = a1 + a2; a2 = a1; a1 = a;。

求第 4 项时,a = a1 + a2; a2 = a1; a1 = a;。

求第 5 项时,a = a1 + a2; a2 = a1; a1 = a;。

……

先做准备,再开始重复求值。重复的过程就是求当前项,为计算下一项做准备。

```c
#include <stdio.h>
void main( ){
    int n, a1, a2, a;
        a1 = a2 = 1;
        printf("%10d%10d", a1, a2);
        for(n=3; n<=30; ++n){
    a = a1 + a2;
    printf("%10d", a);
    if(n % 5 == 0)     //当前行已经输出了 5 项
        printf("\n");
    a2 = a1;
    a1 = a;
        }
}
```

5.3　break 语句和 continue 语句

例 5-10 程序出现逻辑错误的原因在于,找到最小公倍数后没有及时终止循环。break 语句不仅能终止 switch 选择结构的执行,还能终止循环结构的执行。程序执行时,如果遇到 break 语句,循环结构就会立即终止执行。

例 5-10 程序中的循环结构也可修改如下。

```c
for(i=m; i<=n*m; ++i)
if(i % n == 0){
    printf("%d 和%d 的最小公倍数为%d\n", m, n, i);
        break; //已经求出了最小公倍数,立即退出循环结构
}
```

例 5-12　判断正整数 n 是否为质数。

分析:

质数只有 1 和它本身两个因数,"正整数 n 是否为质数"可转化为"正整数 n 是否有第 3 个因数",可以用穷举法。2,3,4,…,n-1 都有可能是整数 n 的第 3 个因数。循环变量 i 表

示变量 n 的因数，穷举过程如下。

```
for(i=2; i<n; ++i)
   if(n % i == 0)
       printf("No!\n");
```

找到第 3 个因数后，就不需要再找其他因数了，穷举过程可修改如下。

```
for(i=2; i<n; ++i)
   if(n % i == 0){
       printf("No!\n");
       break;   //已经得到了答案，立即退出
   }
```

如果变量 i 是整数 n 的因数，就不是质数，退出循环；否则，又该如何呢？

变量 i 不是整数 n 的因数，不能排除整数 n 还有其他因数，故无法断定整数 n 是否为质数，还需继续穷举。只有当循环结束，穷举完成，都没有找到变量 n 的第 3 个因数时，才能得出"整数 n 是质数"的结论。

循环结束后，如果循环是正常退出的，就意味着从 2 到 n-1 都不能整除 n，即整数 n 没有第 3 个因数，n 是质数。如果循环是因为执行了 break 语句而提前退出的，就意味着整数 n 有第 3 个因数，n 不是质数。那么，如何区分循环是正常退出的还是提前退出的呢？

```
#include <stdio.h>
void main( ){
    int n, i;
    scanf("%d", &n);
    for(i=2; i<n; ++i)
        if(n % i == 0)
            break;
    if(i == n)
        printf("%d 是质数！\n", n);
    else
        printf("%d 不是质数！\n", n);
}
```

讨论：

（1）当输入"9"和"5"时，分别分析循环结构的执行过程。

（2）把 if(i == n) 中的条件更改为 i>=n 可以吗？用整数 1 测试。

循环结构中还可以包含 continue 语句，它的作用是立即结束循环体的本次执行，循环体中位于 continue 语句后面的语句将不再执行。遇到 continue 语句时，while 循环结构和 for 循环结构都会结束循环体的本次执行，但 while 循环结构会接着对循环条件求值，而 for 循环结构会接着对表达式 3 求值。

例 5-13 找规律，输出所有小于 100 的项，且每 10 个一行。

1、2、4、7、8、11、13、14、16、17、19、22、23……

分析：

该例题可以用穷举法，可能的项为 1，2，3，…，99。从 1 重复到 99，当它是序列中的一项时输出，当它不是序列中的一项时忽略。序列中没有 3 或 5 的倍数。

```
#include <stdio.h>
void main( ){
     int i, n = 0;
```

```
    for(i=1; i<100; ++i){
        if(i % 3 == 0 || i % 5 == 0)
            continue;
        printf("%3d", i);
        ++n;
        if(n % 10 == 0)
            printf("\n");
    }
}
```

讨论：

（1）程序中变量 n 有什么作用？n % 10 == 0 可以更改为 i % 10 == 0 吗？

（2）如果不使用 continue 语句，如何实现本例？

break 语句和 continue 语句在循环体中常作为 if 选择结构的一部分出现，当满足一定的条件时，它们会提前终止循环结构或本次循环。

5.4 循环嵌套

例 5-14 分析下面程序的运行结果。

```
#include <stdio.h>
void main( ){
    int i, j;
    for(i=1; i<=5; ++i){
        printf("第%d行:", i);
        for(j=1; j<=5; ++j){
            printf("%2c", '*');
        }
        printf("\n");
    }
}
```

分析：

程序中 for 循环结构的循环体有 3 条语句，其中第 2 条语句也是一个 for 循环结构。包含了循环结构的循环结构被称为嵌套的循环结构，这个嵌套的循环结构的执行过程如表 5-7 所示。

表 5-7 例 5-14 中嵌套的循环结构的执行过程

循环控制			循环体				表达式3	
i	i<=5	printf("第%d行：", i)	for(j=1; j<=5; ++j){ printf("%2c", '*'); }				printf("\n");	++i
^	^	^	循环控制		循环体	表达式3	^	^
^	^	^	j	j<=5	printf("%2c", '*');	++j	^	^
1	1-真	第1行：	1	1-真	•*	1→2	✓	1→2
^	^	^	2	1-真	•*	2→3	^	^
^	^	^	3	1-真	•*	3→4	^	^
^	^	^	4	1-真	•*	4→5	^	^
^	^	^	5	1-真	•*	5→6	^	^
^	^	^	6	0-假	×	×	^	^

续表

循环控制			循环体				表达式3
2	1-真	第2行:	1	1-真	•*	1→2	2→3
			2	1-真	•*	2→3	
			3	1-真	•*	3→4	√
			4	1-真	•*	4→5	
			5	1-真	•*	5→6	
			6	0-假	×	×	
……							
5	1-真	第5行:	1	1-真	•*	1→2	5→6
			2	1-真	•*	2→3	
			3	1-真	•*	3→4	√
			4	1-真	•*	4→5	
			5	1-真	•*	5→6	
			6	0-假	×	×	
6	0-假	×	×				×

程序的运行结果如图 5-5 所示。

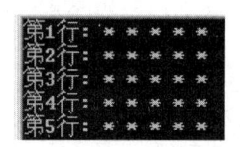

图 5-5 例 5-14 程序的运行结果

程序的流程图如图 5-6 所示。

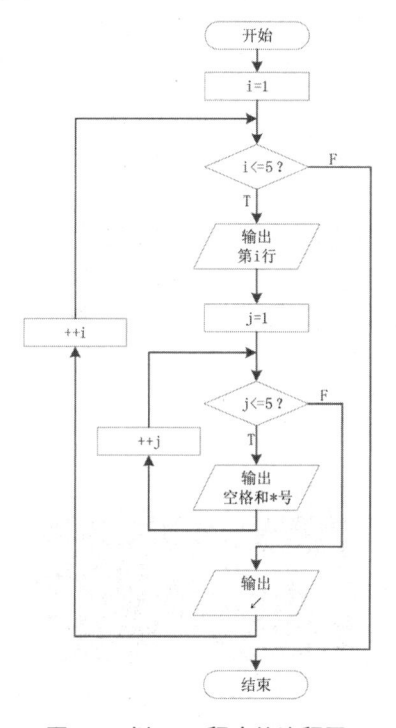

图 5-6 例 5-14 程序的流程图

例 5-15 用循环输出图 5-7 所示的结果。

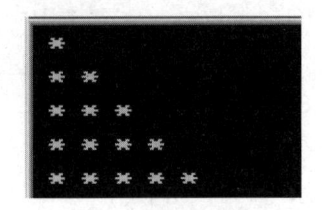

图 5-7 输出结果

分析：

图形共 5 行，输出第 1 行，输出第 2 行，输出第 3 行，输出第 4 行，输出第 5 行。这个过程是重复的，"行"在重复，并且重复了 5 次。循环变量 i 表示要输出的行号，从 1 到 5，每次自增 1，可以用下面的循环结构来实现上述过程。

```
for(i=1; i<=5; ++i){
    //输出第 i 行
}
```

第 i 行是什么样的？

第 1 行有 1 个"空格*"和 1 个换行符，第 2 行有 2 个"空格*"和 1 个换行符，…，第 i 行有 i 个"空格*"和 1 个换行符。那么，如何输出 i 个"空格*"呢？

输出第 1 个，输出第 2 个，输出第 3 个，…，输出第 i 个。这个过程是重复的，"个数"在重复，并且重复了 i 次。循环变量 j 表示第几个，从 1 到 i，每次自增 1，可以用下面的循环结构输出 i 个"空格*"。

```
for(j=1; j<=i; ++j)
    printf("%2c", '*');   //或 printf(" *");
```

程序如下。

```
#include <stdio.h>
void main( ){
    int i, j;
    for(i=1; i<=5; ++i){
        for(j=1; j<=i; ++j)
            printf("%2c", '*');   //或 printf(" *");
        printf("\n");
    }
}
```

讨论：

分析程序中循环结构的执行过程。

例 5-16 用循环输出图 5-8 所示的结果。

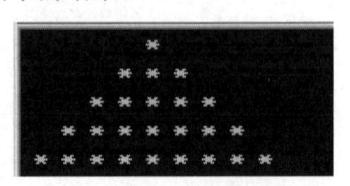

图 5-8 输出结果

分析：

图形共 5 行，输出第 1 行，输出第 2 行，输出第 3 行，输出第 4 行，输出第 5 行。这个过程是重复的，"行"在重复，并且重复了 5 次。循环变量 i 表示要输出的行号，从 1 到 5，每次自增 1，可以用下面的循环结构来实现上述过程。

```
for(i=1; i<=5; ++i){
    //输出第 i 行
}
```

第 i 行是什么样的？

第 1 行有 4 个"空格空格"、1 个"空格＊"和 1 个换行符，第 2 行有 3 个"空格空格"、3 个"空格＊"和 1 个换行符，…，第 i 行有 5-i 个"空格空格"、2*i-1 个"空格＊"和 1 个换行符。

输出第 i 行时，首先输出 5-i 个"空格空格"，然后输出 2*i-1 个"空格＊"，最后输出 1 个换行符。

```
#include <stdio.h>
void main( ){
    int i, j, k;
    for(i=1; i<=5; ++i){
        for(j=1; j<=5-i; ++j)
            printf("  ");
        for(k=1; k<=2*i-1; ++k)
            printf(" *");
        printf("\n");
    }
}
```

讨论：

（1）例 5-15 和例 5-16 的图形形状不同，为什么分析时却认为它们都是由 5 行组成的呢？这样的思路有什么特点？

（2）如何分析第 i 行是什么样的？

提示：

（1）当忽略细节，从宏观上看时，例 5-15 和例 5-16 的图形形状"相同"，都是由 5 行组成的，可以用相同的循环结构输出。循环体执行 5 次，每次输出第 i 行，即可得到图形。把握本质、忽略细节的分析方法被称为"自顶向下"。

（2）要确定第 i 行的形状时，可以从第 1 行的具体形状开始，依次分析每行的具体形状，关注细节，在此基础上总结规律，得到第 i 行的形状。从细节出发、找到规律的分析方法被称为"逐步求精"。"自顶向下，逐步求精"强调了分析的层次性和思维的条理性。

例 5-17 输出 100 以内的质数。

分析：

该例题可以用穷举法。用循环 for(i=2; i<100; ++i) 穷举从 2 到 100 的所有整数，如果整数 i 是质数，就输出 i，否则就不输出。

```
#include <stdio.h>
void main( ){
```

```
    int i, j, n = 0;
    for(i=2; i<100; ++i){
       for(j=2; j<i; ++j)
           if(i % j == 0)
              break;
       if(i == j){
           printf("%3d", i);
           ++n;
           if(n % 10 == 0)
              printf("\n");
       }
    }
}
```

5.5　do-while 循环结构

do-while 循环结构的一般形式如下。

```
do
语句
while(表达式);
```

do-while 循环结构的执行流程如图 5-9 所示。

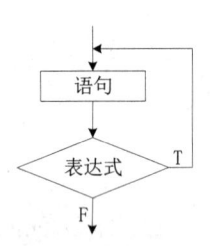

图 5-9　do-while 循环结构的执行流程

与 while 循环结构相比，do-while 循环结构先执行一次循环体，再求循环表达式的值，即 do-while 循环结构的循环体至少执行一次。

例 5-18　分析下面的程序。

```
#include <stdio.h>
void main( ){
    float grade;
   do{
       printf("请输入成绩(0～100), -1 退出\n");
       scanf("%f", &grade);
       if(grade > 100 || grade < 0){
           if(grade == -1)
               printf("程序退出，多谢使用！\n");
           else
               printf("输入错误！\n");
           continue;
```

```
        }
        if(grade >= 90)       putchar('A');
        else if(grade >= 80)  putchar('B');
        else if(grade >= 70)  putchar('C');
        else if(grade >= 60)  putchar('D');
        else   putchar('E');
        putchar('\n');
    }while(grade != -1);
}
```

上述程序用 do-while 循环结构改写了例 4-23 的程序。当用户输入非法数据时，程序不会直接退出，而是让用户继续输入，对用户更友好。程序运行后还可以处理多个数据。

讨论：

程序中的 continue 语句有什么作用？

例 5-19 当用户输入一个小于 1 的正数时，编程求 ln(1+x) 的值，要求精确到小数点后第 9 位，即 10^{-9}。已知 $\ln(1+x)=x-x^2/2+x^3/3-\cdots+(-1)^{k-1}x^k/k(0<x<1)$。

分析：

根据公式，求出第 1 项 x 的值，并加上第 2 项 $-x^2/2$ 的值，并加上第 3 项 $x^3/3$ 的值……并加上第 k 项的值。可以用循环结构实现连加求和的过程，关键在于求第 k 项的值。

第 k 项是 $(-1)^{k-1}x^k/k$，改写成 $-(-x)^k/k$ 后表达式为 $-pow(-x, k)/k$，其中库函数 pow 的功能是进行幂运算。直接求第 k 项会有大量的重复计算，效率比较低，根据第 k 项与第 k-1 项的关系求第 k 项更高效。分母比较简单，只考虑分子。第 k 项分子/第 k-1 项分子 $=(-1)^{k-1}x^k/(-1)^{k-2}x^{k-1}=-x$，故第 k 项的分子=第 k-1 项的分子×(-x)。得到迭代公式，就可以用迭代法求第 k 项的分子了。

具体到程序中，分子用变量 fm 存储，第 1 项的分子为 fm=x;；第 2 项的分子为 fm = fm * (-x);，第 3 项的分子为 fm = fm * (-x);……用变量 fn 表示第 k 项，变量 s 表示结果。

求出并加上第 1 项：k=1; fn=fm=x; s += fn;。

求出并加上第 2 项：++k; fm *= -x; fn = fm / k; s += fn;。

求出并加上第 3 项：++k; fm *= -x; fn = fm / k; s += fn;。

……

与例 5-11 类似，找到重复的内容后，发现第 1 项和其他项不同，需要调整。先求第 1 项 k = 1; fn = fm = x;，再开始重复"求和；求出下一项"。

加上第 1 项求出第 2 项：s += fn; ++k; fm *= -x; fn = fm / k;。

加上第 2 项求出第 3 项：s += fn; ++k; fm *= -x; fn = fm / k;。

加上第 3 项求出第 4 项：s += fn; ++k; fm *= -x; fn = fm / k;。

……

如何保证结果精确到小数点后第 9 位（10^{-9}）呢？如果第 k 项的绝对值小于 1e-9，根据题目要求，就可以忽略该项了。考虑到小数点后第 10 位需四舍五入，而第 11 位又可能向前进位，为了使结果更精确，当第 k 项的绝对值小于 1e-11 时，停止计算。

因为单精度浮点型只能保证 6 到 7 位的精度，所以变量的类型需定义为双精度浮点型。

```
#include <stdio.h>
#include <math.h>
void main(){
```

```
    int k;
    double x, fm, fn, s;
    do{
    printf("请输入一个小于1的正数! \n");
     scanf("%lf", &x);
}while(x < 0 || x >= 1);
s = 0;
k = 1;
fn = fm = x;
do{
    s += fn;
    ++k;
    fm *= -x;
    fn = fm / k;
}while(fabs(fn) > 1e-11);
printf("ln(1+%.2f)=%.9f\n", x, s);
}
```

讨论：

分析比较本例和例 5-11，用循环实现迭代时需注意什么？

5.6 典型例题

例 5-20 求 1!＋2!＋…＋10!的和。

分析：

用 sum 存储结果并将 sum 初始化为 0，m 表示加数，用循环结构 for(i=1; i<=10; ++i){//求加数 m 的值；sum += m;}实现。加数 m 的值为 i!，那么，如何求 i!呢？
i!=1*2*3*…*i，可以用循环求出 i!。

```
#include <stdio.h>
void main( ){
    int i, j, sum = 0;
    int m;
    for(i=1; i<=10; ++i){
        //求加数 i 的阶乘
        m = 1;
        for(j=1; j<=i; ++j)
            m *= j;
        //求和
        sum += m;
    }
    printf("1!+2!+...+10!=%d\n", sum);
}
```

当直接用循环求 i!时，会有大量的重复计算，效率比较低，根据当前项 i!与前一项(i-1)!的关系求 i!更高效。由于 i!/(i-1)!＝i，所以当前项＝前一项*i。得到迭代公式后，就可以用迭代法求 i!了。m 赋初值为 1，即 0 的阶乘。求 1!时，m = m * 1；（1!= 0!*1）；求 2!时，m = m * 2；

（2!=1!*2）；求 3!时，m = m * 3；（3!= 2!*3）；…；求 i!时，m = m * i；（i!= (i-1)! *i）。

```
#include <stdio.h>
void main( ){
    int i, j, sum = 0;
    int m = 1;
    for(i=1; i<=10; ++i){
        m = m * i;      //求加数 i 的阶乘
        sum += m;       //求和
    }
    printf("1!+2!+...+10!=%d\n", sum);
}
```

讨论：

（1）画表分析两个循环结构的执行过程。

（2）在什么条件下可以用迭代法求当前项？

例 5-21 一个正整数，如果从左向右读（正序数）和从右向左读（倒序数）是一样的，这样的数就叫作回文数。"回文数猜想"是指任取一个正整数，如果它不是回文数，就将该数与它的倒序数相加，如果相加的和不是回文数，就重复上述步骤，在经过有限次的重复后，会得到一个回文数，如 68。

第一步：68+86=154

第二步：154+451=605

第三步：605+506=1111

1111 为回文数。

请编程验证"回文数猜想"并输出计算步骤。

分析：

在验证的过程中，重复的是：判断整数是否为回文数。若为真，则任务完成；若为假，则该数与它的倒序数相加。因为不知道需要几步，所以用一个无限循环来模拟验证。

```
while(1>0){
```

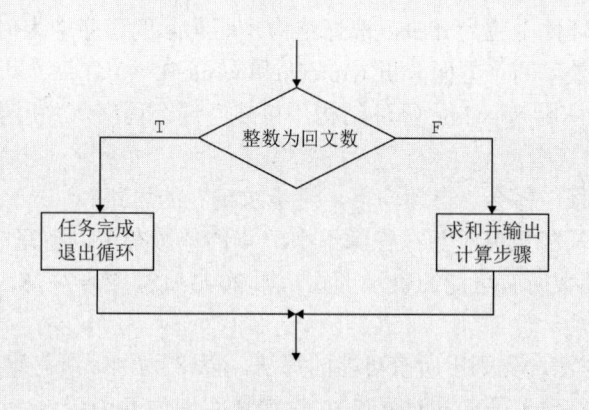

```
}
```

进一步分析（逐步求精）。

如果一个整数的正序数和倒序数相等，它就是回文数。先求倒序数，在循环体中可以分为两步。

第一步：求出倒序数。

第二步：判断正序数与倒序数是否相等。如果相等，该数就是回文数，输出信息，退出循环；否则，就求出正序数与倒序数的和，并输出计算步骤。

求整数倒序数的算法可参考例 5-6。

```c
#include <stdio.h>
void main( ){
    int num, reverse, n;
    int step = 0;
    printf("请输入一个正整数：\n");
    scanf("%d", &n);
    while(1>0){
        num = n;
        //求倒序数
        reverse = 0;
        while(n > 0){
            reverse = reverse * 10 + n % 10;
            n /= 10;
        }
        //判断是否为回文数
        if(num == reverse){
            printf("%d为回文数！\n", num);
            break;    //退出循环
        }
        //求和并输出计算步骤
        n = num + reverse;
        ++step;
        printf("第%d步: %d+%d=%d\n", step, num, reverse, n);
    }
}
```

讨论：

（1）分析时，循环体中应为 if-else 选择结构，而实际的程序中为何是 if 选择结构呢？

（2）从可读性和效率两个方面分析 while(1)和 while(1 > 0)。

（3）仿照例 5-18，用 do-while 循环结构"包装"这个程序，并用多个数据测试程序（最后用 98 测试）。

（4）回顾分析过程，体会"自顶向下，逐步求精"的思路。

例 5-22 编程验证哥德巴赫猜想：任意不小于 4 的偶数都可以被写成两个质数之和。输入一个偶数，并输出该偶数所有可能的表示形式，如 20=3+17，20=7+13。

分析：

该例题可以用穷举法，先列出所有可能的算法。以 8 为例，所有算式为 8=2+6，8=3+5，8=4+4（忽略 8=1+7，8=5+3 等重复的算式），用循环实现为 for(i=2; i<=even/2; ++i){printf("%d = %d + %d\n", even, i, even-i);}。

然后进行验证，如果符合要求，即 i 和 even-i 都是质数，就输出算式；否则，就不输出算式。进一步分析。如果加数 i 是质数，即为真，或者 even-i 是质数，即为真，就输出算式，否则，就不输出算式；如果非上述情况，就什么也不做。该处理过程是一个 if 选择结构中嵌套了一个 if 选择结构。

```
#include <stdio.h>
#include <math.h>
void main( ){
    int i, j, k, m, even;
    //输入一个不小于4的偶数
    do{
            printf("请输入一个不小于4的偶数\n");
            scanf("%d", &even);
    }while(even < 4 || even % 2 != 0);
    //用穷举法,i为一个加数
    for(i=2; i<=even/2; ++i){
        //判断i是否为质数
        for(j=2; j<=sqrt(i); ++j)
            if(i % j == 0)
                break;
        if(j > sqrt(i)){
        //i为质数,再判断另一个加数是否为质数
        m = even - i;
        for(k=2; k<=sqrt(m); ++k)
            if(m % k == 0)
                break;
        if(k > sqrt(m))
            printf("%d = %d + %d\n", even, i, m);
        }
    }
}
```

讨论：

（1）变量 i 为何只从 2 重复到偶数 even 的一半就输出了全部算式？

（2）为什么变量 i 只从 2 重复到整数的平方根就能断定整数没有第 3 个因数？

提示：

（1）两个加数可能同时大于和的一半吗？

（2）设整数 p 是整数 n 的一个因数，必有整数 q 使得 n=p×q，p 和 q 不可能都大于整数 n 的平方根。若把 p 和 q 看作一对因数，则整数 n 的因数成对出现。选择整数 n 的成对因数中较小的因数组成一个集合 F，当查找整数 n 的第 3 个因数时，只需穷举集合 F 中的因数即可。因为集合 F 中最大的因数不会超过 n 的平方根，所以当查找整数 n 的第 3 个因数时，只需从 2 穷举到 n 的平方根即可。

例 5-23 两个羽毛球队进行比赛，各出三名队员，一对一比赛，甲队为 A、B、C，乙队为 X、Y、Z。有人向队员打听对阵名单，A 说他不和 X 比，C 说他不和 X、Z 比，请编程找出对阵名单。

分析：

该例题可以用穷举法，列出所有可能的对阵名单，并从中选出符合条件的对阵名单。

A 的对手可能是 X、Y 或 Z，用字符型变量 i 存储 A 的对手，穷举 A 的对阵名单的循环结构为 for(i='X'; i<='Z'; ++i) printf("A---%c\n", i);

理论上两个球队的对阵名单可以用如下循环结构输出。
```
for(i='X'; i<='Z'; ++i)
    for(j='X'; j<='Z'; ++j)
        for (k='X'; k<='Z'; ++k)
            printf("A---%c\tB---%c\tC---%c\n", i, j, k);
```
对阵名单中出现了甲队的 A 和 B 对阵乙队的同一个人的问题。A 的对手存储在变量 i 中，B 的对手存储在变量 j 中，当 i != j 为真时，A 和 B 的对手就不是同一个人了。输出语句可修改如下。
```
if(i != j && i != k && j != k)
    printf("A---%c\tB---%c\tC---%c\n", i, j, k);
```
现在得到了所有可能的对阵名单，如何确定实际的对阵名单，即 A 不和 X 比，C 不和 X、Z 比呢？
```
#include <stdio.h>
void main( ){
    char i, j, k;  //i、j、k 分别为 A、B、C 的对手
    for(i='X'; i<='Z'; ++i)
        for(j='X'; j<='Z'; ++j)     {
            if (i != j){  //A、B 不能是同一个对手
                for (k='X'; k<='Z'; ++k){
                    if(i != k && j != k)  //A、C 和 B、C 也不能是同一个对手
                        if (i != 'X' && (k != 'X' && k != 'Z')){
                            printf("A---%c\tB---%c\tC---%c\n", i, j, k);
                        }
                }
            }
        }
}
```

讨论：

（1）在分析中，排除多个队员对阵同一对手的条件被集中放在一个 if 选择语句中，而程序中这些条件分散在不同的地方，两者有何区别？

（2）当队员的名字不是 A、B、C 时，怎么办？

提示：

（1）两个循环的执行效率不同，后者的执行效率更高。

（2）用 A、B、C 代替真名，输出时再替换回来。

练习 5

1. 画表分析下面循环结构的执行过程。
```
(1) int i = 1, s = 0;
    while(i < 21){
        s += i;
        i += 5;
    }
```

(2) ```
int m = 123, r = 0;
while(m > 0){
        r = r * 10 + m % 10;
        m /= 10;
    }
```
(3) ```
int a = 6, b = 9;
    int t;
while(a % b != 0){
        t = a % b;
        a = b;
        b = t;
    }
```
(4) ```
//用户的输入为"Hello,World!✓"。
    char c;
int a, b, c, d;
a = b = c = d = 0;
while((c = getchar( )) != '\n'){
        if(c >= 'a' && c <= 'z')
            ++a;
        else if(c >= 'A' && c <= 'Z')
            ++b;
        else if(c == ' ')
            ++c;
        else
            ++d;
    }
```
(5) ```
int k = 1;
    char ch ='A';
while(++ch <='F' && k > 0){
        switch(ch++){
        case 'C':
        k -= 3;
    case 'D':
        k -= 4;
    break;
    case 'E':
        k -= 5;
        break;
    default:
        k += 3;
        break;
    }
        printf("%3c%3d", ch, k);
}
printf("\n%3c%3d\n", ch, k);
```

代码段（5）的 while 循环结构中包含了一个 switch 选择结构。分析复杂的循环结构时，需要耐心，请将表 5-8 补充完整。

表 5-8 循环的执行过程

循环控制				循环体			
ch	k	++ch<='F'&&k>0	ch	switch 结构			printf("%3c%3d", ch, k);
				ch++	ch	匹配	
'A'	1	1-真	'A'→'B'	B	'B'→'C'	Default k:1→4	

在对表达式++ch<='F'&&k>0 求值时，变量 ch 的值会自增，表格中用右边增加一列的方式强调了自增操作。

2．分析下面循环结构中循环体执行的次数，并上机验证。

```
(1) int i = 0;
    while(1){
        ++i;
        printf("%d\n", i);
    }
(3) short i = 1;
    while(i * i >= 0){
        ++i;
        printf("d\n", i);
    }
```

```
(2) short i = 1;
    while(i > 0){
        ++i;
        printf("%d\n", i);
    }
(4) char c = 'a';
    while(c >= 0){
        --c;
        printf("%c\n", c);
    }
```

3．画出例 5-3 程序和例 5-5 程序的流程图。

4．将一张厚 1 mm 的纸对折，每折一次，纸的厚度就增加一倍，计算理论上对折多少次后，厚度可以达到珠穆朗玛峰的高度（按 8848 m 计算）。（实际上，一张纸最多只能对折七八次。）

5．编程输出用户输入的正整数的阶乘（已知 $n! = n \times (n-1) \times \cdots \times 2 \times 1$）。

6．编程输出用户输入的正整数各位上的数中零的个数。

7．编程输出用户输入的正整数各位上的数中的最大数。

8．修改例 5-5 程序，当问题无解时，可以输出"问题没有解！"。

9．鸡兔同在一个笼子里，从上面数有 35 个头，从下面数有 94 只脚。求笼中分别有几只鸡、几只兔。

10．编程输出用户输入的正整数的所有因数。

11．有 508 个西瓜，第一天卖了一半多 2 个，以后每天卖剩下的一半多 2 个，问几天后能卖完。

12．任意一个正整数 n，若 n 为偶数，则将其除以 2；若 n 为奇数，则将其乘 3，再加 1。如此经过有限次的运算后，总可以得到 1。编程验证。

13．画表分析下面循环结构的执行过程。

```
(1) for(i=1; i<100; ++i){
        if(i % 2 == 0)
            printf("%3d", i);
        if(i % 20 == 0)
```

```
(2) for( i=2; i<100; i+=2){
        printf("%3d", i);
        if(i % 20 == 0)
            printf("\n");
```

```
            printf("\n");
    }
(3) for(i=1; i<100; ++i){
        ++i;
        printf("%3d", i);
        if(i % 20 == 0)
            printf("\n");
    }
```

```
        }
(4) for(i=1,j=1; i<50; ++i,++j){
        printf("%3d", i+j);
        if(i % 10 == 0)
            printf("\n");
    }
```

14. 编程输出 1-3+5-7+…-99+101 的值。

15. 编程输出 2000 年到 2100 年之间的闰年。

16. 编程判断用户输入的正整数是否为完全数。如果一个数恰好等于它的因数（自身除外）之和，则称该数为完全数（如 6=1+2+3，28 等）。

17. 编程判断用户输入的 3 位正整数是否为水仙花数。水仙花数是指一个 n 位数（$n \geqslant 3$），它每位上的数的 n 次幂之和等于它本身（如 $371=3^3+7^3+1^3$，153 等）。

18. 编程判断用户输入的正整数各位上的数的乘积是否大于它们的和。

19. 输出指定个数的*号，即用户输入多少，就输出多少个*号。

20. 当用户输入"Z5z2j3✓"时，画表分析下面循环结构的执行过程，并把程序中的 while 循环结构改写为 for 循环结构。

```
#include <stdio.h>
void main( ){
   int n = 0;
   char c;
   c = getchar( );
   while(c != '\n'){
       if(c >= '0' && c <= '9')
      ++n;
       c = getchar( );
   }
   printf("%d\n", n);
}
```

21. 例 5-11 也可以用下面的程序求解，画表分析循环结构的执行过程。

```
#include <stdio.h>
void main( ){
    int f1, f2;
    int i;
    f1 = f2 = 1;
    for(i=1; i<=15; ++i){
        printf("%11d%11d", f2, f1);
        if(i % 2 == 0)
            printf("\n");
        f2 = f1 + f2;
        f1 = f2 + f1;
    }
}
```

22．分析下面的程序。
```c
#include <stdio.h>
#include <math.h>
void main( ){
    int m, i, k;
    scanf("%d", &m);
    if(m == 1){
        printf("1 不是质数。\n");
        return;
    }
    k = sqrt(m);
    for(i=2; i<=k && m % i != 0; ++i)
        ;
    if(i > k)
        printf("%d 是质数。\n", m);
    else
        printf("%d 不是质数。\n", m);
}
```

23．有百余人，2人为一组余1人，3人为一组余2人，5人为一组余4人，6人为一组余5人，7人为一组正好分完，问共有多少人。

24．分析下面程序的运行结果。

（1）
```c
#include <stdio.h>
void main(){
    int i;
    for(i=0; i<10;++i){
        if(i % 5 == 0)
            break;
        printf("%d ", i);
    }
    printf("\n******\n");
        for(i=0; i<10; ++i){
        if(i % 5 == 0)
            continue;
        printf("%d ", i);
    }
}
```

（2）
```c
#include <stdio.h>
void main(){
    int i;
    for(i=0; i<10; ++i){
        if(i % 5 == 0)
            continue;
        printf("%d ", i);
    }
    printf("\n");
    i = 0;
```

```
        while(i < 10){
            if(i % 5 == 0)
                continue;
            printf("%d ", i);
            ++i;
        }
    }
```

25. 分析下面程序的作用，并用选择结构替换下面程序中循环体内的 continue 语句。

```
#include <stdio.h>
void main( ){
    float f = 1;
    while(f != -1){
        printf("请输入成绩（0～100，-1 退出）\n");
        scanf("%f", &f);
        if(f < 0 || f > 100){
            if(f != -1)
                printf("输入错误! \n");
            continue;
        }
        if(f >= 60)
            printf("及格! \n");
        else
            printf("不及格! \n");
    }
    printf("多谢使用! \n");
}
```

26. 把例 5-13 中的 for 循环结构替换为 while 循环结构。

27. 猴子吃桃。有若干桃子，一只猴子第 1 天吃了一半多一个，第 2 天吃了剩下的一半多一个，每天如此，第 10 天吃时，只有一个桃子了。编程求一共有多少个桃子。

28. 分析这段代码的输出结果。

```
for(i='X'; i<='Z'; ++i)
    for(j='X'; j<='Z'; ++j)
        for(k='X'; k<='Z'; ++k)
            printf("A---%c\tB---%c\tC---%c\n", i, j, k);
```

29. 编程输出如下所示的九九乘法表。

```
1×1=1
2×1=2  2×2=4
3×1=3  3×2=6  3×3=9
...
9×1=9  9×2=18  9×3=27  …  9×9=81
```

30. 用循环结构编程输出图 5-10 所示的结果。

```
            1
          2   3
        4   5   6
      7   8   9  10
    11  12  13  14  15
```

图 5-10　输出结果

31．编程求出 1000 以内所有的完全数，输出格式如 6=1+2+3。

32．编程求出所有 3 位的水仙花数。

33．把 1 元换成 1 分、2 分、5 分的硬币，请编程输出所有的兑换方法。

34．三位数 xyz 和 yzz 的和为 532，编程求出 x、y、z 的值。

35．编程求出两个正数 m 和 n 的最大公因数。

提示 1：该题可以用穷举法。注意循环时是从大到小好，还是从小到大好。

提示 2：设 m 除以 n 的商为 q，余数为 r。如果 r 为 0，m 和 n 的最大公因数就为 n，否则有 m=n×q+r，故 m 和 n 的公因数必定为 n 和 r 的公因数，也就是说，m 和 n 的最大公因数与 n 和 r 的最大公因数相同，只需求出 n 和 r 的最大公因数即可。把 n 赋值给 m，把 r 赋值给 n，再次求 m 和 n 的最大公因数……重复该过程，直到求出 m 和 n 的最大公因数为止。如 m = 12，n = 21 时，求最大公因数的过程如表 5-9 所示。

表 5-9　求最大公因数的过程

次数	m	n	r
1	12	21	12
2	21	12	9
3	12	9	3
4	9	3	0

9 和 3 的最大公因数为 3，故 12 和 21 的最大公因数也为 3。

36．根据公式 $e = 1 + \dfrac{1}{1!} + \dfrac{1}{2!} + \cdots + \dfrac{1}{n!}$，编程求 e 的近似值，精度要求为 10^{-6}。

37．根据公式 $\sin(x) = x - x^3/3! + x^5/5! - \cdots + (-1)^{k-1} x^{2k-1}/(2\times k-1)!$，编程求 30°角的正弦值，精度要求为 10^{-11}（提示：公式中 x 为弧度）。

38．输入正整数 $a(1 \leq a \leq 9)$ 和 n 的值，编程求 $a+aa+\cdots+a\cdots a$ 的和（最后一个，即第 n 个加数由 n 个 a 组成，如 a 为 1，n 为 5 时，求 1+11+111+1111+11111 的和）。

39．下面程序的功能是求 23^{23} 的个、十、百位上的数之和，请把程序补充完整。

```
#include <stdio.h>
void main( ){
   int i, p = 1, t = 0;
   for(i=1; i<=23; ++i)
       p = p * 23 % 1000;
   do{
       t += _____;
       p = _____;
   }while(_____);
   printf("23 的 23 次方的个、十、百位上的数之和为%d。\n", t);
}
```

40．编程计算 $n!(n<10000)$ 的末尾有多少个零。（不能在求出 n 的阶乘之后计算零的个数。n 的阶乘实际为 1 到 n 的连乘积，两个整数相乘时，积的末尾有多少个零由什么确定？质因数 5 和偶数相乘才会有 0。1 到 n 的连乘中有足够多的偶数，因此乘数中有几个质因数 5，末尾就有几个零。）

41．编程将用户输入的正整数分解为质因数。例如，输入"20"，输出"20=2*2*5"。请分析下面两个程序。

（1）
```c
#include <stdio.h>
void main( ){
    int m, i;
    printf("请输入一个正整数：");
    scanf("%d", &m);
    printf("%d=", m);
    for(i=2; i<m; ++i){
        while(m % i == 0 && m != i){
            printf("%d*", i);
            m /= i;
        }
    }
    printf("%d\n",m);
}
```

（2）
```c
#include <stdio.h>
void main( ){
    int m, i;
    printf("请输入一个正数：");
    scanf("%d", &m);
    printf("\n%d=", m);
    for(i=2; m!=1; ++i)
        if(m % i == 0){
            printf("%d*", i);
            m /= i;
            i -= 1;
        }
    printf("\b \n");
}
```

42．使用循环结构，其循环条件不是恒真表达式，实现例 5-21。

43．我国有四大淡水湖。甲说："洞庭湖最大，洪泽湖最小，鄱阳湖第三。"乙说："洪泽湖最大，洞庭湖最小，鄱阳湖第二，太湖第三。"丙说："洪泽湖最小，洞庭湖第三。"丁说："鄱阳湖最大，太湖最小，洪泽湖第二，洞庭湖第三。"甲、乙、丙、丁 4 人每人仅答对了一个，请编程给出四大淡水湖从大到小的顺序。（提示：甲的 3 个判断可表示为 3 个逻辑表达式，而这 3 个逻辑表达式的值加起来应为 1，因为 C 语言中真为 1，假为 0，并且甲仅答对了一个。）

本章讨论提示

将十进制整数转换为二进制形式时，重复的过程用循环很容易实现，但该过程没有办法存储所有的余数，因此不能输出正常的结果。

第6章 数组

章节导学

数组并非一组数，而是一组变量。定义一个数组，就定义了一组变量。

属于数组的变量被称为数组元素，从 0 开始依次编号。当数组 a 是一个有 n 个元素的数组时，a[0]是 0 号数组元素，a[1]是 1 号数组元素，a[2]是 2 号数组元素，…，a[n-1]是 n-1 号数组元素。如果整型循环变量 i 从 0 到 n-1，每次自增 1，就可以在循环体中以 a[i]的方式使用数组的每个数组元素。

在设计算法时，依然选用重复的步骤，用穷举法和迭代法，遵循"自顶向下，逐步求精"的思路。在循环中使用数组，可以方便地存储重复过程中产生的处理结果；利用循环，可以方便地对存储在数组中的数据进行统一处理。数组和循环的结合使得许多难题迎刃而解。

如果数组元素的类型仍为一维数组，则该数组被称为多维数组。二维数组和三维数组是常用的多维数组。

字符型数组原本是一种元素类型为字符型的普通数组，因其可用于存储字符串而具备了一些与其他数组不同的特性。字符串是一串以 0 号字符结尾的字符。有了结束标志，就可以通过循环依次处理字符数组中字符串的每个字符。使用格式字符 s，printf 函数也可以输出字符数组中的字符串。

利用数组，计算机可以存储并处理几十万位的大整数，本章的综合示例计算了大整数的阶乘。

养成以表格形式分析循环结构执行过程的习惯，可以使读者快速提高读程序和写程序的能力。再次强调，要养成人工执行源程序的习惯。

本章讨论

输入 10 名学生的信息，每个学生的信息包括学号、姓名、数学成绩和英语成绩。程序可以按学号、数学成绩或英语成绩升序方式输出这 10 名学生的信息。

先看一个程序，它的功能很简单，输入 5 名学生的数学成绩，可以输出平均成绩。

```
#include <stdio.h>
void main( ){
    float a0, a1, a2, a3, a4, ave;
    scanf("%f%f%f%f%f", &a0, &a1, &a2, &a3, &a4);
    ave = (a0 + a1 + a2 + a3 + a4) / 5;
    printf("平均成绩是：%4.1f\n", ave);
}
```

如果有 100 名学生，程序也不复杂，但会很烦琐，定义存储成绩的 100 个变量就是一件烦琐的事。C 语言中需要定义多个同类型变量时，可以使用数组类型。数组并非一组数，而是一组变量，定义一个数组，实际上就定义了一组变量，并且这组变量的类型相同。属于数组的变量被称为数组元素。

6.1 一维数组

6.1.1 一维数组定义

定义一维数组的方式如下。

> 类型　数组名[整型常量表达式];

其中，类型规定了数组中数组元素的数据类型。数组名用于标识这组变量，是一个标识符，应符合标识符的命名规则。整型常量表达式，即值为整数的常量表达式，如整型字面量 6，用于确定数组元素的个数。数组元素的个数又称数组的长度。

语句 int a[3]; 定义了一个整型数组，数组名为 a，它有 3 个数组元素。数组元素从 0 开始依次编号，编号又称下标。数组元素用"数组名[下标]"的方式标识。数组 a 的 3 个整型数组元素分别是 a[0]、a[1]和 a[2]。语句 int a[3];定义了 3 个名为 a[0]、a[1]和 a[2]的整型变量。表达式 a[0] = a[1] = a[2] = 1 将这 3 个变量赋值为 1。

提示：

（1）数组元素的下标从 0 开始，长度为 3 的数组 a 中并没有数组元素 a[3]。

（2）定义数组时，必须用整型常量表达式。即使有 int n = 3;，也不能用语句 int a[n];定义数组。

（3）使用数组元素时，下标可以是整型变量。数组元素 a[n]中的方括号[]是下标运算操作符，优先级为 1。当 n 的值为 2 时，a[n]就是数组元素 a[2]，a[n+1]就是数组元素 a[3]。第 9 章将详细分析下标运算操作符，现在只需把 a[n]看作变量即可。

例 6-1　把用户输入的 3 个整数存储到数组中，并输出其中的最大数。

分析：

定义一个有 3 个元素的整型数组 a，并用它存储用户输入的数据。

先比较 a[0]和 a[1]的大小，如果 a[0]>a[1]，就比较 a[0]与 a[2]的大小，并输出其中的较大者；否则，就比较 a[1]与 a[2]的大小。因为算法中没有重复的步骤，所以无法用于大量数据的处理。

换个思路，用变量 max 存储这三者中的最大数。第一步，若 a[0] > a[1]，则 max = a[0];，否则 max = a[1];。第二步，若 max < a[2]，则 max = a[2];，否则不执行赋值操作。第三步，输出 max。

思路还可以再改进。第一步，假设 a[0]最大，max = a[0] ;。第二步，若 max < a[1]，则 max = a[1];，否则不执行赋值操作。第三步，若 max < a[2]，则 max = a[2];，否则不执行赋值操作。第四步，输出 max。先假设，再修正，是常用的解决问题的思路。

```
#include <stdio.h>
void main( ){
    int a[3], max;
    scanf("%d%d%d", &a[0], &a[1], &a[2]);
    max = a[0];
    if(max < a[1])
        max = a[1];
```

```
        if(max < a[2])
            max = a[2];
        printf("最大数为%d\n", max);
}
```

例 6-2 连续输出用户输入的 10 个整数，并求其中的最大数。

分析：

当定义 a、b、c、d 等 10 个变量存储数据时，这些变量无法依次出现在循环中，即使有重复的步骤，也不能利用循环来实现。

定义一个长度为 10 的整型数组 a 来存储数据，数组元素依据下标构成了有序的一组，便于用循环重复处理。以输入为例，scanf("%d", &a[0]);，scanf("%d", &a[1]);，…，scanf("%d", &a[9]);，可用循环结构 for(i=0; i<10; ++i) scanf("%d", &a[i]);实现。

求最大数的算法可参考例 6-1。

```c
#include <stdio.h>
void main( ){
    int a[10], max, i;
    for(i=0; i<10; ++i)
        scanf("%d", &a[i]);
    max = a[0];
    for(i=1; i<10; ++i){
        if(max < a[i])
            max = a[i];
    }
    printf("用户输入的 10 个数为：\n");
    for(i=0; i<10; ++i)
        printf("%d ", a[i]);
    printf("\n最大数为%d\n", max);
}
```

讨论：

（1）如何判断用户输入的第几个数最大？

（2）数组有何作用？

提示：

（1）用 max 存储最大数的下标，假设第一个数最大，即 max = 0，a[max]最大。

（2）数组不但解决了定义多个变量的烦琐问题，而且由于数组中的变量依据下标构成了一组有次序的数组元素，便于用循环对数组中的数据进行统一处理。

由于数组中包含多个普通变量，所以数组类型在 C 语言中又称构造数据类型，而整型、浮点型和字符型都是基本数据类型。

6.1.2 一维数组初始化

数组的初始化是指定义数组时给数组元素赋值。构造数据类型的变量由多个普通变量组成，初始化时需要多个初值，这些初值用一对花括号限定。数组初始化的基本形式如下。

类型　数组名[整型常量表达式] = {value0, value1,…};

数组元素对应的初值按下标依次放在一对花括号中,中间用逗号分隔。语句 int a[3] = {1, 2, 3};定义了 3 个整型变量 a[0]、a[1]和 a[2],并将这些变量的值分别初始化为 1、2 和 3。

提示:

(1)可以只给部分数组元素赋值,当花括号中的初值用完后,剩余的数组元素会自动赋值为 0(即整数 0、浮点数 0.0 或 0 号字符)。有 char letter[3] = {'A', 'B'};,字符型变量 letter[0]的值为'A',字符型变量 letter[1]的值为'B',字符型变量 letter[2]的值为'\0'。

(2)语句 int b[3] = {1};使得 b[0]的值为 1,b[1]和 b[2]的值为 0。当数组 b 的数组元素都赋值为 0 时,可用语句 int b[3] = {0};。当数组 b 的数组元素都赋值为 1 时,可用语句 int b[3];,b[0] = b[1] = b[2] = 1;。

(3)若数组初始化时省略了数组的长度,则数组元素的个数为花括号中初值的个数。如有 float f[ ] = {3.3, 2.2, 1.1};,则单精度数组 f 有 3 个数组元素,且 f[0]的值为 3.3,f[1]的值为 2.2,f[2]的值为 1.1。

例 6-3 数组 a 中是 20 名学生的数学成绩(分别为 5, 4, 5, 5, 3, 2, 5, 3, 4, 5, 2, 5, 4, 5, 4, 4, 5, 4, 5, 3),请统计成绩为优(5)、良(4)、中(3)和差(2)的学生的人数。

分析:

用整型变量 y、l、z 和 c 存储优、良、中、差的人数,且初始化为 0。循环变量 i 从 0 到 19 重复 20 次,在循环体中依次判断 a[i]中成绩的级别。如果 a[i]等于 5,就表示变量 y 加 1;如果 a[i]等于 4,就表示变量 l 加 1;……判断过程是"相等关系"的多分支选择结构,可采用 switch 选择结构,循环体中的代码如下。

```
switch(a[i]){
case 5:
    ++y;
    break;
case 4:
    ++l;
    break;
...
}
```

若用整型数组 b 的数组元素 b[5]、b[4]、b[3]和 b[2]分别存储优、良、中、差的人数,则循环体中的代码如下。

```
switch(a[i]){
case 5:
    ++b[5];
    break;
case 4:
    ++b[4];
    break;
...
}
```

这段代码可以改写为++b[a[i]];。语句++b[a[i]];中,下标运算操作符的优先级最高,先计算 a[i]的值。如果 a[i]的值为 5,语句++b[a[i]];就会变为++b[5];,如果 a[i]的值为 4,语句++b[a[i]];就会变为++b[4];……

```c
#include <stdio.h>
void main( ){
    int a[20] = {5, 4, 5, 5, 3, 2, 5, 3, 4, 5, 2, 5, 4, 5, 4, 4, 5, 4, 5, 3};
    int i, b[6] = {0};
    for(i=0; i<20; ++i)
        ++b[a[i]];
    printf("优: %d, 良: %d, 中: %d, 差: %d\n", b[5], b[4], b[3], b[2]);
}
```

6.1.3 一维数组应用

例 6-4 一维数组元素的倒置，如数组元素的值分别为 1、2、3，倒置后变为 3、2、1。

分析：

数组 a 有 n 个元素，算法如下。

第一步，交换 a[0] 与 a[n-1] 的值；第二步，交换 a[1] 与 a[n-2] 的值；……这个过程是重复的，那么重复多少次呢？n 为 7（奇数）时交换 3 次，n 为 6（偶数）时交换 3 次，而 C 语言中 7/2 和 6/2 的值都为 3。由此可见，无论 n 为何值，都交换 n/2 次。循环变量 i 从 0 到 n/2，每次自增 1。循环体中 a[i] 与哪个数组元素交换值呢？a[0] 与 a[n-1]，a[1] 与 a[n-2]，a[2] 与 a[n-3]……由此可见，a[i] 与 a[n-1-i] 交换值。

```c
#include <stdio.h>
#define N 7
void main( ){
    int i, a[N], temp;
    for(i=0; i<N; ++i)
        scanf("%d", &a[i]);
    for(i=0; i<N/2; ++i){
        temp = a[i];
        a[i] = a[N - 1 - i];
        a[N - 1 - i] = temp;
    }
    for(i=0; i<N; ++i)
        printf("%3d", a[i]);
}
```

#define 是 C 语言中的宏定义命令，可将一个标识符定义为一个值。#define 命令的格式如下。

#define 标识符 值

其中，标识符被称为宏名，宏名常使用大写字母。在源文件被编译前，程序中以标识符形式出现的宏名都会被相应的值代替。如例 6-4 中出现的 N，在编译前会被代替为 7。使用宏的程序容易修改，如验证例 6-4 中数组元素个数为 6 时程序的运行结果，可以把宏定义中的 7 改为 6，程序中的其他代码无须修改。值为字面量的宏名又称符号常量，如例 6-4 中，宏 N 也是符号常量 N。

例 6-5 以二进制形式输出用户输入的十进制正整数。

分析：

十进制整数转换为二进制数时常用"除以 2 取余法"。25 的转换过程如图 6-1 所示。

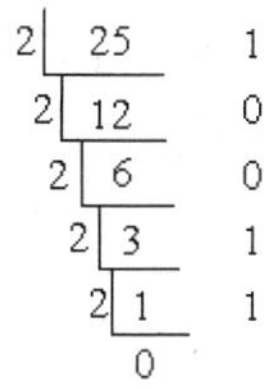

```
 2 | 25   1
   2 | 12   0
      2 | 6   0
         2 | 3   1
            2 | 1   1
                0
```

图 6-1 25 的转换过程

25 的二进制形式为 11001。由转换过程可知，25 重复除以 2 取余数直到商为 0 时止。用整型变量 num 存储用户输入的十进制正整数，用循环实现如下。

```
while(num > 0){
    //保存余数 num % 2
    num /= 2;
}
```

循环体执行一次得到一个余数，无法用普通变量存储循环过程中得到的全部余数，可以用数组 rem 存储余数。把余数存储到数组元素 rem[j]中，变量 j 的值从 0 开始，循环体每执行一次，变量 j 自增 1，余数就被存入数组元素 rem[0]、rem[1]……

```
#include <stdio.h>
void main( ){
    int i, j, num, rem[100];
    printf("请输入一个正整数：\n");
    scanf("%d", &num);
    j = 0;         //j 为存储余数的数组元素的下标
    while(num > 0){
        rem[j] = num % 2;
        num /= 2;
        ++j;       //准备用下一个数组元素存储余数
    }
    printf("转换为二进制数后:\n");
    for(i=j-1; i>=0; --i)
        printf("%d", rem[i]);
}
```

讨论：

（1）如何在循环结构中使用数组的数组元素？

（2）存储余数的数组有多少个元素就足够了？

例 6-6 有 int a[6] = {20, 23, 37, 52, 95};，先把用户输入的一个整数存储到 a[5]中，再让数组中各数组元素保持升序排列。

分析：

让数组中各数组元素保持升序排列的算法可参考例 4-21。

数组 a 中的前 5 个元素已经是升序排列，让 a[5]与 a[4]比较。如果 a[5]<a[4]，就交换它们的值，交换后，a[5]中存储了最大值，无须再改动，此时，a[0]至 a[3]还保持有序排列，但 a[0]至 a[4]是否有序排列不确定，需要进一步处理；否则，a[5]中存储的值就是最大值，a[0]至 a[5]已经有序排列，无须再处理，任务完成。整个处理过程可以用 if 选择结构实现。

当需要进一步处理时，a[0]至 a[3]还保持有序排列，只需让 a[0]至 a[4]有序排列即可。

如果a[4]<a[3]，就交换它们的值，交换后，a[4]中存储的值确定了，a[0]至a[2]还保持有序排列，但a[0]至a[3]是否有序排列不确定，需要进一步处理；否则，任务完成，无须再处理，数组已经有序排列。

......

上面的过程可用下面的语句实现。

```
if(a[5]<a[4]){
     交换a[5]和a[4]的值
     if(a[4]<a[3]){
          交换a[4]和a[3]的值
     if(a[3]<a[2]){
          ...
     }
   }
}
```

上述处理过程没有明显的重复步骤，无法用循环实现。换个思路，为了使a[0]至a[5]有序排列，可以依次确定a[5]的值、a[4]的值、…、a[1]的值，算法如下。

第一步：确定a[5]的值。如果a[5]<a[4]，就表示a[4]中存储了最大值，交换a[5]和a[4]的值，使a[5]中存储的值最大；否则，a[5]中存储的值就是最大值，a[0]至a[4]已经有序排列，任务完成，退出处理。

第二步：确定a[4]的值。

......

这个算法可用下面的代码实现。

```
if(a[5] < a[4]){交换它们的值}; else 任务完成;    //确定a[5]的值
if(a[4] < a[3]){交换它们的值}; else 任务完成;    //确定a[4]的值
...
if(a[1] < a[0]){交换它们的值}; else 任务完成;    //确定a[1]的值
```

循环变量i从5到1，每次自减1。在第i次循环中，a[i]与a[i-1]比较，循环结构如下。

```
for(i=5; i>0; --i)
    if(a[i]<a[i-1]){
         交换a[i]与a[i-1]的值
    }
      else
           break;          //任务完成，无须再处理
```

程序如下。

```c
#include <stdio.h>
void main( ){
    int a[6] = {20, 23, 37, 52, 95}, i, temp;
    scanf("%d", &a[5]);
    for(i=5; i>0 && a[i]<a[i-1]; --i){
        temp = a[i];
        a[i] = a[i-1];
        a[i-1] = temp;
    }
```

```
    for(i=0; i<6; ++i)
        printf("%d ", a[i]);
}
```

讨论：

（1）当用户输入"32"时，画表分析循环结构的执行过程。

（2）程序中循环结构的控制条件与分析中循环结构的控制条件为何不同？

（3）程序中的循环结构可以用下面的代码代替吗？当输入"32"时，画表分析。

```
temp = a[i];
for(i=5; i>0 && temp<a[i-1]; --i)
            a[i] = a[i-1];
    a[i] = temp;
```

提示：

（1）执行过程如表 6-1 所示。

表 6-1　执行过程

循环控制		循环体	表达式 3	数组 a					
				a[0]	a[1]	a[2]	a[3]	a[4]	a[5]
i	i>0&&a[i]<a[i-1]	temp=a[i]; a[i]=a[i-1]; a[i-1]=temp;	--i;	20	23	37	52	95	32
5	真	a[5]与a[4]互换	5→4	20	23	37	52	32	95
4	真	a[4]与a[3]互换	4→3	20	23	37	32	52	95
3	真	a[3]与a[2]互换	3→2	20	23	32	37	52	95
2	假	×	×	20	23	32	37	52	95

（2）当循环体中有关于循环变量的条件判断时，这个条件可能与循环条件有关。

（3）temp 的值为 32，执行过程如表 6-2 所示。

表 6-2　执行过程

循环控制		循环体	表达式 3	数组 a					
				a[0]	a[1]	a[2]	a[3]	a[4]	a[5]
i	i>0&&a[i]<a[i-1]	a[i]=a[i-1];	--i;	20	23	37	52	95	32
5	真	a[5]=a[4]	5→4	20	23	37	52	95	95
4	真	a[4]=a[3]	4→3	20	23	37	52	52	95
3	真	a[3]=a[2]	3→2	20	23	37	37	52	95
2	假	×	×	20	23	37	37	52	95

例 6-7　输入 5 个整数，如 25、22、21、29 和 23，按升序输出。（练习 4 第 19 题。）

分析：

先让前 2 个数保持有序排列，再让前 3 个数保持有序排列……处理过程是重复的，可以用循环实现。当用普通变量存储用户输入的数据时，无法用循环处理，因此需定义一个有 5 个元素的整型数组 a，用它存储用户输入的数据，算法如下。

第一步，让 a[0]和 a[1]有序排列；第二步，让 a[0]、a[1]和 a[2]有序排列……整个过程重复了 4 次，循环为：for(i=1; i<5; ++i){ //在 a[0]至 a[i-1]有序排列的基础上，让 a[0]至 a[i]有序排列}。

```c
#include <stdio.h>
#define N 5
void main( ){
    int i, j, num[N], temp;
    for(i=0; i<N; ++i)
        scanf("%d", &num[i]);
    for(i=1; i<N; ++i){
        temp = num[i];      //存储待处理的数
        for(j=i; j>0 && temp<num[j-1]; --j)
            num[j] = num[j-1];
        num[j] = temp;
    }
    //按升序每10个一行输出
    for(i=0; i<N; ++i){
        if(i % 10 == 0)
            printf("\n");
        printf(" %d ", num[i]);
    }
    printf("\n");
}
```

讨论：

（1）当用户输入"25""22""21""29""23"时，画表分析循环结构的执行过程。

（2）按降序输出时，该如何修改程序？

例 6-8 整型数组 num 中有 12 个元素，将这些元素的值以 3 行 4 列的格式输出。

分析：

输出结果为：

num[0], num[1], num[2], num[3]
num[4], num[5], num[6], num[7]
num[8], num[9], num[10], num[11]

循环变量 i 从 0 到 2，每次输出一行，分析第 i 行首元素的下标。

当变量 i 为 0 时，该行的首元素为 num[0]；当变量 i 为 1 时，该行的首元素为 num[4]；当变量 i 为 2 时，该行的首元素为 num[8]。由此可知，第 i 行的首元素下标为 i * 4。

循环变量 j 从 0 到 3，每次输出一列。

```c
#include <stdio.h>
void main( ){
    int i, j, num[12];
    for(i=0; i<12; ++i)
        num[i] = i + 1;
    for(i=0; i<3; ++i){
        for(j=0; j<4; ++j)
            printf("%3d", num[i * 4 + j]);
        printf("\n");
    }
}
```

6.2 多维数组

6.2.1 二维数组定义及初始化

一维数组的数组元素类型仍然可以是一维数组,这样的数组有什么特点呢?

数组 a 有 3 个数组元素,若数组元素的类型是有 4 个数组元素的一维整型数组,则数组元素 a[0]、a[1]和 a[2]不再是普通的变量,而是一维数组。数组元素类型为一维数组的一维数组被称为二维数组。二维数组 a 的形态如图 6-2 所示。

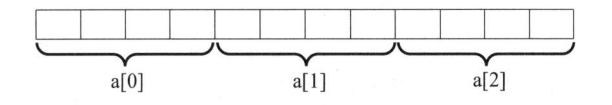

图 6-2 有 3 个元素的二维数组 a 的形态

一维数组 a[0]、a[1]和 a[2]各有 4 个整型变量,属于数组 a[0]的整型变量分别为 a[0][0]、a[0][1]、a[0][2]和 a[0][3]。这个二维数组 a 可以用语句 int a[3][4];定义。

语句 int a[3][4];定义了一个二维数组 a。二维数组 a 有 3 个一维数组,分别为 a[0]、a[1]和 a[2],还有 12 个整型数组元素 a[0][0]、a[0][1]、a[0][2]、a[0][3]、a[1][0]、…、a[2][3]。a[2]既是数组 a 的数组元素,又是数组元素 a[2][0]、a[2][1]、a[2][2]和 a[2][3]的数组名。

尽管二维数组 a 的 12 个整型数组元素依次相邻,但是常称它们为 3 行 4 列的二维数组。二维数组 a 可直观理解为图 6-3 所示的形式。

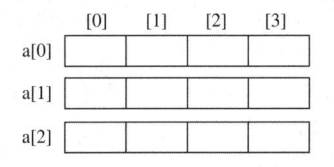

图 6-3 二维数组 a 的直观表示

二维数组的数组元素为一维数组,二维数组的初始化形式为{{},{},{},…},如语句 float f[2][3] = {{1.0, 2.0, 3.0}, {4.0, 5.0, 6.0}};可将二维数组 f 初始化为 $\begin{bmatrix} 1.0 & 2.0 & 3.0 \\ 4.0 & 5.0 & 6.0 \end{bmatrix}$。也可对部分数组元素赋值,如语句 int a[3][2] = {{1}, {0}, {0,3}};可将二维数组 a 的各元素初始化为 $\begin{bmatrix} 1 & 0 \\ 0 & 0 \\ 0 & 3 \end{bmatrix}$。

二维数组的数组元素依次相邻(见图 6-2),故初始化二维数组时也可将所有初值放在一对花括号内。有 float p[2][3] = {1.0, 2.0, 3.0, 4.0, 5.0};,则 p[0][0]的初值为 1.0,p[0][1]的初值为 2.0,p[0][2]的初值为 3.0,p[1][0]的初值为 4.0,p[1][1]的初值为 5.0,p[1][2]的初值为 0.0。

讨论:

如何理解二维数组?

6.2.2 二维数组应用

例 6-9 把二维整型数组 b[2][3]={{1, 2, 3}, {4, 5, 6}}的数组元素分别按行、按列输出。

分析：

按行输出的结果为：

b[0][0]、b[0][1]、b[0][2]
b[1][0]、b[1][1]、b[1][2]

按列输出的结果为：

b[0][0]、b[1][0]
b[0][1]、b[1][1]
b[0][2]、b[1][2]

编写程序如下。

```c
#include <stdio.h>
void main( ){
    int i, j, b[2][3], num = 0;
    for(i=0; i<2; ++i)
        for(j=0; j<3; ++j)
            b[i][j] = ++num;
    //按行输出
    for(i=0; i<2; ++i){
        for(j=0; j<3; ++j)
            printf("%d ", b[i][j]);
        printf("\n");
    }
    printf("\n\n");
    //按列输出
    for(i=0; i<3; ++i){
        for(j=0; j<2; ++j)
            printf("%d ", b[j][i]);
        printf("\n");
    }
}
```

例 6-10 矩阵的鞍点是指该位置上的值在同行中最大，在同列中最小。若矩阵有鞍点，则通常只有一个。编程查找矩阵的鞍点。

分析：

该例题可以用穷举法，穷举所有行。第一行有鞍点吗？如果找到了，任务完成；否则，继续下一步处理。

第二行有鞍点吗？如果找到了，任务完成；否则，继续下一步处理。

……

用循环实现这个过程。定义一个 N 行 M 列的矩阵，循环变量 i 从 0 到 N-1，每次自增 1。

寻找第 i 行的鞍点时，首先找到该行的最大值 a[i][j]，然后判断 a[i][j] 是否为第 j 列的最小值。如果是，第 i 行第 j 列就是矩阵的鞍点，否则第 i 行没有鞍点。

查找第 i 行的最大值时，先考虑第 i 行都有哪些数组元素。由于找到第 i 行的最大值后，要判断它是否为所在列的最小值，所以处理过程应修正为查找第 i 行中哪一列的值最大。

```c
#include <stdio.h>
#define N 3
```

```
#define M 4
void main( ){
    int a[N][M], i, j, max;
    for(i=0; i<N; ++i)
        for(j=0; j<M; ++j)
            scanf("%d", &a[i][j]);
    //逐行穷举查找鞍点
    for(i=0; i<N; ++i){
        //找到第 i 行中哪一列的值最大
        max = 0;   //先假设第 0 列的值最大，即 a[i][0]最大
        for(j=1; j<M; ++j)
            if(a[i][max] < a[i][j])
                max = j;
        //判断 a[i][max]是否为第 max 列的最小值
        for(j=0; j<N; ++j)
            if(a[j][max] < a[i][max])
                break;
        if(j == N)    //若为真，则 a[i][max]是第 max 列的最小值
            break;  //找到鞍点，退出穷举
    }
    if(i == N)
        printf("没有鞍点！\n");
    else
        printf("鞍点在第%d行第%d列！\n", i + 1, max + 1);
}
```

程序的运行结果如图 6-4 所示。

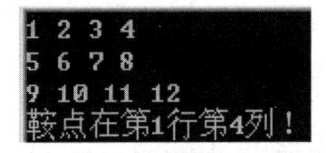

```
1 2 3 4
5 6 7 8
9 10 11 12
鞍点在第1行第4列！
```

图 6-4　例 6-10 程序的运行结果

从用户的角度看，矩阵的首行为第 1 行，与二维数组的首行是第 0 行不同。

例 6-11　输出如下所示的杨辉三角的前 10 行。

1
1　1
1　2　1
1　3　3　1
1　4　6　4　1
……

分析：

由输出图形可知，行在重复，可以用循环输出。循环变量 i 从 0 到 9，每次自增 1，循环体中输出第 i 行。

当i为0时，第0行有1个数，当i为1时，第1行有2个数，故第i行有i+1个数。杨辉三角的第一个数和最后一个数为1，其他数等于上一行的前列和同列的两个数之和。第i行与前一行有关，这一点与之前的输出图形题目不同。求第i行需要知道第i-1行，计算并存储每行的数据。在循环中要用数组存储数据，有行有列的数据用二维数组存储更直观。

输出第i行时，先计算该行每列上的数，然后输出。

```c
#include <stdio.h>
#define N 10
void main( ){
    int a[N][N], i, j;
    for(i=0; i<N; ++i){
      for(j=0; j<=i; ++j){
          if(j == 0 || i == j)
              a[i][j] = 1;
          else
              a[i][j] = a[i - 1][j] + a[i - 1][j - 1];
          printf("%5d", a[i][j]);
      }
      printf("\n");
    }
}
```

程序中每求出一项，就输出该项。

讨论：

画表分析循环结构的执行过程。

6.2.3 三维数组简介

一维数组的元素类型可以是二维数组，这样的数组被称为三维数组。语句 int a[3][4][2];定义了一个三维整型数组a，它的形态如图6-5所示。

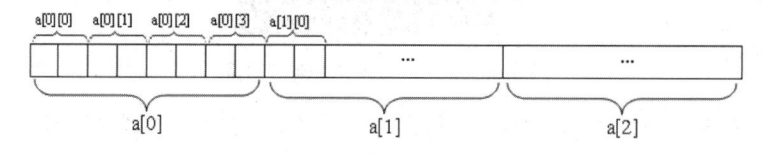

图6-5 三维整型数组a的形态

从图6-5可知，定义一个三维整型数组a，同时定义了3个4行2列的二维整型数组，即a[0]、a[1]和a[2]，12个长度为2的一维整型数组，即a[0][0]、a[0][1]、a[0][2]、a[0][3]、a[1][0]、…、a[2][3]，24个整型变量，即a[0][0][0]、a[0][0][1]、a[0][1][0]、a[0][1][1]、…、a[2][3][1]。

数组元素的类型仍为数组的一维数组被称为多维数组。C语言中可以定义四维数组、五维数组等多维数组，但最常用的多维数组还是二维数组和三维数组。

例6-12 三维数组的初始化。

```c
#include <stdio.h>
void main( ){
    int a[3][4][2] = {{{1, 1}, {1, 2}, {1, 3}, {1, 4}},
```

```
        {2, 1, 2, 2, 0, 3}, {{3, 1}, {0}, {0}, {3, 4}}};
    int i, j, k;
    for(i=0; i<3; ++i){
        for(j=0; j<4; ++j){
            for(k=0; k<2; ++k)
                printf("%3d", a[i][j][k]);
            printf("\n");
        }
        printf("\n\n");
    }
}
```

程序的运行结果如图6-6所示。

讨论：

分析二维数组和三维数组的初始化方式，并总结多维数组初始化的方式。

提示：

多维数组初始化的方式有两种：第一种是将多维数组看作数组元素为数组的一维数组，有 3 个数组元素的多维数组的初始化方式为{{……}, {……}, {……}}，一对花括号中有3对花括号，对应3个数组元素；第二种是将所有的初值依次放在一对花括号中，初始化方式如{ 1, 2, 3, 4, 5, 6, 7, 8, 9, ……}。

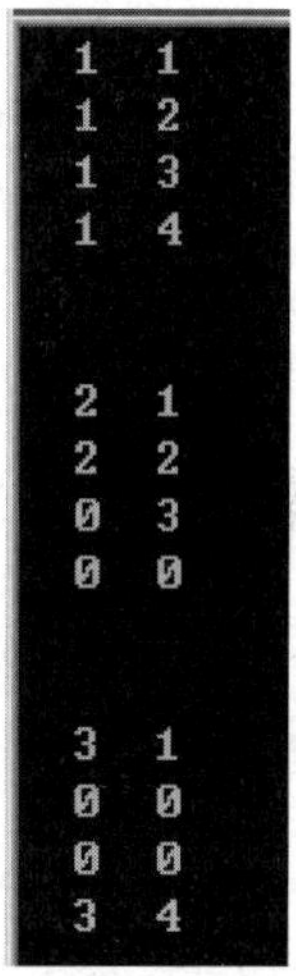

6.3 字符型数组和字符串

6.3.1 字符型数组应用

图6-6 例6-12程序的运行结果

字符型数组就是元素类型为字符型的数组，既有一维字符型数组，又有多维字符型数组。语句 char ca[2];定义了一个长度为 2 的字符型数组 ca，它有两个字符型数组元素 ca[0]和 ca[1]。语句 ca[0] = '\0';把 ca[0]赋值为 0 号字符，语句 ca[1] = '0';把 ca[1]赋值为字符 0。

例 6-13 字符型数组 ca 中存储了 5 个数字（如 5、6、7、8 和 9），编程求出由这 5 个数字组成的整数。

分析：

当字符型数组 ca 中存储了数字 5、6、7、8 和 9 时，由 5*10000 + 6*1000 + 7*100 + 8*10 + 9 得出整数 56789。算式中没有明显的重复，参照例 5-6 把算式改写为(((5*10+6)*10+7)*10+8)*10+9。用整型变量 s 存储结果，用整型变量 m 存储新的加数，迭代公式为 s = s * 10 + m;。

数组元素 ca[0]中存储的是字符'5'而非整数 5，参与运算时需由字符得到对应的整数。

```
#include <stdio.h>
void main( ){
    char ca[5] = {'5','6','7','8','9'};
    int i, m, s = 0;
    for(i=0; i<5; ++i)     {
```

```
            m = ca[i] - '0';
        s = s * 10 + m;
    }
    printf("相应的整数为：%d\n", s);
}
```

例 6-14 把用户输入的一串字符中的小写字母转换为大写字母，并逆序输出。

分析：

如何确定用户输入的一串字符的长短呢？用户输入的一串字符会以回车结束，可以用循环获得，即 ca = getchar( ); while(ca != '\n'){ ca = getchar( );}。

在循环中存储用户输入的一串字符只能用数组，可以先将小写字母转换为大写字母，再存储到数组中。当用户输入的字符在数组中被存储时，只需按下标从大到小输出数组元素，即可逆序输出用户输入的一串字符。

```
#include <stdio.h>
#define N 100
void main( ){
    char str[N], ca;
    int i = 0, j;
    ca = getchar( );
    while(ca != '\n'){
        if(ca >= 'a' && ca <= 'z')
            ca = ca - 'a' + 'A';
        str[i++] = ca;
        ca = getchar( );
    }
    for(j=i-1; j>=0; --j)
        putchar(str[j]);
}
```

讨论：

分析下面的代码段。

```
char str[100], ca;
int i = 0;
while((ca = getchar( )) != '\n'){str[i++] = ca;};
```

6.3.2 字符串简介

在 C 语言中，字符串是由一对双撇号包裹且以空字符'\0'结束的一串字符。空字符，即 0 号字符，是字符串结束的标志。字符串常量中可以忽略结束标志，但系统会自动在字符串结尾处加上结束标志。字符串"China"实为"China\0"，有 6 个字符，实际长度为 6，有效长度为 5。

字符串的字符需存储在相邻的字符型存储单元中，字符型数组的数组元素依次相邻，正好可以存储字符串。字符串的首字符用数组的 0 号数组元素存储，第二个字符用 1 号数组元素存储……从 0 号数组元素开始，到第一个值为 0 号字符的数组元素为止，这些数组元素存储的字符组成字符串就是字符型数组中存储的字符串。如果找不到值为 0 号字符的数组元素，字符型数组中就没有存储字符串。

可以用字符串字面量初始化字符型数组。语句 char c[ ] = {"China"};（一对花括号可以省略，如 char c[ ] = "China";）定义了一个长度为 6 的一维字符型数组 c，其数组元素分别初始化为'C'、'h'、'i'、'n'、'a'和'\0'。不能用字符串给字符型数组赋值，如一维字符型数组 ca 有 6 个数组元素，赋值语句 ca = "China";有语法错误。

讨论：

字符串"D:\\test\\test.txt"有多少个字符？

6.3.3 字符串的输入和输出

输入和输出字符串时，使用格式字符 s。printf 函数可以输出存储于字符型数组中的字符串或字符串字面量。有 char c[ ] = "China";，语句 printf("%s", c);和语句 printf("%s", "China");的输出结果都为 China。

提示：

（1）与格式字符串%s 对应的是字符型数组名 c，而非数组元素 c[0]（c[0]是一个字符变量，与格式字符串%c 相对应）。

（2）输出字符串时，字符串的结束标志空字符'\0'不输出，也无法输出。

（3）字符型数组 c 中各元素的值如图 6-7 所示。

N	o	w	\0	I	\40	a	m	\40	r	e	a	d	y	!	\0

图 6-7 数组 c 中各元素的值

语句 printf("%s", c);的输出结果为 Now。输出字符型数组中的字符串时，printf 函数会从 0 号数组元素开始，依次输出数组元素存储的字符，遇到空字符'\0'时结束输出。

scanf 函数可以把用户输入的一串字符存储到一个字符型数组中，但需要保证字符型数组的长度不小于输入字符串的实际长度。有 char c[12]; scanf("%s", c);，输入"China↙"后，数组 c 中各元素的值如图 6-8 所示。

C	h	i	n	a	\0	?	?	?	?	?	?

图 6-8 数组 c 中各元素的值

提示：

（1）用 scanf 函数获得用户输入的字符串时，数组名 c 前不加取地址操作符&。

（2）有 char c[ ]="I am ready."; scanf("%s", c);，当用户输入"China↙"后，数组 c 中各数组元素的值是多少？

（3）用户也可以一次输入多个字符串，字符串之间默认用空格分隔。scanf 函数不会把空格符和换行符作为用户输入的字符串的一部分。有 char str0[10],str1[10],str2[10];scanf("%s%s%s", str0, str1, str2);，当用户输入"Are you ready?↙"时，数组 str0、str1 和 str2 分别存储了字符串"Are"、"you"和"ready?"。

例 6-15 计算用户输入的字符串的有效长度。

分析：

先用 scanf 函数获得用户输入的字符串，并将其存储到字符型数组中。用循环从 0 号数组元素开始依次检查数组元素的值，直到数组元素的值为 0 号字符为止。

```
#include <stdio.h>
#define N 100
void main( ){
    char str[N];
    int i, len;
    scanf("%s", str);
    for(i=len=0; str[i]!='\0'; ++i)
        ++len;
    printf("%s的有效长度为: %d\n", str, len);
}
```

讨论：

（1）当用户输入"Hello\0 C!✓"时，程序的运行结果是什么？

（2）当用户输入"I love C!✓"时，程序的运行结果是什么？

scanf 函数默认空格符用于分隔输入的数据，使用 scanf 函数获得用户输入的字符串时，字符串中不能包含空格符。无法通过语句 scanf("%s", str);把用户输入的字符串"Are you ready?"存储到字符型数组 str 中。

标准输入输出函数库（stdio.h）中有专用于输入和输出字符串的库函数：puts 函数和 gets 函数。puts 函数的使用形式如下。

```
puts(字符型数组变量);
```

puts 函数可以输出字符型数组中存储的字符串，puts 函数输出完成后会自动换行，即 puts(str); 与 printf("%s\n", str);等价。

gets 函数的使用形式如下。

```
gets(字符型数组变量);
```

gets 函数可以将用户输入的字符串存储到字符型数组中，与 scanf 函数不同，gets 函数认为空格符是字符串中的一个普通字符，只有回车才是字符串输入结束的标志。如语句 gets(str);，当用户输入"Are you ready?✓"时，数组 str 中的字符串就是"Are you ready?"。

6.3.4 字符串处理

例 6-16 有语句 scanf("%d%d", &m, &n);，当用户输入"23 52✓"时，变量 m 和 n 分别赋值为 23 和 52。整个过程可简单地理解为：用户输入的数据实际上是以'\n'结尾的一串字符，这串字符会被系统自动存储到一个被称为输入缓冲区的字符型数组中。用户输入完成后，scanf 函数开始处理字符型数组中的数据。scanf 函数根据格式字符，把用户输入的字符串转换为对应类型的数据，并赋值给相关变量。scanf 函数的处理过程可简单模拟如下。

```
#include <stdio.h>
#define M 1024
void main( ){
    char buffer[M] = "23 52\n";
    int m, n, i, j, s[2] = {0};
    for(i=j=0; buffer[i]!='\0'; ++i, ++j){
        while(buffer[i] != ' ' && buffer[i] != '\n'){
            s[j] = s[j] * 10 + (buffer[i] - '0');
            ++i;
```

```
        }
    }
    m = s[0];
    n = s[1];
    printf("赋值后变量m的值为%d,变量n的值为%d\n", m, n);
}
```

例6-17 比较用户输入的两个字符串的大小。

分析：

比较两个字符串的大小时，从左向右依次比较它们的字符。如果对应位置上的字符不相同，就停止比较，哪个字符串中的字符大，该字符串就大；如果对应位置上的字符相等，就继续比较；当发现0号结束字符时，停止比较。

```
#include <stdio.h>
#define N 100
void main( ){
    char str[2][N];   //定义两个名为str[0]和str[1]的一维字符型数组
    int i = 0, res;
    puts("请输入两个用回车分隔的字符串");
    gets(str[0]);
    gets(str[1]);
    while(str[0][i] == str[1][i] && str[0][i]!= '\0')
     ++i;
    res = str[0][i] - str[1][i];
    printf("%s", str[0]);
    if(res > 0)
        printf("大于");
    else if(res == 0)
        printf("等于");
    else
        printf("小于");
    puts(str[1]);
}
```

程序的运行结果如图6-9所示。

图6-9 例6-17程序的运行结果

6.4 综合示例：求大整数的阶乘

例6-18 求大整数的阶乘。

分析：

求阶乘的算法比较简单，受基本数据类型取值范围的限制，无法求出稍大点的数的阶乘。无符号长整型的最大取值约为43亿，即10位整数；双精度浮点数的精度为15或16位，超过

17位的整数用双精度存储时会被近似数代替。一个稍大点的整数的阶乘有成百上千位，显然不能用普通变量存储。求阶乘时，需要解决大整数的存储与计算等难题。

问题一：如何存储成百上千位的大整数？

既然不能用一个变量存储大整数，就考虑用多个变量存储，每个变量只存储其中的"一段"。数组元素依下标排成了有规律的序列，可以用数组存储大整数。因为在求阶乘的过程中不会出现负值，所以数组的类型可定义为无符号长整型。定义一个长度为50000的无符号长整型一维数组 unsigned long result[50000];，若每个数组元素存储大整数中的5位，则数组result可以存储一个25万位的大整数。

问题二：数组元素result[0]中存储的是大整数中的最高5位还是最低5位？

用result[0]存储大整数中的最低5位。因为两数相乘时，从低位开始计算，所以用result[0]存储最低5位便于实现乘法。当数组中的大整数与某个整数相乘时，得到的高位依然便于用后续数组元素存储。用数组result存储整数12的阶乘479001600时，只用到了其中的前两个元素，其他元素均为0。数组result中各元素的值如图6-10所示。

result	[0]	[1]	[2]	…	[49999]
值	1600	4790	0	0	0

图6-10 数组result中各元素的值

数组元素result[0]的值虽然为1600，但是对应大整数479001600中的01600。

问题三：如何输出数组中存储的大整数？

输出数组中存储的大整数，需要找到存储最高位的数组元素。从数组的49999号元素开始，依次检查每个数组元素，第一个值为非0值的数组元素就是要找的数组元素。由于数组中大部分数组元素的值可能都为0，所以通过循环确定最高位，效率不高。可以直接用一个整型变量iValid记录并存储最高位的数组元素的下标。循环变量i从iValid到0，每次自减1，循环体中输出数组元素result [i]的值。

由问题二中的分析可知，数组元素result[iValid]中存储了大整数的高位，可以直接输出值；从result[iValid-1]到result[0]，每个数组元素都存储了大整数中的5位，输出时若不足5位，则需要在左边补0凑够5位。以图6-10中的数据为例，先输出result[iValid]的值4790，再用printf("%05d", result[0]);把1600输出为01600，即可得到大整数479001600。

问题四：数组存储的大整数如何参与运算呢？

若数组result存储了13的阶乘6227020800，则result[0]的值为20800，result[1]的值为62270，变量iValid的值为1。

用14乘13的阶乘得到14的阶乘时，让result[0]和result[1]分别乘14。result[0] *= 14后，result[0]的值变为291200；result[1] *= 14后，result[1]的值变为871780。

13的阶乘可表示为result[1]*100000+result[0]，乘14后为871780*100000+291200，即87178291200。14的阶乘存储在result数组中时，result[0]的值应为91200，result[1]的值应为71782，result[2]的值应为8，变量iValid的值应为2。

分析可知，result[0]和result[1]分别乘14后，还需对数组进行"标准化"操作，即保证每个数组元素只存储了大整数的5位，当超过5位时，需要向前"进位"。

综上所述，数组result存储的大整数乘整数n时，需分3步操作。

第1步：数组result中的有效元素（从result[0]到result[iValid]）分别乘n；循环变量j从0

到 iValid，每次自增 1，循环体中 result[j] *= n。

第 2 步："进位"处理。循环变量 k 从 0 到 iValid，每次自增 1。整型变量 carry 用于存储进位，处理过程如下。

```
carry = result[k] / 100000;
result[k] %= 100000;
result[k+1] += carry;
```

第 3 步：判断最高位是否向前进位，以便确定 iValid 的值。

```
#include <stdio.h>
void main( ){
    int iValid, iHighBits; //最高位数组元素的下标和位数
    int i, j, k, n, count;
    unsigned int result[50000] = {0};
    do{
        result[0] = 1;  //先让数组存储 0 的阶乘
        iValid = 0;
        printf("请输入一个非负整数（-1 退出！）:");
        scanf("%d", &n);
        if(n < 0){
            if(n == -1)
                printf("谢谢使用，再见！\n");
            else
                printf("输入错误！\n");
            continue;
        }
        for(i=2; i<=n; ++i){
            for(j=0; j<=iValid; ++j)
                result[j] *= i;
            for(k=0; k<=iValid; ++k){
                result[k+1] += result[k] / 100000;
                result[k] %= 100000;
            }
            if(result[iValid + 1] > 0)
                ++iValid;
        }
        //计算存放最高位的数组元素的实际位数
        if(result[iValid] >= 10000)
            iHighBits = 5;
        else if(result[iValid] >= 1000)
            iHighBits = 4;
        else if(result[iValid] >= 100)
            iHighBits = 3;
        else if(result[iValid] >= 10)
            iHighBits = 2;
        else
```

```
            iHighBits = 1;
        //输出计算结果
        printf("%d!=\n", n);
        printf("%5d", result[iValid]);    //最高位不补 0
        result[iValid] = 0;               //清零,为下次计算做准备
        count = 1;
        for(i=iValid-1; i>=0; --i){
            printf("%05d", result[i]);
            result[i] = 0;                //清零,为下次计算做准备
            if(++count % 10 == 0)         //每行输出 50 位
                printf("\n");
        }
        //输出阶乘的位数
        if(iValid >= 1)
            printf("\n(共%d 位)\n", iHighBits + iValid * 5);
        else
            printf("\n(共%d 位)\n", iHighBits);
        printf("\n");
    }while(n != -1);
}
```

讨论:

(1) 分析程序。

(2) 当数组长度可以无限时,该算法最大能求哪个数的阶乘呢?

练习 6

1. 输入 10 个整数,并计算它们的平均值。先找出最小数,再找出与平均值最接近的整数。

2. 输入 20 个 1~5 的整数,并计算输入的整数中 1~5 每个数出现的次数。

3. 求出用户输入的十进制正整数的十六进制形式。

4. 找出整型数组中的最大值,先把它后面的元素依次前移,再把它放在数组末尾。

5. 有整型数组 a[10] = {20, 23, 37, 52, 95},输入 5 个整数存储在 a[5]至 a[9]中,并且保持数组元素按升序排列。

6. 输入 20 个整数到数组 num 中,并对下标为偶数的数组元素进行升序排列,下标为奇数的数组元素不变。

7. 输入一个 5 位的正整数,并输出这个整数各数位上的数可以组成的最大值和最小值(输入 "67890" "10002" 测试)。

8. 画表分析下面程序中循环结构的执行过程。

```
(1) #include <stdio.h>
    void main( ){
        int i, j, a[10], temp;
        for(i=0; i<10; ++i){
            a[i] = i;
            printf("%3d", a[i]);
```

```
            }
            i = 0;
            j = 9;
            while(i < j){
                temp = a[i];
                a[i] = a[j];
                a[j] = temp;
                ++i;
                --j;
            }
            printf("\n\n");
            for(i=0; i<10; ++i)
                printf("%3d", a[i]);
        }
(2) #include <stdio.h>
    void main( ){
        int a[35] = {1};
        int i, k, n, m;
        for(n=2; n<=1000; ++n){
            k = 1;
            m = n - 1;
            for(i=2; i<n; ++i){
                if(n % i == 0){
                    m -= i;
                    a[k++] = i;
                }
            }
            if(m == 0){
                printf("\n%d=", n);
                for(i=k-1; i>0; --i)
                    printf("%d + ", a[i]);
                printf("%d\n", a[0]);
            }
        }
    }
```

9. 冒泡排序算法的第一步操作可用如下代码描述。

```
#include <stdio.h>
void main( ){
int i, num[ ] = {25, 22, 21, 29, 23}, temp;
    for(i=0; i<4; ++i)
        if(num[i] > num[i+1]){
            temp = num[i];
            num[i] = num[i+1];
            num[i+1] = temp;
        }
```

    }

画表分析循环结构的执行过程。冒泡排序需要重复多少次这样的操作才能使整个数组有序？用冒泡排序算法实现例 6-7。

10. 选择排序算法的思路为：先从数组中找出值最小的数组元素，并将它与下标为 0 的数组元素交换值；然后从下标为 1 的数组元素开始，找出值最小的数组元素，并将它与下标为 1 的数组元素交换值；重复这个过程，直到数组有序。请实现选择排序算法。

11. 画表分析下面两段代码中循环结构的执行过程。

(1)
```
int num[ ] = {49, 38, 65, 97, 76, 13, 27};
    int i = 1, j = 7, temp, pivot;
    pivot = num[0];
    while(1){
        for( ; i<7 && num[i]<pivot; ++i)
            ;
        while(num[--j] > pivot)
            ;
        if(i >= j)
            break;
        temp = num[i];
        num[i] = num[j];
        num[j] = temp;
    }
    num[0] = num[j];
    num[j] = pivot;
```

(2)
```
int num[ ] = {49, 38, 65, 97, 76, 13, 27};
    int left = 0, right = 6, pivot = num[0];
    do{
        while(right > left && num[right] >= pivot)
            --right;
        if(right > left){
            num[left] = num[right];
            ++left;
        }
        while(left < right && num[left] <= pivot)
            ++left;
        if(left < right){
            num[right] = num[left];
            --right;
        }
    }while(left < right);
    num[left] = pivot;
```

12. 分析下面的程序。

```
#include <stdio.h>
void main( ){
int a[ ] = {-15, 6, 0, 7, 9, 23, 54, 82, 101};
```

```
            int b[3] = {101, -14, 82};
            int i, left, right, middle;
            for(i=0; i<3; ++i){
                left = 0;
                right = 8;
                while(left <= right){
                    middle = (left + right) / 2;
                    if(b[i] == a[middle]){
                        printf("a[%d]=b[%d]=%d\n", middle, i, b[i]);
                        break;
                    }
                    else if(b[i] > a[middle])
                        left = middle + 1;
                    else
                        right = middle - 1;
                }
                if(left > right)
                    printf("b[%d](%d)不在数组中！\n", i, b[i]);
            }
}
```

13．利用筛选法求 1000 以内的质数，步骤如下。

第 1 步：依次列出 2，3，4，5，…，1000，并确定第一个质数 2。

第 2 步：从该质数起（不包括该质数），删除序列中该质数的倍数。

第 3 步：把序列中大于原质数且没有被删除的第一个数作为新确定的质数，并重复第 2 步。如果找不到这样的数，则算法结束。

提示：

（1）用数组元素的下标表示序列，有 int num[1000] = {0};。因为 2 是质数，所以让下标为 2 的数组元素（num[2]）的值保持不变。

（2）删除 2 的倍数时，让对应下标的数组元素的值变为 1，即 num[4]=1，num[6]= 1……

（3）循环变量 i 从 3 到 1000，如果 num[i]的值为 0，就说明 i 是质数，删除序列中该质数的倍数。

14．找出 n 阶方阵的最大值和最小值，并输出它们的位置。

15．求 m×n 阶矩阵的转置矩阵。

16．计算 n 阶方阵的两条主对角线上的元素的和。

17．方阵从左上方到右下方的主对角线之上的元素被称为上三角元素。计算 n 阶方阵上三角元素的和。

18．输出图 6-8 所示的金字塔形的杨辉三角。

图 6-8　金字塔形的杨辉三角

19．能用一维数组输出杨辉三角吗？

20．学号为 1、2、3 的学生的英语、高数、C 语言成绩分别为：1 号 80、89、83，2 号 72、85、95，3 号 61、72、80。按如下形式输出。

学号	英语	高数	C 语言	平均分
1	80	89	83	84
	…	…	…	…
合计	…	…	…	无

21．在国际象棋 8×8 的棋盘上，"皇后"会攻击与之同行的、同列的及同对角线（两条）上的棋子，输入两个"皇后"在棋盘上的位置，并输出它们能否相互攻击。

22．请编程验证多维数组初始化的两种方法。

23．比较字面量 3、'3'和"3"。

24．字符型数组与整型数组相比，有何特殊之处？

25．把输入的二进制整数存储到字符型数组中，并将其转换为十进制整数（如输入"1111↙"时，输出整数"15"）。

26．用 putchar 函数模拟实现 puts 函数的功能。

27．把用户输入的一行字符逆序输出，如输入"abc"时，程序输出"cba"。

28．输入一句（行）英语，统计其中含有多少个英语单词，并把每个英语单词的首字母改为大写。

29．把学号 1、2、3 改为姓名 Zhang、Li、Wang 后，本练习第 20 题又该如何做呢？

本章讨论提示

用整型数组 no[11]存储学号,用二维字符型数组 name[11][10]存储姓名,用浮点型数组 am[11]存储数学成绩，用浮点型数组 ae[11]存储英语成绩。通过数组的下标关联每个学生的数据，如第 1 个学生的学号、姓名、数学成绩和英语成绩分别用 no[1]、一组字符型数组 name[1]、am[1]和 ae[1]存储。再定义一个整型数组 sort[11]，若 sort[0]的值为 10，sort[1]的值为 5，则相关数组中下标为 10 的学生的数学成绩最低，下标为 5 的学生的数学成绩为倒数第二。数学成绩最低的学生，其学号为 no[sort[0]]，姓名为 name[sort[0]]，数学成绩和英语成绩分别为 am[sort[0]]和 ae[sort[0]]。

第 7 章　用函数编程

章节导学

　　用函数编程是指选用已经定义好的函数实现算法中特定的功能，若找不到函数，则将该功能实现为函数，以便重复使用。函数是最常见的代码重用形式，利用已有的函数既可以提高编程效率，又可以提高程序的可靠性。即使函数有问题，常用的函数也更容易暴露问题，从而得以改正。

　　模块化是大型程序的设计准则之一。把功能复杂的大模块分解为若干个功能相对简单的小模块，可以有效地降低程序设计开发的难度。当小模块最终分解为功能单一的函数时，程序就由一个个函数组成了。相互独立的函数可以并行开发，这为团队开发创造了条件。团队中每个成员负责一个或几个函数，成员之间协作配合，从而可以高效地完成开发任务。

　　函数的执行结果多表现为存储在约定的匿名存储单元中的返回值。使用函数时需明确其功能，如库函数 abs 只能求整数的绝对值，不能求浮点数的绝对值。为了方便函数的重用，函数可定义在一个单独的文件中。当函数文件属于工程时，先声明函数，再使用函数。当函数文件不属于工程时，用#include 命令将函数复制到当前源文件中。

　　函数中能否使用某个变量，由其作用域确定。根据作用域，变量可分为全局变量和局部变量。全局变量可在多个函数中使用，借助全局变量可在函数间共享数据。错用全局变量不仅会影响函数的封闭性和可重用性，还会降低程序的可读性。

　　为了对比函数的定义对函数重用性的影响，本章定义了两个形参不同但功能相同的函数。

　　一些问题可以转化为"性质相同，规模较小"的子问题，这些问题常用递归算法解决。递归函数实现了递归算法。递归是"问题"的重复。计算机擅长重复，设计算法时要用重复的步骤，这样实现算法时就能用循环或递归实现这些步骤。初学者的编程水平体现在读写循环和递归的能力。

　　库函数内容丰富，功能强大，是 C 语言必不可少的补充。

　　本章最后用一个综合示例介绍了团队开发。

本章讨论

　　当变量 a 的作用域不包含 scanf 函数时，scanf("%d", &a)也能将用户输入的整数赋值给变量 a，为什么？

7.1　函数语法

7.1.1　再谈函数定义

　　定义函数常用的形式如下。

返回值类型　函数名(参数列表)

```
{
    语句序列
}
```

返回值类型即函数值的类型，不能为数组。当函数没有返回值时，类型为 void。函数名用于标识函数。参数列表规定了函数输入的个数和类型，通常形式如下。

类型 参数名1,类型 参数名2…类型 参数名n

参数列表中的参数又称形式参数，简称形参。当函数不需要输入数据时，参数列表为空或 void。函数定义中的第一行又称函数的首部，函数的首部清楚地表明了函数输入（自变量）的个数与类型和输出（因变量）的类型。

函数体紧接函数的首部，由一对花括号界定。函数体中的语句序列完成从输入到输出的映射。函数的输出结果（函数值）由 return 语句返回给函数的使用者（主调函数）。return 语句的形式有两种：return;和 return 表达式;。

第一种形式的 return 语句可出现在返回值类型为 void 的函数中，其作用是立即结束函数的执行并返回到主调函数中，主调函数将继续执行。当没有 return 语句时，函数执行完函数体，会在界定函数体的封闭花括号}处返回。

第二种形式的 return 语句必须出现在函数值类型不为 void 的函数中，其作用是先计算表达式的值，再结束函数的执行，并将表达式的值作为函数的返回值。函数的返回值存储在约定的匿名存储单元中，供主调函数使用。

函数是完成特定功能的一系列指令的集合。无须再次编写代码，通过调用已有函数就可以快速地完成特定的功能。如在显示器上输出信息，只需调用 printf 函数，这极大地提高了编程效率。用函数编程是指尽量选用已经定义好的函数实现算法中的特定功能，若找不到函数，则将特定的功能实现为函数，以便代码重用。

例 7-1 输出 100 以内的质数（例 5-17）。

分析：

该例题可以用穷举法。用循环 for(i=2; i<100; ++i)穷举从 2 到 100 的所有整数，如果整数 i 是质数，就输出 i，否则就不输出。与例 5-17 不同，本例题先定义了一个判断正整数是否为质数的函数，函数名为 isPrime，形参是一个整型变量，输出值为逻辑类型，用整型代替。当函数返回 1 时，表示是质数；当函数返回 0 时，表示不是质数。

```
#include <math.h>
int isPrime(int n){
    int r, i;
    if(n == 1)
        return 0;
    r = (int)sqrt(n);
    for(i=2; i<=r; ++i)
        if(n % i == 0)
            break;
    return (i == r + 1);
}
```

定义函数时，函数体中可以使用其他函数。函数 isPrime 在函数体中使用了库函数 sqrt，要遵循先定义后使用的原则，需用#include 命令把头文件 math.h 包含到源文件中。

```c
#include <stdio.h>
#include <math.h>
int isPrime(int n){
    int r, i;
    if(n == 1)
        return 0;
    r = (int)sqrt(n);
    for(i=2; i<=r; ++i)
        if(n % i == 0)
            break;
    return (i == r + 1);
}
void main( ){
    int i, n = 0;
    for(i=2; i<100; ++i)
        if(isPrime(i)){
            printf("%3d", i);
            ++n;
            if(n % 10 == 0)
                printf("\n");
        }
}
```

程序的运行结果如图 7-1 所示。

```
  2  3  5  7 11 13 17 19 23 29
 31 37 41 43 47 53 59 61 67 71
 73 79 83 89 97
```

图 7-1　例 7-1 程序的运行结果

7.1.2　再谈函数调用

使用函数即调用函数。发生函数调用时，主调函数会存储执行状态，中断执行后，被调函数开始执行。被调函数执行完毕，主调函数先恢复执行状态，然后从中断处开始继续执行。

若 main 函数调用了函数 f1，而函数 f1 在执行过程中又先后调用了函数 f2 和函数 f3，则函数的调用及返回情况如图 7-2 所示。

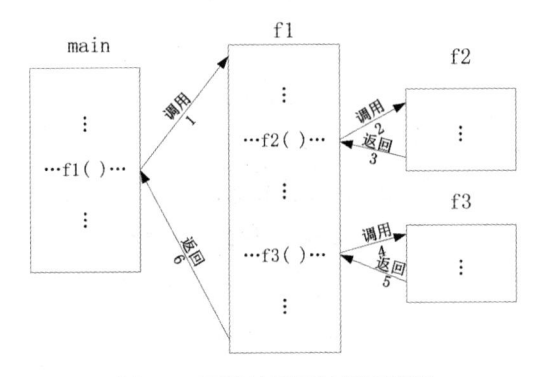

图 7-2　函数的调用及返回情况

函数调用的形式如下。

函数名(实际参数表)

其中，函数名为被调用函数的名字，实际参数表由与形参数目相同的表达式组成。实参是实际参数的简称。实参之间也用逗号分隔。当形参为空时，函数的实参也为空。函数调用执行的过程中，首先对实参求值，然后用实参给形参赋值，最后执行函数体。

例 7-2 利用函数调用求两个数中的较大者。

分析：

首先定义一个求两个数中的较大者的函数，然后在 main 函数中调用该函数求出较大的数，最后输出函数的返回值。

```
#include <stdio.h>
int larger(int x, int y){
    if(x > y)
        return x;
    return y;
}
void main( ){
    float f, m = 3.2, n = 2.3;
    f = larger(m + n, m - n);
    printf("%.1f和%.1f的较大者为%.1f\n", m + n, m - n, f);
}
```

程序的运行结果如图 7-3 所示。

5.5和0.9的较大者为5.0

图 7-3 例 7-2 程序的运行结果

由程序的运行结果可知，程序有逻辑错误。分析函数调用 larger(m + n, m - n)的执行过程。先对实参求值，m + n 的值为 5.5，m - n 的值为 0.9，函数调用为 larger(5.5,0.9)。再用实参给形参赋值，x = 5.5，y = 0.9，即形参 x 的值为 5，形参 y 的值为 0。larger 函数的直观表示如图 7-4 所示。

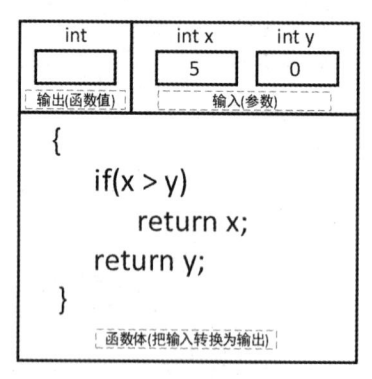

图 7-4 larger 函数的直观表示

最后，被调函数的函数体开始执行。当 x > y 的值为真时，return x;执行，结束函数执行，并把 5 存储到匿名的 int 型存储单元中。返回主调函数，main 函数继续执行，读取约定的匿名int 型存储单元，得到 larger 函数的返回值整数 5，原语句变为 f = 5;，即单精度变量 f 的值为

5.0。larger 函数的返回值如图 7-5 所示。

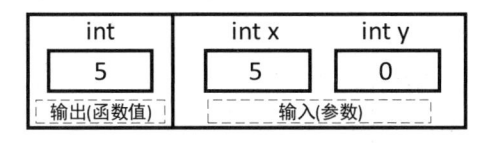

图 7-5　larger 函数的返回值

程序出错的原因在于没有正确地使用函数。larger 函数的功能是求两个整数中的较大者，不能用它求 5.5 和 0.9 这两个浮点数中的较大者。此外，题目本身也有问题，无法定义一个求两个数中的较大者的函数。

7.1.3　函数声明

函数必须先定义再使用。当一个函数在定义之前被调用时，即使该函数的定义就在下面，编译器也会在函数调用处报错。利用函数声明可以让编译器在使用没有定义的函数语句时，不报语法错误。

函数声明的一般形式如下，函数首部加上分号。

返回值类型　函数名(参数列表);

函数声明可以使编译器在没有函数定义的情况下检查函数调用的合法性，如实参的个数是否与形参的个数相同，实参的类型是否与形参的类型兼容。函数声明时，形参列表中的参数名对合法性检查没有帮助，可以省略。函数声明又称函数原型。

例 7-3　使用函数交换两个变量的值。

```
#include <stdio.h>
void swap(int x, int y);    //函数声明
void main( ){
    int m = 3, n = 5;
    printf("交换前: m = %d, n = %d\n", m, n);
    swap(m, n);    //函数调用
    printf("交换后: m = %d, n = %d\n", m, n);
}
void swap(int x, int y){        //函数定义
    int temp;
    temp = x;
    x = y;
    y = temp;
}
```

分析：

尽管 swap 函数在最后才定义，但是有了函数声明，main 函数调用 swap 函数时就不会出现语法错误。程序的运行结果如图 7-6 所示。

图 7-6　例 7-3 程序的运行结果

由程序的运行结果可知，swap 函数并没有交换变量 m 和 n 的值，程序有逻辑错误。

main 函数和 swap 函数的调用关系如图 7-7 所示。

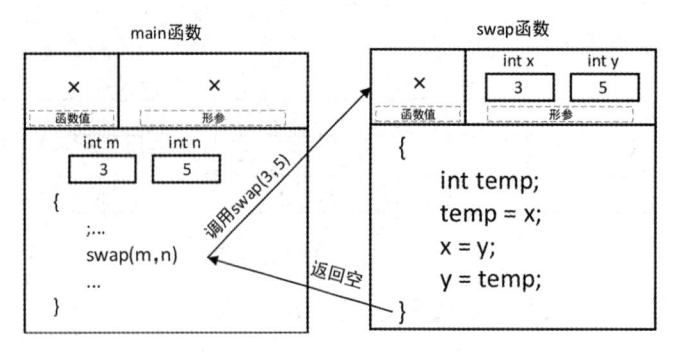

图 7-7　main 函数和 swap 函数的调用关系

主调函数在调用函数时，会先对实参求值，函数调用 swap(m, n)，其实为 swap(3, 5)。swap 函数根本就"不知道"变量 m 和 n 的存在，它只是交换两个形参的值，如图 7-8 所示。

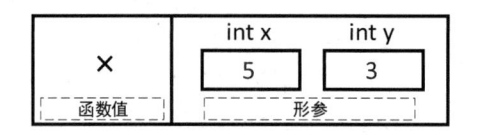

图 7-8　swap 函数交换了两个形参的值

以实参给形参赋值的方式在参数间传递值的函数调用又称传值调用。C 语言的函数调用是传值调用。

7.2　函数重用

7.2.1　单独定义函数

用函数实现特定功能的目的是便于代码的复用，例 7-1 中定义了一个判断正整数是否为质数的 isPrime 函数，其他人如何使用这个函数呢？为了便于复用，函数通常定义在一个单独的文件中。使用函数时，只需获得函数定义的文件即可。在 VC6.0 中，一个工程可以包含多个源文件。

例 7-4　将例 7-1 中的 isPrime 函数定义在单独的文件中。

新建一个名为 704 的控制台工程，并在工程中新增一个名为 isPrime 的源文件，定义 isPrime 函数，结果如图 7-9 所示。

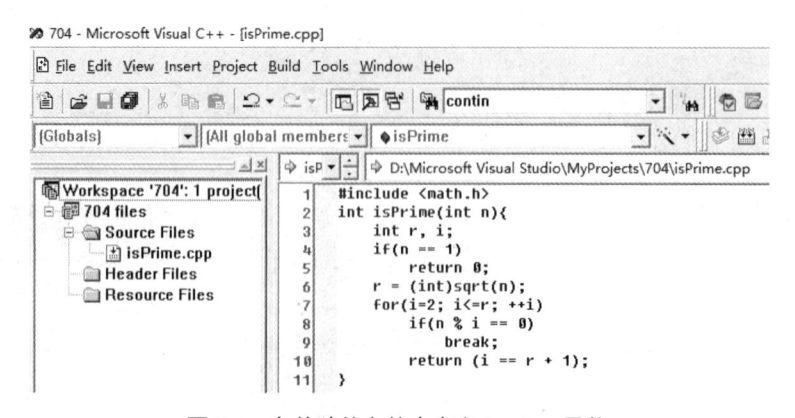

图 7-9　在单独的文件中定义 isPrime 函数

由于工程中只有一个 isPrime 源文件，此时编译、运行程序会出现找不到 main 函数的语法错误。当工程包含多个源文件时，程序运行依然要调用 main 函数，main 函数执行完毕，程序运行结束。"组建"（Build）菜单的"编译"（Compile）命令可以检查 isPrime 源文件中有无语法错误。使用注释语句删除 math.h 头文件后，编译、运行程序会发现 isPrime 源文件中的语法错误，如图 7-10 所示。

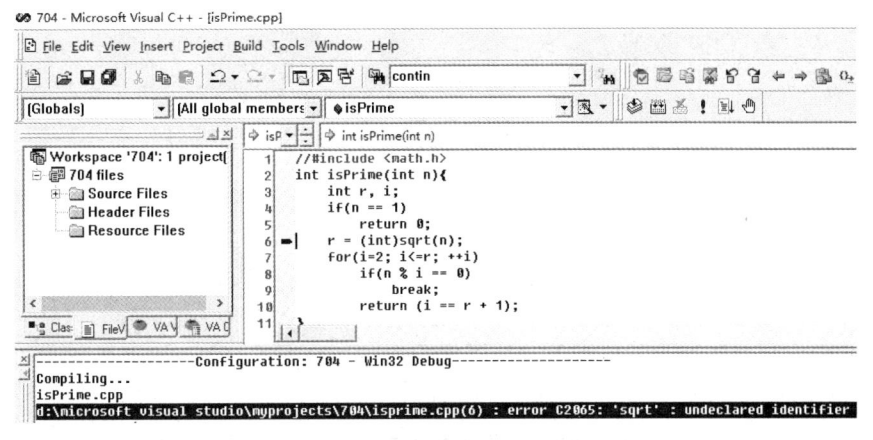

图 7-10 使用"编译"命令检查单个源文件中的语法错误

在工程中再新增一个名为 704 的源文件，定义 main 函数，结果如图 7-11 所示。

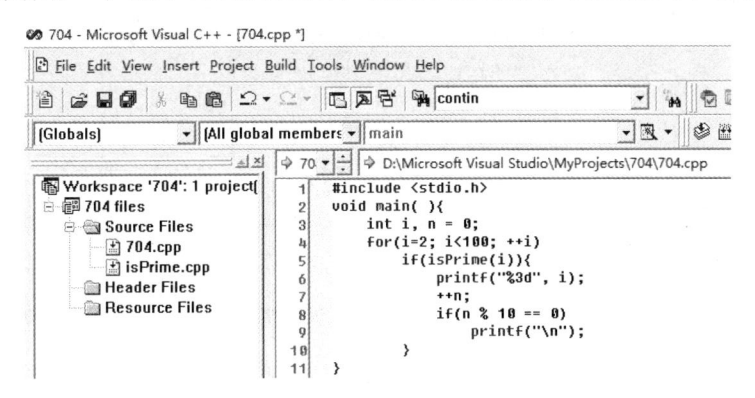

图 7-11 新增一个源文件定义 main 函数

编译、运行程序时，发现语法错误，提示找不到 isPrime 函数。使用同一工程的其他源文件中定义的函数时，需先进行函数声明，再调用函数。改正后的程序如图 7-12 所示。

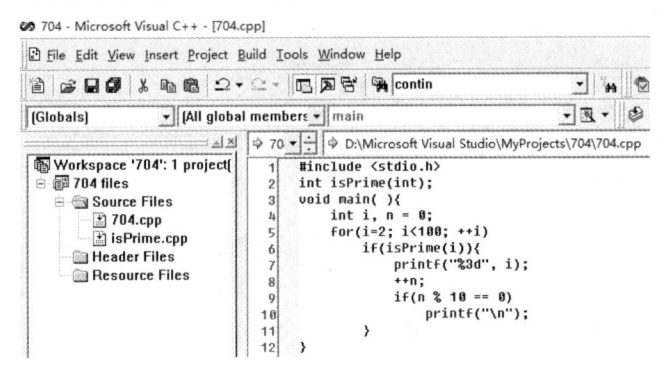

图 7-12 改正后的程序

7.2.2 重用函数

例 7-5 验证哥德巴赫猜想：任意不小于 4 的偶数都可以写成两个质数之和。

分析：

算法可参见例 5-22。用函数编程时，使用例 7-4 中已经定义的 isPrime 函数实现算法。关键代码如下。

```
for(i=2; i<=even/2; ++i)
   if(isPrime(i) && isPrime(even - i))
        printf("%d = %d + %d\n", even, i, even - i);
```

isPrime 函数在源文件 isPrime.cpp 中被定义，使用该函数时，可以借助#include 命令。#include 命令的常见形式如下。

```
#include <文件名>或#include "文件名"
```

其中的＜＞和""用于指定要包含的文件所在的目录。＜＞表示在编译器指定的目录中查找要包含的文件。在 VC6.0 中单击"工具"（Tools）菜单中的"选项"（Options）命令，在弹出的"选项"（Options）对话框中，选择"目录"（Directories）标签，在"路径"（Directories）列表框中出现的目录就是"指定目录"，如图 7-13 所示。

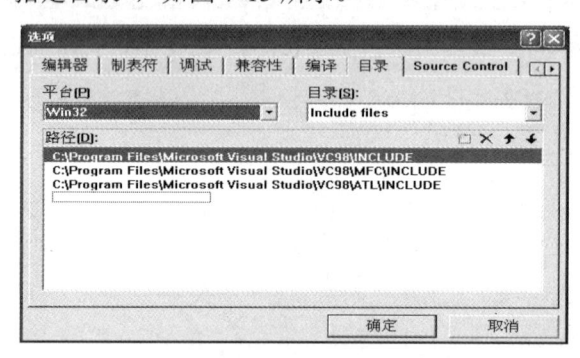

图 7-13 编译器指定的目录

""表示先到当前目录中查找要包含的文件，找不到时再到指定的目录中查找。当前目录是指包含#include 命令的源文件所在的目录。#include 命令执行时，先找到指定文件，再用文件中的内容替换该行命令，即把指定文件的内容复制到当前文件中。

新建一个名为 705 的控制台工程，在工程中新增一个名为 705 的源文件，定义 main 函数，并用#include "isPrime.cpp"复制函数的定义，结果如图 7-14 所示。

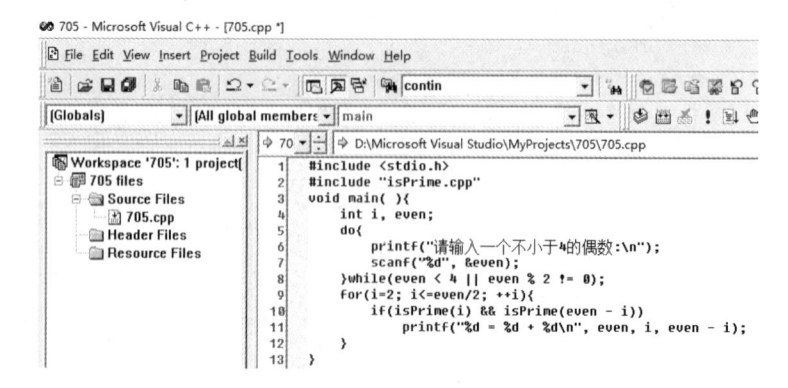

图 7-14 使用 isPrime 函数

现在编译、运行程序，会发现找不到 isPrime.cpp 文件中的语法错误，如图 7-15 所示。

`fatal error C1083: Cannot open include file: 'isPrime.cpp': No such file or directory`

图 7-15　找不到文件中的语法错误

#include 命令执行时，由于使用了"isPrime.cpp"，先到当前目录中查找文件，再到指定目录中查找文件，都没有找到。当前目录是当前文件 705.cpp 所在的目录，即"D:\Microsoft Visual Studio\MyProjects\705"。只有 VC6.0 安装了插件，图 7-14 中才能显示当前文件所在的目录。

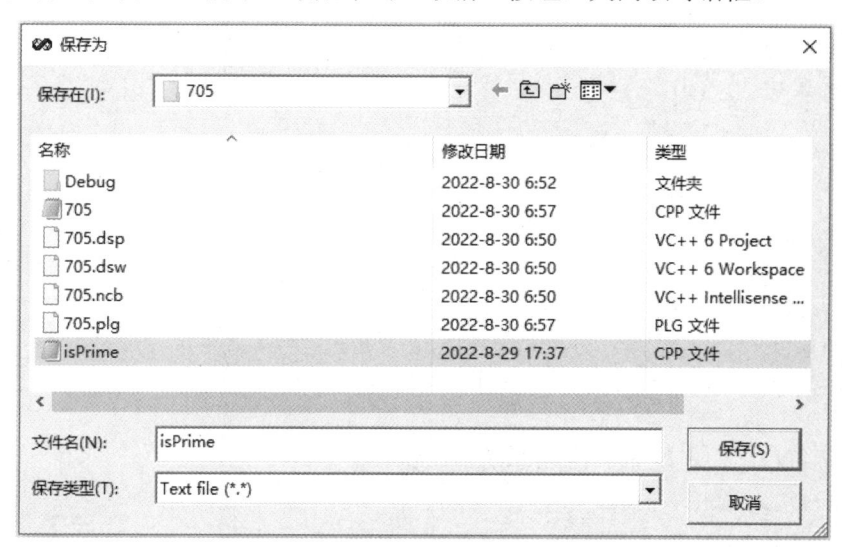

把 isPrime.cpp 复制到当前目录中。先复制 isPrime.cpp 文件，再回到 main 函数编辑界面。首先单击"文件"（File）菜单中的"另存为"（Save As ...）命令，然后在弹出的"保存为"对话框中粘贴文件，如图 7-16 所示，最后单击"取消"按钮，关闭该对话框。

图 7-16　把 isPrime.cpp 复制到当前目录中

程序的运行结果如图 7-17 所示。

使用函数会降低执行效率，但由于重用了代码，不仅使编程效率提高了，还使程序的可读性显著提高了。

讨论：

函数文件属于工程和不属于工程时，函数的使用方法有何不同？

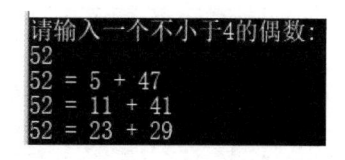

图 7-17　例 7-5 程序的运行结果

提示：

当函数文件属于工程时，需在函数声明后使用函数。当函数文件不属于工程时，需用 #include 命令将函数复制到当前源文件中。

7.3　作用域

7.3.1　变量作用域

例 7-6　在下面的程序中，交换两个整型变量的代码可以实现为函数吗？

```
#include <stdio.h>
void main( ){
    int m = 3, n = 5;
    int temp;
    printf("交换前: m = %d, n = %d\n", m, n);
    temp = m;
    m = n;
    n = temp;
    printf("交换后: m = %d, n = %d\n", m, n);
}
```

编程测试如下。

```
#include <stdio.h>
void swap( ){
    int temp;
    temp = m;
    m = n;
    n = temp;
}
void main( ){
    int m = 3, n = 5;
    printf("交换前: m = %d, n = %d\n", m, n);
    swap( );
    printf("交换后: m = %d, n = %d\n", m, n);
}
```

编译、运行程序，出现图 7-18 所示的语法错误。

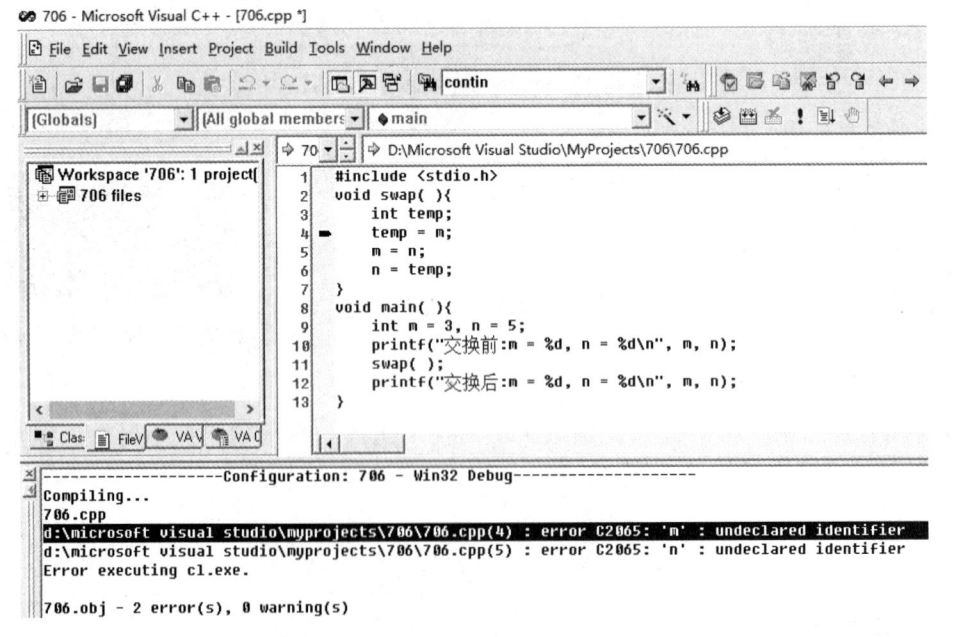

图 7-18　例 7-6 程序中的语法错误

由错误提示信息可知，swap 函数中的变量 m 是没有定义的标识符。每个变量都有自己的作用域。变量的作用域是指程序中可以使用该变量的区域。只有在变量的作用域内，才能使用该变量。变量 m 和 n 在 main 函数中被定义，其作用域为从第 9 行起到第 13 行止，在 swap 函数中不能使用变量 m 和 n。

讨论：

交换两个变量的值是特定功能吗？有必要实现为函数吗？

常见的变量作用域有两类：复合语句作用域和文件作用域。

在复合语句中定义的变量具有复合语句作用域，从变量定义处起到复合语句结束处止。具有复合语句作用域的变量被称为局部变量。函数体就是一个大的复合语句，函数体内定义的变量是局部变量。此外，函数的形参也是局部变量，作用域覆盖整个函数体。显然，在一个函数中定义的变量只能在该函数中使用。局部变量作用域仅限于复合语句中，不同函数中的同名变量互不影响，团队成员在开发函数时不必担心变量重名的问题。

例 7-7 不同函数中的同名局部变量互不影响。

```
#include <stdio.h>
void f( ){
    int i = 5;
    printf("%d\n", i);
}
void main( ){
    int i = 6;
    f( );
    printf("%d\n", i);
}
```

程序的运行结果如图 7-19 所示。

在复合语句外定义的变量具有文件作用域，范围从变量定义处起到源文件结束处止。具有文件作用域的变量被称为全局变量。全局变量名前加 g_ 会使程序有更好的可读性。

```
5
6
```

图 7-19 例 7-7 程序的运行结果

例 7-8 全局变量示例。

```
#include <stdio.h>
int g_i = 5;
void main( ){
    int i = 6;
    printf("%d,%d\n", i, g_i);
}
```

程序的运行结果如图 7-20 所示。

```
6,5
```

图 7-20 例 7-8 程序的运行结果

例 7-9 分析下面的程序。

```
#include <stdio.h>
#define PI 3.1415926
float g_circum;
```

```
void calculate(float radius){
    g_circum = 2 * PI * radius;
}

void main( ){
    float f = 2.3;
    calculate(f);
    printf("周长为%.3f/n", g_circum);
}
```

分析：

程序中单精度变量 g_circum 是一个全局变量，其作用域为从第 3 行起到第 13 行止，即在两个函数中都可以使用。calculate 函数的功能是由圆的半径求出圆的周长，但它的返回值类型为空，函数把输出结果存储到全局变量 g_circum 中。

main 函数先调用 calculate 函数计算半径为 2.3 的圆的周长，再输出存储在全局变量 g_circum 中的圆的周长。

两个函数都借助它们可以访问的全局变量传递数据。程序的运行结果如图 7-21 所示。

周长为14.451

图 7-21 例 7-9 程序的运行结果

讨论：

如何评价"函数把输出结果存储到全局变量中"与"函数值为输出结果"这两种方式？

提示：

当函数值为输出结果时，输出结果位于约定的匿名存储单元中，只能由主调函数读取，不会被修改。全局变量可以在程序的不同地方被使用，安全性不高。当函数值作为输出结果时，代码的可读性好，函数也易于使用。借助全局变量输出函数值时，调用函数还需考虑全局变量的使用问题。

C 语言规定，多个作用域不同的同名变量在共同作用域内，后定义的变量有效，也就是作用域最小的变量起作用，测试程序如下。

例 7-10 分析下面的程序。

```
#include <stdio.h>
int i = 3;
void main(){
    int i = 2;
    printf("%d\n", i);
    {
        int i = 1;
        printf("%d\n", i);
    }
}
```

分析：

程序中定义了 3 个同名的整型变量 i。第 2 行定义的全局变量 i 的作用域为从第 2 行起到第 10 行止。第 4 行定义的局部变量 i 的作用域为从第 4 行起到第 10 行止。第 5 行 printf 函数中的实参 i 与第 4 行定义的变量 i 近，实参的值为 2。第 7 行定义的局部变量 i 的作用域为从第 7 行起到第 9 行止。第 8 行 printf 函数中的实参 i 与第 7 行定义的变量 i 近，实参的值为 1。程序的运行结果如图 7-22 所示。

图 7-22　例 7-10 程序的运行结果

程序中没有必要定义多个作用域不同的同名变量。

7.3.2　变量生命周期

变量的生命周期是指变量标识的存储单元从分配到回收的这段时间。执行定义变量的语句时，程序分配局部变量的存储单元；局部变量所在的复合语句执行完成后，程序回收局部变量的存储单元。

例 7-11　分析下面的程序。

```
#include <stdio.h>
int f( ){
    int i = 9;
    return ++i;
}
void main( ){
    printf("%d\n", f( ));
    printf("%d\n", f( ));
}
```

分析：

函数 f 执行时，定义了一个局部变量 i，并初始化为 9，生命周期开始。变量 i 的值自增 1，返回值为 10，函数执行结束，只在约定的匿名存储单元中保留了一个整数 10，变量 i 的存储单元被回收，生命周期结束。

再次调用 f 函数时，会重新分配局部变量 i 的存储单元，并初始化为 9，生命周期开始。变量 i 的值自增 1，返回值为 10，变量 i 的存储单元被回收，生命周期结束。

函数 f 每次执行时，都会被重新分配变量 i 的存储单元。由于变量作用域的限制，变量 i 不能在函数体外被使用，不会受其他函数的影响，所以函数 f 的返回值总是相同的，具有封闭性。若用相同的实参调用函数，函数总有相同的返回值，则称该函数具有封闭性。函数体中仅使用局部变量的函数具有封闭性。

程序的运行过程可用图 7-23 简单分析。

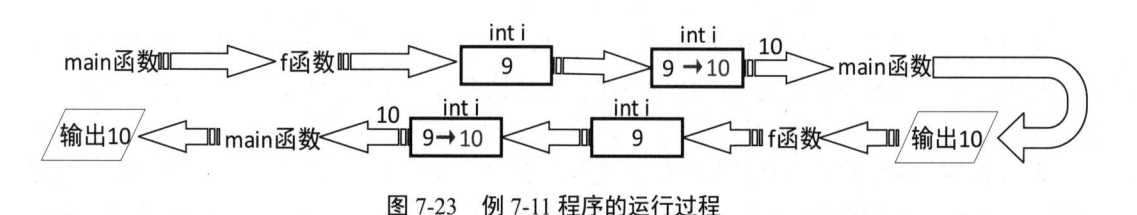

图 7-23　例 7-11 程序的运行过程

讨论：

在例 7-6 中，当 swap 函数执行时，变量 m 和 n 在生命周期中吗？

在程序开始运行且 main 函数执行前，程序为全局变量分配存储单元；在 main 函数执行完毕且程序结束运行前，程序回收全局变量的存储单元。全局变量的生命周期贯穿程序运行的全过程。程序的运行过程为：程序开始运行→分配全局变量的存储单元→main 函数执行→被调函数执行→main 函数执行完毕→回收全局变量的存储单元→程序运行结束。

例 7-12 分析下面的程序。

```
#include <stdio.h>
int g_i = 9;
int f( ){
   return ++g_i;
}
void main( ){
   printf("%d\n", f( ));
   printf("%d\n", f( ));
}
```

分析：

程序先为全局变量 g_i 分配存储单元，并初始化为 9；然后 main 函数调用 f 函数，变量 g_i 的值自增 1，返回 10；main 函数继续执行，当再次调用 f 函数时，变量 g_i 的值再次自增 1，返回 11。全局变量 g_i 的生命周期贯穿程序运行的全过程，变量 g_i 每次变动后的值都会被存储，实参相同的两次函数调用，f 函数返回了不同的结果。f 函数没有封闭性，可用性比较差。程序的运行结果如图 7-24 所示。

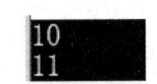

图 7-24 例 7-12 程序的运行结果

程序的运行过程可用图 7-25 简单分析。

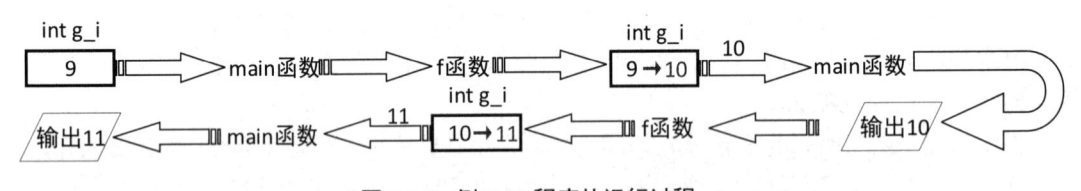

图 7-25 例 7-12 程序的运行过程

局部变量动态地获得存储单元，即被定义时分配存储单元，出了作用域后释放存储单元，既节省了存储空间，又保证了函数的封闭性。局部变量又称动态变量。全局变量的存储单元在整个程序的运行期间为其所有，全局变量的值一直保持不变，使用不当时会影响函数的封闭性。

7.3.3 扩展文件作用域

变量名是标识符，变量有作用域，实际上是标识符有作用域。标识符的作用域是指在程序中可以通过标识符使用其绑定的实体的范围。函数的名称也是标识符，函数也有作用域。函数的作用域是指可以使用函数的区域。

函数具有文件作用域，从函数开始定义处起到源文件结束处止。由于作用域的限制，程序中不能使用未定义的函数。例 7-3 中借助函数声明，使用了在后面定义的 swap 函数。函数声明的作用是扩展函数的作用域，swap 函数的作用域为从函数声明处起到源文件结束处止。函数声明还可以将函数的作用域扩展到同一个工程的其他源文件中，如例 7-4 借助函数声明，使 isPrime 函数的作用域从 isPrime.cpp 文件扩展到了同一个工程的 704.cpp 文件中。

具有文件作用域的全局变量也可以通过声明来扩展作用域。全局变量的声明用关键字 extern，如全局变量定义 int g_i;，它的声明形式为 extern int g_i;。如果声明语句在一个函数体或复合语句中，全局变量的作用域就在封闭花括号}处止，否则就在源文件结束处止。

与函数声明相同，全局变量声明的作用只是扩展作用域，声明不能代替定义。声明语句 extern int g_i;扩展作用域，定义语句 int g_i;分配存储单元。

例 7-13 改写例 7-9 程序，将函数定义在一个单独的文件中。

先新建一个名为 713 的控制台工程，在工程中新增一个名为 calculate 的源文件，定义 calculate 函数，再新增一个名为 713 的源文件，定义 main 函数，结果如图 7-26 和图 7-27 所示。

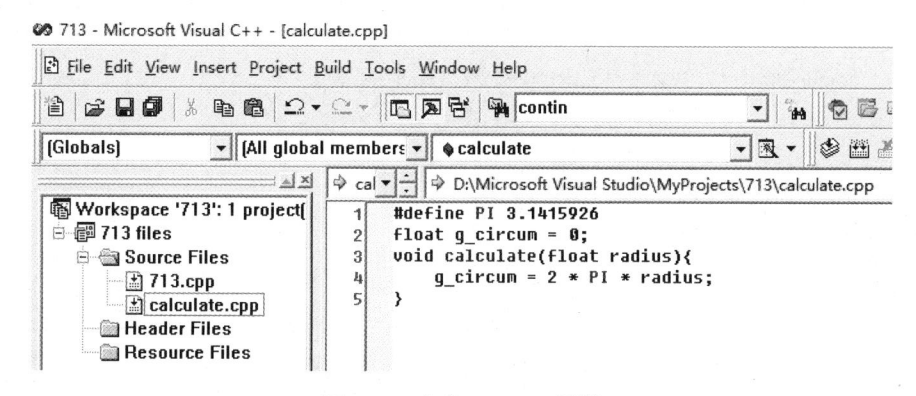

图 7-26　定义 calculate 函数

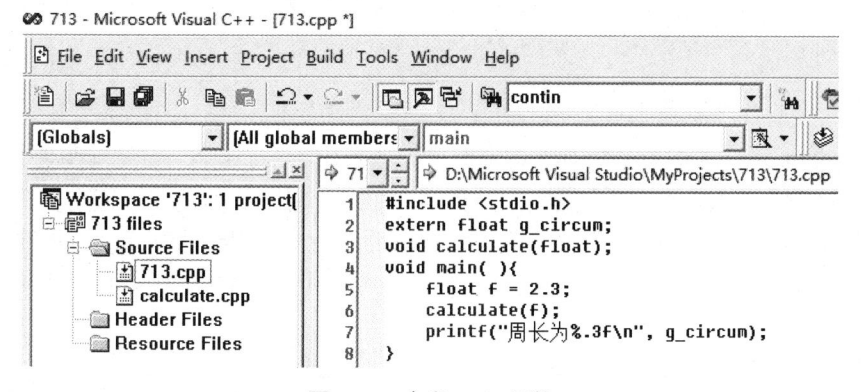

图 7-27　定义 main 函数

分析：

calculate 函数使用全局变量 g_circum 存储输出结果。在 main 函数中调用 calculate 函数求周长时，需用全局变量声明语句 extern float g_circum;和函数声明语句 void calculate(float);扩展全局变量和函数的作用域。程序的运行结果也如图 7-21 所示。

讨论：

（1）宏名有作用域吗？

（2）局部变量为什么不能通过声明扩展作用域？

提示：

（1）宏名也是标识符，有作用域。

（2）局部变量是动态变量，出作用域后，生命周期结束，没有存储单元与之相关联，因此不能再被使用了。

7.3.4 限制文件作用域

定义函数时，若首部的函数返回值类型前有关键字 static，则该函数只能在当前文件中使用，如 static int f( ){……}，函数 f 被称为内部函数或静态函数。关键字 static 把函数 f 的作用域限制在当前文件中。作用域没有被限制且可以扩展的函数被称为外部函数。

定义全局变量时，若类型前加一个关键字 static，则该全局变量的作用域仅限于当前文件，如 static int g_i;，全局变量 g_i 只能在当前源文件中使用，g_i 也称静态变量。

利用 static 关键字甚至可以把全局变量的作用域限制在复合语句中。在复合语句中定义的变量，只需多一个 static 关键字就能变成全局变量，并且是一个具有复合语句作用域的全局变量。

例 7-14 下面程序中的变量 j 是局部变量还是全局变量？

```c
#include <stdio.h>
int f( ){
    static int j = 0;
    int i = 0;
    ++i;
    return (i + j++);
}
void main( ){
    int i;
    for(i=0; i<=2; ++i)
        printf("%3d", f( ));
}
```

分析：

函数 f 中的变量 j 在复合语句中定义，由于定义语句中有关键字 static，变量 j 变成了静态变量。变量 j 的生命周期与全局变量相同，程序开始运行时，先给变量 j 分配存储单元，然后 main 函数开始执行，在 main 函数执行完成，释放静态变量 j 的存储单元后，程序才会结束运行。从生命周期看，j 是全局变量，但变量 j 的作用域仅限于函数 f 的函数体，是复合语句作用域；从作用域看，j 是局部变量。

程序的运行结果如图 7-28 所示。

图 7-28 例 7-14 程序的运行结果

程序的运行过程可用图 7-29 简单分析。

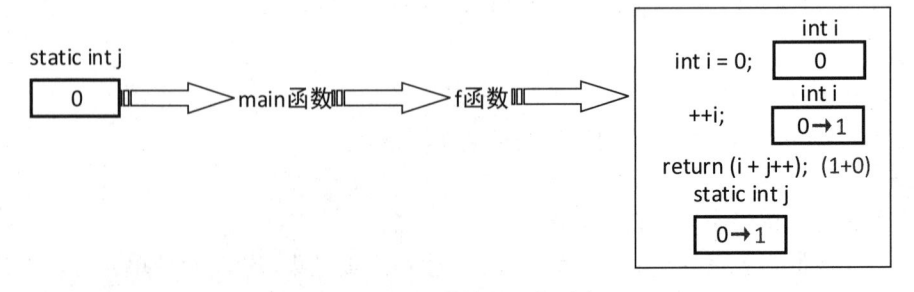

图 7-29 例 7-14 程序的运行过程

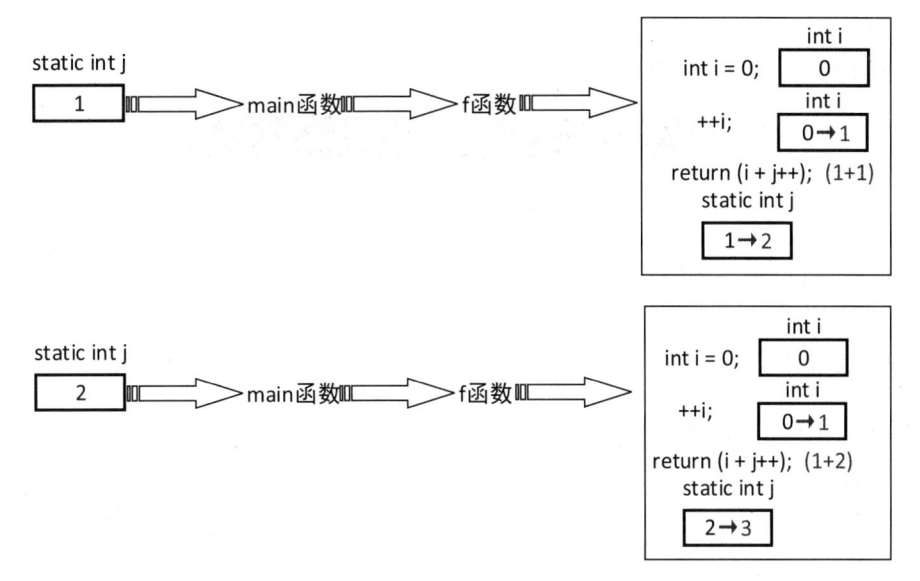

图 7-29 例 7-14 程序的运行过程（续）

实参相同，函数的返回值却不同，说明函数 f 没有封闭性。在通常情况下，函数应具有封闭性（产生随机数的函数除外），即实参相同时函数的返回值也相同。随机序列是指没有规律的序列，即不能通过序列前面的数推算出后面的数。随机序列中的数被称为随机数。

下面借助静态局部变量定义一个可以产生随机数的 randomize 函数，它随机地返回一个 0～32767 的数。多次调用 randomize 函数可以得到一个随机数序列。

例 7-15　随机数函数。

```
#include <stdio.h>
#define N 100
int randomize( ){
    static unsigned int seed = 3;
    seed = seed * 214013L + 2531011L;
    return (seed / 65536 % 32768);
}
void main( ){
    int a[6] = {0};
    int i;
for(i=0; i<N; ++i)
    ++a[randomize( ) % 5 + 1];
for(i=1; i<=5; ++i)
    printf("%d: %d ", i, a[i]);
}
```

分析：

由函数的算法可知，randomize 函数并不能得到真正的随机数，它返回的是伪随机数，但在多数情况下可用作随机数。

randomize( ) % 5 + 1 的结果为 1～5 的随机数。

main 函数中调用 randomize 函数产生了 1000 个 1～5 的随机数，并统计输出了 1、2、3、

4、5 的个数。

程序的运行结果如图 7-30 所示。

```
1:186 2:213 3:197 4:207 5:197
```

图 7-30　例 7-15 程序的运行结果

讨论：

randomize 函数产生的是随机数，但再次运行程序时，程序的运行结果为什么相同？

7.3.5　一维数组作为形参

数组类型也可作为形参。

```c
void printArray(int a[5]){
    int i;
    for(i=0; i<5; ++i)
        printf("%d ", a[i]);
}
```

printArray 函数的形参是长度为 5 的一维整型数组 a。当形参为一维数组时，数组的长度没有用，可以省略，但方括号不能省略。printArray 函数的功能是输出一维整型数组的前 5 个数组元素。只要是长度不小于 5 的一维整型数组，都可作为 printArray 函数的实参，测试程序如下。

例 7-16　输出一维整型数组的前 5 个数组元素。

```c
#include <stdio.h>
void printArray(int a[ ]){
    int I;
    for(i=0; i<5; ++i)
        printf("%d ", a[i]);
}
void main( ){
    int x[5] = {1, 2, 3, 4, 5};
    int y[6] = {6, 5, 4, 3, 2, 1};
    printArray(x);
    printf("\n");
    printArray(y);
}
```

程序的运行结果如图 7-31 所示。

```
1 2 3 4 5
6 5 4 3 2
```

图 7-31　例 7-16 程序的运行结果

一维数组作为形参时，不能确定数组的长度，常用一个整型形参表示数组元素的个数，测试程序如下。

例 7-17　输出一维整型数组的数组元素的个数。

```c
#include <stdio.h>
void printArray(int a[ ], int n){
```

```c
    int i;
    for(i=0; i<n; ++i)
        printf("%d ", a[i]);
}
void main( ){
    int x[5] = {1, 2, 3, 4, 5};
    int y[6] = {6, 5, 4, 3, 2, 1};
    printArray(x, 5);
    printf("\n");
    printArray(y, 6);
}
```

程序的运行结果如图 7-32 所示。

程序的运行结果与预期的一致，但程序有"问题"。C 语言函数是传值调用，调用函数时会先对实参求值，再把实参的值赋给形参。那么，实参数组 x 的值是什么呢？C 语言不允许数组间相互赋值，实参数组 x 如何向形参数组 a 赋值呢？在学习指针变量之前，没有办法回答这些问题。

图 7-32　例 7-17 程序的运行结果

由于数组是一种特殊的数据类型，当形参为数组时，实参数组的数组元素也是形参数组的数组元素，在函数体中改变形参数组的数组元素的值，实参数组的数组元素的值也会随之改变，测试程序如下。

例 7-18　实参数组的数组元素也是形参数组的数组元素。

```c
#include <stdio.h>
void swap(int a[]){
    int temp;
    temp = a[0];
    a[0] = a[1];
    a[1] = temp;
}
void main( ){
    int b[2] = {2, 3};
    printf("b[0]=%d, b[1]=%d\n", b[0], b[1]);
    swap(b);
    printf("b[0]=%d, b[1]=%d\n", b[0], b[1]);
}
```

程序的运行结果如图 7-33 所示。

程序的运行结果表明，swap 函数中对形参数组 a 的数组元素所做的改变确实影响了实参数组 b 中相对应的数组元素。

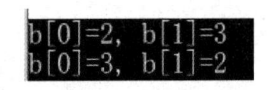

图 7-33　例 7-18 程序的运行结果

讨论：

C 语言函数是传值调用，为何在本例中还能成功交换实参 b 的两个数组元素呢？

提示：

C 语言函数中不可能改变实参变量的值。本例中 swap 函数的实参是数组变量 b，而 swap

函数中改变的是数组元素 b[0]和 b[1]，实参 b 的数组元素的改变与实参 b 本身的改变是不同的。当形参为数组时，实参给形参赋值，可直观地理解为把账号和密码拍照发给别人。账号和密码有两份，但账号里面的钱供两人使用；当形参为普通类型时，实参给形参赋值，可直观地理解为把作业拍照发给别人。

7.4 函数的易用性

用函数编程，把算法中的特定功能实现为函数，便于代码重用。全局变量会影响函数的易用性，函数应尽量避免使用全局变量。

7.4.1 使用全局变量的函数

例 7-19 编程求 1000 以内的完全数，输出格式如 6=1+2+3。（练习 5 第 31 题。）
分析：
该例题可以用穷举法，main 函数的框架如下。

```
void main( ){
    int i;
    for(i=1; i<1000; ++i){
        //如果 i 为完全数，则输出为相加的形式
    }
}
```

判断变量 i 是否为完全数，应先考虑有可以判断整数是否为完全数的函数吗？

假设函数 isPerfectNumber 可以判断一个整数是否为完全数。如果整数是完全数，函数就返回整数 1；否则，函数就返回整数 0。函数的首部为 int isPerfectNumber(int m)，main 函数实现如下。

```
void main( ){
    int i;
    for(i=1; i<1000; ++i)
        if(isPerfectNumber(i) == 1){
            //输出完全数 i 相加的形式
        }
}
```

由于 isPerfectNumber 函数不存在，需要定义。定义 isPerfectNumber 函数比直接写代码更烦琐，为何还要提倡用函数编程呢？有两方面的好处：一方面，函数可以交由团队其他成员实现，从而实现程序的并行开发；另一方面，再遇到相同的问题时，无须重新编码，可以直接使用函数，一劳永逸。

要实现 isPerfectNumber 函数，需求出形参 m 的因数（本身除外）之和，sumUpFactor 函数（首部为 int sumUpFactor(int m)）可以实现该功能。由于输出为 6=1+2+3 的连加形式，函数 sumUpFactor 还需将因数存储起来用于输出。求整数因数之和的过程要用到循环，需用数组存储因数。由于输出时要使用因数，存储因数的数组需被定义为全局变量。函数 print 通过访问全局变量的数组得到完全数的因数，并把它们输出为连加的形式（如 1+2+3）。

```
#include <stdio.h>
```

```c
#define N 100
int a[N] = {0};
int isPerfectNumber(int m);
void print( );
void main( ){
    int i;
    for(i=1; i<1000; ++i)
      if(isPerfectNumber(i) == 1){
            printf("%d = ", i);
            print( );
        }
}
int sumUpFactor(int m){
    int i, j = 0, s = 0;
    for(i=1; i<=m/2; ++i)
      if (m % i == 0){
            s += i;
      ++j;
            a[j] = i;
        }
    a[0] = j;   //a[0]存放因数的个数
    return s;
}
int isPerfectNumber(int m){
    return (m == sumUpFactor(m));
}
void print( ){
    int i;
    for(i=1; i<a[0]; ++i)
      printf("%d + ", a[i]);
    printf("%d\n", a[a[0]]);
}
```

程序的运行结果如图 7-34 所示。

```
6 = 1 + 2 + 3
28 = 1 + 2 + 4 + 7 + 14
496 = 1 + 2 + 4 + 8 + 16 + 31 + 62 + 124 + 248
```

图 7-34　例 7-19 程序的运行结果

main 函数中调用了 isPerfectNumber 函数，而 isPerfectNumber 函数中又调用了 sumUpFactor 函数，这就形成了函数的嵌套调用。C 语言中不允许函数嵌套定义，即在一个函数的函数体中定义其他函数，但允许函数嵌套调用。程序运行期间，函数的调用关系如图 7-35 所示。

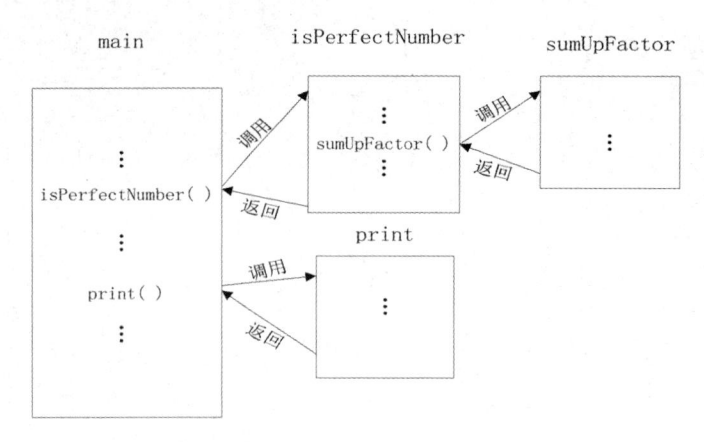

图 7-35 例 7-19 程序中函数的调用关系

讨论：

（1）全局变量数组 a 用于存储因数，如何知道它存储了几个因数呢？

（2）对于整数 m，除了它本身，最大的因数为什么不会大于 m/2？（设 m=x*y，当 x 最小时，因数 y 最大）

（3）有必要定义 isPerfectNumber 函数吗？

7.4.2 不用全局变量的函数

例 7-20 求 1000 以内的亲密数。如果整数 m 的因数（本身除外）之和等于 n，而 n 的因数（本身除外）之和等于 m，则整数 m 和 n 是一对亲密数。如 220 和 284 是一对亲密数，输出"220（1+2+4+5+10+11+20+22+24+55+110=284）"和"284（1+2+4+71+142=220）"。

分析：

该例题可以用穷举法，循环变量 i 从 2 到 1000，每次自增 1。在循环体中判断变量 i 是否有亲密数，具体算法如下。

先求出变量 i 的因数之和 m，再求出 m 的因数之和。如果 m 的因数之和等于 i，i 和 m 就是亲密数；否则，i 就没有亲密数。

例 7-19 中定义的 sumUpFactor 函数可以求整数的因数之和，但在本例中直接使用已定义的 sumUpFactor 函数会有问题。当 sumUpFactor 函数求变量 i 的因数之和时，变量 i 的因数会被存储到全局变量数组 a 中；当 sumUpFactor 函数求变量 m 的因数之和时，变量 m 的因数也会被存储到全局变量数组 a 中。一个数组不可能同时存储两个整数的因数，即使找到了亲密数，也无法输出为连加形式。

sumUpFactor 函数需要将因数存储到一个指定的数组中，给函数添加一个数组类型的形参，首部修改为 int sumUpFactor(int m, int x[ ])，函数返回整数 m 的因数之和，并将 m 的因数存储到形参数组 x 的数组元素中。当形参为数组时，在函数中对形参数组的数组元素所作的修改就是对实参相应数组元素所作的修改。有整型数组 b，函数调用 sumUpFactor(n, b) 的返回值为整数 n 的因数之和，同时整数 n 的因数会被存储到数组 b 中。

将 print 函数的首部修改为 void print(int x[ ])，新 print 函数会把存储在数组 x 中的因数以连加的形式输出，其中 x[0] 的值为数组中存储的因数的个数。

```
#include <stdio.h>
```

```c
#define N 100
int sumUpFactor(int m, int x[ ]){
    int i, j = 0, s = 0;
    for(i=1; i<=m/2; ++i)
    if (m % i == 0)    {
        ++j;
        x[j] = i;
        s += i;
    }
    x[0] = j; //x[0]存储因数的个数
    return s;
}
void print(int x[ ]){
     int i;
  for(i=1; i<x[0]; ++i)
        printf("%d+", x[i]);
  printf("%d", x[x[0]]);
}
void main( ){
   int a[N] = {0};
   int b[N] = {0};
   int i, m;
   for(i=2; i<1000; ++i){
        m = sumUpFactor(i, a);
        if(i < m && i == sumUpFactor(m, b)){ //避免重复输出
            printf("%d 和%d 是一对亲密数！\n", i, m);
        printf("%d (", i);
        print(a);
        printf("=%d) \n", m);
        printf("%d (",m);
        print(b);
        printf("=%d) \n", i);
        }
    }
}
```

程序的运行结果如图 7-36 所示。

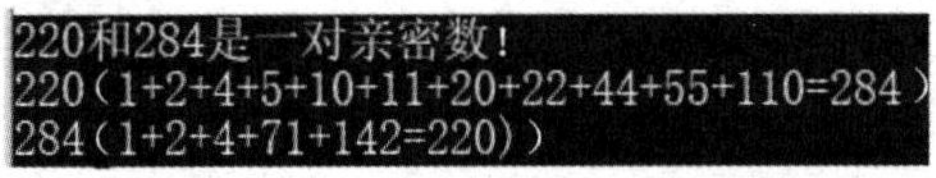

```
220和284是一对亲密数！
220（1+2+4+5+10+11+20+22+44+55+110=284）
284（1+2+4+71+142=220））
```

图 7-36　例 7-20 程序的输出结果

讨论：

（1）对比分析例 7-19 和例 7-20 中的 sumUpFactor 函数。

（2）本例中 sumUpFactor 函数和 print 函数共享数据时使用了数组而非全局变量，这与数组的什么特点有关？

7.5 递归

7.5.1 递归算法与递归函数

分析问题时会发现，一些规模较大的问题可以转化为规模较小且与原问题性质相同的子问题。问题的难易程度通常与规模相关，问题的规模越小，问题越容易解决。以求 23 的阶乘为例，由 23！=23×22！可知，求 23 的阶乘可转化为 23 乘 22 的阶乘。只要求出 22 的阶乘，再进行一次乘法运算就可以得到 23 的阶乘。乘法运算非常简单，可以忽略。从原来求 23!到现在求 22!，问题的性质没有变，但规模变小了，难度降低了。

与原问题性质相同意味着子问题可以继续转化，只要性质相同，转化的过程就可以一直重复。每转化一次，子问题的规模就变小一点。随着转化的进行，子问题的规模会逐渐变小，子问题的难度也会逐渐降低。23!=23×22!→22!=22×21!→21!=21×20!→…→3!=3×2!→2!=2×1!。

当子问题有解时，停止转化，然后沿着转化过程逆向求解，由子问题的解得到规模较大一点问题的解，…，最终得到原问题的解。1!=1→2!=2×1!=2→3!=3×2!=6→4!=4×3!=24→…→23!=23×22!= 25852016738884976640000。

原问题转化为子问题的过程被称为递进，由子问题的解得到原问题的解的过程被称为回归。通过递进和回归两个过程解决问题的方法被称为递归。

用递归算法求阶乘的过程在 C 语言中可以用函数实现，下面以求一个整数的阶乘为例说明。

例 7-21 用递归算法求阶乘。

分析：

定义 fac 函数求整数 n 的阶乘，函数首部为 unsigned int fac(int n)。由递归算法可知，求整数 n 的阶乘时，要将其转化为规模较小的子问题，即 n-1 的阶乘，转化一直持续到子问题有解。函数中要先判断整数 n 的规模，如果 n 的值是 1 或 0，就无须转化，直接返回结果；否则，就将整数 n 的阶乘转化为 n*(n-1)!的值。函数可定义如下。

```
unsigned int fac(int n){
    if(n == 1 || n == 0)
        return 1;
    //返回 n * (n - 1)!的值
}
```

C 语言中有乘法命令，而没有求整数阶乘的命令，求 n-1 的阶乘用什么命令实现呢？

函数 fac 的功能是求一个整数的阶乘，在函数 fac 的函数体中可以调用自身吗？

C 语言允许在函数的函数体中调用自身。fac(n)的返回值为 n 的阶乘，求 n-1 的阶乘就用函数调用 fac(n-1)。

```
#include <stdio.h>
unsigned int fac(int n){
    if(n == 1 || n == 0)
        return 1;
    return n * fac(n - 1);
}
void main( ){
    printf("3! = %u\n", fac(3));
}
```

程序的运行结果如图 7-37 所示。

```
3! = 6
```

图 7-37 例 7-21 程序的运行结果

fac 函数调用了自身，当被调函数 fac 执行时，一个全新的 fac 函数开始执行。尽管新 fac 函数与主调函数 fac 完全一样，但是它有自己的局部变量和独立的执行过程，与主调函数 fac 只是调用和被调用的关系。函数定义像底片，而函数执行就像由底片打印出的一张照片。函数调用 fac(3)的执行过程如图 7-38 所示。

```
            fac(n)                    fac(n)                    fac(n)
fac(3)→  if(n==1 || n==0)   fac(2)→ if(n==1 || n==0)   fac(1)→ if(n==1 || n==0)
           return 1;                   return 1;                   return 1;
    6←  return n*fac(n-1);  ←2  return n*fac(n-1);  ←1  return n*fac(n-1);
            n=3                       n=2                       n=1
```

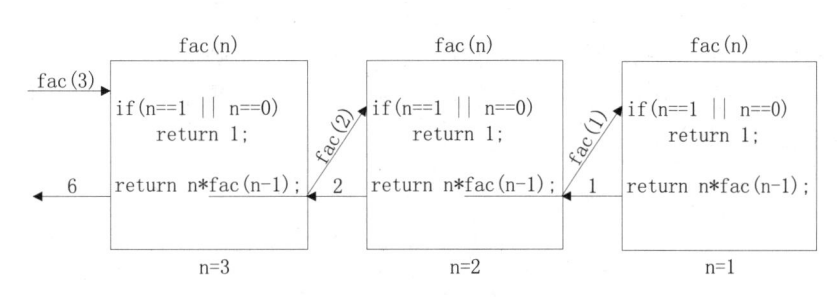

图 7-38 函数调用 fac(3)的执行过程

当函数调用 fac(3)执行时，形参 n 的值为 3，if 选择结构的条件为假。当语句 return n*fac(n-1);执行时，表达式实为 3*f(2)，先执行函数调用 fac(2)；主调函数 fac 暂停执行，被调函数 fac 开始执行，两个函数虽然同名，但是它们实为两个函数，主调函数 fac 的形参 n 的值为 3，而被调函数 fac 的形参 n 的值为 2。

从递归算法的角度分析。先判断 fac 函数的规模，整数 3 的规模较大，难以解决，转化为 3*fac(2)，于是第二个全新的 fac 函数开始负责求整数 2 的阶乘；先判断第二个 fac 函数的规模，整数 2 的规模较大，难以解决，转化为 2*fac(1)，于是第三个全新的 fac 函数开始负责求整数 1 的阶乘；先判断第三个 fac 函数的规模，整数 1 的规模较小，可以直接求出阶乘，不再转化，直接返回结果 1（1 的阶乘为 1）。有了返回值 1，即得到了子问题的解，第二个 fac 函数进行了一次乘法计算（2*1），求出了整数 2 的阶乘，完成任务并返回；有了返回值 2，即得到了子问题的解，第一个 fac 函数进行了一次乘法计算（3*2），求出了整数 3 的阶乘，完成任务并返回。可见，fac 函数完美地实现了递进和回归的求值过程。

fac 函数又称递归函数。递归函数是指在函数的定义中直接或间接调用自身的函数。C 语言用递归函数完美地模拟了递归算法。

递推公式可用递归算法实现，求阶乘的递推公式如下。

$$f(n) = \begin{cases} 1 & n=0 \text{或} n=1 \\ n \times f(n-1) & n>1 \end{cases}$$

例 7-22 用递归算法把用户输入的一行字符逆序输出，如输入"abc"，程序输出"cba"。
分析：
以用户输入"abc"为例，可以分 3 步实现逆序输出。
第 1 步：得到用户输入的 abc 中的第一个字符 a。
第 2 步：把剩余的字符 bc 逆序输出，即输出"cb"。

第 3 步：输出第一个字符 a，即输出 "cba"。

第 2 步需逆序输出剩余的字符，由于此问题与原问题相同，规模变小了，故为递归算法。此算法已经解决了问题，无须再进一步分析。

用 reverse 函数实现逆序的递归算法。第 1 步，用 c = getchar( );获得用户输入的第一个字符。第 2 步，直接用 reverse 函数逆序输出剩余的字符吗？不是，还需判断问题的规模。当问题很容易解决时，就没有必要再转化为子问题了。换行符是输入字符串的最后一个字符，如果字符 c 的值为换行符，就表明没有剩余字符了，不需要再用 reverse 函数逆序输出剩余的字符。由于换行符无须逆序输出，第 3 步也不必执行。如果字符 c 的值为换行符，就直接返回，否则就调用 reverse 函数逆序输出剩余的字符串，并执行第 3 步，输出第一个字符。

整理上述分析，reverse 函数没有返回值，也不需要形参。函数算法为：用 c = getchar( );获得用户输入的第一个字符；如果字符 c 的值不为换行符，就调用 reverse 函数逆序输出剩余的字符串，并输出第一个字符。

```c
#include <stdio.h>
void reverse( ){
    char c;
    c = getchar( );
    if (c != '\n'){
        reverse( );
        putchar(c);
    }
}
void main( ){
    reverse( );
}
```

程序的运行结果如图 7-39 所示。

abc
cba

图 7-39　例 7-22 程序的运行结果

用户输入数据后，输入缓冲区中的数据为"abc\n"，reverse 函数的执行情况如图 7-40 所示。

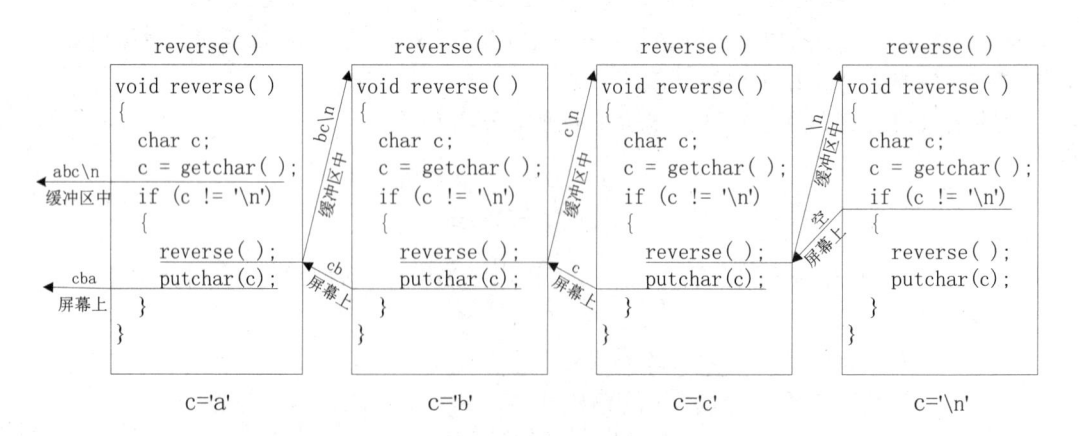

图 7-40　reverse 函数的执行情况

reverse 函数的功能是获得用户输入的一串字符，并将其逆序输出。由于附加了获得用户输入的数据的功能，reverse 函数在使用上受限。由分析可知，reverse 函数只逆序输出了输入缓冲区中以\n 结尾的一行字符。只有功能单一的函数才易于重用。字符串多在字符数组中存储，reverse 函数的功能可修改为逆序输出字符数组中的字符串。

由递归算法可知，reverse 函数不仅要解决原问题（逆序数组 str 中的字符串），还要解决子问题（逆序数组中以 str[1]为首字符的字符串）。reverse 函数的首部为 void reverse(char str[], int start)，功能是把 str 数组中以 str[start]为首字符的字符串逆序输出。

```
#include <stdio.h>
void reverse(char str[], int start){
    if (str[start] != '\0'){
        reverse(str, start + 1);
        putchar(str[start]);
    }
}
void main( ){
    char str[100];
    gets(string);
    reverse(str, 0);
}
```

7.5.2 递归算法示例

例 7-23 猴子吃桃。有若干桃子，一只猴子第 1 天吃了一半多一个，第 2 天吃了剩下的一半多一个，每天如此，第 10 天吃时只有一个桃子了，求共有多少个桃子。

分析：

$f(n)$表示第 n 天原有的桃子个数。第 10 天吃时只有一个桃子了，即 $f(10)=1$。求共有多少个桃子，就是求第 1 天原有的桃子个数，即求 $f(1)$的值。$f(2)$表示第 2 天原有的桃子个数，也是第 1 天剩下的，由题意可知，$f(2)=f(1)-(f(1)/2+1)$，即 $f(1)=(f(2)+1)×2$。猴子吃桃的规律相同，故有 $f(n)=(f(n+1)+1)×2$。$f(n)$的递推公式如下。

$$f(n) = \begin{cases} 1 & n=10 \\ (f(n+1)+1) \times 2 & 1 \leqslant n \leqslant 9 \end{cases}$$

```
#include <stdio.h>
int calc(int n){
    if(n == 10)
        return 1;
    return (calc(n + 1) + 1) * 2;
}
void main( ){
    printf("共有桃子%d\n", calc(1));
}
```

例 7-24 输入一个自然数，若为偶数，则把它除以 2，若为奇数，则把它乘 3 再加 1，经过如此有限次的处理后，总可以得到自然数 1。编程模拟该过程，如输入"23"时，输出如下。

23→70→35→106→53→160→80→40→20→10→5→16→8→4→2→1

该过程用了 15 步。

```
#include <stdio.h>
int step = -1;
void f(int n){
   printf("%d->", n);
   ++step;
   if(n == 1)
      printf("%s", "\b\b  ");
   else{
      if(n % 2 == 0)
          f(n / 2);
      else
          f(3 * n + 1);
   }
}
void main( ){
   int n;
   printf("请输入一个自然数：\n");
   scanf("%d", &n);
   f(n);
   printf("\n用了%d步！\n", step);
}
```

分析：

递归函数 f 输出 n 的值后，计算步数加 1，由于第一次输出的原始输入不算步数，所以统计步数的 step 变量的初值为-1。当 n 的值为 1 时，输出"1→"。为覆盖→，先输出两个\b 字符，让光标前移两列，再输出两个空格字符。

讨论：

（1）为何将变量 step 定义为全局变量？

（2）对比分析用循环实现的算法。

```
#include <stdio.h>
void main( ){
   int n, step = 0;
   printf("请输入一个自然数：\n");
   scanf("%d", &n);
   printf("%d", n);
   while(n != 1){
      if(n % 2 == 0)
          n = n / 2;
      else
          n = 3 * n + 1;
      printf("->%d", n);
      ++step;
```

```
        printf("\n用了%d步!\n", step);
}
```

例 7-25 编写一个递归函数 isPalin，并用它判断字符数组中的一串字符是否为回文。

分析：

设字符数组 s 中下标从 left 到 right 的数组元素存储了一串字符，如图 7-41 所示。

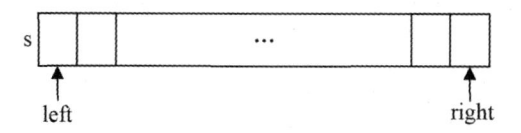

图 7-41　字符数组 s

如果 s[left]与 s[right]相等，数组 s 中的这串字符是否为回文就看下标从 left+1 到 right-1 的子段是否为回文；否则，该串字符就不是回文。

"下标从 left+1 到 right-1 的子段是否为回文"这个问题与原问题的性质相同，但规模变小了，原问题可用递归算法解决。

用递归算法解决问题时，先判断其规模，规模大时，将其转化为小规模，规模小到可以直接解决时，直接返回结果。若只有一个字符或没有字符，则该串字符是回文。

```
int isPalin(char s[], int left, int right){
    if(left >= right)
        return 1;
    if(s[left] == s[right])
        return isPalin(s, left + 1, right - 1);
    return 0;
}
```

递归函数 isPalin 可用于判断数组 s 中下标从 left 到 right 的一串字符是否为回文数，如果是回文数，就返回 1，否则就返回 0。

讨论：

（1）用 char str1[] = "abcba";和 char str2[] = "abccba";测试函数，并分析函数的执行过程。

（2）用循环判断数组 s 中下标从 left 到 right 的一串字符是否为回文数。

例 7-26 楼梯有 n 阶台阶，上楼时一步可以上 1 阶，也可以上 2 阶，编程计算 n 阶楼梯共有多少种不同的走法。

分析：

设 n 阶台阶的走法为 $f(n)$。当楼梯只有 1 阶时，有一种走法，即 $f(1)=1$；当楼梯只有 2 阶时，有 2 种走法，一步 1 阶或一步 2 阶，即 $f(2)=2$。

上楼梯时，第一步只能 1 阶或 2 阶，楼梯的上法可以根据第一步的上法分为两类，即第一步上 1 阶的上法和第一步上 2 阶的上法。把这两类的走法加起来就是总的走法，即 $f(n)$ 等于第一步上 1 阶时的走法加上第一步上 2 阶时的走法。

第一步上 1 阶时的走法等于余下 $n-1$ 阶台阶的走法，于是问题转化为上 $n-1$ 阶台阶的楼梯有多少种走法？性质相同，规模变小了。n 阶台阶的走法为 $f(n)$，上 $n-1$ 阶台阶的楼梯共有 $f(n-1)$ 种走法。

综上所述，$f(n)$ 的定义如下。

$$f(n) = \begin{cases} 1 & n=1 \\ 2 & n=2 \\ f(n-1)+f(n-2) & n>2 \end{cases}$$

```
#include <stdio.h>
int upstairs(int n){
    if(n == 1 || n == 2)
      return n;
    return upstairs(n - 1) + upstairs(n - 2);
}
void main( ){
    printf("4阶楼梯共有%d种走法!\n", upstairs(4));
}
```

4阶楼梯的不同走法可用图7-42形象表示。

图中左边的走法为（2种）：1→1→1→1,1→1→2。

图中中间的走法为（1种）：1→2→1。

图中右边的走法为（2种）：2→1→1,2→2。

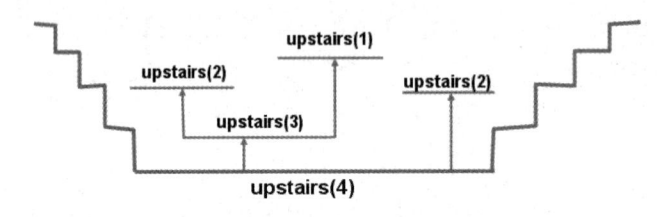

图 7-42　4 阶楼梯的不同走法

例 7-27　汉诺塔问题。古代有一座梵塔，塔内有 3 个标示分别为 A、B、C 的座，A 座上有 5 个大小不等的盘子，大的在下面，小的在上面，如图 7-43 所示。现要求把 5 个盘子从 A 座移动到 C 座上，每次只允许移动一个盘子，在移动过程中可以利用 B 座，但 3 个座上要始终保持大盘在下面，小盘在上面。

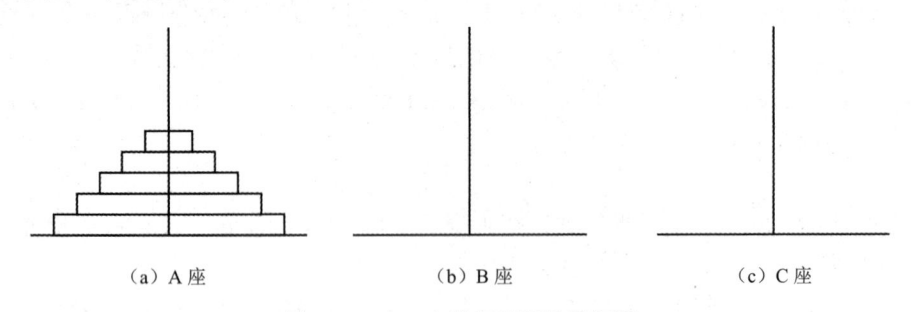

（a）A 座　　　　（b）B 座　　　　（c）C 座

图 7-43　有 5 个盘子的汉诺塔问题

分析：

设 A 座上有 n 个盘子。

当 n 为 1 时，即 A 座上只有一个盘子，把它直接移动到 C 座上，否则就用下面 3 步完成任务。

第 1 步：把 A 座上的 $n-1$ 个盘子利用 C 座移动到 B 座上。

第 2 步：把 A 座上仅有的第 n 个盘子移动到 C 座上。

第 3 步：把 B 座上的 n-1 个盘子利用 A 座移动到 C 座上。

算法中第 1 步和第 3 步需要解决的子问题与原问题的性质相同，只是规模小了一点，这是一个典型的递归算法。

函数需要把 n 个盘子从原座利用临时座移动到目的座上，函数的参数有 4 个，函数的首部为 void hanoi(int n,char src,char tmp,char dst)，函数把 src 座上的 n 个盘子利用 tmp 座移动到 dst 座上。

如果规模比较小（只有一个盘子），就直接把它从原座 src 移动到目的座 dst 上，可以用语句 printf("%c----->%c\n", src, dst);模拟，否则就分 3 步完成任务。

第 1 步：把原座 src 上的 n-1 个盘子利用目的座 dst 移动到临时座 tmp 上，即 hanoi(n-1, src,dst,tmp)。

第 2 步：把原座 src 上剩下的第 n 个盘子移动到目的座 dst 上，可以利用语句 printf("%c----->%c\n",src,dst);模拟。

第 3 步：把 tmp 座上的 n-1 个盘子，利用 src 座移动到 dst 座上，即 hanoi(n-1,tmp,src,dst)。

```c
#include <stdio.h>
void hanoi(int n, char src, char tmp, char dst){
    if(n == 1)
        printf("%c----->%c\n", src, dst);
    else{
        hanoi(n - 1, src, dst, tmp);
        printf("%c----->%c\n", src, dst);
        hanoi(n - 1, tmp, src, dst);
    }
}
void main( ){
    hanoi(3, 'A', 'B', 'C');
}
```

程序的运行结果如图 7-44 所示。

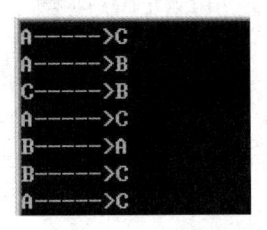

```
A----->C
A----->B
C----->B
A----->C
B----->A
B----->C
A----->C
```

图 7-44　例 7-27 程序的运行结果

函数调用 hanoi(3,'A','B','C')执行片段的分析如图 7-45 所示。

讨论：

利用具体的数据分析问题，设计函数时结合形参实现其功能，并体会由具体到抽象的过程。

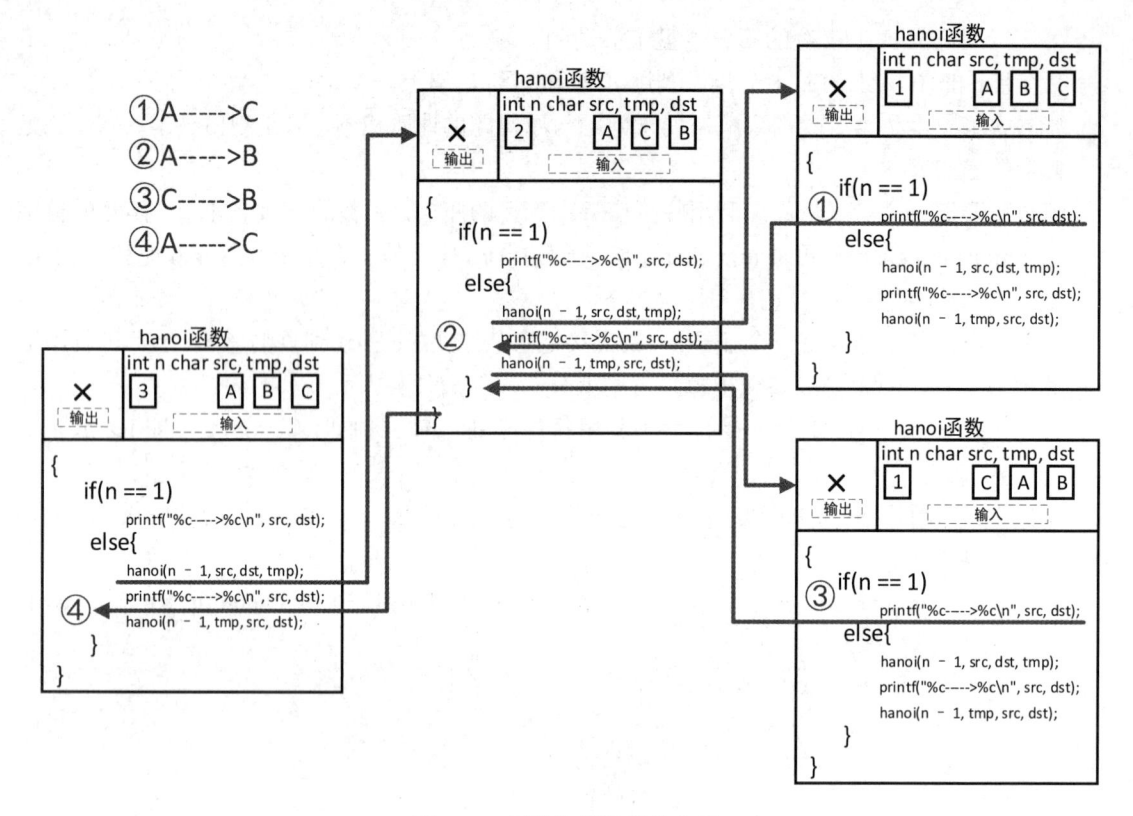

图 7-45　函数执行片段的分析

7.6　库函数简介

函数库是 C 语言必不可少的补充，常用的函数库有标准输入输出库（stdio.h）、数学函数库（math.h）、标准库（stdlib.h）、日期时间库（time.h）、字符函数库（ctype.h）和字符串处理库（string.h）等。使用库函数，既能提高编程效率，又能提高程序的可靠性。函数库的详细介绍可参考相关资料，本节仅介绍几个常用的库函数。

7.6.1　getchar 函数、getch 函数和 getche 函数

getchar 函数在 stdio.h 中声明，getch 函数和 getche 函数在 conio.h（控制台输入输出）中声明。这 3 个函数的功能相同，可用于获得用户输入的一个字符。getchar 函数使用输入缓冲区，而 getch 函数和 getche 函数不使用输入缓冲区。使用输入缓冲区时，getchar 函数只会到输入缓冲区中获得数据，只有当输入缓冲区为空时，程序才会暂停运行，等待用户输入数据；用户输入的所有数据都会被存储到输入缓冲区中，只有当用户按下回车键确认输入完成后，getchar 函数才能从输入缓冲区中获得用户输入的数据并返回。只要 getch 函数和 getche 函数执行，程序就会暂停运行，等待用户输入数据，当用户按下一个键时，它们会立即获得用户输入的数据并返回。使用 getchar 函数和 getche 函数时，输入的字符会出现在输出设备上；使用 getch 函数时，输入的字符不会出现在输出设备上。测试程序如下。

例 7-28　getch 函数、getche 函数和 getchar 函数的用法。

```
#include <stdio.h>
```

```
#include <conio.h>
void main( ){
    char ca, cb, cc;
    printf("请按任意键继续……\n");
    ca = getch( );
    printf("请按任意键继续……\n");
    cb = getche( );
    printf("请按任意键继续……\n");
    cc = getchar( );
    printf("%c,%c,%c\n", ca, cb, cc);
}
```

分析：

当 getch 函数被调用执行时，程序会暂停运行，等待用户输入数据。只要用户按下任意一个键，getch 函数就会立即获得用户输入的数据并返回，且用户输入的数据不会显示在输出设备上。

当 getche 函数被调用执行时，程序也会暂停运行，等待用户输入数据。只要用户按下任意一个键，getche 函数就会立即获得用户输入的数据并返回，且输出设备上会显示用户输入的数据。

当 getchar 函数被调用执行时，由于输入缓冲区中没有数据，程序将暂停运行，等待用户输入数据。当用户输入字符时，输入缓冲区将存储用户输入的字符并在输出设备上显示。只有当用户按下回车键确认输入完成后，getchar 函数才会获得用户输入的首个字符并返回。

程序的运行结果如图 7-46 所示。

由程序的运行结果可知，尽管 getchar 函数在输入缓冲区为空时也能使程序暂停运行，但是不能在用户按下任意键后使程序继续运行。

图 7-46 例 7-28 程序的运行结果

基于 Windows 操作系统的 C 语言编译器通常把回车键编码为换行符（'\n'）。不使用输入缓冲区的 getch 函数在用户输入回车键时，会返回什么字符呢？测试程序如下。

例 7-29 回车键的编码。

```
#include <stdio.h>
#include <conio.h>
void main( ){
    char ca, cb;
    ca = getch( );
    printf("%d, %d\n", ca, '\r');
    cb = getchar( );
    printf("%d, %d\n", cb, '\n');
}
```

按下两次回车键后，程序的运行结果如图 7-47 所示。

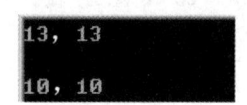

图 7-47 例 7-29 程序的运行结果

分析：

按下回车键后，getch 函数立即获得了用户输入的回车键并返回。从运行结果的第一行可知，getch 函数把回车键编码为 13 号字符，即回车符（'\r'）。

接下来 getchar 函数会使程序暂停运行，等待用户输入数据。当再次按下回车键后，输入缓冲区在输出设备上显示用户输入的回车键，输入/输出光标移动到下一行的第一列，故程序运行结果的第二行为空行。从运行结果的第三行可知，输入缓冲区将用户输入的回车键编码为 10 号字符，即换行符（'\n'）。

7.6.2　rand 函数、srand 函数和 time 函数

rand 函数和 srand 函数在 stdlib.h 中声明。rand 函数的功能是返回一个 0 到 RANDMAX 之间的随机数。RANDMAX 是 stdlib.h 中定义的一个符号常量，在 VC6.0 中，它的值为 32767。在 VC6.0 中，rand 函数所用的算法与例 7-15 中的算法相同。由随机数的算法可知，随机序列与 seed 变量的初值相关，故 seed 变量的初值被称为随机序列的种子，相同的种子会产生一样的随机序列。

srand 函数的首部为 void srand (unsigned int seed)。调用 srand 函数可以改变 rand 函数中 seed 变量的初值，从而使 rand 函数产生不同的随机序列。由 rand 函数的算法可知，使用 rand 函数产生随机序列之前，仅需调用一次 srand 函数。程序每次运行时，使 rand 函数产生的随机序列都不同并非易事，这需要程序每次运行时给 rand 函数不同的种子。

time 函数在 time.h 中声明，它返回从公元 1970 年 1 月 1 日 0 时 0 分 0 秒到现在（计算机当前的系统时间）所经过的秒数。time 函数常用的调用形式为 time(NULL)，其中 NULL 为 stdio.h 中定义的一个值为 0 的符号常量。由于程序总是在不同的时刻运行，所以 time(NULL) 的返回值在每次程序运行时都不相同，如果把它作为 rand 函数的种子，就可以保证 rand 函数在每次程序运行时都有不同的种子。

例 7-30　不重复的随机序列。

```c
#include <stdio.h>
#include <stdlib.h>
#include <time.h>
void main( ){
    int i, a[10];
    srand((unsigned)time(NULL));
    for(i=0; i<10; ++i){
        a[i] = rand( ) % 100 + 1;  //生成[1,100]内的随机数
        printf("%4d", a[i]);
    }
}
```

讨论：

分析 srand 库函数、rand 库函数和 seed 变量之间的关系。

7.6.3　字符串函数

字符串函数用于处理字符串，常用的字符串函数有 strcat 函数、strcpy 函数、strncpy 函

数、strcmp 函数和 strlen 函数等，它们都在 string.h 中声明。字符串函数处理字符串时，通常会产生一个新的字符串，一定要保证存储新字符串的字符数组的长度不小于新字符串的实际长度。

strcat 函数的一般形式如下。

```
strcat(字符数组1,字符数组2)
```

strcat（String Catenate，字符串连接）函数的作用是将字符数组 2 中的字符串 2 复制并连接到字符数组 1 中的字符串 1 的后面，最终，字符数组 1 中的字符串由字符串 1 和字符串 2 连接而成，而字符数组 2 中的字符串不变。

例 7-31 strcat 函数的使用。

```
#include <stdio.h>
#include <string.h>
void main( ){
    char str1[30] = {"the People's Republic of "}; //注意空格
    char str2[] = "China";
    strcat(str1, str2);
    puts(str1);
}
```

程序的运行结果为：

```
the People's Republic of China
```

strcpy 函数的一般形式如下。

```
strcpy(字符数组1,字符数组2)
```

strcpy（String Copy，字符串复制）函数的功能是将字符数组 2 中的字符串 2 复制到字符数组 1 中，最终，两个数组中的字符串均为字符串 2。此函数同样要求字符数组 1 能容纳新的字符串。如有 char str1[11]="I love C!";和 str2[ ]="Hehe";，函数调用 strcpy(str1,str2)执行前后，字符数组 str1 的状态如图 7-48 所示。

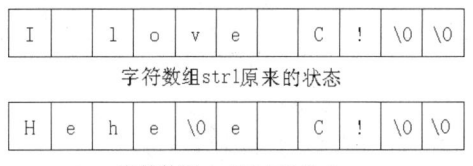

| I | l | o | v | e | | C | ! | \0 | \0 |

字符数组str1原来的状态

| H | e | h | e | \0 | | e | | C | ! | \0 | \0 |

字符数组str1现在的状态

图 7-48 字符数组 str1 的状态

提示：

（1）strcpy 函数执行后，数组 str1 中的字符串为"Hehe"。

（2）既不能用字符串常量给字符数组赋值，也不能用一个字符数组给另一个字符数组赋值，如语句 str1 = "come on!";或 str1 = str2;都是错误的。字符串的赋值操作需用 strcpy 函数，如 strcpy(str1,"come on!");或 strcpy(str1,str2);。

strncpy 函数的一般形式如下。

```
strncpy(字符数组1,字符数组2, n)
```

strncpy 函数的功能是把字符数组 2 中的字符串 2 的前 n 个字符复制到字符数组 1 的前 n 个数组元素中。当字符串 2 的长度小于 n 时，用'\0'凑成 n 个字符，故字符数组 1 中至少有 n 个数组元素。

有 char str1[11] = "I love C!"，str2[ ] = "Hehe";，语句 strncpy(str1,str2,2);执行完成后，字符数组 str1 中的字符串为"Helove C!"，其状态如图 7-49 所示。

| H | e | l | o | v | e | | C | ! | \0 | \0 |

图 7-49 字符数组 str1 的状态

若执行语句 strncpy(str1,str2,7);，则字符数组 str1 中的字符串为"Hehe"，其状态如图 7-50 所示。

| H | e | h | e | \0 | \0 | \0 | C | ! | \0 | \0 |

图 7-50 字符数组 str1 的状态

strcmp 函数的一般形式如下。

```
strcmp(字符数组1,字符数组2)
```

strcmp（String Compare，字符串比较）函数的功能是比较两个字符数组中字符串的大小。如果字符数组 1 中的字符串大于字符数组 2 中的字符串，则返回一个正整数；如果字符数组 1 中的字符串等于字符数组 2 中的字符串，则返回 0；如果字符数组 1 中的字符串小于字符数组 2 中的字符串，则返回一个负整数。函数的算法可参考例 6-17。strcmp 函数的常用形式如下。

```
if(strcmp(str1, str2) > 0)
    printf("%s 大于%s\n",str1,str2);
```

strlen 函数的一般形式如下。

```
strlen(字符数组)
```

strlen（String Lengt，字符串长度）函数的功能是求字符数组中字符串的长度，并返回有效长度而非实际长度，即不计算末尾字符'\0'，如 strlen("China")的值为 5，而 sizeof("China")的值为 6。

讨论：

（1）字符串函数中哪些实参可以是字符串字面量（如"China"），哪些实参必须是一维字符数组？

（2）使用字符串函数处理字符串时需注意什么？

7.7 综合示例：确定公元 y 年 m 月 d 日是星期几

例 7-32 确定公元 y 年 m 月 d 日是星期几。

分析：

已知公元 1 年 1 月 1 日是星期一，过 7 天、14 天、…、7×n 天后仍是星期一。先求出从公元 1 年 1 月 1 日到公元 y 年 m 月 d 日有多少天，设有 x 天；然后计算 x%7 的值，如果结果为 0，公元 y 年 m 月 d 日就是星期天，否则，结果为几，公元 y 年 m 月 d 日就是星期几。如从公元 1 年 1 月 1 日到公元 1 年 1 月 20 日有 20 天，20%7 的值为 6，故 1 年 1 月 20 日为星期六。算法如下。

第 1 步：请用户输入年（year）、月（month）、日（day），并判断 y 年 m 月 d 日的合法性。

第 2 步：求出从 1 年 1 月 1 日到（y-1）年 12 月 31 日有多少天。

第 3 步：求出从 y 年 1 月 1 日到 y 年 m 月 d 日有多少天。

第 4 步：把第 2 步和第 3 步求出的天数累加起来，累加和除以 7 求余数，并根据运算结果判断 y 年 m 月 d 日是星期几。

作为项目经理的你带领 A、B 和 C 三个团队成员完成这个开发任务。为成员 A 分配任务：成员 A 负责定义验证日期数据合法性的 check 函数。函数首部为 int check(int y,int m,int d)，函数定义文件名为 check。如果 y 年 m 月 d 日是合法的日期，check 函数就返回 1，否则就返回 0。实现函数时，定义一个全局变量 int g_monDays[13] = {0, 31, 28, 31, 30, 31, 30, 31, 31, 30, 31, 30, 31};，数组元素为对应月份的天数，其中 2 月按 28 天计算。成员 A 完成的工作如图 7-51 所示。

```
int g_monDays[13] = {0, 31, 28, 31, 30, 31, 30, 31, 31, 30, 31, 30, 31};
int check(int y, int m, int d){
    int leap = 0;
    if(m < 1 || m > 12 || d < 1)
        return 0;
    if(m != 2 && d > g_monDays[m])
        return 0;
    if((y % 4 == 0 && y % 100 != 0) || y % 400 == 0)
        leap = 1;
    if(m == 2 && d > g_monDays[2] + leap)
        return 0;
    return 1;
}
```

```
------------------Configuration: 732A - Win32 Debug------------------
Compiling...
check.cpp
check.obj - 0 error(s), 0 warning(s)
```

图 7-51　成员 A 完成的工作

为成员 B 分配任务：成员 B 负责定义从 1 年 1 月 1 日到 year 年 12 月 31 日经过的天数的 daysOfYears 函数。函数首部为 int daysOfYears(int year)，函数定义文件名为 daysOfYears。天数需从 1 年累加到 year 年，平年为 365 天，闰年为 366 天，由于最终的天数要与 7 进行求余运算，余数才是关键，所以没有必要累加出实际天数，只需累加实际天数除以 7 所得的余数即可，也就是平年按（365%7）1 天计算，闰年按 2 天计算。成员 B 完成的工作如图 7-52 所示。

```
int daysOfYears(int year){
    int i, sum = 0;
    for(i=1; i<=year; ++i)
        if((i % 4 == 0 && i % 100 != 0) || i % 400 == 0)
            sum += 2;
        else
            ++sum;
    return sum;
}
```

```
------------------Configuration: 732B - Win32 Debug------------------
Compiling...
daysOfYears.cpp
daysOfYears.obj - 0 error(s), 0 warning(s)
```

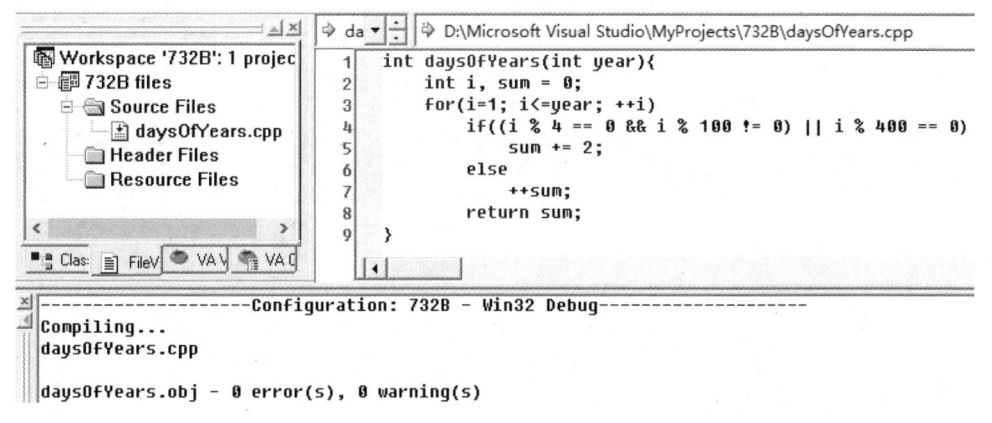

图 7-52　成员 B 完成的工作

为成员 C 分配任务：成员 C 负责定义从 y 年 1 月 1 日到 y 年 m 月 d 日经过的天数的 daysOfThisYear 函数。函数首部为 int daysOfThisYear(int y,int m,int d)，函数定义文件名为 daysOfThisYear。计算天数时，先把 1 月到 m-1 月的天数累加起来，再加上 d 的值即可。实现算法时，需用到成员 A 定义的全局变量 g_monDays，用声明语句扩展其作用域。成员 C 完成的工作如图 7-53 所示。

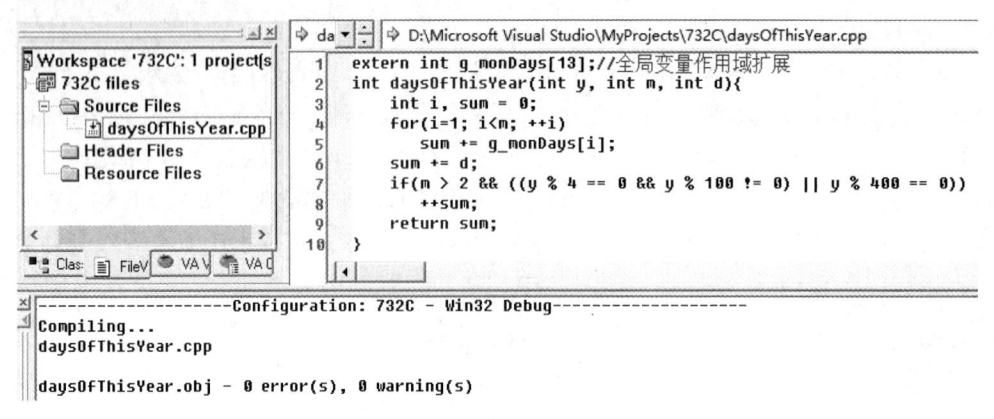

图 7-53 成员 C 完成的工作

项目经理的工作是编写 main 函数，将接收到的各成员定义的函数文件复制到当前目录中，并用#include 命令将函数定义包含到当前源文件中。

```c
#include <stdio.h>
#include "check.cpp"
#include "daysOfYears.cpp"
#include "daysOfThisYear.cpp"
void main( ){
    int year, month, day, sum;
    do{
        printf("请按年、月、日的顺序输入 3 个整数(年份不大于 0 时退出)：\n");
        scanf("%d", &year);
        if(year <= 0){
            printf("感谢使用，再见！\n");
            return;
        }
        scanf("%d%d", &month, &day);
        if(check(year, month, day) == 0){
            printf("输入数据非法！\n");
            continue;
        }
        sum = daysOfYears(year - 1);
        sum += daysOfThisYear(year, month, day);
        printf("%d 年%d 月%d 日：星期", year, month, day);
        switch(sum % 7){
        case 0:
            printf("日\n");
            break;
        case 1:
            printf("一\n");
            break;
```

```
            case 2:
                printf("二\n");
                break;
            case 3:
                printf("三\n");
                break;
            case 4:
                printf("四\n");
                break;
            case 5:
                printf("五\n");
                break;
            case 6:
                printf("六\n");
                break;
            }
        } while(1 > 0);
}
```

讨论：

函数定义文件 daysOfThisYear 中不声明全局变量 g_monDays 会有什么影响？

提示：

#include "check.cpp"命令将 check 函数的定义复制到源文件中，即全局变量 g_monDays 会在源文件中被定义，即使不声明全局变量，这个程序也会正常运行，但成员 C 编译 daysOfThisYear 函数时会出现语法错误。

深度探究

1. 函数的注释

有注释的函数更容易使用，可以对例 7-19 中的 sumUpFactor 函数做如下注释。

```
//==============================================================
//函数名：sumUpFactor
//版  本：1.0
//作  者：×××
//日  期：0000-00-00
//功  能：求一个整数的因数（本身除外）的和
//形  参：int m，存储需求因数的和的整数
//返回值：int，因数的和。
//备  注：函数使用全局变量一维整型数组 a 存储因数，a[0]中存储了因数的个数
//修改记录：
//==============================================================
```

2. 变量的存储类型

C 语言中变量的定义语句包括两方面的内容：变量类型和变量的存储类型。变量的存储类型用于指示如何分配和存储变量，有 auto、extern、static 和 register 四种。存放数据的内存通常分为两个区：静态存储区和动态存储区。关键字 auto 用于定义局部变量，指示在动态存储区为局部变量分配存储单元，如{auto int i;}。auto 可以省略，定义局部变量时，常不加存储类型 auto。关键字 extern 用于扩展全局变量的作用域，语句 extern int g;中的 extern 指示不要为变量 g 分配存储单元，即变量 g 已在其他地方被定义。语句 static int g;中的 static 指示在静态存储区为变量 g 分配存储单元。关键字 register 用于定义寄存器变量。位于运算器中的存储单元被称为寄存器。语句 register int i;中的 register 指示把局部变量 i 存储到寄存器中。寄存器变量的存取速度远高于内存变量，将循环变量存储到寄存器中可提高代码的执行效率，如{register int i; for(i=0; i<1000; ++i){……}}。编译器能根据需要自动将变量存储到寄存器中。关键字 register 不常使用。

练习 7

1. 定义一个将百分制成绩转换为 A、B、C、D、E 五个等级成绩的函数。
2. 定义一个能输出如下 n 层图形的函数。

```
    *
   * *
  * * *
 * * * *
* * * * *
```

3. 编写一个函数，判断一个 3 位的正整数是否为水仙花数。
4. 编写一个函数，计算两个正整数的最大公因数。
5. 编写一个处理字符的函数。当字符为字母时，返回与该字母相邻的后面的第 3 个字母，如字符为 A，函数返回值为 D，字符为 y，函数返回值为 b；当字符不是字母时，返回该字符。编程测试函数：获得用户输入的一串字符，用定义的函数处理字符串中的每个字符，并输出处理后的字符串。
6. 编写一个函数，用于返回正整数的倒序数。编程测试函数：判断用户输入的正整数是否为回文数。
7. 把练习 4 第 21 题改写为一个函数，函数的输出值为整数，每种情况对应一个整数。编程测试函数：判断用户输入的 10 个正整数能否被 2、3 或 5 整除，并输出详细信息。
8. 把例 7-3 中的变量 m、n 定义为如下的全局变量。

```
#include <stdio.h>
void swap(int x, int y);
int m = 3, n = 5;
void main( ){
    …
}
void swap(int x, int y){
    …
}
```

分析程序的运行结果。

9. 分析下面的程序。
```c
#include <stdio.h>
int m = 3, n = 5;
void swap( );
void main( ){
    printf("交换前: m = %d, n = %d\n", m, n);
    swap( );
    printf("交换后: m = %d, n = %d\n", m, n);
}
void swap( ){
    int temp;
    temp = m;
    m = n;
    n = temp;
}
```

10. 分析下面的程序。
```c
#include <stdio.h>
int g_i;
void f(int x){
    int i = 5;
    g_i = 3;
    g_i *= i + x;
    printf("x=%d, i=%d, g_i=%d\n", x, i, g_i);
}
int g_j = 2;
void main( ){
    int i = 3;
    f(i);
    g_i += i;
    printf("i=%d, g_i=%d, g_j=%d\n", i, g_i, g_j);
}
```

11. 分析下面两个程序。
```c
(1) #include <stdio.h>
    int g_i = 0;
    int f(int x){
        ++g_i;
        return (x + g_i);
    }
    void main( ){
        printf("f(2)=%d\n", f(2));
        printf("f(2)=%d\n", f(2));
    }
(2) #include <stdio.h>
    int f(int x){
```

```
        int i = 0;
        ++i;
         return (x + i);
    }
        void main( ){
        printf("f(2)=%d\n", f(2));
        printf("f(2)=%d\n", f(2));
}
```

12. 分析下面的程序。
```
#include <stdio.h>
int n = 10;
void f(int m){
    n /= 2;
    m %= 2;
}
void main( ){
    int m = 10;
    f(m);
    printf("m=%d, n=%d\n", m, n);
}
```

13. 分析下面的程序。
```
#include <stdio.h>
int m = 30, n = 20;
void f(int x, int y){
    m = x;
    x = y;
    y = m;
}
void main( ){
int i = 10, j = 15;
f(i, j);
printf("%d, %d\n", i, j);
printf("%d, %d\n", m, n);
f(m, n);
printf("%d, %d\n", m, n);
}
```

14. 分析下面的程序。
```
#include <stdio.h>
int m = 1;
int f(int m){
    int n = 1;
    static int i = 1;
    ++n;
    ++i;
```

```
        return m + n + i;
}
void main( ){
    int i;
    for (i=1; i<3; ++i)
        printf("%4d", f(m++));
}
```

15. 函数 sort 的首部为 void sort(int a[ ],int n)，其功能是把数组 a 的 n 个元素按升序排列，参考例 6-7 的算法给出该函数的定义。

16. 利用例 7-15 中的 randomize 函数生成 20 个随机数，并将它们存储到一个整型数组中，调用本练习第 15 题中定义的 sort 函数给该数组排序。

17. 分析下面的程序。

```
#include <stdio.h>
void abc(char str[]){
    int i, j;
    for(i=j=0; str[i] != '\0'; ++i)
      if(str[i] != 'd')
            str[j++] = str[i];
    str[j] = '\0';
}
void main( ){
    char str2[] = "adcdef";
    abc(str2);
    puts(str2);
}
```

18. 改写例 7-19 程序，把 sumUpFactor 函数定义在单独的源文件中。

19. 改写例 7-20 程序，把 sumUpFactor 函数定义在单独的源文件中。

20. 使用本练习第 19 题中的 sumUpFactor 函数定义文件改写例 7-19 程序。

21. 用递归算法求 1+2+3+…+n 的值。

22. 用递归算法求一个正整数的各位上的数之和。

23. 用递归算法求两个正整数的最大公因数。

24. 下面两种算法实现了输出十进制正整数的二进制形式，请对比分析这两种算法。

```
(1) #include <stdio.h>
  void dToB(int n){
      if(n < 2)
    printf("%d", n);
      else{
    dToB(n / 2);
    printf("%d", n % 2);
        }
  }
    void main( ){
        dToB(25);
```

```
    }
(2) #include <stdio.h>
    int dToB(int n){
        if(n < 2)
    return n;
        return 10 * dToB(n / 2) + n % 2;
    }
    void main( ){
        printf("%d\n", dToB(25));
        printf("%d\n", dToB(1023));
        printf("%d\n", dToB(1024));
    }
```

25. 以下程序是应用递归算法求 a 的平方根，请把省略的部分补充完整。求 a 的平方根的公式为 $x_n = \dfrac{1}{2}\left(x_{n-1} + \dfrac{a}{x_{n-1}}\right)$，其中 $x_n = \dfrac{1}{2}a$。

```
#include <stdio.h>
#include <math.h>
double mySqrt(double a, double x0){
    double x1, y;
    x1 = 
    if(fabs(x1 - x0) > 1e-6)
        y = mySqrt(         );
    else
        y = x1;
    return y;
}
void main( ){
    double x;
    scanf("%lf", &x);
    printf("%lf 的平方根为%lf\n", x, mySqrt(x, x/2));
    printf("%lf 的平方根为%lf\n", x, sqrt(x));
}
```

26. 分析下面的程序。

```
#include <stdio.h>
int fun(int n){
    int sum;
    if(n == 0 || n == 1)
        return 2;
    sum = n - fun(n - 2);
    return sum;
}
void main( ){
    printf("%d\n", fun(9));
}
```

27. 分析下面的程序及函数的功能。
```c
#include <stdio.h>
int recMin(int array[], int size){
    int min;
      if(size == 1)
        return array[0];
    min = recMin(array, size - 1);
    if(array[size - 1] < min)
        return array[size - 1];
    return min;
}
void main( ){
    int a[] = {72, 12, 5, 20, 23};
    printf("%d\n", recMin(a, 5));
}
```

28. 分别用普通算法和递归算法实现函数。函数的功能为：在数组 a 中查找值为 key 的数组元素，如果找到就返回该数组元素的下标，如果找不到就返回-1。当数组 a 中有多个值为 key 的数组元素时，函数会返回哪个值为 key 的数组元素的下标？

29. 分析下面的程序。
```c
#include <stdio.h>
int space = 0;
void fun(int n){
    int i;
    if(n == 1){
        for(i=1; i<=space; ++i)
            printf(" ");
        printf("%d\n", n);
        return;
    }
    ++space;
    fun(n - 1);
    --space;
    for(i=1; i<=space; ++i)
      printf(" ");
    for(i=1; i<=2*n-1; ++i)
        printf("%d", n);
    printf("\n");
}
void main( ){
    fun(5);
}
```

30. 用递归法计算从 n 个人中选出 k 个人组成一个委员会的不同组合数。

31. 某人写了 n 封信，有 n 个信封，如果所有的信都装错了信封，那么用递归算法求所有的信都装错信封时，共有多少种不同的情况。

32. 将正整数 n 表示成一系列正整数之和，即 $n=n_1+n_2+\cdots+n_k$，其中 $n_1 \geq n_2 \geq \cdots \geq n_k \geq 1$，$k \geq 1$。正整数 n 的这种表示被称为正整数 n 的划分，求正整数 n 的不同划分个数。

例如，正整数 6 有如下 11 种不同的划分。

6=6；

6=5+1；

6=4+2, 6=4+1+1；

6=3+3, 6=3+2+1, 6=3+1+1+1；

6=2+2+2, 6=2+2+1+1, 6=2+1+1+1+1；

6=1+1+1+1+1+1。

33. 分析下面的程序。

```
#include <stdio.h>
#include <stdlib.h>
#include <time.h>
void main( ){
    int i;
    for (i=0; i<10; ++i){
        srand(time(NULL));
        printf("%d ", rand());
    }
}
```

本章讨论提示

问题的关键在于&操作符，scanf 函数的实参是普通变量的地址，这个问题与第 9 章中将要介绍的指针有关。

第 8 章 预处理

章节导学

编译程序的过程分为预处理、编译汇编和链接 3 个阶段。

预处理阶段把源文件中的预处理命令替换成 C 语言语句。

编译汇编阶段把每个源文件都翻译成由机器指令组成的目标文件。编译汇编阶段可以检查出源文件中的语法错误。

链接阶段把编译汇编阶段产生的属于同一个工程的所有目标文件合并成一个可执行文件。链接阶段的主要任务是处理具有全局作用域的标识符在多个文件中的使用问题。

预处理阶段的操作多是简单的文本替换。常用的预处理命令有宏定义、文件包含和条件编译。使用预处理命令可以提高编程效率。

宏定义命令只能进行查找、替换操作，要定义一个完全没有"副作用"的宏并非易事。

文件包含命令只能进行"文件级别"的查找、替换操作，需要特别注意同一个文件在程序中被多次包含的问题。

条件编译命令只能进行"有条件"的查找、替换操作，既可用于解决头文件被多次包含的问题，又可用于开发可移植的代码。

本章讨论

如何在不暴露函数算法的前提下让别人使用函数呢？

8.1 程序编译

C 语言程序可能由多个源文件组成，VC6.0 用工程（Project）组织源文件。编译系统把 C 语言程序编译成可执行文件的过程可简单地分为两个阶段：编译汇编阶段和链接阶段。

编译汇编阶段把源文件翻译成由机器指令组成的目标文件。VC6.0 中"组建"（Build）菜单中的"编译"（Compile）命令用于编译汇编源文件。每个源文件都会被单独编译汇编成目标文件。编译汇编时，编辑器可以检查出源文件中的语法错误。

链接阶段把编译汇编阶段产生的属于同一个工程的所有目标文件合并成一个可执行文件。在 VC6.0 中单击"组建"（Build）菜单中的"组建"（Build）命令就可以生成一个可执行文件。链接阶段的主要任务是处理具有全局作用域的标识符在多个文件中的使用问题。如果两个源文件中定义了相同的全局作用域标识符，或者一个源文件中使用了其他源文件中并没有定义的全局作用域标识符，链接阶段就会出错。

源文件通常由预处理命令（如 include）和 C 语言语句两部分组成。预处理命令可以提高编程效率，与 C 语言语句相比，它常以#开头，不以分号结尾。源文件被编译之前，源文件中的预处理命令需要由被称为预处理器的程序处理。C 语言编译系统集成预处理器。编译过程分为预处理阶段、编译汇编阶段和链接阶段。

常用的预处理命令有宏定义、文件包含和条件编译。

8.2 宏定义

宏用 define 命令定义，一般形式如下。

```
#define 标识符 值
```

其中，标识符被称为宏名，值被称为宏体。宏被定义后，源文件中出现的宏体就可以用宏名代替了。在程序中使用宏称为宏引用。预处理时，以标识符形式出现的宏名会被替换为宏体，这个过程被称为宏展开。宏展开只是简单的查找、替换操作。

当一个值多次出现在程序中且比较复杂时，可以把这个值定义为宏，如#define PI 3.1415926。例 6-4 中把数组的长度定义为宏，如#define N 7，在程序中用宏名 N 替换该值 7。当数组的长度改变时，只需修改宏定义，如#define N 6，即可避免在程序中逐个修改值。

宏分为两类：简单宏和参数化宏。

8.2.1 简单宏

以"#define 标识符 值"形式定义的宏是简单宏。

例 8-1 简单宏。

```
#include <stdio.h>
#define STR "Hello, C!"
void main( ){
    printf("STR=%s\n", STR);
}
```

程序的运行结果为：

```
STR=Hello, C!
```

提示：

（1）define 命令不是 C 语言语句，宏定义的结尾不需要添加分号。出现分号时，分号会被看作宏体的一部分，如#define PI 3.1415926;中，宏 PI 的宏体为 3.1415926;。语句 area = PI * r * r;会被展开成 area = 3.1415926; * r * r;，语句有语法错误。宏展开只是查找、替换操作。

（2）以标识符形式出现的宏名才会被展开，"STR=%s\n"中的 STR 只是字符串常量的一部分，而非宏名，预处理时不会被替换。

（3）简单宏的宏名又称符号常量，如#define PI 3.1415926，宏名 PI 也常被称为符号常量 PI。

undef 命令可以取消宏定义，一般形式如下。

```
#undef 宏名
```

宏名是标识符，也有作用域，只有在作用域内的宏名才会被替换。一个宏名的作用域起于定义处，止于被取消定义的命令行或定义该宏的源文件结束处。

定义宏时，可以引用已定义的宏。宏展开是个重复的过程，预处理时，第 1 次宏展开后，宏展开的结果会被再次"扫描"，如果其中仍然含有宏，就会进行第 2 次宏展开。当宏展开的结果中不再包含宏时，宏展开才算完成。

例 8-2 宏展开。

```
#include <stdio.h>
#define A 3
#define B A + 1
#define C B * B
void main( ){
    printf("%d\n", C);
}
```

分析：

宏 C 展开的过程如下。

第 1 次宏展开的结果为 B * B。

第 2 次宏展开的结果为 A + 1 * A + 1。

第 3 次宏展开的结果为 3 + 1 * 3 + 1。

程序的运行结果为：

7

8.2.2 参数化宏

参数化宏就是带参数的宏，可以实现复杂的替换，定义形式如下。

#define 标识符(参数列表) 值

其中，左圆括号必须紧跟在宏名之后，当标识符和左圆括号之间有空格时，"(参数列表)值"就会被看作宏体，宏也就成了简单宏。参数列表由零个或多个参数组成，宏的参数没有类型说明，宏展开只是简单的查找、替换操作，并且预处理器也不"懂"C 语言数据类型。参数化宏的使用方法类似于函数调用，形式如下。

宏名(实参列表)

预处理时，参数化宏的引用会被展开，并且宏体中以标识符形式出现的形参会被相对应的实参代替。宏展开是个重复的过程，直到结果中不再包含宏为止。

例 8-3 参数化宏。

```
#include <stdio.h>
#define N 3+1
#define SQUARE(x) x*x
void main( ){
    printf("SQUARE(3)=%d\n", SQUARE(3));
    printf("SQUARE(N)=%d\n", SQUARE(N));
}
```

分析：

宏引用 SQUARE(3)展开后为 3*3，值为 9。

宏引用 SQUARE(N)展开后为 N*N，再次展开后为 3+1*3+1，值为 7。

程序的运行结果为：

SQUARE(3)=9

SQUARE(N)=7

提示：

（1）参数化宏的展开也是简单的查找、替换操作。

（2）把宏 SQUARE 定义为#define SQUARE(x) (x)*(x)后，再次分析程序的运行结果。

例 8-4 参数化宏与函数。

```
#include <stdio.h>
#define ABS(x) ((x) > 0 ? (x) : -(x))
int myAbs(int x){
    return x > 0 ? x : -x;
}
void main( ){
   printf("ABS(-3) = %d\n", ABS(-3));
   printf("myAbs(-3) = %d\n", myAbs(-3));
   printf("ABS(-3-1) = %d\n", ABS(-3-1));
   printf("myAbs(-3-1) = %d\n", myAbs(-3-1));
   printf("ABS(-3.5) = %.1f\n", ABS(-3.5));
   printf("myAbs(-3.5) = %.1f\n", myAbs(-3.5));
}
```

分析：

参数化宏 ABS 和函数 myAbs 的功能相同，但两者有本质的区别。在预处理阶段展开参数化宏时，宏展开只是简单的查找、替换操作。函数是 C 语言的核心部分，其定义和调用有着严格的规定，函数调用执行时会进行执行状态切换等复杂的操作。

程序的运行结果为：

```
ABS(-3) = 3
myAbs(-3) = 3
ABS(-3-1) = 4
myAbs(-3-1) = 4
ABS(-3.5) = 3.5
myAbs(-3.5) = 0.0
```

提示：

（1）程序中 myAbs(-3.5)的返回值为整数 3，当用格式字符 f 解码时，printf 函数的输出结果为 0.0，故输出结果中的最后一行为 myAbs(-3.5) = 0.0。

（2）宏定义#define ABS(x) ((x) > 0 ? (x) : -(x))为何不能改为#define ABS(x) ((x) > 0 ? (x) : (-x))？（考虑 ABS(-3)的展开。）

8.3 文件包含

文件包含命令 include 的作用是让预处理器以指定文件的内容取代该命令行。文件包含命令的常见形式有如下两种。

```
#include <文件名>
#include "文件名"
```

这两种形式的区别在 7.2.2 节中已详细介绍。文件包含命令也是简单的查找、替换操作。文件包含中的文件通常被称为头文件，扩展名为.h。头文件的内容一般为全局变量和函数的声明及宏定义。头文件中也可以包含 include 命令和其他的预处理命令。

当一个头文件被多次包含在源文件中时，可能会出现某个标识符被多次定义的错误。

例 8-5 头文件被多次包含。

新建一个名为 805 的工程,在其中添加两个头文件和一个源文件。

头文件一,文件名为 header1.h(新建时,注意文件类型应选择 c/c++ Header File),内容如下。

```c
int myAbs1(int n){
    return n > 0 ? n : -n;
}
```

头文件二,文件名为 header2.h,内容如下。

```c
#include "header1.h"
int myAbs2(int n){
    return myAbs1(n);
}
```

源文件的文件名为 805,内容如下。

```c
#include <stdio.h>
#include "header1.h"
#include "header2.h"
void main( ){
    printf("myAbs1(-1):%d\n", myAbs1(-1));
    printf("myAbs2(-1):%d\n", myAbs2(-1));
}
```

当编译、运行此程序时,会出现函数 myAbsl 被多次定义的错误。

分析:

预处理器第一次处理后,源文件 805 的内容如下。

```c
… //stdio.h 文件中的内容
int myAbs1(int n) {   //header1.h 文件中的内容
    …
}
#include "header1.h"   //header2.h 文件中的内容
int myAbs2(int n){
    …
}
void main( ){
    …
}
```

预处理器第二次处理后,源文件 805 的内容如下。

```c
… //stdio.h 文件中的内容
int myAbs1(int n) {   //header1.h 文件中的内容
    …
}
int myAbs1(int n) {   //header2.h 文件中的内容
    …
}
int myAbs2(int n){
    …
}
```

```
void main( ){
    …
}
```

由于头文件 header1.h 被包含了两次，所以最终的源文件中函数 myAbs1 被定义了两次。

讨论：

在编译汇编阶段还是在链接阶段发现了程序中的错误？

8.4 条件编译

条件编译命令可以使预处理器保留或删除源文件中的某段代码。利用条件编译命令能解决头文件多次包含引起的全局作用域标识符被重复定义的问题。条件编译命令的一般形式如下。

```
#ifndef 宏名
    代码段
#endif
```

其中，ifndef 和 endif 是条件编译命令。如果宏名在源文件中没有被定义，则"#ifndef 宏名"的预处理结果为真，ifndef 和 endif 之间的代码段会被保留在源文件中；如果宏名在源文件中被定义过了，则"#ifndef 宏名"的预处理结果为假，相关的代码段会被删除。

把例 8-5 中头文件 header1.h 的内容修改如下。

```
#ifndef _HEADER1_H_
#define _HEADER1_H_    //也为代码段的一部分
int myAbs1(int n){
    return n > 0 ? n : -n;
}
#endif
```

头文件 header1.h 被修改后，当文件包含命令完成时，例 8-5 源文件的内容如下。

```
… //stdio.h 文件中的内容
#ifndef _HEADER1_H_       //header1.h 文件中的内容
#define _HEADER1_H_       //也为代码段的一部分
int myAbs1(int n){
    …
}
#endif
#ifndef _HEADER1_H_       //header2.h 文件中的内容
#define _HEADER1_H_ //也为代码段的一部分
int myAbs1(int n){
    …
}
#endif
int myAbs2(int n){
    …
}
void main( ){
    …
}
```

当再次预处理上述源文件时，第一次出现的#ifndef _HEADER1_H 为真，相关的代码段会被存储到源文件中，其中也包括了宏定义#define _HEADER1_H。继续预处理上述源文件，由于宏_HEADER1_H 已经在上面被定义过了，再次出现的#ifndef _HEADER1_H 为假，相关代码段会被删除，保证了 myAbs1 函数在程序中只被定义一次。

预处理命令 ifndef 只根据宏名是否存在来决定是否保留代码段，程序中用#define _HEADER1_H 定义了一个宏体为空的宏。

预处理命令中有一个内部函数 defined，它需要一个宏名作参数。如果作为参数的宏名已经被定义，defined 函数就返回 1，否则就返回 0。defined 也被看作操作符，函数调用 defined(宏名)也可写作 defined 宏名，defined 前面不带#号。

"#ifndef 宏名"等价于"#if !defined(宏名)"。#if 是一个条件编译命令，后面表达式中的操作数只能是整型字面量。如果表达式的值是非 0 的整数，即为真，相关代码段就会被保留在源程序中；否则，相关代码段在预处理时就会被删除。"#ifdef 宏名"等价于"#if defined(宏名)"。

条件编译命令还有相当于 else-if 的#elif 和相当于 else 的#else，它们的作用与 C 语言中类似关键字的作用相同，但#elif 后面表达式中的操作数只能是整型字面量。预处理器只能判断整数的真假。

条件编译命令还可用于编写能适应多个平台的可移植代码。

例 8-6 可移植代码简单示例。

```
#include <stdio.h>
#define LINUX
void main( ){
#ifdef MSDOS
  printf("Hello, MSDOS!\n");
#elif defined(WINDOWS)
    printf("Hello, Windows!\n");
#elif defined(LINUX)
    printf("Hello, Linux!\n");
#elif defined(MAC)
    printf("Hello, MAC!\n");
#else
    printf("Hello, world!\n");
#endif
}
```

程序的运行结果为：
`Hello,Linux!`

定义的宏不同，源文件中被编译的代码段也会不同，以适应不同的平台。

练习 8

1. 预处理的作用是什么？预处理器和 C 语言编译器有什么联系？
2. 下面程序中的宏和整型变量的标识符都为 A，有问题吗？说明理由并上机测试。

```
#include <stdio.h>
```

```
#define A n
void main( ){
    int A = 5;
    printf("A=%d\n", A);
}
```

3. 指出下面宏定义的宏名和宏体。

(1) `#define LSTR "This is a long string!"`

(2) `#define AREA (r) 3.1415926*r*r`

(3) `#define N 100;`

4. 有宏定义

```
#define M 5
#define N 3*2+M
```

求宏引用 N、N*2 和 N*3 的值。

5. C 语言关键字 const 用于定义常量，如语句 const int i = 23;或 int const i = 23;定义了一个不能再改变其值的变量 i，又称 const 整型常量 i。const 常量是只读变量，即只能读不能改变其值的变量。在程序中试图改变 const 常量的值的操作，如 i++;、i += 3;等都将导致语法错误。编程测试 const 常量的用法，并比较 const 常量和符号常量。

6. 若有#define ZERO(x) x-x，则宏引用 ZERO 的值为 0 吗？计算 ZERO(5)和 ZERO(3+2)的值。

7. 有如下宏定义：

```
#define A 10
#define B(x) ((A+2)*x)
```

写出宏引用 B(A+3)的展开过程。

8. 有如下宏定义：

`#define MAX(x, y) x > y? x : y`

写出宏引用 MAX(3+2,3*2)的展开过程。

9. 有如下宏定义：

```
#define F(x) 3.2+x
#define PR(n) printf("%d\n", (int)(n))
```

写出宏引用 PR(F(3)*3)的展开过程。

10. 有#define ZERO(x) (x)-(x)，计算 ZERO(3+2)、10*ZERO(5)和 ZERO(3)/ZERO(3)的值。

11. 怎样保证定义的参数化宏 "无歧义"？

12. 在例 8-3 中，把宏定义改为#define SQUARE(x) (x)*(x)后还会有歧义吗？举例说明。

13. 定义一个求两个数中的较小者的宏，并编程测试。

14. 根据例 8-4 程序最后两行的输出结果分析参数化宏与函数的差别。

15. 下面两个宏都可以交换两个变量的值，请分析它们的不同之处。

(1) `#define SWAP1(x,y) {int t; t=x; x=y; y=t;}`

(2) `#define SWAP2(x,y,t) {t=x; x=y; y=t;}`

16. include 命令中的文件可以带路径吗？（如#include "D:\test\test.h"。）

17. 头文件（.h）为什么不能借助编译命令检查其语法错误？

18. 新建一个名为 805 的工程。首先添加一个名为 header1.h 的头文件，其内容与例 8-5 中同名文件的内容相同；然后添加一个名为 test2.c 的源文件，其内容与例 8-5 中 header2.h 文件的内容相同；最后添加一个名为 8_5.c 的源文件，内容与例 8-5 中同名文件的内容相同，但需要把#include "header2.h"命令改为函数声明语句 int myAbs2(int n);。

在编译汇编阶段会发现错误吗，为什么？在链接阶段会发现错误吗？说明理由。

19. 新建工程，包含如下文件。

头文件一，文件名为 header1.h，内容如下。
```
int myAbs1(int n);
```
头文件二，文件名为 header2.h，内容如下。
```
int myAbs2(int n);
```
源文件一，文件名为 myAbs1.c，内容如下。
```
int myAbs1(int n){
    return n > 0 ? n : -n;
}
```
源文件二，文件名为 myAbs2.c，内容如下。
```
#include "header1.h"
int myAbs2(int n){
    return myAbs1(n);
}
```
源文件三，文件名为 8_5.c，内容如下。
```
#include <stdio.h>
#include "header1.h"
#include "header2.h"
void main( ){
    printf("myAbs1(-1): %d\n", myAbs1(-1));
    printf("myAbs2(-1): %d\n", myAbs2(-1));
}
```
头文件在程序中被多次包含了吗，程序有问题吗，头文件有何特点？分析其与例 8-5 的不同之处。

20. 查看 stdio.h 文件的内容。

21. 对比条件编译和选择结构。

22. 分析下面程序的运行结果。
```
#include <stdio.h>
#define N 0
void main( ){
#ifdef N
    printf("宏 N 已经定义！\n");
#endif
#if N
    printf("宏 N 的值为真！\n");
#else
    printf("宏 N 的值为假！\n");
#endif
#if N > 0
```

```
    printf("宏 N 的值大于 0! \n");
#elif N == 0
    printf("宏 N 的值等于 0! \n");
#else
    printf("宏 N 的值小于 0! \n");
#endif
}
```

23. 输入一串字符。如果程序中定义了宏 UPPER，就把字符串中的字母全部改为大写；否则，就把字符串中的字母全部改为小写。输出改写后的字符串。

24. 输入一串字符和一个整数。如果整数为 1，就把字符串中的字母全部改为大写；如果整数为 2，就把字符串中的字母全部改为小写。输出改写后的字符串。

25. 分析本习题第 23 题与第 24 题的不同之处。

26. 在 int 的长度为 2 个字节的编译器中，可以用如下程序测试整数是否溢出。

```
#include <stdio.h>
void main( ){
    int a, b;
    a = 32767;
    b = a + 1;
    printf("%d, %d\n", a, b);
}
```

在 VC6.0 中，由于 int 的长度为 4 个字节，上面的程序不会溢出。在程序的开始部分定义一个宏#define int short，再次在 VC6.0 中运行程序，查看结果。

本章讨论提示

包含函数定义的文件，在编译汇编阶段之后，会变成由机器指令组成的目标文件，难以阅读和理解。用目标文件代替源文件，既可以重用函数，又可以不暴露函数的算法。

第 9 章 指针

章节导学

scanf 函数可以将用户输入的数据赋值给主调函数中的变量，数组作为实参时，不加取地址操作符&，改变形参数组的数组元素就是改变实参数组的数组元素，这些都与指针有关。

程序中借助变量使用存储单元，而计算机中用地址标识存储单元。指针就是存储单元的地址，即存储单元的编号。指针变量就是存储了地址的变量。先由指针变量得到地址，再借助地址就可以使用该地址标识的存储单元。通过指针变量使用其指向的存储单元的方式称为间接引用。直接通过变量使用其标识的存储单元的方式称为直接引用。直接引用整型变量可以得到一个整数，直接引用指针变量可以得到一个地址。

以直接引用的方式使用存储单元受限于变量的作用域，但只要由指针变量得到地址，就可以在程序中的任何地方使用该地址标识的存储单元。指针扩展了存储单元的使用范围。得到地址的目的是使用存储单元，因此遇到值为地址的变量或表达式，与地址的具体值相比，我们更关注它是哪个存储单元的地址。如同与钥匙的形状相比，我们更关注它是哪个箱子的钥匙。

数组标识了内存中地址连续的一组存储单元，只要确定首元素的地址，就能通过地址运算方便地确定任一个数组元素的地址。将数组变量的值规定为首元素的地址。数组元素以间接引用的方式使用，即表达式 a[i]会转化为表达式(*(a+i))。二维数组的结构较为复杂，在堆空间定义一个 m 行 n 列的二维数组有一定的难度。

当指针变量存储的地址是指针类型的存储单元时，就有指向指针类型的指针。函数也需要被存储，用于存储函数的存储单元位于内存的代码区。如果指针变量存储的地址是某个函数的地址，就有指向该函数的指针。

有类型的地址就是存储单元。指针变量的主要作用是：作为形参时，扩展存储单元的使用范围；像数组那样标识一组相邻的存储单元。

本章讨论

1. 二维数组的数组元素是如何组织的？
2. 有 3 种方式存储函数的输出结果：返回约定的匿名存储单元中、存储到全局变量中和存储到指针形参指向的存储单元中。分别用这 3 种方式定义 list 函数，该函数可用于在堆空间申请一个长度为 n 的 int 型数组。

整型变量存放整数，浮点型变量存放浮点数，指针变量存放存储单元的地址。

9.1 指针类型

9.1.1 存储单元的地址

内存空间以字节为单位编号，VC6.0 中编号为 32 位的二进制数，依次为 0x0000 0000、

0x0000 0001、…、0xffff ffff。编号即地址，由地址可以确定字节的位置。语句 int i = 5;定义并初始化了一个整型变量 i，计算机中变量 i 的存储状态可能如图 9-1 所示。

```
地址           内容        变量      内容         地址
              ⋮                     ⋮
0x0012 ff00  0000 0101    i         5         0x0012 ff00
0x0012 ff01  0000 0000                        0x0012 ff04
0x0012 ff02  0000 0000
0x0012 ff03  0000 0000              ⋮
0x0012 ff04                      程序中的变量
              ⋮
         内存中的存储单元
```

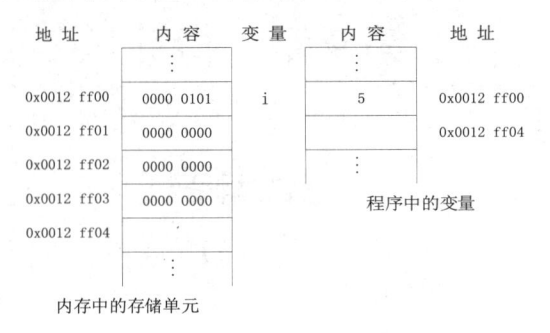

图 9-1 变量 i 的存储状态

由图 9-1 可知，变量 i 的存储单元共 4 个字节，地址分别为 0x0012 ff00、0x0012 ff01、0x0012 ff02 和 0x0012 ff03。当存储单元由相邻的字节组成时，首字节的地址就是存储单元的地址。借助地址 0x0012 ff00 只能确定存储单元首字节的位置，无法确定存储单元的大小和类型，不能使用存储单元，因此存储单元的地址有类型，存储单元的类型就是其地址的类型。变量 i 的地址或变量 i 的存储单元的地址是 int 型地址 0x0012 ff00。通过存储单元的地址可以使用该存储单元，即可以通过 int 型地址 0x0012 ff00 使用变量 i 的存储单元。

讨论：
指针变量的存储单元有多大呢？

9.1.2 指针变量的定义和赋值

地址可用*号表示，int *表示整型（存储）地址。语句 int *pi;定义了一个可以存储整型地址的指针变量 pi。定义指针变量的一般形式如下。

类型*标识符

其中，类型规定了指针变量存储的地址的类型。存储单元的类型有许多种，如整型、浮点型、数组等，甚至还有函数类型。与之相对应地，存储单元的地址有整型地址、浮点型地址、数组型地址等。指针变量只能存储一种类型存储单元的地址。

语句 double *pf;定义了一个指针变量 pf，pf 可存储一个 double 型存储单元的地址，即 double 型地址。指针变量 pf 被称为 double 型指针变量。

语句 int i = 5, *pi;定义了两个变量，一个是整型变量 i，一个是整型指针变量 pi。设变量 i 的地址为 int 型地址 0x0012 ff00，若整型指针变量 pi 存储了变量 i 的地址，则相关的内存状态可能如图 9-2 所示。

```
地址          内容       变量            pi              i
              ⋮
0x0012 ff00    5          i                              5
0x0012 ff04
                                     指针变量 pi 用指向强调了
              ⋮                      它的值是哪个存储单元的地址
0x0012 ff80  0x0012 ff00   pi
              ⋮
```

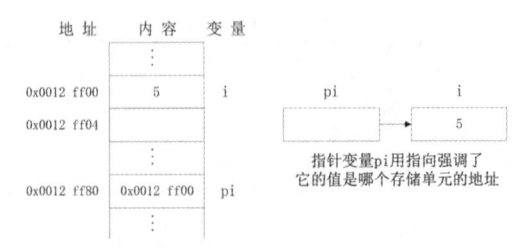

图 9-2 整型指针变量 pi 指向了整型变量 i

由图 9-2 可知，整型指针变量 pi 的值是整型变量 i 的地址，即 int 型地址 0x0012 ff00。访问指针变量 pi 可以得到一个 int 型地址 0x0012 ff00，有了这个地址就可以使用该地址标识的存储单元。也就是说，指针变量 pi 存储的地址的具体值并不重要，关键是这个地址是哪个存储单元的地址。如同与钥匙的形状相比，我们更关注它是哪个箱子的钥匙。当指针变量存储了另一个变量（或存储单元）的地址时，就说指针变量指向了该变量（或存储单元）。图 9-2 中用指向强调了指针变量 pi 存储了整型变量 i 的地址。

两个同类型的指针变量可以相互赋值。如有 int *pj;，当分析语句 pj = pi;时，不强调赋值后指针变量 pj 的值是多少，这条语句使得整型指针变量 pj 也指向了指针变量 pi 指向的整型变量 i，即指针变量 pj 也存储了变量 i 的地址。

讨论：

（1）如何将整型指针变量 pi 的值赋值为整型地址 0x0012ff00？

（2）有 int i = 5, *pi;，分析语句 pi = i;和 pi = (int*)i;。

提示：

（1）不能用语句 pi = 0x0012ff00;，语句中 0x0012ff00 只是一个十六进制的整型字面量，而非地址，类型不匹配，有语法错误，可以用语句 pi = (int*)0x0012ff00;。

（2）语句 pi = i;即 pi = 5;，用整数 5 给指针变量赋值，类型不匹配，有语法错误。语句 pi = (int*)i;即 pi = (int*)5;，强制类型转换操作将整数 5 强制转换为 int 型地址 5，pi 指向了地址为 5 的 int 型存储单元。

9.2 间接引用

9.2.1 指针变量的用法

取地址操作符&和间接引用操作符*都与指针变量相关，故将它们称为指针操作符。

单目操作符&的操作数是一个变量，操作结果为该变量的地址，&i 的值就是变量 i 的地址。若有 int i = 5,*pi;，则语句 pi = &i;把变量 i 的地址赋值给了指针变量 pi，即整型指针变量 pi 指向了整型变量 i。

间接引用操作符*也是单目操作符，操作数是一个存储单元的地址，操作结果为该地址标识的存储单元。当整型指针变量 pi 指向整型变量 i 时，*pi 先得到整型变量 pi 的值，即&i，再使用该地址标识的存储单元，也就是整型变量 i 的存储单元，*pi 和变量 i 标识同一个存储单元，两者可以互换。语句*pi = 5;把 pi 指向的存储单元赋值为 5，变量 i 的值也变为 5，作用与语句 i = 5;相同。

讨论：

变量的用法都是先赋值，再使用。有 double f, *pf;，如何使用变量 f 和指针变量 pf？

提示：

变量 f 的用法为：先赋值，f = 1.1;，再使用，printf("%f", 2 * f);。指针变量 pf 的用法为：先用地址赋值，pf = &f;，再以*pf 的方式使用，并且使用的是指针变量 pf 指向的 double 型存储单元，即变量 f 的存储单元，*pf = 2.3;可理解为 f = 2.3。变量 pf 标识了本身的指针型存储单元，*pf 标识了变量 pf 指向的 double 型存储单元。

例 9-1 分析下面的程序。

```c
#include <stdio.h>
void main( ){
    int i, *pi, *pj, j;
    pi = &i;
    i = 5;
    printf("%d\n", *pi);
    *pi += 3;
    printf("%d\n", i);
    (*pi)++;
    printf("%d\n", i);
    pj = pi;
    *pj = 23;
    printf("%d, %d, %d\n", i, *pi, *pj);
    pj = &j;
    *pj = 5;
    printf("%d, %d\n", j, *pj);
}
```

分析：

语句 pi = &i;执行后，整型指针变量 pi 指向整型变量 i，表达式*pi 和变量 i 标识了同一个存储单元，表达式*pi 和变量 i 在程序中可以互换使用。程序通过变量 i 或表达式*pi 改变该存储单元的状态后，表达式*pi 和变量 i 的值会同时发生改变。

语句 pj = pi;执行后，整型指针变量 pj 也指向整型变量 i。此时，表达式*pj、表达式*pi 和变量 i 三者在程序中可以互换使用，并且会同时发生改变，因为它们标识了同一个存储单元。

语句 pj = &j;执行后，整型指针变量 pj 通过赋值操作由指向变量 i 改为了指向变量 j。

程序的运行结果如图 9-3 所示。

指针变量的值是地址。由指针变量得到地址，再借助地址就可以使用该地址标识的存储单元。通过指针变量使用其指向的存储单元的方式称为间接引用。直接通过变量使用其标识的存储单元的方式称为直接引用。有 int i,*p;，指针变量 p 标识了一个存储单元，表达式*p 也标识了一个存储单元。使用标识符 p 是直接引用，p 代表它本身标识的指针型存储单元，如赋值操作 p = &i;。使用表达式*p 是间接引用，表达式*p 代表指针变量 p 指向的存储单元，即一个整型存储单元，如*p = 5;。

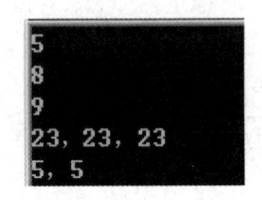

图 9-3 例 9-1 程序的运行结果

例 9-2 分析下面的程序。

```c
#include <stdio.h>
#define PR(x, y) printf("%3.1f, %3.1f\n", x, y)
void main( ){
    float fa = 2.3, fb = 3.2, *pf1 = &fa, *pf2 = &fb;
    float *pt, f;
    PR(*pf1, *pf2);
    pt = pf1;
    pf1 = pf2;
```

```
        pf2 = pt;
        PR(*pf1, *pf2);
        PR(fa, fb);
        f = *pf1;
        *pf1 = *pf2;
        *pf2 = f;
        PR(*pf1, *pf2);
        PR(fa, fb);
}
```

分析：

变量 fa、fb、pf1 与 pf2 被定义并初始化后的关系如图 9-4（a）所示，*pf1 与 fa 可互换，*pf2 与 fb 可互换。语句 pt = pf1;执行后，pt 也指向 pf1 所指向的存储单元，如图 9-4（b）所示。语句 pf1 = pf2;执行后，pf1 也指向 pf2 所指向的存储单元，如图 9-4（c）所示。语句 pf2 = pt;执行后，pf2 也指向 pt 所指向的存储单元，如图 9-4（d）所示。3 条语句交换了 pf1 和 pf2 的值，即交换了 pf1 和 pf2 指向的存储单元，pf1 指向 fb，pf2 指向 fa。接下来交换*pf1 和*pf2 的值，实际上交换了 fa 与 fb 的值。交换 pf1 和 pf2 的值时借助了一个单精度型指针变量，而交换*pf1 和*pf2 的值时借助了一个单精度型变量。

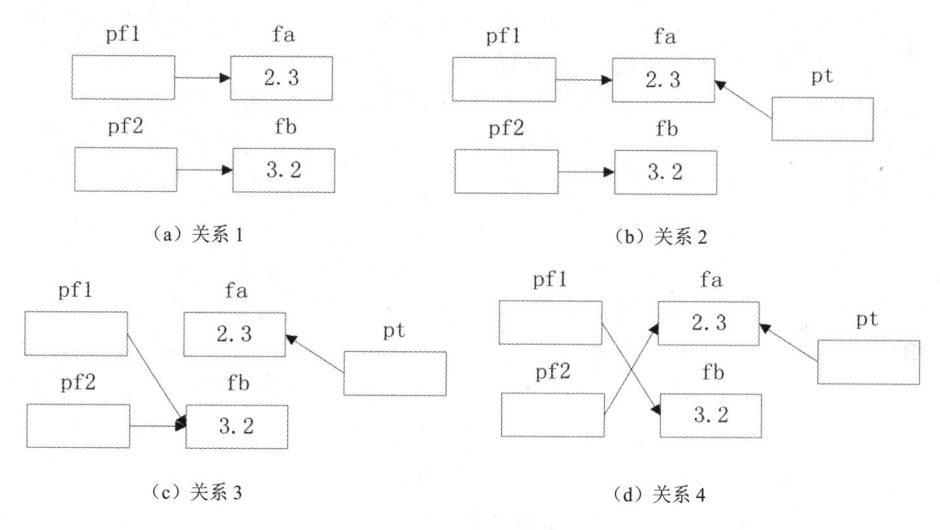

图 9-4 例 9-2 中变量的关系图

程序的运行结果如图 9-5 所示。

```
2.3, 3.2
3.2, 2.3
2.3, 3.2
2.3, 3.2
3.2, 2.3
```

图 9-5 例 9-2 程序的运行结果

9.2.2 野指针和空指针

例 9-3 分析下面的程序。

```
#include <stdio.h>
```

```
void main( ){
    int *pi;
    *pi = 5;
    printf("%d\n", *pi);
}
```

分析：

语句*pi=5;中，*pi 标识了整型指针变量 pi 指向的整型存储单元，整数 5 将被存储到此存储单元中，但指针变量 pi 在程序中没有被赋值，指针变量 pi 指向哪个存储单元呢？

在 C 语言中，当变量没有被赋值时，全局变量的值默认为 0，局部变量的值则没有规定。指针变量 pi 为局部变量，程序中没有为其赋值，它的存储内容应理解为"随机"的值，这就意味着*pi 标识了一个"随机"的存储单元，语句*pi = 5;执行时，将向一个"随机"的存储单元中写入数据。间接引用时，只能使用属于程序的存储单元。程序中变量的存储单元属于程序，如有语句 int j;，变量 j 标识的存储单元属于程序的存储单元。指向不属于程序的存储单元的指针变量被称为野指针变量，简称野指针。本例中指针变量 pi 就是一个野指针。通过间接引用的方式使用野指针指向的存储单元，将导致非法内存访问错误或其他不可预知的错误。

提示：

VC6.0 给局部变量 pi 赋初值为整型地址 0xcccccccc，程序运行时，向该地址标识的存储单元中存入整数 5，但程序无权向该地址的存储单元中写入数据，因此会出现应用程序错误。

预防程序中出现野指针的方法很简单，即始终保证指针变量指向合法的存储单元，将没有明确指向的指针变量设置成空指针。所谓空指针，是指存储了 0 号地址的指针变量。编号为 0 的存储单元不可能分配给应用程序使用，约定指向此处的指针变量为空指针。

0 是一个特殊的整数，在 VC6.0 中，不用类型转换就能直接将它赋值给指针变量。若有 int *pi;，则语句 pi = 0;是合法的。虽然它是合法的，但是容易让人误解变量 pi 为整型变量，毕竟整数与地址不同。于是，在 stdio.h 中定义了一个值为 0 的 NULL 宏来取代 0。语句 int *pi = NULL; 和 float *pf = NULL;定义了两个指针变量 pi 和 pf，并将它们初始化为空指针。

把没有明确指向的指针变量赋值为空指针（p = NULL;）。使用指针变量时，先检测它是否为空指针，即 if(p == NULL)，如果为空指针，就不再使用它指向的存储单元。遵循这个原则，可以避免间接引用不属于程序的存储单元时出现错误。

当不确定指针变量的值时，间接引用前应检查它是否为空指针。

9.3 指针与函数

9.3.1 指针变量作为形参

函数的参数可以是指针类型。

例 9-4 分析下面的函数，并编程测试。

```
void swap(int *px, int *py){
    int temp;
    if(px == NULL || py == NULL)
        return;
    temp = *px;
    *px = *py;
```

```
    *py = temp;
}
```

分析：

swap 函数的形参是两个整型指针变量 px 和 py，调用函数时，实参需要两个整型地址，即 swap 函数输入的数据是两个整型存储单元。swap 函数中用*px 和*py 标识输入的数据，即整型存储单元。swap 函数交换了输入的两个整型存储单元的值。

测试程序如下：

```
#include <stdio.h>
void main( ){
    int m = 3, n = 5;
    printf("交换前: m = %d, n = %d\n", m, n);
    swap(&m, &n);
    printf("交换后: m = %d, n = %d\n", m, n);
}
```

函数调用 swap(&m, &n)中实参为&m 和&n，即输入的数据是变量 m 和 n 的存储单元，*px 标识了变量 m 的存储单元，*py 标识了变量 n 的存储单元。swap 函数交换了 px 和 py 指向的整型存储单元的值，实际上就是交换了变量 m 的存储单元和变量 n 的存储单元的值。存储单元的值改变后，相关变量的值也会随之改变。当 swap 函数执行完毕，再次输出变量 m 和 n 的值时，它们的值已交换。

程序的运行结果如图 9-6 所示。

```
交换前: m = 3, n = 5
交换后: m = 5, n = 3
```

图 9-6　例 9-4 程序的运行结果

程序中函数调用关系如图 9-7 所示。

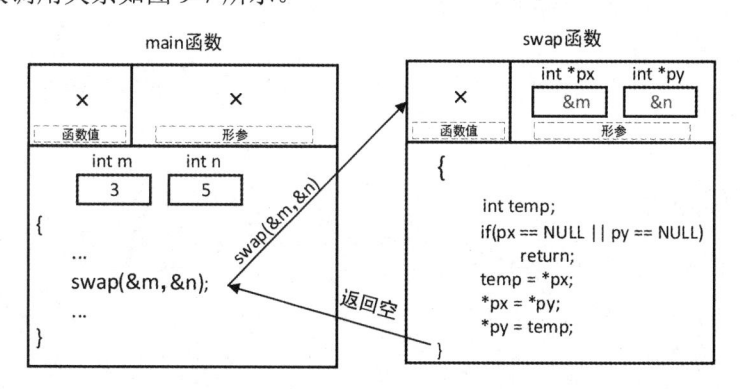

图 9-7　例 9-4 程序中函数调用关系

swap 函数执行时，变量 m 和 n 的存储单元依然属于程序，由于作用域的限制，不能在 swap 函数中以直接引用的方式通过标识符 m 和 n 使用这两个整型存储单元。当实参为&m 和&n 时，指针变量 px 和 py 分别指向变量 m 和 n 的存储单元。在 swap 函数中，可以借助间接引用的方式通过表达式*px 和*py 使用这两个整型存储单元。当指针变量作为形参时，实参为存储单元的地址，即实参是一个存储单元，在函数中以间接引用的方式使用这个存储单元。swap 函数的功能是交换两个实参存储单元的值。当指针变量作为形参时，可以扩展存储单元的使用范围。

讨论：

（1）scanf 函数为什么可以将用户输入的数据赋值给主调函数中的变量？

（2）如何理解 C 语言函数的传值调用？

提示：

（1）scanf 函数的实参为变量的地址，在函数中以间接引用的方式使用该变量的存储单元，完成赋值操作。

（2）函数执行，实参会对形参赋值。当形参为指针时，实参的值为存储单元的地址，赋值操作可直观地理解为把账号和密码拍照发给别人。账号和密码有两份，但账号里面的钱两人共用。当形参为普通类型时，实参给形参赋值，可理解为把作业拍照发给别人。

例 9-5 分析下面的程序。

```c
#include <stdio.h>
void add(int x, int y, int *pr){
    if(pr == NULL)
        return;
    *pr = x + y;
}
void main( ){
    int i = 23, j = 32, k;
    add(i, j, &k);
    printf("%d + %d = %d\n", i, j, k);
}
```

分析：

add 函数有三个形参，即两个普通的整型和一个指针类型，与之对应的实参应为两个整数和一个整型存储单元（地址）。add 函数把输出值存入了应作为输入值的存储单元，当 add 函数执行完毕返回后，在主调函数 main 中，程序以直接引用的方式用标识符 k 访问该存储单元，并获得 add 函数的输出值。

C 语言中函数的输出值有 3 种存储方式：约定的匿名存储单元、全局变量和指针形参指向的存储单元。

9.3.2 函数返回指针

函数的返回值类型也可以是指针。

例 9-6 分析下面的程序。

```c
#include <stdio.h>
int *test( ){
    int i = 5, *pi = &i;
    return pi;
}
void main( ){
    int *pj;
    pj = test( );
    printf("%d\n", *pj);
}
```

程序的运行结果为：
5

分析：

test 函数的返回值类型为 int *，即整型地址。整型指针变量 pi 指向局部变量 i，在 test 函数体中返回变量 i 的地址。在 main 函数中，把 test 函数返回的地址赋值给指针变量 pj，指针变量 pj 指向变量 i，*pj 即变量 i，输出时值为整数 5。输出结果看似正确，实际上这个程序有问题。

test 函数执行完毕，变量 i 的生命周期结束，变量 i 的存储单元不再属于程序。在 main 函数中，由于指针变量 pj 指向了已不属于程序的变量 i 的存储单元，所以指针变量 pj 是野指针，不能以间接引用的方式使用 pj 指向的存储单元。

该程序有问题却能正常运行，由此带来两个疑问。

第一个：为什么没有出现非法内存访问错误？

只有使用了程序无权访问的存储单元，才会出现非法内存访问错误。虽然*pj 标识的存储单元不再属于程序，但是程序有权访问它，故不会出现非法内存访问错误。

第二个：变量 i 的存储单元已被回收，为什么读取存储单元时仍然能得到整数 5？

变量 i 的生命周期结束时，它的存储单元会自动释放，不再属于程序，并且可以再次分配给其他变量。释放存储单元时，存储单元的内容不会改变，即使存储单元已不再属于程序，读取其内容时，也可能得到原来的数据。

当存储单元不再属于程序时，即使在程序中可以通过指针访问该存储单元，也不应该再使用它，以免出现不可预知的错误。

例 9-7 分析下面的程序。

```
#include <stdio.h>
int *test( ){
    int i = 5, *pi = &i;
    return pi;
}
void test2( ){
    int j = 3;
}
void main( ){
    int *pj;
    pj = test( );
    test2( );
    printf("%d\n", *pj);
}
```

程序的运行结果为：
3

分析：

与例 9-6 不同，该程序的运行结果为 3。指针变量 pj 仍然指向变量 i 曾经标识的存储单元，并且该存储单元的值曾经为 5。

在 main 函数中，指针变量 pj 指向变量 i，但变量 i 的存储单元会随着变量生命周期的结束而释放。在 main 函数中调用 test2 函数时，该存储单元恰好被分配给了变量 j 且被初始化为 3。当以*pj 的方式读取该存储单元时，它的值为 3。

讨论：

如何理解没有赋值的局部变量的值默认是"随机"的？

9.4 地址运算

存储单元的地址可以与一个整数进行加法或减法运算。0x0012 ff00 为 int 型变量 i 的地址（见图 9-1），0x0012 ff00+1 的值不为 0x0012 ff01，因为这个地址只是变量 i 的第 2 个字节的地址，没有实际意义。0x0012 ff00+1 中的 1 表示一个同类型的存储单元的字节数。0x0012 ff00 为 int 型地址，int 型有 4 个字节，0x0012 ff00+1 为 int 型地址 0x0012 ff04，即与变量 i 相邻的下一个整型存储单元的地址。若 0x0012 ff00 为 double 型地址，则 0x0012 ff00+1 的值为 double 型地址 0x0012 ff08。

值为地址的变量或表达式，与地址的具体值相比，我们更关注它是哪个存储单元的地址。当 pi 指向变量 i 时（见图 9-2），表达式 pi+1 就是&i+1，值为与变量 i 相邻的下一个 int 型存储单元的地址，即 pi+1 指向了与变量 i 相邻的下一个 int 型存储单元。

例 9-8 指针变量 p 的值为地址 0x0012 ff00，当变量 p 的定义如下时，求 p + 1 的值。

```
（1）char *p;
（2）char (*p)[5];
```

分析：

（1）当指针变量 p 为字符型指针变量时，地址 0x0012 ff00 是 char 型地址，p + 1 指向与 p 指向的字符型存储单元相邻的下一个字符型存储单元，值为字符型地址 0x0012 ff01。

（2）把变量定义语句 char (*p)[5];看作表达式，其中，圆括号操作符与下标操作符的优先级相同，是左结合的。先解释圆括号操作符，*p 说明变量 p 为指针变量。定义中的剩余部分 char [5]说明了指针指向的类型，即长度为 5 的一维字符型数组。地址 0x0012 ff00 为 char [5]型地址，指针变量 p 指向有 5 个元素的一维字符型数组，p + 1 指向与之相邻的下一个长度为 5 的一维字符型数组，值为 char [5]型地址 0x0012 ff05。

讨论：

（1）语句 char *p [5];定义了一个什么类型的变量？

（2）如果 int i,*pi = &i;，那么*(pi + 1) = 5;有问题吗？

例 9-9 分析下面的程序。

```
#include <stdio.h>
void main( ){
    double a[ ] = {1.1, 2.2, 3.3}, *p;
    int i;
    p = &a[0];
    for(i=0; i<3; ++i)
        printf("%5.1f", *(p+i));
}
```

分析：

当 i 的值为 0 时，p + 0 即 p，指向数组元素 a[0]，*(p + 0)就是数组元素 a[0]；当 i 的值为 1 时，p + 1 指向与 a[0]相邻的下一个整型存储单元，即数组元素 a[1]，*(p + 1)就是数组元素 a[1]；当 i 的值为 2 时，p + 2 指向与 a[0]相邻的第 2 个整型存储单元，即数组元素 a[2]，*(p + 2)就是数组元素 a[2]。综上所述，当指针变量 p 指向数组元素 a[0]时，p + i 指向与 a[0]相邻的第 i 个同类型的变量，即 a[i]，*(p + i)就是 a[i]。

只有当 p 指向数组元素时，p + i 指向的存储单元才有可能属于程序，有实际意义。指针变量也可以减去一个整数，如 p − 1 指向与指针变量 p 指向的存储单元相邻的上一个同类型的存储单元。

两个同类型的指针变量可以相减，结果为整数，表示两个变量之间相差几个同样的存储单元。

对于指针变量 p，p = p + 1;同样可以简写为 p += 1;、++p;或 p++;。p = p − 1;与之类似。

两个同类型的指针变量可以进行等于（==）或不等于（!=）比较运算，如果两个指针变量相等，就表示它们指向同一个存储单元。

两个同类型的指针变量可以进行>、<、>=和<=比较运算，如 p + 1 > p 的值为真。比较两个同类型地址的大小，可以确定这两个存储单元的相对位置。

只有数组元素的地址进行运算时，才有实际意义。

9.5 指针与数组

数组元素的存储单元在内存中相邻，只要确定了首元素的地址，就能由地址的加法运算快速得到其他数组元素的地址，有了地址就能使用存储单元。数组 a 的值在 C 语言中被定义为其首元素的地址（&a[0]），即数组变量指向其首元素。与指针变量一样，数组变量 a 也是值为地址的变量。下标操作符[]与间接引用操作符*关系密切，a[e]即*(a + e)。表达式 a+e 指向数组 a 的第 e 个数组元素，*(a + e)标识了数组 a 的第 e 个存储单元。下标操作符也能用于指针变量，如有指针变量 p，*(p+e)可写作 p[e]。基于可读性，数组多用下标操作符，指针多用间接引用操作符。

9.5.1 指针与一维数组

例 9-10 有 int a[3] = {1, 2, 3};和 int *pi;。

（1）分析表达式 sizeof(a)、a = 3、sizeof(a + 1)、*a + 1、*(a + 1)和 pi = a。

（2）如果 pi = a，分析表达式 pi++、*pi++、*++pi 和 pi[2]。

分析：

设数组变量 a 在内存中的状态如图 9-8 所示。

0x0012 ff00	1	a[0]	
0x0012 ff04	2	a[1]	a
0x0012 ff08	3	a[2]	

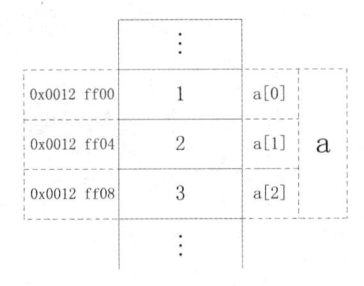

图 9-8 数组变量 a 在内存中的状态

数组变量a没有专属于自己的存储单元，并不是一个真正的变量，数组变量a的值是C语言规定的，可见数组变量a是一个符号常量。数组变量a代表了所有的数组元素，数组元素的存储单元都属于数组变量a，可见数组变量a"有"存储单元，不同于普通的符号常量。一维整型数组a是一个虚拟的变量，它有12个字节的存储单元，值为首元素的地址。数组变量a指向其首元素，数组变量a与其首元素a[0]的关系可用图9-9表示。

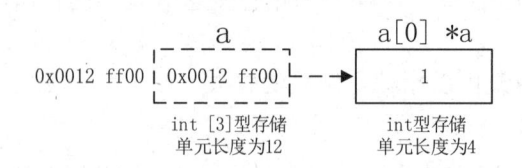

图9-9 数组变量a与其首元素a[0]的关系

sizeof操作符可以求出存储单元以字节为单位的长度。数组变量a的虚拟存储单元有12个字节，故sizeof(a)的值为12。

表达式a=3把整数3存储到数组变量a的存储单元中。数组变量a的12个字节的存储单元是其数组元素的，数组变量a本身没有存储单元，因此不能给数组变量虚拟的存储单元赋值，这个表达式有语法错误。

数组变量a指向其首元素a[0]，表达式a+1指向数组元素a[1]，其值为一个int型地址。在VC6.0中，无论何种类型的地址都占4个字节，sizeof(a+1)的值为4。

*(a+e)与a[e]可以互换，*a可写作*(a+0)，*a即a[0]，表示数组变量a指向的存储单元，表达式*a+1即a[0]+1，值为2，是int型的。同理，*(a+1)即a[1]。

pi=a即pi=&a[0]，指针变量pi也指向数组a指向的存储单元a[0]。

讨论：

如有double *p;，分析sizeof(p)、sizeof(p+1)和sizeof(*p)的值。

提示：

（1）当操作数为变量时，sizeof返回变量的存储单元的长度，如有int a[3];，sizeof(a)的值为12（字节）。当操作数的表达式标识存储单元时，sizeof返回标识的存储单元的大小，若有double *p;，则sizeof(*p)的值为8，因为表达式*p标识了一个double型存储单元，占8个字节。

（2）当操作数为由取地址操作符构成的表达式时，sizeof返回该地址标识的存储单元的长度，如sizeof(&a)的值也为12（字节）。

（3）当操作数为普通表达式时，sizeof会返回存储表达式的值所需的字节数，若有double *p;，则表达式p+1的值为一个double型地址，需用4个字节存储，故sizeof(p+1)的值为4。

在pi=a后，整型指针变量pi也指向数组变量a指向的整型数组元素a[0]。数组a、数组元素a[0]及指针变量pi的关系如图9-10所示。

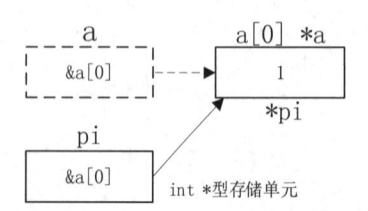

图9-10 数组a、数组元素a[0]及指针变量pi的关系

表达式 pi++ 的值为指针变量 pi 自增前的值，pi 指向数组元素 a[0]，故表达式 pi++ 也指向 a[0]，值为& a[0]。在对表达式求值时，指针变量 pi 的值会自增 1，求值之后，指针变量 pi 指向数组元素 a[1]。

表达式*pi++ 的求值顺序为*(pi++)，子表达式 pi++ 指向 a[0]，表达式*(pi++) 和 a[0] 标识了同一个存储单元。在对表达式求值时，pi 的值会自增 1，求值后，指针变量 pi 指向 a[1]。

表达式*++pi 的求值顺序为*(++pi)，子表达式 ++pi 为 pi 加 1 后的值，pi 原指向 a[0]，子表达式 ++pi 指向 a[1]，表达式*++pi 和数组元素 a[1] 标识了同一个存储单元。

pi[2] 即*(pi+2)，指针变量 pi 指向 a[0]，pi+2 指向 a[2]，*(pi+2) 和 a[2] 标识了同一个存储单元，pi[2] 和 a[2] 可以互换使用。

讨论：

在图 9-9 中，数组变量 a 的值为地址 0x0012 ff00，&a 的值也为地址 0x0012 ff00，两个地址相等吗？

提示：

数组变量 a 的值为 int 型地址 0x0012 ff00，&a 的值为 int[3] 型地址 0x0012 ff00，当地址类型不同时，不能比较大小，同为地址 0x0012 ff00 只能说明两个存储单元的首字节相同。a+1 的值为 a 指向的下一个 int 型存储单元的地址，即 0x0012 ff04，表示 a+1 指向 a[1]。&a+1 的值为下一个长度为 3 的一维 int 型数组的地址，即 int[3] 型地址 0x0012 ff0c。

例 9-11 分析下面的程序。

```c
#include <stdio.h>
void main( ){
    int a[5], i, *pi;
    pi = a;
    for(i=0; i<=4; ++i)
        scanf("%d", pi + i);
    for(i=0; i<=4; ++i)
        printf("%d\t", *(a + i));    //使用 a[i] 会有更好的可读性
}
```

分析：

指针变量 pi 赋值为数组变量 a 后，pi 指向数组元素 a[0]，pi+i 指向数组元素 a[i]，pi+i 的值为&a[i]。语句 scanf("%d", pi+i);即语句 scanf("%d", &a[i]);。在语句 printf("%d\t", *(a+i));中，*(a+i) 与 a[i] 标识了同一个存储单元，可以互换使用。数组使用下标操作符会有更好的可读性。

程序把用户输入的 5 个整数存储到数组 a 中，并输出了这 5 个整数。

例 9-12 分析下面的程序。

```c
#include <stdio.h>
#define N 5
void main( ){
  int i, j, min, temp, *pi;
  int a[N] = {23, 32, 25, 52, 21};
  pi = a;
    for(i=0; i<N-1; ++i){
      min = i;
        for(j=i+1; j<N; ++j)
```

```
            if(*(pi + min) > *(pi + j))
                min = j;
        temp = pi[i];              //使用*(pi + i)会有更好的可读性
        pi[i] = pi[min];
        pi[min] = temp;
    }
    for(i=0; i<N; ++i)
        printf("%-3d", *pi++);
}
```

分析：

程序对数组元素进行升序排列。排列时，先从待排列的数组元素中找出最小的数组元素的下标，再把此数组元素与待排列的数组元素中的第一个交换，重复这个过程。

语句 pi = a;执行后，变量 pi 指向数组元素 a[0]，*(pi + min)与 a[min]标识了同一个存储单元，可以互换使用。

指针变量用间接引用操作符会有更好的可读性。

例 9-13 分析例 7-18。

```
#include <stdio.h>
void swap(int a[]){
    int temp;
    temp = a[0];
    a[0] = a[1];
    a[1] = temp;
}
void main( ){
    int b[2] = {2, 3};
    printf("b[0]=%d, b[1]=%d\n",b[0],b[1]);
    swap(b);
    printf("b[0]=%d, b[1]=%d\n", b[0], b[1]);
}
```

分析：

C 语言规定，当形参的类型为数组时，数组类型会转化为与之兼容的指针类型。若数组变量可以给某指针变量赋值，则该类型的指针变量与数组兼容，即指向数组元素的指针变量与数组变量兼容。swap 函数的形参为一维整型数组，数组元素为整型，与之兼容的指针变量为整型指针变量，swap 函数的首部会转化为 void swap(int *a)。

在 main 函数中，函数调用 swap(b)执行时，实参 b 的值为 b[0]的地址，实参向形参赋值后，指针变量 a 也指向 b[0]，a[0]即*a，标识了数组元素 b[0] 的存储单元，a[1]即*(a + 1)，标识了数组元素 b[1]的存储单元。

例 9-14 编写一个可以输出一维字符数组中的字符串的函数。

分析：

函数的形参为一维字符数组，而一维字符数组作为形参时，会转化为字符型指针变量，因此，可以直接用字符型指针变量作为函数的形参。当函数调用执行时，作为形参的指针变量将指向存储了待输出字符串中第一个字符的存储单元。函数体中用循环依次输出字符，直到遇到字符串的结束字符为止。

```
void putStr(char *p){
    if(p == NULL)
        return;
    while(*p != '\0')
        putchar(*p++);
}
```

9.5.2 指针与二维数组

例 9-15 如何理解二维数组？

分析：

以二维数组 int a[3][2] = {{11, 12}, {21, 22}, {31, 32}} 为例，设它的内存状态如图 9-11（a）所示。

二维数组 a 有 3 个数组元素 a[0]、a[1]和 a[2]，数组元素的类型是长度为 2 的一维整型数组，即它们标识一个 int[2]型存储单元。

二维数组变量 a 是一个虚拟的变量，标识的存储单元的长度为 24 个字节（sizeof(a)的值为 24），类型为 int[3][2]。二维数组变量 a 指向其首元素 a[0]，值为 int[2]型地址 0x0012 ff00，*a 与 a[0]可以互换使用，sizeof(*a)与 sizeof(a[0])的值为 8。

一维数组 a[0]标识的存储单元的长度为 8 个字节，类型为 int[2]。一维数组变量 a[0]指向其首元素 a[0][0]，值为 int 型地址 0x0012 ff00，*a[0]与 a[0][0]可以互换使用，sizeof(*a[0])或 sizeof(a[0][0])的值为 4。

二维数组变量 a、一维数组变量 a[0]、整型变量 a[0][0]三者的关系如图 9-11（b）所示。

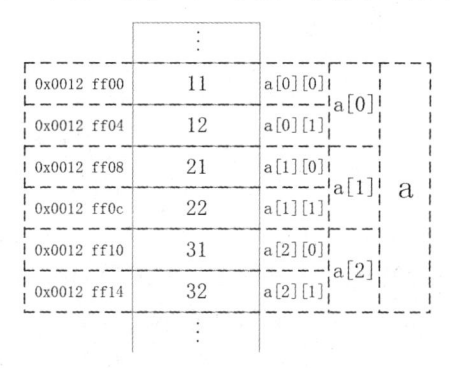

```
0x0012 ff00  | 11 | a[0][0] ┐
0x0012 ff04  | 12 | a[0][1] ┘ a[0]
0x0012 ff08  | 21 | a[1][0] ┐
0x0012 ff0c  | 22 | a[1][1] ┘ a[1]      a
0x0012 ff10  | 31 | a[2][0] ┐
0x0012 ff14  | 32 | a[2][1] ┘ a[2]
```

（a）内存状态

```
    a                a[0]             a[0][0]
0x0012 ff00  --→  0x0012 ff00  --→     11
数组变量 a        数组变量 a[0]      整型变量 a[0][0]
的长度为 24       的长度为 8         的长度为 4
```

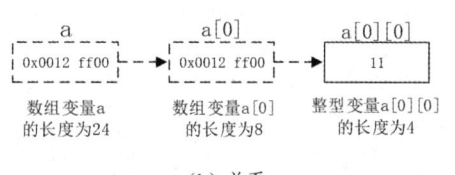

（b）关系

图 9-11 二维数组 a

讨论：

数组元素 a[0]标识的虚拟存储单元的地址&a[0]和值都是地址 0x0012 ff00，两者有什么区别吗？

提示：

数组元素 a[0]是长度为 2 的一维整型数组，地址&a[0]为 int[2]型地址。a[0]的值为数组元素的地址，即&a[0][0]，是 int 型地址。两者类型不同。&a[0] + 1 的值是与 a[0]相邻的下一个 int[2] 型存储单元的地址，即&a[1]；a[0] + 1 的值是与 a[0][0]相邻的下一个 int 型存储单元的地址，即&a[0][1]。

下面通过分析表达式来进一步讲解这个二维整型数组变量 a。

（1）a，a + 1，a + 2。

分析：

变量 a 标识了一个 int[3][2]型存储单元，长度为 24 个字节，但它是虚拟的变量，不可写入数据。变量 a 指向其首元素，值为&a[0]，是一个 int[2]型地址。

表达式 a + 1 指向与 a 指向的数组元素 a[0]相邻的下一个数组元素 a[1]，a + 1 的值为&a[1]，是一个 int[2]型地址。

表达式 a + 2 指向 a[2]，值为&a[2]，是一个 int[2]型地址。

（2）*a，*a + 1，*(a + 1) + 1 和**a。

分析：

*a 标识了 a 指向的数组元素 a[0]，该数组元素是一个 int[2]型存储单元，即*a 也是有两个元素的一维整型数组。*a 指向其首元素(*a)[0]，并且可以与 a[0]互换，(*a)[0]即 a[0][0]。*a 指向 a[0][0]，值为&a[0][0]，是一个 int 型地址。由于 a 为数组，a[0]比*a 有更好的可读性。

*a 即 a[0]，指向首元素 a[0][0]，表达式*a + 1 指向与 a[0][0]相邻的下一个数组元素 a[0][1]，值为&a[0][1]，是 int 型地址。

(a + 1)即 a[1]，指向首元素 a[1][0]，表达式(a + 1) + 1 指向与 a[1][0]相邻的下一个数组元素 a[1][1]，值为&a[1][1]，是一个 int 型地址。

a 就是*(*a)，即*(a[0])，a[0]指向其首元素 a[0][0]，故a 也是 a[0][0]，是一个 int 型存储单元。

对于图 9-11 中的二维数组 a，有指针变量 p，若 p = a，则指针变量 p 是什么类型？

二维数组 a 指向其首元素 a[0]，值为&a[0]，是一个 int[2]型存储单元的地址。若 p = a，则指针变量 p 也指向数组的首元素 a[0]，值为 int[2]型存储单元的地址。可以存储 int[2]型地址的指针变量直观的定义方式为 int [2] *p，实际的定义方式为 int (*p)[2]。与二维数组 a 兼容的指针变量是 int[2]型指针变量。在 p = a 后，指针变量 p、二维数组变量 a、一维数组变量 a[0]及 a[0][0]的关系如图 9-12 所示。

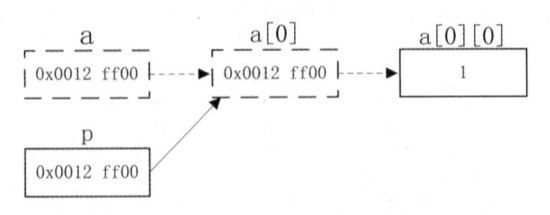

图 9-12　指针变量 P、二维数组变量 a、一维数组变量 a[0]及 a[0][0]的关系

当指针变量 p 指向 a[0]时，*p 与 a[0]标识了同一个 int[2]型存储单元，表达式*p 也是一个长度为 2 的一维整型数组。数组*p 的数组元素分别为 int 型的(*p)[0]和(*p)[1]。a[0][0]与(*p)[0]标识了同一个 int 型存储单元。表达式(*p)[0]不能写成*p[0]，(*p)[0]是指针变量 p 指向的数组

型存储单元的首元素，而*p[0]标识了数组 p 的首元素 p[0]指向的存储单元。

讨论：

语句 int *p[2];定义了一个什么类型的变量？

提示：

在 int *p[2]中，下标操作符的优先级最高，int *p[2]应理解为 int *(p[2])，变量 p 为一个数组变量。

例 9-16 分析下面的程序。

```c
#include <stdio.h>
void printA(int a[3][2], int m){
    int i, j;
    for(i=0; i<m; ++i){
        for(j=0; j<2; ++j)
            printf("%3d", a[i][j]);
        printf("\n");
    }
}
void main( ){
    int a[3][2] = {{11, 12}, {21, 22}, {31, 32}};
    printA(a, 3);
}
```

分析：

在函数 printA 中，形参 a 是一个二维数组。二维数组作为形参时，会转化为与之兼容的指针类型，如函数 printA 的首部会转化为 void printA(int (*a)[2], int m)。作为形参的二维数组 a 也可以省略数组的长度，写为 int a[ ][2]，由 int a[ ][2]可知，a[0]的类型为 int[2]，但不能写成 int a[3][ ]。

9.5.3 指针与字符串

字符串是以'\0'字符结尾的一串字符，常用一维字符数组存储。一维字符数组变量的值为字符型地址，一维字符数组作为形参时，会转化为字符型指针变量。若有 char *p; char str[ ] = "Hello!";，则语句 p = str;执行后，char 型指针变量 p 指向 str[0]，即字符串"Hello!" 的首字符。指针变量 p 与数组 str 的关系如图 9-13 所示。

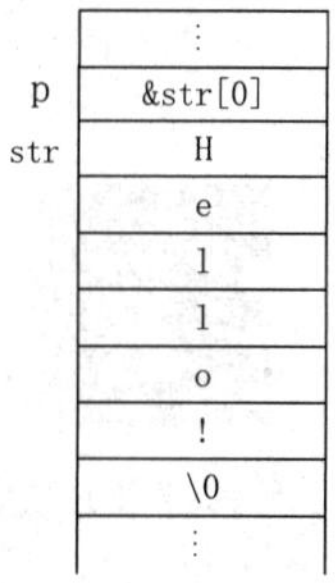

	⋮
p	&str[0]
str	H
	e
	l
	l
	o
	!
	\0
	⋮

图 9-13 指针变量 p 与数组 str 的关系

语句 char *p1 = "hello!";定义了一个字符型指针变量 p1，指针变量 P1 被初始化后，指向字符串常量"hello!"。字符串常量是指包含在一对双撇号中的一串字符型字面量。字符串常量中的字符依次存储在地址连续的字符型存储单元中,并且这些存储单元位于一个只读的内存区域。整个字符串常量的值为存放其首字符的存储单元的地址。字符串常量"hello!"赋值给字符型指针变量 p1 后,指针变量 p1 与字符串常量"hello!"的内存状态如图 9-14 所示。

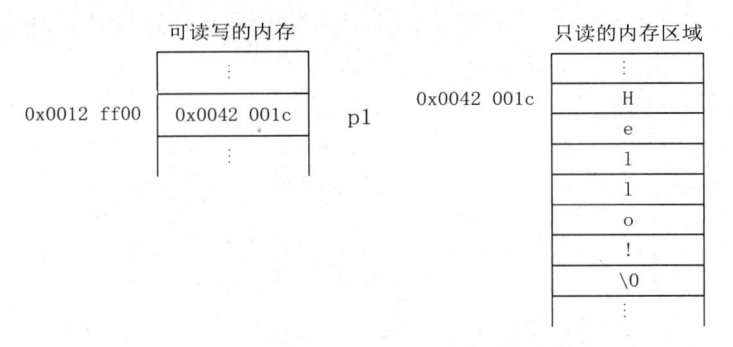

图 9-14 指针变量 p1 与字符串常量的内存状态

存储于字符数组 str 中的字符串便于修改,若有*(p + 1) = 'i';、*(p + 2) = '!';、*(p + 3) = '\0';,则字符数组 str 中的字符串变为"hi!"。借助字符指针 p1 可以读取字符串常量中的字符,但不能修改字符串,如 putchar(*(p1 + 1));的输出结果为 e,即字符串常量"hello!"中的第 2 个字符。语句*p1 = 'A';将导致非法的内存访问错误,*p1 标识的只读存储单元只能读取,不能赋值。

例 9-17 数组存储的字符串与字符串常量。

```
#include <stdio.h>
void main( ){
    char *p;
    char str[ ] = "Hello!";
    char *p1 = "Hello!";
    p = str;
    puts(p);
    *(p + 1) = 'i';
    str[2] = '!';
    *(p + 3) = '\0';
    puts(str);
    putchar(*(p1 + 1));
    printf("\n%s\n", p1);
}
```

程序的运行结果如图 9-15 所示。

```
Hello!
Hi!
e
Hello!
```

图 9-15 例 9-17 程序的运行结果

9.5.4 指针数组与指针型指针变量

指针数组是数组元素为指针类型的数组,如语句 char *a[3] = {"C", "C++", "Java"};定义并初始化了一个一维字符型指针数组。数组 a 有 3 个数组元素 a[0]、a[1]和 a[2]，类型为字符型指针，a[0]指向字符串常量"C"，a[1]指向字符串常量"C++"，a[2]指向字符串常量"Java"。一维字符型指针数组变量 a 的存储状态可能如图 9-16 所示。

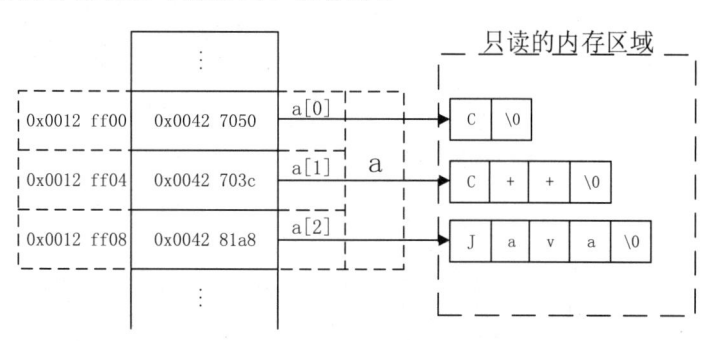

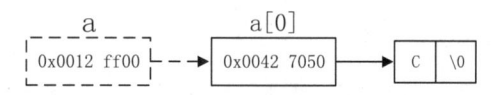

图 9-16　一维字符型指针数组变量 a 的存储状态

数组变量 a 指向其首元素 a[0]，a[0]是一个类型为字符型指针的存储单元（char *型），数组变量 a 的值为 char *型地址。*a 可理解为先找到变量 a 虚拟的存储单元，再得到 a[0]的地址，即&a[0]，*a 就标识了 a[0]的存储单元。*a 的值为 char 型地址 0x00427050。使用 char 型地址时，可用 puts 输出以该地址存储的字符为首字符的字符串，如 puts(*a);即 puts(a[0]);，输出结果为 C✓。使用 char 型地址时，也可借助间接引用操作符标识该存储单元，如*(*a)即*(a[0])，先找到 a[0]的存储单元，得到 char 型地址 0x00427050，再标识该 char 型存储单元，值为字符 C。putchar(**a);即 putchar(*a[0]);，输出结果为 C。

值为 char *型的指针变量可用语句 char *(*pp);定义，*pp 表示变量 pp 为指针变量，char * 表示指针变量 pp 的值的类型为 char *，即字符型存储单元的地址。单目操作符*是右结合的，char *(*pp);可写成 char **pp;。指向整型存储单元的指针变量被称为整型指针变量。指针变量 pp 指向一个字符型指针变量的存储单元，被称为字符指针型指针变量。

语句 pp = a;使得变量 pp 指向数组变量 a 所指向的首元素 a[0]，即 char *型存储单元。指针变量 pp，数组变量 a 和数组元素 a[0]的关系如图 9-17（a）所示。

有字符型指针变量 p，p = a[0]可使指针变量 p 指向 a[0]所指向的字符串常量"C"的首字符，pp = &p 可使指针变量 pp 指向字符型指针变量 p。字符指针型指针变量 pp，字符型指针变量 p 和字符串常量"C"的关系如图 9-17（b）所示。

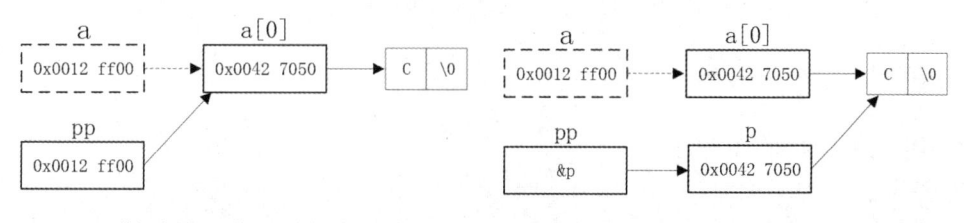

（a）数组变量 a 和数组元素 a[0]的关系　　（b）字符型指针变量 p 和字符串常量"C"的关系

图 9-17　关系示意图

例 9-18 分析下面程序。

```c
#include <stdio.h>
void main( ){
    char *a[3] = {"C", "C++", "Java"};
    char *p, **pp;
    puts(a[1]);
    printf("%c\n", *(a[2] + 2));
    pp = a;
    puts(*(pp + 1));
    puts(*(pp + 1) + 1);
    printf("%c\n", *(*(pp + 1) + 1));
    p = a[1];
    puts(p + 1);
    pp = &p;
    puts(*pp);
    puts(*(pp - 1));
}
```

分析：

程序中变量的关系如图 9-16 和图 9-17 所示。数组元素 a[1]指向字符串常量"C++"的首字符，故 puts(a[1])会输出这个字符串。数组元素 a[2]指向字符串常量"Java"的首字符，故 a[2]+2 指向字符串常量中的字母 v，*(a[2]+2)标识了此字符的存储单元。

变量 pp 用数组变量 a 赋值后，也指向数组的首元素 a[0]，故 pp + 1 指向数组元素 a[1]，*(pp+1)指向字符串"C++"的首字符，*(pp+1)+1 指向字符串常量"C++"中的第一个字符+，语句 puts(*(pp + 1) + 1);将输出从第一个字符+开始的字符串，即字符串"++"。*(*(pp + 1) + 1)标识了第一个字符+的存储单元。

在 p = a[1]后，指针变量 p 指向字符串常量"C++"的首字符，故 p + 1 指向字符串常量"C++"中的第一个字符+。语句 pp = &p;执行之后，*pp 也指向字符串"C++"的首字符，语句 puts(*pp);输出字符串"C++"。从图 9-17（b）中可知，pp − 1 指向与变量 p 相邻的上一个 char *型存储单元，这个存储单元不属于程序，不能以*(pp − 1)的方式使用该存储单元，语句 puts(*(pp − 1));有逻辑错误。

程序的运行结果如图 9-18 所示。

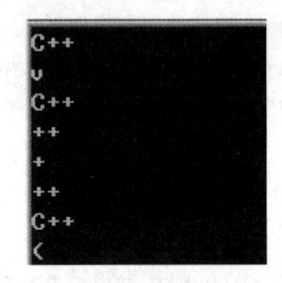

图 9-18 例 9-18 程序的运行结果

从程序的运行结果可知，语句 puts(*(pp − 1));输出了乱码。

9.5.5 指针数组作为形参

例 9-19 分析下面的程序。

```c
#include <stdio.h>
void printA(char *a[], int n){
    int i;
    for(i=0; i<n; ++i)
        puts(a[i]);
```

```
}
void main( ){
    char *a[3] = {"C", "C++", "Java"};
       printA(a, sizeof(a)/sizeof(*a));
}
```

分析：

函数 printA 的形参 a 是一维字符指针型数组，形参 n 表示数组 a 的长度。函数输出了数组 a 各数组元素指向的字符串。

由 main 函数可知，字符指针型数组 a 的存储状态（见图 9-16）。sizeof(a)的值为数组 a 各数组元素存储单元的字节数之和 12，即 4×3。sizeof(*a)就是 sizeof(a[0])，值为 4。表达式 sizeof(a) / sizeof(*a) 求出了一维数组 a 的长度。程序的运行结果如图 9-19 所示。

图 9-19 例 9-19 程序的运行结果

由于数组元素是指针类型，作为形参的一维指针数组将转化为指针型指针变量。例 9-19 中函数 printA 的形参 a 是一维字符指针型数组，数组元素是字符型指针，形参 a 会转化为字符指针型指针变量，void printA(char *a[], int n) 即 void printA(char **a, int n)。当输出数组 a 各数组元素指向的字符串时，形参为 char *a[]的函数有更好的可读性。

9.6　main 函数和命令行参数

把 main 函数的返回值类型定义为 void，仅仅是为了方便初学者。C 语言标准规定，main 函数的定义形式为 int main(void) {……}或 int main(int argc, char *argv[ ]) {……}。程序支持命令行参数运行时用第二种形式定义 main 函数。

命令行参数是指以命令行方式运行程序时所带的参数。以命令行方式运行名为 test.exe 程序的方法为：首先启动命令提示符窗口（单击"开始"按钮，选择"运行"命令，弹出命令提示符窗口，输入"cmd"并按回车键；或者先单击"开始"按钮，再单击"程序"→"附件"→"命令提示符"命令），然后把当前目录转到可执行文件所在的目录（如 E:\csample\test\debug），最后输入"test a b cd"并按回车键运行程序，如图 9-20 所示。

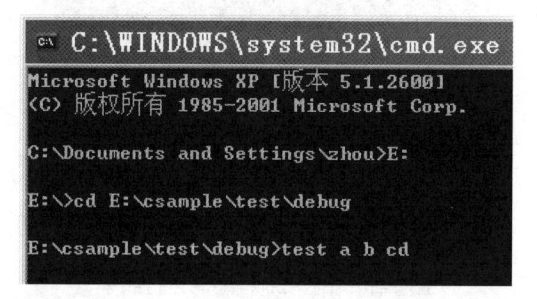

图 9-20　以命令行方式运行 test 程序

在命令行中输入的"test a b cd"被空格分成了 4 个字符串，若 main 函数用第二种形式定义，则 main 函数执行时，参数 argc 的值为 4，即命令行中字符串的个数为 4。形参一维字符指针型数组 argv 有 4 个数组元素，argv[0]指向第一个字符串常量"test"（可执行文件名，具体内容与编译器有关），argv[1]指向第二个字符串常量"a"，argv[2]指向第三个字符串常量"b"，argv[3]

指向第四个字符串常量"cd"。在这4个字符串中，除文件名之外的字符串"a"、"b"和"cd"就是命令行参数。

例 9-20　分析下面的程序。

```c
#include <stdio.h>
#include <stdlib.h>
int main(int argc, char *argv[ ]){
    int i, j, sum = 0;
    if(argc > 1){
        while(argc-->1){
            printf("%s + ", argv[argc]);
            sum += atoi(argv[argc]);
        }
        printf("\b\b= %d\n", sum);
    }
    else{
        printf("请输入两个整数：\n");
        scanf("%d%d", &i, &j);
        printf("%d + %d = %d\n", i, j, i+j);
    }
    return 0;
}
```

分析：

以带命令行参数的方式运行程序时，形参 argc 的值大于 1。如果 argc > 1 为真，程序将求命令行参数的和；否则，程序就以不带命令行参数的方式运行，让用户输入两个整数并求和。

库函数 atoi 在头文件 stdlib.h 中声明，用于将数字构成的字符串转换为相应的整数。

程序的运行结果如图 9-21 所示。

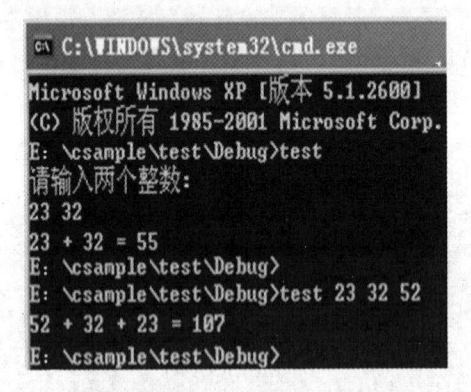

图 9-21　例 9-20 程序的运行结果

提示：

（1）在 VC6.0 中，也能以带命令行参数的方式运行程序。在运行程序之前，单击"工程"（Project）菜单中的"设置"（Setting...）命令，在弹出的对话框中选择"调试"（Debug）标签，找到与程序变量（Program arguments）相关的文本框，输入命令行参数如"23 32 52"后，运行程序（Ctrl+F5），程序将输出"52+32+23=107"。

（2）操作系统会获得 main 函数的返回值，当 main 函数的返回值为 0 时，表示程序运行顺利，正常退出。

9.7 指向函数的指针变量

函数存储在内存中被称为代码段的区域。与数组名类似，函数名的值在 C 语言中也被规定为存储该函数的存储单元的首字节地址。存储了函数的存储单元被称为函数型存储单元，值为函数型存储单元的地址的指针变量被称为指向函数的指针变量。借助函数型指针变量获得函数型存储单元的地址，就可以调用函数。

函数用于将输入变成输出，因此形参的个数、类型及返回值类型确定了函数型存储单元的类型。定义指向某个函数的指针变量时，只需把函数首部的函数名替换为 "(*指针变量名)"，再省略形参名即可。求两个整数之和的函数的首部为 int add(int m, int n)，语句 int (*pf)(int, int); 定义了一个可以指向此函数的指针变量 pf。*pf 表示变量 pf 是指针变量；int (int, int)表示指针变量指向的存储单元的类型，其中的一对圆括号表示存储单元是函数型，函数的形参为两个 int 型变量，函数的返回值为 int 型。指针变量 pf 不仅可以指向 add 函数，还可以指向有两个 int 型形参、返回值为 int 型的所有函数。

语句 int *pf(int, int); 中，圆括号的优先级高，标识符 pf 是函数名，语句是函数声明语句。pf 函数有两个 int 型形参，返回值为 int 型地址。

例 9-21 使用函数型指针变量。

```
#include <stdio.h>
#include <math.h>
double func(double x){
    return (x * (x - 3) + 2);
}
int main( ){
    double (*pf)(double);
    pf = func;
    printf("3^2-3*3+2=%.0f\n", (*pf)(3));
    pf = fabs;
    printf("|-2.3|=%.1f\n", pf(-2.3));
    return 0;
}
```

分析：

函数 func 的功能是求多项式 x^2-3x+2 的值，在 pf = func 后，指针变量 pf 指向该函数，*pf 与 func 可以互换。(*pf)(3)即 func(3)，(*pf)(3)不能写成*pf(3)，*pf(3)的执行顺序是(*pf(3))。

pf 又指向求浮点数绝对值的库函数 fabs，pf(-2.3)是(*pf)(-2.3)的简写形式。

提示：

运算器计算一次乘法所用的时间远大于计算一次加法所用的时间，把 x^2-3x+2 改写成 $x(x-3)+2$ 可以提高计算效率。

例 9-22 利用梯形法求 f(x)定积分的公式为 $\int_a^b f(x)\mathrm{d}x = h((f(a)+f(b))/2 + \sum_{i=1}^{n-1} f(a+ih))$，

其中 $h=(b-a)/n$。将该公式定义为函数。

分析：

求定积分的函数有 3 个输入值，double 型形参 a，double 型形参 b 和函数 f(x)，输出结果为一个 double 型数。利用函数既可求出 sin(x) 的定积分，又可求出 cos(x) 的定积分，形参中的函数型指针 f(x) 指向有一个 double 型输入值且返回值为 double 型的函数。

```c
double calDefInt(double (*pf)(double), double a, double b){
    double value, h;
    int i, n = 3000;
    value = (pf(a) + pf(b)) / 2.0;
    h = (b > a ? b - a : a - b) / n;
    for(i=1; i<n; ++i)
        value += pf(a + i * h);
    value *= h;
    return value;
}
```

测试程序如下。

```c
#include <stdio.h>
#include <math.h>
#define PI 3.1415926
/*此处省略了 calDefInt 函数和与例 9-21 相同的 func 函数的定义*/
int main( ){
    printf("func(x)在[1,3]上的定积分为：%f\n", calDefInt(func, 1, 3));
    printf("sin(x)在[0, π/2]上的定积分为：%f\n", calDefInt(sin, 0, PI/2));
    return 0;
}
```

程序的运行结果如图 9-22 所示。

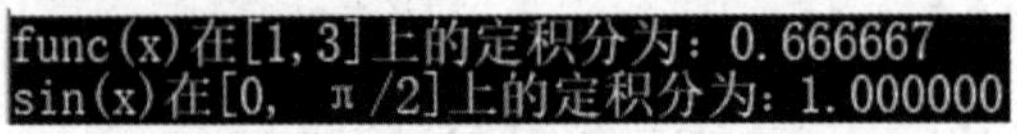

```
func(x)在[1,3]上的定积分为：0.666667
sin(x)在[0, π/2]上的定积分为：1.000000
```

图 9-22　例 9-22 程序的运行结果

9.8　使用堆空间

存放数据的内存空间有静态存储区和动态存储区。全局变量的存储单元位于静态存储区，在 main 函数执行之前被分配，在程序运行期间始终为程序所有。普通局部变量的存储单元位于动态存储区的栈中，在执行变量定义语句时被分配，超出变量作用域后被释放。动态存储区中还有一种被称为堆的存储空间。栈空间中的存储单元由系统自动地分配和释放，而堆空间中的存储单元必须用库函数显式地分配和释放。如果申请的堆空间中的存储单元在使用完成后没有显式地释放，这些存储单元就会一直为程序所有，直至程序运行结束。

库函数 malloc 用于在堆空间中申请一块字节相邻的存储单元，它的形参是一个无符号整型，表明申请以字节为单位长度的存储单元。如果存储单元分配成功，malloc 函数就会返回该存储单元的首字节地址，否则将返回 NULL。malloc 函数分配的存储单元仅仅是 1 个字节相邻的内存块，没有类型，即 void 型。函数调用 malloc(16) 表示申请一个长度为 16 个字节的 void

型存储单元，申请成功后返回首字节地址，类型为 void *。

关键字 void 用于表示存储单元没有类型。不能用关键字 void 定义变量。语句 void v;有语法错误，不能确定编码长度和格式，无法为变量 v 分配存储单元。语句 void *pv;定义了一个指向 void 型存储单元的指针变量 pv。无论何种类型的地址，都是 4 个字节。void 型指针变量 pv 的存储单元有 4 个字节，值为 void 型地址。malloc 函数的返回值就是 void 型地址。

语句 pv = malloc(4);执行成功后，pv 指向一个在堆空间中申请的长度为 4 个字节的 void 型存储单元。尽管*pv 标识了这个存储单元，但是 void 型存储单元无法使用，语句*pv = 5;有逻辑错误。使用 malloc 函数申请堆空间时，需先借助强制类型转换将 void 型存储单元转化为常见类型的存储单元，然后使用该存储单元。若有 int *p;，则语句 pi = (int *)malloc(4);执行时，malloc 函数返回的 void 型地址会被强制类型转换为 int 型地址，即把 4 个字节的存储单元由 void 型强制类型转换为 int 型。*pi 标识了堆空间中的一个 int 型存储单元。语句*pi = 5;把这个存储单元赋值为 5。pi = (int *)malloc(8);执行时，malloc 函数返回的 void 型地址会被强制类型转换为 int 型地址，即把前 4 个字节的存储单元由 void 型强制类型转换为了 int 型。堆空间中 8 个字节的存储单元由 void 型被强制类型转化为 int[2]型，即长度为 2 的一维整型数组，第一个数组元素为*pi，第二个数组元素为*(pi + 1)。语句 pi = (int *)malloc(sizeof(int) * 2); 的可读性更好。

其他类型的指针变量无须强制类型转换就能直接赋值给 void 型指针变量。若有 int i, *p = &i; void *pv;，则 pv = p;没有语法错误，但由于二者类型不一致，pv 并非指向整型变量 i，而是指向了 void 型存储单元。语句*pv = 23;有逻辑错误，不能用 void 型指针变量给其他类型的指针变量赋值。语句 p = pv;有逻辑错误，需改正为 p = (int *)pv;。

库函数 free 用于释放 malloc 函数申请的堆空间，首部为 void free(void *memblock)。释放堆空间时，只需把 malloc 函数返回的地址传递给 free 函数即可，无须考虑该地址已被强制转换为何种类型。

VC6.0 的头文件 stdlib.h 和 malloc.h 中均包含了 malloc 函数和 free 函数的声明。

例 9-23 分析下面的程序。

```c
#include <stdio.h>
#include <stdlib.h> //或<malloc.h>
int main( ){
    int i, n, *pi, temp;
    printf("请输入整数的个数\n");
    scanf("%d", &n);
    pi = (int *)malloc(sizeof(int) * n);
    if(pi != NULL){
        printf("请输入%d 个整数\n", n);
        for(i=0; i<n; ++i)
            scanf("%d", pi + i);
        for(i=0; i<n/2; ++i){
            temp = *(pi + i);
            *(pi + i) = *(pi + n - i - 1);
            *(pi + n - i - 1) = temp;
        }
        printf("转置后的整数为：\n");
```

```
        for(i=0; i<n; ++i)
            printf(" %d ", *(pi + i));
        free(pi);
        return 0;
    }
    else{
        printf("申请空间失败！\n");
        return 21;    //程序运行失败！
    }
}
```

分析：

程序在堆空间中申请了 n 个 int 型存储单元，整型指针变量 pi 指向一个长度为 n 的 int 型数组的首元素。

使用堆空间时要防止内存泄露。内存泄露是指由于疏忽或错误未能释放不再使用的用 malloc 函数申请的存储空间。堆空间由所有程序共享，容量有限，当一个程序因内存泄露占用了大量的堆空间时，其他程序可能会因为申请不到需要的堆空间而不能正常运行。

例 9-24 分析下面的函数。

```
void leak( ){
    char *str;
    str = (char *)malloc(sizeof(char) * 50);
    if(str != NULL){
        printf("请输入一串字符：\n");
        gets(str);
        puts(str);
    }
}
```

分析：

函数首先在堆空间中申请了 50 个字符型存储单元，然后用它们存储了用户输入的字符串，最后又输出了用户输入的字符串。

函数在调用执行时会发生内存泄露。指针变量 str 是局部变量，待函数执行完毕，它的存储单元会自动释放。指针变量 str 存储的地址将随着它生命周期的结束而无法访问，程序中将无法释放此块堆空间，即这块堆空间"泄露"了。每调用一次函数，就会泄露一块堆空间。

讨论：

将图 9-11 中的二维数组 a 重新组织，如图 9-23 所示，二维数组 a 指向一个长度为 3 的一维数组，一维数组的每个数组元素又指向一个长度为 2 的一维数组。参考二维数组的组织方式，在堆空间上申请一个 m 行 n 列的二维数组。

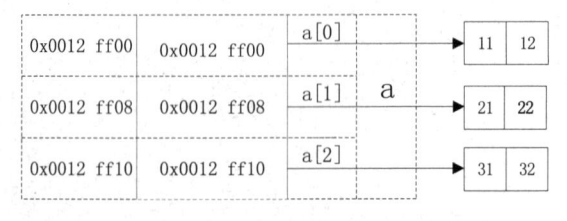

图 9-23 重新组织的二维数组 a

提示：

参考程序如下。

```c
#include <stdio.h>
#include <stdlib.h>
int main( ){
   int m, n, i, j;
   int **a;
   scanf("%d%d", &m, &n);
   a = (int **)malloc(sizeof(int *) * m);
   if(a == NULL)
      return 1;
   for(i=0; i<m; ++i){
      a[i] = (int *)malloc(sizeof(int) * n);
      if(a[i] == NULL)
           return 1;
      for(j=0; j<n; ++j)
           scanf("%d", &a[i][j]);
   }
   for(i=0; i<m; ++i){
      for (j=0; j<n; ++j)
           printf("%d ", a[i][j]);
      printf("\n");
   }
   for(i=0; i<m; ++i)
      free(a[i]);
   free(a);
   return 0;
}
```

程序的运行结果如图 9-24 所示。

堆空间中 3 行 2 列的二维数组 a 的状态如图 9-25 所示。

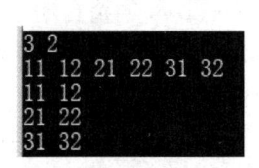

图 9-24　程序的运行结果

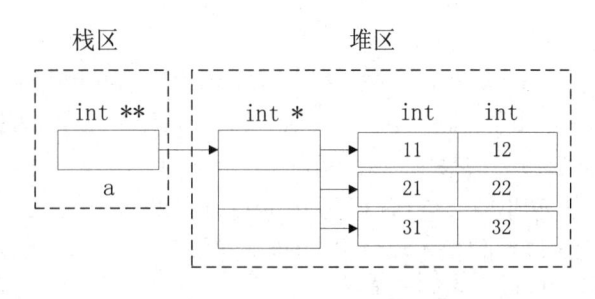

图 9-25　堆空间中 3 行 2 列的二维数组 a 的状态

9.9　典型例题

例 9-25　分析下面的程序。

```c
#include <stdio.h>
```

```c
void main( ){
    int a[3][2] = {{11, 12}, {21, 22}, {31, 32}};
    int i, j, (*p)[2], *pi;
    p = a;
    for(i=0; i<3; ++i){
        for(j=0; j<2; ++j)
            printf("%3d", (*(p + i))[j]);   //printf("%3d", p[i][j]);
        printf("\n");
    }
    printf("\n");
    for(i=0; i<3; ++i){
        pi = a[i];
        for(j=0; j<2; ++j)
            printf("%3d", *(pi + j));
        printf("\n");
    }
    printf("\n");
    pi = a[0]; // pi = &a[0][0];
    for(i=0; i<3; ++i){
        for(j=0; j<2; ++j)
            printf("%3d", *pi++);
        printf("\n");
    }
}
```

分析：

程序用 3 种方式输出了二维数组 a。

语句 p=a;执行后，指针变量 p 指向数组 a 的首元素 a[0]，故 p+i 指向 a[i]，*(p+i)与 a[i]标识了同一个长度为 2 的一维整型数组，表达式(*(p + i))[j]标识了该数组型存储单元的第 j 个数组元素，表达式(*(p+i))[j]与 a[i][j]可以互换。

语句 pi = a[i];执行后，pi 指向 a[i]的首元素 a[i][0]，故 pi + j 指向 a[i][j]，表达式*(pi + j)即 a[i][j]。

语句 pi = a[0];执行后，pi 指向 a[0]的首元素 a[0][0]。表达式*pi++的求值顺序为(*(pi++))，子表达式 pi++的值为 pi，原表达式的值为*pi。在对表达式求值时，变量 pi 的值自增 1，pi 指向与原来指向的存储单元相邻的下一个同类型的存储单元。第一次对表达式求值时，表达式*pi++即 a[0][0]，自增后 pi 指向 a[0][1]；第二次对表达式求值时，表达式*pi++即 a[0][1]，自增后 pi 指向 a[0][2]；……数组的数组元素依次相邻，通过重复地输出表达式*pi++的值就可以输出数组 a 的所有数组元素。

例 9-26 有 n 个人围坐一圈，用 1，2，…，n 按顺时针方向为每个人编号。从某个人起，按顺时针方向进行 1~m（m>0）的报数，报到 m 的人出圈；接着从下一个人继续进行 1~m 的报数，报到 m 的人出圈。一直进行这样的报数，直到所有的人都出圈为止，试问他们出圈的次序。

分析：

用一维整型数组的数组元素表示参加报数的人，数组元素的值为报数人的编号，用指针变量 p 指向当前要报数的数组元素，如图 9-26 所示。整型变量 k 的值表示上一个人报的数，整型变量 g 的值表示已经出圈的人数，当报数人需出圈时，就把对应的数组元素赋值为 0。

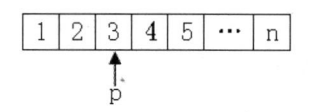

图 9-26　变量 p 指向当前要报数的数组元素

报数活动的过程如下。

第一步：判断当前要报数的人是否已经出圈（当前数组元素是否为 0），如果没有出圈（不为 0）就先报数（++k），再判断报的数（变量 k 的值就是报的数）是否为 m，如果是，输出报数人的编号后让其出圈（变量 k 赋值为 0，即重新开始报数；变量 g 的值加 1，即出圈人数加 1）。

第二步：调整指针变量 p 指向下一个数组元素。

重复上面两步，直到变量 g 的值为 n 时停止。

```c
#include <stdio.h>
#include <stdlib.h>
int main( ){
    int *pa;
    int n, s, m, k, g = 0, *p;
    printf("请输入总人数、开始者编号和出圈者所报数字：\n");
    scanf("%d%d%d", &n, &s, &m);
    //初始化数组
    pa = (int *)malloc(sizeof(int) * n);
    if(pa == NULL)
        return 1;
    for(p=pa; p<pa+n; ++p)
        *p = ++g;
    //准备报数
    p = pa + (s - 1) % n;//变量 p 指向开始报数的人
    k = g = 0;
    //重复报数
    while(g < n){
        if(*p != 0){
            ++k;
            if(k == m){
                printf("%d ", *p);
                *p = 0;    //出圈者的值为 0
                k = 0;
                ++g;
                if(g % 10 == 0)
                    printf("\n");
            }
        }
    }
```

```
            //调整指针变量p指向下一个数组元素
            if(p == pa + n - 1)
                p = pa;
            else
                ++p;
        }
    return 0;
}
```

程序的运行结果如图 9-27 所示。

```
请输入总人数、开始者编号和出圈者所报数字：
10 3 5
 7 2 8 4 1 10 3 6 9 5
```

图 9-27　例 9-26 程序的运行结果

例 9-27　在头文件 stdlib.h 中声明库函数 qsort 为 void qsort(void *base, unsigned n, unsigned size, int (*fcmp)(const void *, const void *))。库函数 qsort 采用快速排序算法对从 base[0]到 base[n-1]的数组元素进行升序排列。排列时，库函数 qsort 用指针变量 fcmp 指向的函数来确定数组元素的大小。qsort 函数把两个待比较大小的数组元素的地址作为实参，调用指针变量 fcmp 指向的函数。若指针变量 fcmp 指向的函数返回一个小于 0 的整数，则表示第一个地址处的数组元素小于第二个地址处的数组元素；若返回 0，则两者相等；若返回一个大于 0 的整数，则第一个地址处的数组元素大于第二个地址处的数组元素。每个数组元素的存储单元为 size 个字节。

调用 qsort 函数对一个整型数组的数组元素进行升序排列。

分析：

qsort 函数需要一个能比较大小的函数作为实参，对整数进行排序时需定义一个能比较整数大小的函数。由函数型指针变量 fcmp 可知，比较大小的函数首部应为 int intcmp(const void *p1, const void *p2)，函数 intcmp 实际上需比较两个 void 型指针变量指向的两个 int 型变量的大小。

```
#include <stdio.h>
#include <stdlib.h>
int intcmp(const void *p1, const void *p2){
    return *((int *)p1) - *((int *)p2);
}
int main( ){
    int i, a[5] = {23, 32, 21, 52, 25};
    qsort(a, 5, 4, intcmp);
    for(i=0; i<5; ++i)
      printf("%3d", a[i]);
    return 0;
}
```

讨论：

（1）如何利用库函数 qsort 对整型数组的数组元素进行降序排列？

（2）如何利用库函数 qsort 对双精度数组的数组元素进行升序排列？

（3）对数组进行排序时，肯定要交换两个数组元素的值，库函数 qsort 如何在"不知道"数组元素类型的前提下做到这一点的？（请参考本练习第 42 题）

例 9-28　调用 qsort 函数对数组 str 中数组元素指向的字符串常量进行升序排列，即排列后 str[0]指向的字符串最小，str[2]指向的字符串最大。

```
char *str[ ] = {"Henan", "Beijing", "Guangzhou"};
```

分析：

qsort 函数用于数组元素的排序，数组 str 的数组元素的值为字符型地址，题目要求对数组元素指向的字符串常量进行升序排列。若 str[0]的值为字符型地址 0x00420034，则指向字符串常量"Henan"；若 str[1]的值为字符型地址 0x00420028，则指向字符串常量"Beijing"；若 str[2]的值为字符型地址 0x0042001c，则指向字符串常量"Guangzhou"。对于数组元素 str[1]和 str[2]，比较值时，字符型地址 0x00420028 大于字符型地址 0x0042001c，即 str[1]大于 str[2]；比较数组元素指向的字符串常量时，"Beijing"小于"Guangzhou"，即 str[1]小于 str[2]。如何定义比较函数呢？

```
#include <stdio.h>
#include <stdlib.h>
#include <string.h>
int stringcmp(const void *p1, const void *p2){
    char **pp1 = (char **)p1;
    char **pp2 = (char **)p2;
    return strcmp(*pp1, *pp2);
}
int main( ){
    char *str[] = {"Henan", "Beijing", "Guangzhou"};
    int i;
    qsort(str, 3, 4, stringcmp);
    for(i=0; i<3; ++i)
        puts(str[i]);
    return 0;
}
```

排序前、后 str 数组的状态变化可能如图 9-28 所示。

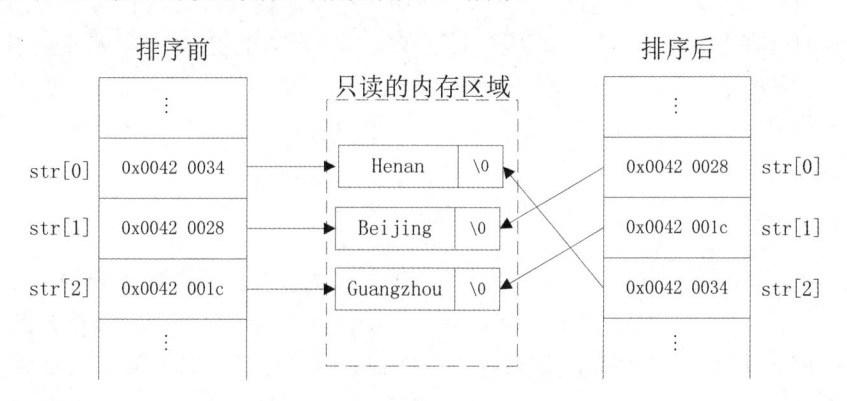

图 9-28　排序前、后 str 数组的状态变化

程序的运行结果如图 9-29 所示。

```
Beijing
Guangzhou
Henan
```

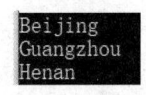

图 9-29　例 9-28 程序的运行结果

讨论：

（1）当 qsort 函数执行时，会用什么样的实参调用 stringcmp 函数？

（2）使用下面的比较函数时，结合图 9-28 中的数据分析程序的运行结果。

```
int stringcmp(const void *p1, const void *p2) {
    char *pp1 = (char *)p1;
    char *pp2 = (char *)p2;
    return strcmp(pp1, pp2);
}
```

深度探究

1. 变量的左值和右值

有 int i = 5，设变量 i 的内存状态如图 9-30 所示。

| 0x0012 ff00 | 5 | i |

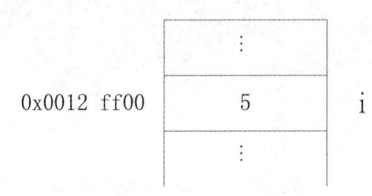

图 9-30　变量 i 的内存状态

存储单元用于存放数据，存储单元的操作主要有两个：写入或读取。常见的写入操作是赋值。表达式 i = 5 把整数 5 存储到变量 i 标识的存储单元中，变量 i 的值实为 int 型地址 0x0012 ff00，即把整数 5 存储到 int 型地址 0x0012 ff00 标识的存储单元中。读取操作常表现为使用存储单元的内容。表达式 i + 3 中，变量 i 的值为存储单元存放的数据，即整数 5，表达式 i + 3 即 5 + 3。变量的值有时表现为存储单元的地址，有时表现为存储单元的内容。

当变量位于赋值操作符的左边时，变量的值多表现为存储单元的地址，故称存储单元的地址为变量的左值；当变量位于赋值操作符的右边时，变量的值多表现为存储单元的内容，故称存储单元存放的内容为变量的右值。左值和右值仅是一种形象的说法，"只要变量出现在赋值操作符的左边，变量的值就会表现为左值（地址）"的说法是错误的。有变量 p，无论表达式 p + 1 出现在赋值操作符的左边还是右边，操作数 p 都表现为右值，进行加法运算时，只有存储单元的值参与运算才更合情理。

2. 表达式的值

图 9-30 中的变量 i，表达式 i + 1 的值为 6，表达式的值在哪个存储单元中存放呢？

运算器求和时，计算结果也位于运算器中。程序只能读取运算器中存储单元的内容而不能写入数据。存放表达式 i + 1 结果的存储单元可理解为一个无名临时变量。在 C 语言中，表达式的结果通常为无名临时变量，只能读取，不能写入。以赋值语句 i + 1 = 3;为例，该子表达式 i + 1 先求值，结果为 6，由图 9-31 所示的无名临时变量存放。程序不能给无名临时变量赋值，不能把整数 3 存储到这个临时变量中，该语句非法。

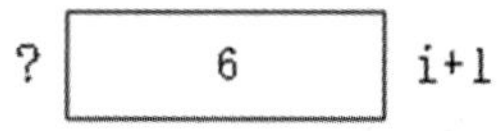

```
    ?  |  6  |   i+1
```

图 9-31　值为整数的无名临时变量

一些表达式可以出现在赋值操作符的左边，这样的表达式具有左值性，而只能出现在赋值操作符右边的表达式具有右值性。表达式 i + 1 不具有左值性。当把一个普通变量也看作一个表达式时，它显然具有左值性。当指针变量 pi 指向变量 i 时，表达式*pi 和变量 i 标识同一个存储单元，表达式*pi 也可以位于赋值操作符的左边，即具有左值性。"间接引用"表达式常标识一个存储单元，多具有左值性。

表达式*(&i)是否具有左值性呢？

分析：

子表达式&i 的结果由图 9-32 所示的无名临时变量存放，其左值不知，右值为 int 型地址 0x0012 ff00。

```
    ?  |  0x0012 ff00  |   &i
```

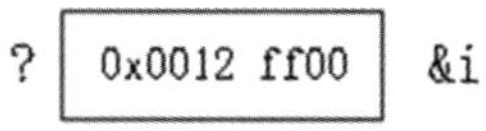

图 9-32　右值为 int 型地址的无名临时变量

当表达式*(&i)在赋值操作符的左边时，子表达式&i（无名临时变量）表现为左值，可以读取，不能写入。间接引用操作先读取此无名临时变量的值，得到 int 型地址 0x0012 ff00 后，再标识该地址处的存储单元。语句*(&i) = 3;执行时，整数 3 将被存储到地址为 0x0012 ff00 的整型存储单元中，该存储单元实为变量 i 的存储单元，程序可以读取和写入该存储单元，赋值操作可以正常执行。表达式*(&i)可以位于赋值操作符的左边，具有左值性。

练习 9

1. 语句 double lf, *p = &lf;与 double lf, *p; *p = &lf;等价吗？
2. 格式字符 p 用于输出地址。

```
#include <stdio.h>
void main( ){
    int i = -5, *pi;
    pi = &i;
    printf("%p, %p\n", pi, &pi);
}
```

根据程序的运行结果，参照图 9-2 画出变量 pi 与 i 的关系。

3. 有 double f, *pf = &f;，sizeof(pf)与 sizeof(*pf)的值分别为多少？
4. 分析下面程序的运行结果。

```
#include <stdio.h>
void main( ){
    int i = 3, *p1 = &i, *p2;
    p2 = p1;
    i = *p1 + *p2;
    printf("%d, %d, %d\n", *p1, *p2, i);
}
```

5. 分析下列语句。

(1) int *p1, *p2; p1 = p2;
(2) int i, *p1, *p2; p1 = p2 = &i;
(3) int i = 3, *p1, *p2; p1 = &i; p2 = *p1;
(4) int i = 3, *p1, *p2 = &i; *p1 = *p2;
(5) int i = 3, *p1, *p2 = &i; p1 = p2;
(6) int *p1, *p2; p1 = &p2;

6. 分析下面的程序。

```
#include <stdio.h>
void main( ){
    int a, b, m = 5, n = 3;
    int *p1 = &m, *p2 = &n;
    a = p1 == &m;
    b = (++*p1)/(*p2) + 5;
    n = *p1 + *p2;
    printf("a=%d, b=%d\n", a, b);
    printf("m=%d, n=%d\n", *p1, *p2);
}
```

7. 整型指针变量 pa、pb、pc 分别指向整型变量 a、b、c，按下面的要求编程。

（1）使用指针变量，交换 a、b、c 的值，使变量 a、b、c 按升序排列。（指针变量指向的对象不变，即变量 pa 一直指向 a。）

（2）变量 a、b、c 的值不变，指针变量 pa、pb、pc 指向的变量按升序排列（即 pa 指向值最小的变量）。

8. 有 int i,*pi = &i;，语句 scanf("%d", &i);可以用语句 scanf("%d", pi);代替吗？分析下面的程序。

```
#include <stdio.h>
void main(){
    int a, b;
    int *p0, *p1;
    p0 = &a;
    p1 = &b;
    scanf("%d%d", &a, p1);
    printf("%d, %d\n", *p0, b);
}
```

9. 分析下面的程序。

```
#include <stdio.h>
void main( ){
    int a, b, c, i;
    int *ap[3];
    ap[0] = &a;
    ap[1] = &b;
    ap[2] = &c;
    for(i=0; i<3; ++i)
```

```
            scanf("%d", ap[i]);
        for(i=0; i<3; ++i)
            printf("%d ", *ap[i]);
        printf("\n%d,%d,%d\n", a, b, c);
}
```

10. 没有初始化的指针变量是空指针吗？
```
#include <stdio.h>
void main( ){
    int *pi;
    if(pi == NULL)
        printf("pi 是空指针！\n");
    else
        printf("pi 不是空指针！\n");
    *pi = 5;
    printf("%d\n", *pi);
}
```

11. 把例 9-4 的 swap 函数改为下面的函数后，分析程序的运行结果。
```
void swap(int *px, int *py){
    int *temp;
    temp = px;
    px = py;
    py = temp;
}
```

12. 分析下面的程序。
```
#include <stdio.h>
int *p;
void test(int x, int *pi){
    int c = 3;
    *p = *pi + c;
    x = *pi * c;
    printf("%d, %d, %d\n", x, *pi, *p);
}
void main( ){
    int i = 5, j = 2, k = 3;
    p = &j;
    test(i, &j);
    printf("%d, %d, %d\n", i, j, *p);
}
```

13. 分析下面的程序。
```
#include <stdio.h>
char in[256];
void scanInt(int *p){
    int i;
    if(p == NULL)
```

```
            return;
    for(i=0, *p=0; in[i]!='\0'; ++i)
            *p = *p * 10 + in[i] - '0';
}
void main( ){
    int m;
    printf("请输入一个整数：\n");
    scanf("%s", in);
    scanInt(&m);
    printf("您输入的整数是%d\n", m);
}
```

14. 当指针作为参数时，无论它指向何种类型的存储单元，实参与形参之间都只传递 4 个字节的地址。一些函数使用指针变量作为参数，仅仅是为了提高函数的执行效率，并不需要在函数体中以间接引用的方式改变形参指向的存储单元。如何限制指针形参指向的存储单元被修改呢？毕竟函数的设计者与实现者可能不是同一个人。

关键字 const 用于限制存储单元被修改，其修饰的变量又称常量。若有 const int i = 23 或 int const i = 23;，则变量 i 是一个常量，不能再赋值。语句 i = 5;或++i;有语法错误。

当 const 修饰指针变量时，情况会变得复杂，如有 double m = 2.3,n = 3.2; const double *p = &m;，指针变量 p 为常量，此时是变量 p 标识的存储单元不能修改呢（p = &n;有语法错误），还是变量 p 指向的存储单元不能修改呢（p = &n 合法，而*p = 5.2 非法）？

编程测试下列语句中 const 的作用。const 可以修饰形参吗？

```
const double *pf = &m;
double const *pf = &m;
double * const pf = &m;
const double * const pf = &m;
```

15. 下面代码段的功能是将用户输入的数据存储到数组 a 中，请选择合适的表达式。
```
int a[5], *p = &a[0],i;
for(i=0; i<5; ++i)
    scanf("%d", ____);
```
A. *(p+i)   B. p++   C. ++p   D. p+i

16. 已知 int a[3] = {1, 2, 3}, *p = a;，分析表达式*p++和*--p。

17. 如何理解一维数组变量？讨论一维整型数组变量 a 与整型指针变量 pi 的异同。

18. 分析下面的程序。
```
#include <stdio.h>
void main(){
    char ch[5];
    char (*p)[5], *p1;
    int i;
    p1 = &ch[0];
    for(i=0; i<5; ++i){
            scanf("%c", p1);
            ++p1;
    }
```

```
        p = &ch;
        for(i=0; i<5; ++i)
                printf("%c", (*p)[i]);
        putchar('\n');
}
```

19. 下面的程序用指针变量实现了练习 6 第 4 题。

```
#include<stdio.h>
#define N 10
void main( ){
    int *pi, *pmax, temp;
    int arr[N];
    printf("请输入%d 个整数：\n", N);
    for(pi=arr; pi<arr+N; ++pi)
            scanf("%d", pi);
    printf("处理前数组为：\n");
    for(pmax=pi=arr; pi<arr+N; ++pi){
            printf("%d ", *pi);
            if(*pi > *pmax)
                    pmax = pi;
    }
    for(temp=*pmax; pmax<arr+N-1; ++pmax)
            *pmax = *(pmax + 1);
    *pmax = temp;
    printf("\n 处理后数组为：\n");
    for(pi=arr; pi<arr+N; ++pi)
            printf("%d ", *pi);
    printf("\n");
}
```

参照这个程序，用指针变量实现练习 6 第 5 题和第 6 题。

20. 分析下面的程序。

```
#include <stdio.h>
#define N 5
void main( ){
    int i, temp, *pMin, *p;
    int a[N] = {23, 32, 25, 52, 21};
    for(i=0; i<N-1; ++i){
            pMin = &a[i];
            for(p=pMin+1; p<a+N; ++p)
            if(*pMin > *p)
                pMin = p;
            temp = a[i];
            a[i] = *pMin;
            *pMin = temp;
    }
```

```
        for(p=a; p<a+N; ++p)
                printf("%-3d", *p);
}
```

21. 使用例 9-12 的算法对用户输入的字符进行升序排列。
22. 分析下面的程序。

```
#include <stdio.h>
void strncpy(char *dst, char *src, int n){
    int i;
    for(i=0; i<n && *src!='\0'; ++i)
            *dst++ = *src++;
    for( ; i<n; ++i)
            *dst++ = '\0';
}
void main( ){
    char str1[11] = "I love C!", str2[] = "Hehe";
    int i;
    strncpy(str1, str2, 2);
    puts(str1);
    strncpy(str1, str2, 7);
    puts(str1);
    for(i=0; i<11; ++i)
            putchar(str1[i]);
    putchar('\n');
}
```

23. 函数 strLen 用于求字符串的有效长度，首部为 int strLen(char *str)，请实现该函数。
24. 函数 toInt（首部为 int toInt(char *str)）用于将以字符串形式存储的整数串转换为一个整数，实现该函数，并用下面的程序测试。

```
#include <stdio.h>
void main( ){
    char str[11];
    gets(str);
    printf("%s=%d\n", str, toInt(str));
}
```

当用户输入"-5678✓"时，程序应输出"-5678=-5678"；当用户输入"6789✓"时，程序应输出"6789=6789"。

25. 分析并测试下面的函数。

```
void reverse(char *ps){
    if(*ps == '\0')
        return;
    reverse(ps + 1);
    putchar(*ps);
}
```

26. 分析并测试下面的函数。
```c
void test(int *a, int n, int i, int *p){
    if(i < n){
        if(a[i] > a[*p])
            *p = i;
        test(a, n, i + 1, p);
    }
}
```

27. 分析下面的程序。
```c
#include <stdio.h>
void test(int i, int a[3]){
    printf("%d,%d\n", i, sizeof(a));
}
void main( ){
    int a[5] = {1, 2, 3, 4, 5};
    printf("%d\n", sizeof(a));
    test(sizeof(a), a);
    printf("%d\n", sizeof(a) / sizeof(*a));
}
```

28. 利用指针变量完成练习6第16题和第17题。
29. 利用指针变量把一个二维数组分别按行和列输出。
30. 利用指针变量完成例6-10。
31. 分析下面的程序。
```c
#include <stdio.h>
#include <string.h>
    char *str1 = "Hello!";
    void main( ){
    char *str2 = "Hello!";
    char *str3 = "Hello!";
    printf("%p,%p,%p\n", str1, str2, str3);
    printf("%d,%d,%d\n", strlen(str1), strlen(str2), strlen(str3));
    printf("%d,%d,%d\n", sizeof(*str1), sizeof(*str2), sizeof(*str3));
}
```

32. 分析 char str[ ] = "Hi!"; 与 char *str1 = "Hi!"; 的异同。语句 char *s2; scanf("%s", s2); 有什么问题？

33. 例9-4中的swap函数可以交换整型变量m和n的值，设计一个可以交换两个整型指针变量的值的swap函数。

34. 分析下面的程序，并画出数组变量a与指针数组变量pi的关系图。
```c
#include <stdio.h>
void main( ){
    int a[9] = {1, 2, 3, 4, 5, 6, 7, 8, 9};
    int i, j, *pi[3];
    for(i=0; i<3; ++i)
```

```
        pi[i] = &a[i * 3];
    for(i=0; i<3; ++i){
        for(j=0; j<3; ++j)
            printf("%3d", *(pi[i]+j));
        printf("\n");
    }
}
```

35. 分析下面的程序。
```
#include <stdio.h>
void main( ){
    int a[3][2] = {{11, 12}, {21, 22}, {31, 32}};
    int *pa[3];
    int i, j;
    for(i=0; i<3; ++i)
            pa[i] = a[i];
    for(i=0; i<3; ++i){
            for(j=0; j<2; ++j)
            printf("%3d", *(pa[i] + j));//pa[i][j]也行
            printf("\n");
    }
}
```

36. 分析下面的程序。
```
#include <stdio.h>
void main( ){
    int a[2][3][4] = {{{100, 101, 102, 103}, {110, 111, 112, 113}, {120, 121, 122, 123}}, {{200, 201, 202, 203}, {210, 211, 212, 213}, {220, 221, 222, 223}}};
    int i, j, k;
    int (*p2)[3][4], (*p1)[4], *p0;
    printf("用指向二维数组的指针变量输出三维数组：\n");
    p2 = a;
    for(i=0; i<2; ++i){
        for(j=0; j<3; ++j){
            for(k=0; k<4; ++k)
                printf("%5d", (*(p2+i))[j][k]);
            printf("\n");
        }
        printf("\n\n");
    }
    printf("用指向一维数组的指针变量输出三维数组：\n");
    for(i=0; i<2; ++i){
        p1 = a[i];
        for(j=0; j<3; ++j){
            for(k=0; k<4; ++k)
                printf("%5d", (*(p1+j))[k]);
```

```
            printf("\n");
        }
        printf("\n\n");
    }
    printf("用指向整型的指针变量输出三维数组：\n");
    p0 = (int *)a;
    for(i=0; i<2; ++i){
        for(j=0; j<3; ++j){
            for(k=0; k<4; ++k)
                printf("%5d", *p0++);
            printf("\n");
        }
        printf("\n\n");
    }
}
```

37. 不借助库函数 qsort，根据数组元素指向的字符串常量，对数组 str 进行升序排列。
```
char *str[3] = {"Henan", "Beijing", "Guangzhou"};
```

38. 改正下面程序中存在的错误，如在使用指针变量 pi 之前，没有对它赋值，即指针变量 p 没有定义就使用了。画图分析程序中指针变量与数组变量的关系。
```
#include <stdio.h>
void main( ){
    int a = 5, b = 2, c = 3;
    int *pa[3] = {&a, &b, &c};
    int *pi, i;
    //使用指针变量 pi 输出 a、b、c 的值
    for(i=0; i<3; ++i){
        printf("%2d", *pi);
    }
    printf("\n");
    p = pa;
    //使用指针变量 p 输出 a、b、c 的值
    for(i=0; i<3; ++i){
        printf("%2d",  **p);
    }
}
```

39. 用一对双撇号把命令行参数包裹起来，会对命令行参数产生什么影响？编程测试。用户输入"test "hello C!"✓"和"test hello C!✓"有区别吗？

40. 命令行参数可以为/s、/p、/a 和/?四种选项中的一种，编程输出用户选用的命令行参数。若有 test.exe /s✓，则程序输出"您用/s 选项运行了程序"。

41. 用例 9-22 中的 calDefInt 函数求 $2x^2+\sin(x)$ 在 $[0,\pi/2]$ 上的定积分。

42. 下面的函数可以交换两个整型或浮点型变量，甚至可以交换两个数组变量，请分析并测试该函数。
```
void swap(void *px, void *py, unsigned size){
```

```
       char temp, *pa, *pb;
       pa = (char *)px;
       pb = (char *)py;
       if(pa != pb)
         while (size--){
             temp = *pa;
             *pa++ = *pb;
             *pb++ = temp;
         }
}
```

43．自选排序算法，参照库函数 qsort 的首部定义一个与类型无关的排序函数。

44．请在堆空间构造一个 3 行 2 列的二维字符型指针数组。

45．函数 printA 的首部为 void printA(int *p, int i, int j)，用于输出一个 i 行 j 列的二维整型数组。实现并测试该函数。

46．分析下面的程序。

```
#include <stdio.h>
#define MAX 100
int main( ){
      int a[MAX];
  int i, n, s, m, k, g;
      printf("请输入总人数、开始者编号和出圈者所报数字：\n");
      scanf("%d%d%d", &n, &s, &m);
      //初始化数组
      for(i=0; i<n; ++i)
        a[i] = i + 1;
      //准备报数
      s = (s - 1) % n;
      //重复报数
      for(g=n; g>1; --g){
        s = (s + m - 1) % g;
        k = a[s];
        for(i=s; i<g-1; ++i)
             a[i] = a[i + 1];
        a[g-1] = k;
      }
      for(i=n-1; i>=0; --i){
         printf("%5d", a[i]);
         if((n - i) % 10 == 0)
             printf("\n");
      }
      return 0;
}
```

47．在 stdlib.h 中声明库函数 bsearch 为 void * bsearch(const void *key, const void *base, unsigned n, unsigned size, int (*fcmp)(const void *, const void *));。该库函数采用二分搜索算法查

找从 base[0] 到 base[n-1]（数组元素已有序）中，是否有与指针变量 key 指向的变量相等的数组元素。当指针变量 fcmp 指向的比较函数的返回值为 0 时，两者相等。该库函数中其他参数的作用与库函数 qsort 中参数的作用相同。当找到相等的数组元素时，该库函数会返回其地址，否则返回 NULL。编程测试该库函数。

提示：

（1）什么是二分搜索算法？

（2）有序的数组元素是升序的还是降序的？

本章讨论提示

1．以二维数组 int a[3][2]为例，数组 a 是长度为 3、数组元素类型为 int[2]型的一维数组，*(a+1)就是 a[1]，长度为 2 的一维整型数组。数组元素 a[i]是一个长度为 2 的 int 型一维数组，*(a[1]+1)就是 a[1][1]，一个 int 型变量。在堆空间定义一个 3 行 2 列的二维数组时，数组元素 a[i]的值是 int *，数组 a 的值是 int**，两者的状态分别如图 9-11（或图 9-23）和图 9-25 所示。

2．函数的输出结果为返回值。

```
#include <stdio.h>
#include <stdlib.h>
int *list(int n){
   return (int *)malloc(sizeof(int) * n);
}
int main(){
   int i;
   int *pi;
   pi = list(5);
   if(pi == NULL)
      return 1;
   for(i=0; i<5; ++i){
      *(pi + i) = i * 2;
      printf("%d ", pi[i]);
   }
   free(pi);
   return 0;
}
```

函数的输出结果为全局变量。

```
#include <stdio.h>
#include <stdlib.h>
int *pa;
void list(int n){
   pa = (int *)malloc(sizeof(int) * n);
}
int main( ){
   int i;
```

```
    list(5);
    if(pa == NULL)
        return 1;
    for(i=0; i<5; ++i){
        *(pa + i) = i * 2;
        printf("%d ", pa[i]);
    }
    free(pa);
    return 0;
}
```

函数的输出结果为形参指向的存储单元。

```
#include <stdio.h>
#include <stdlib.h>
void list(int n, int **p){
    *p = (int *)malloc(sizeof(int) * n);
}
int main(){
    int i;
    int *pa;
    list(5, &pa);
    if(pa == NULL)
        return 1;
    for(i=0; i<5; ++i){
        *(pa + i) = i * 2;
        printf("%d ", pa[i]);
    }
    free(pa);
    return 0;
}
```

第 10 章 用户自定义数据类型

章节导学

数据类型规定了存储单元的大小和编码格式，用于定义变量。顾名思义，用户自定义数据类型是指程序员定义的数据类型。编译器不可能"知道"用户自定义数据类型的编码长度和格式，因此，程序员只能在已有数据类型的基础上，通过限定或组合来自定义新的数据类型。

结构型是常用的自定义数据类型。结构型存储单元由多个类型已知的存储单元组合而成，这些存储单元有内部的名称，即结构型的成员。定义一个结构型变量相当于定义多个变量，这些变量被称为结构型变量的成员变量，用"结构型变量名.内部名"的形式标识，其中的"."是结构体成员操作符。同数组一样，结构型也是构造数据类型。数组中数组元素的类型相同，结构型中成员变量的类型可以不同。

结构型和数组的作用不同，数组用于组织数据，而结构型用于存储对象。对象可理解为由多个数据描述的事物，如一个学生对象有学号、姓名、英语成绩等属性。一个学生的学号、姓名、英语成绩等可用一个结构型变量的成员变量存储，一个学生对应一个结构型变量。尽管 C 语言程序中的结构型变量可用于存储对象的属性，但是其与面向对象程序设计语言中的对象有本质上的区别。C 语言是典型的结构化程序设计语言。与面向对象程序设计强调数据、以对象为中心的编程思想不同，结构化程序设计强调功能分解、以函数为中心。

有结构型变量 s，用类似 s.next = &s;的语句可以将多个同类型的结构型变量连接起来串成链表。与数组类似，链表也可以将多个数据组织起来，以便用统一的方法处理有"次序"的数据。

联合型变量也包含多个成员变量，但它们共享一块存储单元，这意味着某段时间只有一个成员变量是真正可以使用的。可以利用一个联合型变量代替多个普通变量以减少程序对内存空间的需求。

枚举型变量的取值范围仅限于定义枚举型时所规定的标识符。虽然枚举型本质上是整型，枚举型定义中的标识符也只是符号常量，但是采用枚举型可以提高程序的可读性。同时，限制枚举型变量的取值范围，可以避免用错误的数据给变量赋值，防止程序中出现逻辑错误。

本章讨论

1. 用数组与链表组织数据各有什么特点？
2. 对比例 9-26 和例 10-5，讨论"程序就是数据结构加算法"。

基本的数据类型有整型、浮点型、字符型和指针类型。数据类型用于定义变量，变量标识了内存中的一块存储单元，数据类型规定了存储单元的大小和编码格式。数据类型是具有相同特征的数据的抽象表示，而变量用于存放该类数据的一个具体值。

C 语言允许程序员根据需要，通过对已有数据类型的限定、组合来定义新的数据类型。这种由用户自己定义的数据类型,被称为用户自定义数据类型。C 语言的用户是程序员,"程序员获得用户的需求,设计算法"中的用户是应用程序的使用者。

用户自定义数据类型也用于定义变量,且与变量相关的存储单元的特点由用户自定义数据类型规定。C 语言中用户自定义数据类型有结构型(structure)、联合型(union)和枚举型(enumeration)。

10.1 结构型

10.1.1 结构型的定义

编程解决实际问题时,常常需要使用多个数据描述同一个对象,如学生成绩管理系统中,一个学生的信息通常包括学号、姓名、数学成绩、英语成绩等多个数据。虽然可以定义一个整型变量存储学号,一个字符型数组变量存储姓名,两个浮点型变量存储数学和英语成绩,但是一个学生的信息分散在几个变量中,处理起来十分不便。可以先定义一个被称为结构型的数据类型,它由一个整型、一个字符型数组和两个浮点型组成;再用这个结构型定义一个变量。这个结构型变量中包含一个整型变量、一个字符型数组变量和两个浮点型变量,也就是说,一个结构型变量可以存储一个学生的数据。一个结构型变量对应一个学生,与学生相关的信息都可以从这个结构型变量中获得,不但方便处理数据,而且可读性非常好。

用关键字 struct 定义结构型,形式如下。

```
struct 结构型名
{
        类型 标识符;
            ...
            类型 标识符;
};
```

其中,结构型名为标识符,新定义的结构型名称为"struct 结构型名"。定义一个结构型需用 C 语言语句,不要忘记语句结束的标志分号;。结构型内部成员的标识符又称结构型的内部名。

```
struct student{
    int no;
    char name[10];
    float fm, fe;
};
```

上述语句定义了一个结构型 struct student。再次强调,结构型是用户自定义数据类型,其作用与基本数据类型(如 int)的作用相同,用于定义变量。语句 struct student stu1;定义了一个 struct student 型的变量 stu1。与数组变量类似,定义一个结构型变量相当于定义多个普通变量,这些变量被称为结构型变量的成员变量,以"结构型变量名.内部名"的形式标识,其中"."为结构体成员操作符。定义一个结构型变量 stu1,实际上定义了一个名为 stu1.no 的整型变量,一个长度为 10、名为 stu1.name 的一维字符型数组变量和两个名为 stu1.fm 和 stu1.fe 的单精度变量。表达式 stu1.name[0]表示结构型变量 stu1 中的一维字符型数组成员变量 stu1.name 的第一个数组元素,结构体成员操作符和下标操作符具有相同的优先级,是左结合的。与数组元素不同,结构型变量的成员变量可以是不同的类型。

例 10-1 输入两个学生的信息，并按数学成绩降序输出他们的信息。

```
#include <stdio.h>
struct student{
    int no;
    char name[10];
    float fm, fe;
};
int main( ){
    struct student stu1, stu2;
    printf("请输入两个学生的学号、姓名、数学和英语成绩：\n");
    scanf("%d%s%f%f", &stu1.no, stu1.name, &stu1.fm, &stu1.fe);
    scanf("%d%s%f%f", &stu2.no, stu2.name, &stu2.fm, &stu2.fe);
    if(stu1.fm > stu2.fm){
        printf("学号:%d 姓名:%s 数学成绩:%.1f 英语成绩:%.1f\n", stu1.no, stu1.name, stu1.fm, stu1.fe);
        printf("学号:%d 姓名:%s 数学成绩:%.1f 英语成绩:%.1f\n", stu2.no, stu2.name, stu2.fm, stu2.fe);
    }
    else{
        printf("学号:%d 姓名:%s 数学成绩:%.1f 英语成绩:%.1f\n", stu2.no, stu2.name, stu2.fm, stu2.fe);
        printf("学号:%d 姓名:%s 数学成绩:%.1f 英语成绩:%.1f\n", stu1.no, stu1.name, stu1.fm, stu1.fe);
    }
    return 0;
}
```

讨论：

（1）比较数组元素与成员变量的异同。

（2）本例中结构型变量 stu1 的存储单元有几个字节？（sizeof(stu1)。）

可以在定义结构型的同时定义结构型变量。

```
struct student{
    int no;
    char name[10];
    float fm, fe;
}stu1, stu2;
```

上述语句定义了一个结构型 struct student，同时定义了 struct student 型变量 stu1 和 stu2。如果程序中不再定义新的结构型变量，那么可以省略标识符 student。没有标识符的结构型被称为匿名结构型。

结构型变量也可以初始化。作为构造数据类型的结构型变量，在初始化时，也用一对花括号{}限定初值，如 struct student stu1 = {1001, "Zhang3", 90, 75};。

可以定义结构型数组变量，如语句 struct student stu[2];定义了两个 struct student 型变量 stu[0] 和 stu[1]，相关成员变量的标识类似 stu[0].no。也可以初始化结构型数组变量，如语句 struct student stu[2] = {{1001, "Zhang3", 90, 75}, {1002, "Li4", 85, 89}};或语句 struct student stu[2] =

{1001, "Zhang3", 90, 75, 1002, "Li4", 85, 89};。

与数组变量不同，同类型的结构型变量可以互相赋值，即使结构型变量的成员变量中有数组类型，赋值操作也能顺利进行。如有 struct student temp;，可用 temp = stu[0]; stu[0] = stu[1]; stu[1] = temp;交换结构型数组 stu 中数组元素 stu[0]和 stu[1]的值。

10.1.2 结构型指针变量

指针变量也可以指向结构型存储单元，如语句 struct student *pstu;定义了一个可以指向结构型 struct student 型存储单元的指针变量 pstu。语句 pstu = &stu1;使得指针变量 pstu 指向结构型变量 stu1，*pstu 与变量 stu1 等价，stu1.no 与(*pstu).no 标识了同一块整型存储单元。结构体成员操作符的优先级高于间接引用操作符的优先级。表达式(*pstu).name 中的圆括号操作符不能省略，该表达式写起来比较烦琐，借助指针变量使用其指向的结构型变量的成员变量时，常用指向结构体成员操作符->，(*pstu).no 常简写为 pstu->no，(*pstu).name 常简写为 pstu->name。表达式 pstu->no 可理解为结构型指针变量 pstu 指向结构型存储单元中名为 no 的成员变量，它是一个普通的 int 型变量。

结构型变量通常由多个成员变量组成，类型为结构型的形参往往需要较多的存储空间，实参向形参赋值时耗费时间，常把形参的类型由结构型改为指向该结构型的指针类型，以提高效率。

例 10-2 分析下面的程序。

```c
#include <stdio.h>
struct complex{
    double re, im;
};
struct complex construct(double re, double im){
    struct complex c;
    c.re = re;
    c.im = im;
    return c;
}
struct complex add(const struct complex *pc1, const struct complex *pc2){
    struct complex c;
    c.re = pc1->re + pc2->re;
    c.im = pc1->im + pc2->im;
    return c;
}
struct complex sub(const struct complex *pc1, const struct complex *pc2){
    struct complex c;
    c.re = pc1->re - pc2->re;
    c.im = pc1->im - pc2->im;
    return c;
}
struct complex mult(const struct complex *pc1, const struct complex *pc2){
    struct complex c;
```

```c
        c.re = pc1->re * pc2->re - pc1->im * pc2->im;
        c.im = pc1->re * pc2->im + pc1->im * pc2->re;
        return c;
}
struct complex div(const struct complex *pc1, const struct complex *pc2){
        struct complex c;
        double r;
        r = pc2->re * pc2->re + pc2->im * pc2->im;
        c.re = (pc1->re * pc2->re + pc1->im * pc2->im) / r;
        c.im = (pc1->im * pc2->re - pc1->re * pc2->im) / r;
        return c;
}

void print(const struct complex *pc){
        if(pc->re == 0 && pc->im == 0){
                printf("(0)");
                return;
        }
        if(pc->re != 0){
                printf("(%.2lf", pc->re);
           if(pc->im != 0)
                printf("%+.2lfi)", pc->im);
           else
                printf(")");
        }
        else
                printf("(%.2lfi)", pc->im);
}
int main( ){
        struct complex c1, c2, c;
        c2 = construct(12.3, 45.6);
        c1 = construct(87.7, 54.4);
        print(&c1);
        printf(" + ");
        print(&c2);
        printf(" = ");
        c = add(&c1, &c2); print(&c); printf("\n");
        print(&c1);
        printf(" - ");
        print(&c2);
        printf(" = ");
        c = sub(&c1, &c2); print(&c); printf("\n");
        print(&c1);
        printf(" * ");
        print(&c2);
```

```
        printf(" = ");
        c = mult(&c1, &c2); print(&c); printf("\n");
        print(&c1);
        printf(" / ");
        print(&c2);
        printf(" = ");
        c = div(&c1, &c2); print(&c); printf("\n");
        c = construct(0, 0);
        print(&c); printf("\n");
        c = construct(0, 9);
        print(&c); printf("\n");
        c = construct(8, 0);
        print(&c); printf("\n");
        return 0;
}
```

分析：

程序中定义的结构型复数由实部和虚部组成，并用函数实现了两个复数的加、减、乘、除，可以基于结构型复数和相关函数方便地进行复数的基本运算。

程序的运行结果如图 10-1 所示。

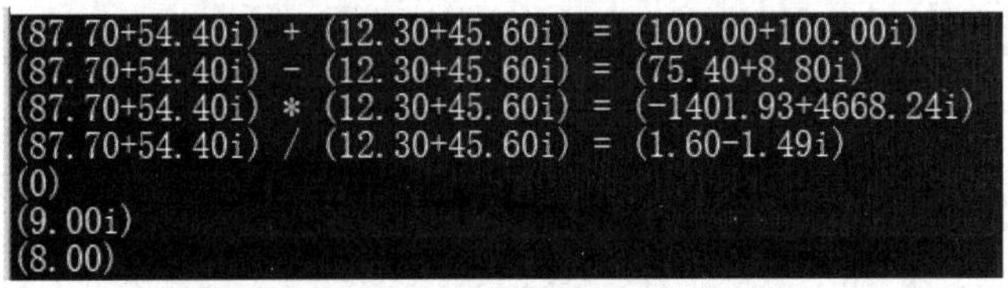

```
(87.70+54.40i) + (12.30+45.60i) = (100.00+100.00i)
(87.70+54.40i) - (12.30+45.60i) = (75.40+8.80i)
(87.70+54.40i) * (12.30+45.60i) = (-1401.93+4668.24i)
(87.70+54.40i) / (12.30+45.60i) = (1.60-1.49i)
(0)
(9.00i)
(8.00)
```

图 10-1 例 10-2 程序的运行结果

讨论：

（1）程序中 construct 函数有什么作用？把该函数的输出改为存储到由形参指定的存储单元中。

（2）程序中函数的形参前面为什么用关键字 const 修饰？

10.1.3 链表

分析下面定义的结构型。

```
struct node{
    int data;
    struct node *next;
};
```

结构型 struct node 包含一个 struct node 型指针。在 struct node 型的定义中，怎么可以包含指向 struct node 型的指针类型呢？因为任意类型的指针变量的长度都是 4 个字节。

成员变量中指向自身类型的指针变量的结构型变量可以连接起来，串成一串，如 struct node *head, node1, node2;head = &node1;node1.data = 23; node1.next = &node2;node2.data = 32; node2.next = NULL;，变量 head、node1 和 node2 的关系如图 10-2 所示。

```
      head              node1           node2
   ┌────────┐        ┌────────┐      ┌────────┐
   │ &node1 │───────▶│   23   │      │   32   │
   └────────┘        ├────────┤      ├────────┤
                     │ &node2 │─────▶│  NULL  │
                     └────────┘      └────────┘
```

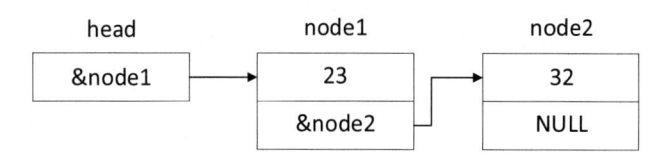

图 10-2 变量 head、node1 和 node2 的关系

讨论：

（1）结构型变量 node1 中有几个成员变量，分别是什么类型？

（2）指针变量 head 指向变量 node1 后，如何以间接引用的方式标识 node1 中的几个成员变量呢？

（3）指针变量 head 指向变量 node1 后，变量 head 与表达式 head->next 有何异同？如何理解语句 head = head->next;和语句 head->next = head;？

变量 head、node1 和 head2 如同一条铁链，一环扣一环，被称为链表。链表中的变量在逻辑上有先后顺序。

链表中的变量被称为结点，指针类型的首结点被称为链表的头指针。链表通常用头指针标识，当头指针为空时，链表为空表，长度为 0。如果要查找某元素是否在链表中，需从头指针开始，依次访问链表中的每个结点。

例 10-3 分析下面的程序。

```c
#include <stdio.h>
#include <stdlib.h>
struct node{
    int data;
    struct node *next;
};
int main( ){
    struct node *head, *ptail, *ptemp;
        int i, n;
        do{
        printf("请输入整数的个数：");
        scanf("%d", &n);
        }while(n <= 0);
        ptemp = (struct node *)malloc(sizeof(struct node));
        if(ptemp == NULL){
        printf("内存分配失败！\n");
        return 1;
    }
    printf("请输入第 1 个整数：");
    scanf("%d", &ptemp->data);
    head = ptail = ptemp;
    for(i=2; i<=n; ++i){
        ptemp = (struct node *)malloc(sizeof(struct node));
        if(ptemp == NULL){
            printf("内存分配失败！\n");
```

```
            return 1;
        }
        printf("请输入第%d个整数:", i);
        scanf("%d", &ptemp->data);
        ptail->next = ptemp;
        ptail = ptail->next;
    }
    ptail->next = NULL;
    for(ptemp=head; ptemp!=NULL; ptemp=ptemp->next, free(ptail)){
        printf("%d ", ptemp->data);
        ptail = ptemp;
    }
    return 0;
}
```

程序的运行结果如图 10-3 所示。

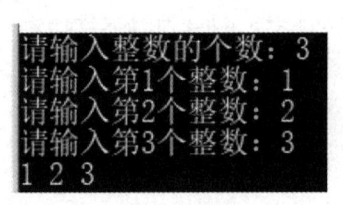

```
请输入整数的个数:3
请输入第1个整数: 1
请输入第2个整数: 2
请输入第3个整数: 3
1 2 3
```

图 10-3　例 10-3 程序的运行结果

程序中根据整数的个数动态地构造链表。先在堆空间动态地生成一个结点，然后把这个结点连接到链表上，这样的链表又称动态链表。动态链表的部分生成过程如图 10-4 所示。

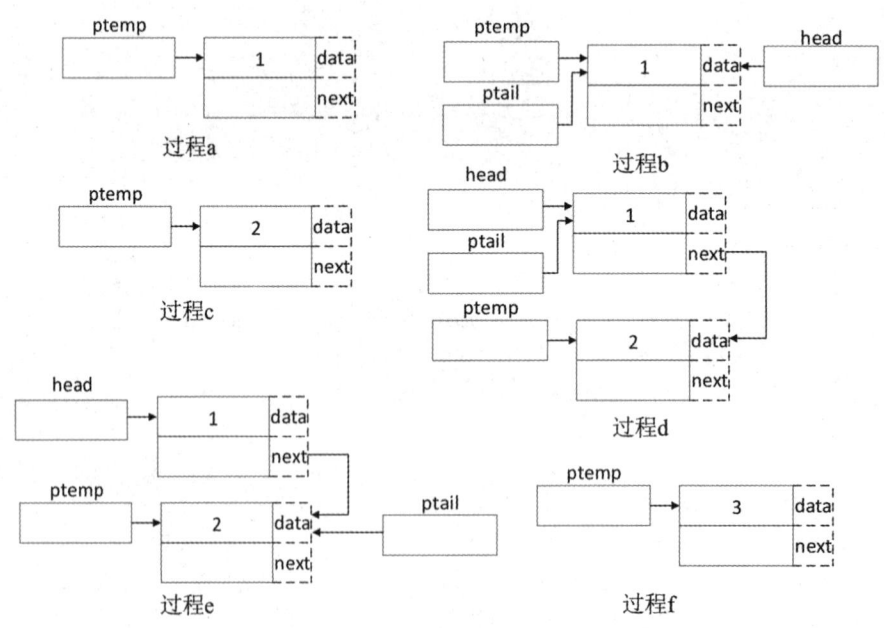

图 10-4　动态链表的部分生成过程

例 10-4　分析下面的程序。

```
#include <stdio.h>
```

```c
#include <stdlib.h>
struct student{
    int no;
    char name[10];
    float fm, fe;
    struct student *next;
};
int main( ){
    struct student head, *ptail = &head, *ptemp;
    int i, n;
    printf("请输入学生人数：\n");
    scanf("%d", &n);
    for(i=1; i<=n; ++i){
        ptemp = (struct student *)malloc(sizeof(struct student));
        if(ptemp == NULL){
            printf("内存分配失败！\n");
            return 1;
        }
        printf("请输入第%d个学生的信息：\n", i);
        scanf("%d%s%f%f", &ptemp->no, ptemp->name, &ptemp->fm, &ptemp->fe);
        ptail->next = ptemp;
        ptail = ptail->next;
    }
    ptail->next = NULL;
    for(ptemp=head.next; ptemp!=NULL; ptemp=ptemp->next)
        printf(" 学号：%d  姓名：%s  数学成绩：%.1f  英语成绩%.1f\n", ptemp->no, ptemp->name, ptemp->fm, ptemp->fe);
    return 0;
}
```

分析：

程序中学生的信息用结构型变量存储，多个学生的信息用链表组织起来。

本例中链表的首结点为一个结构型变量，而非指针变量，此时可称链表的首结点为头结点，也可用头结点中的数据成员存储链表的长度等附加信息。

输出信息后，程序就结束了，没有用库函数 free 释放分配的堆空间。

讨论：

（1）什么情况下最好用链表而不用数组组织数据？

（2）在程序中用库函数 free 释放分配的堆空间。

提示：

当频繁地增、删数据时，数组需不停地重新组织数组元素，链表会更灵活。

例 10-5 利用链表模拟报数，解决出圈顺序的问题（例 9-26）。

分析：

使用图 10-5 所示的首尾相连成环状的循环链表存储数据。

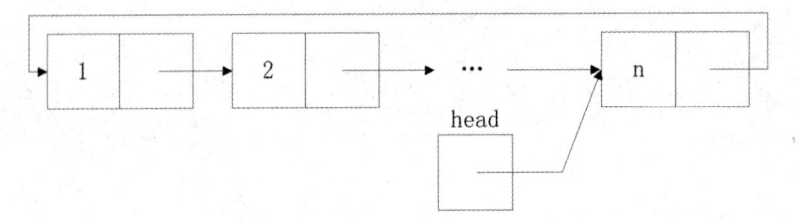

图 10-5 首尾相连成环状的循环链表

```c
#include <stdio.h>
#include <stdlib.h>
struct node{
    int no;
    struct node *next;
};
struct node *construct(int n){
    int i;
    struct node *head, *p, *q;
    head = (struct node *)malloc(sizeof(struct node));
    head->no = 1;
    p = head;
    for(i=2; i<=n; ++i){
      q = (struct node *)malloc(sizeof(struct node));
      q->no = i;
      p->next = q;
      p = p->next;
    }
    p->next = head;
    head = p;
    return head;
}
void play(struct node *head, int m){
    struct node *p;
    int k, c;
    k = c = 0;
    --m;
    while(head->next != head){
       if(k == m){
           p = head->next;
           printf(" %d ", p->no);
           head->next = p->next;
           free(p);
           k = 0;
           if(++c % 10 == 0)
               printf("\n");
       }
```

```
        else{
            head = head->next;
            ++k;
        }
    }
    printf(" %d \n", head->no);
    free(head);
    head = NULL;
}
int main( ){
    struct node *head;
int n, s, m, i;
    printf("请输入总人数、开始者编号和出圈者所报数字：\n");
    scanf("%d%d%d", &n, &s, &m);
    //构造循环链表
    head = construct(n);
  //预备报数
    for(i=1; i<s%n; ++i)
        head = head->next;
    //报数
    play(head, m);
    return 0;
}
```

程序的运行结果如图 10-6 所示。

```
请输入总人数、开始者编号和出圈者所报数字：
10 3 5
 7  2  8  4  1  10  3  6  9  5
```

图 10-6　例 10-5 程序的运行结果

讨论：

（1）分析 construct 函数的执行过程。

（2）分析报数人出圈时执行的操作。

10.2　联合型

联合型用关键字 union 定义，一般形式如下。

```
union 联合型名
{
   类型 标识符;
      …
   类型 标识符;
};
```

一个联合型变量包含多个成员变量，与结构型变量的不同之处在于，这些成员变量共享一个存储单元。

```
union data{
    int i;
    double f;
};
```

上述语句定义了一个名为 union data 的联合型。语句 union data u;定义了一个联合型变量 u,它有两个成员变量 u.i 和 u.f,内存状态可能如图 10-7 所示。

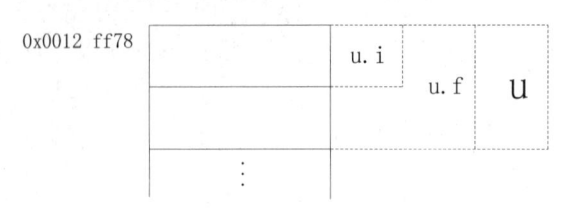

图 10-7　联合型变量 u 的内存状态

由图 10-7 可知,联合型变量 u 的存储单元有 8 个字节,地址为 0x0012 ff78。当使用成员变量 u.i 时,从 0x0012 ff78 开始的 4 个字节的 int 型存储单元被使用;当使用成员变量 u.f 时,从 0x0012 ff78 开始的 8 个字节的 double 型存储单元被使用。当读取成员变量 u.i 的值时,会以 int 型的格式解码从 0x0012 ff78 开始的 4 个字节的存储单元中的数据;当读取成员变量 u.f 的值时,会以 double 型的格式解码从 0x0012 ff78 开始的 8 个字节的存储单元中的数据。

例 10-6　联合型的使用。

```
#include <stdio.h>
union data{
    int i;
    double f;
};
int main( ){
    union data u;
    printf("请输入一个整数: \n");
    scanf("%d", &u.i);
    printf("您输入的整数是%d\n", u.i);
    printf("请输入一个小数: \n");
    scanf("%lf", &u.f);
    printf("您输入的小数是%lf\n", u.f);
    return 0;
}
```

10.3　枚举型

生活中有些数据的取值范围是固定的,如月份的取值是从一月到十二月。编程时常用整数表示这些取值范围固定的数据,如用 1 表示一月,用 2 表示二月等。用整数表示此类数据,既不直观,又容易出错,如整型变量 month 用于存储月份,语句 month=15;没有语法错误,但有逻辑错误。C 语言中常把取值范围固定的一类数据定义为枚举型。定义枚举型时,需列举出此类数据所有可能的取值,枚举型变量的取值范围仅限于定义枚举型时列举出的值。

C 语言中用关键字 enum 定义枚举型,定义枚举型的一般形式如下。

enum 枚举型名 {枚举常量列表};

枚举常量列表由逗号分隔的枚举常量组成，枚举常量与枚举型名均为标识符，且在命名枚举常量时，习惯上用大写字母，如语句 enum color {BLACK, BLUE, RED, GREEN};定义了一个枚举型 enum color，语句 enum color col1, col2;定义了两个枚举型变量 col1 和 col2，且它们的取值范围仅限于定义 enum color 型时规定的枚举型常量，如 col1 = BLUE;或 col2 = GREEN;等。

枚举常量可理解为符号常量。第一个枚举常量默认值为 0，其他枚举常量的值为前一个枚举常量的值加 1。在定义枚举型时，也可以显式地对某个枚举常量赋值，若有 enum color {RED = 1, BLACK = 10, BLUE, GREEN };，则枚举常量 RED 的值为 1，BLACK 的值为 10，BLUE 的值为 11，GREEN 的值为 12。若有 enum color col =GREEN;，则语句 printf("%d\n", col);的输出结果为 12。

当枚举变量输出或参与比较操作时，其值为相关枚举常量对应的整数值。如 enum weekday {Sun, Mon, Tue, Wed, Thu, Fri, Sat} day1, day2;，下面语句中枚举变量 day1 和 day2 的值均为整数。

```
if(day1 == day2){……}
if(day1 > Sat) {……}或if(day1 > 6) {……}
int i; for(i=Sun; i<=Sat;++i) {……}
```

某些编译器允许用整数给枚举型变量赋值，这显然违背了使用枚举型的初衷。如果需要用整数给枚举型变量赋值，那么推荐使用强制类型转换操作，如语句 col = (enum color)1;。

例 10-7 枚举型的使用。

```c
#include <stdio.h>
enum weekday {Sun, Mon, Tue, Wed, Thu, Fri, Sat};
int main( ){
    enum weekday today, tomorrow;
    char*name[]={"Sunday","Monday","Tuesday","Wednesday","Thursday","Friday","Saturday"};
    int i;
    do{
      printf("What day is today?(0:Sun 1:Mon...)\n");
      scanf("%d", &i);
    }while(i < 0 || i > 6);
    today = (enum weekday)i;
    if(today == Fri)
      printf("Tomorrow is Saturday!\n");
    else{
      tomorrow = (enum weekday)((today + 1) % 7);
      printf("Tomorrow is %s!\n", name[tomorrow]);
    }
    return 0;
}
```

10.4 为类型自定义别名

用关键字 typedef 可以为数据类型定义一个别名，如语句 typedef int INTEGER;将标识符

INTEGER 定义为 int 的一个别名，两者可以互换使用。

去掉 typedef 关键字后，定义别名的语句就变成了一个变量定义语句，如语句 int INTEGER;定义了一个 int 型变量 INTEGER；原 typedef 语句就是将变量名 INTEGER 定义为变量类型 int 的别名。如语句 float A[5];定义了一个长度为 5 的 float 型数组变量 A，而语句 typedef float A[5];将 A 定义为有 5 个数组元素的 float 型数组的别名。语句 A a1 = {1.1, 2.2, 3.3};定义了一个长度为 5 的 float 型一维数组变量 a1，且 a1[0]的值为 1.1。

语句 typedef struct node NODE;定义了结构型 struct node 的别名 NODE。在定义用户自定义数据类型的同时，还可以定义其别名，举例如下。

```
typedef struct node{
  int data;
  struct node *next;
}NODE;
```

以下语句定义了两个别名，一个为 COMPLEX，另一个为指向此类型的指针类型 PCOM，即 COMPLEX *p1;与 PCOM p1;等价。

```
typedef struct{
  double rp,ip;
}COMPLEX, *PCOM;
```

用别名 NODE 代替结构型 struct node 可以让程序变得更简洁，但在语句 A a1 = {1.1, 2.2, 3.3}, a2;和语句 PCOM p1;中，用别名 A 定义数组和用别名 PCOM 定义指针变量只会使程序的可读性变差。

深度探究

存储单元的类型

如果存储单元有确定的类型，那么图 10-7 中与联合型变量 u 对应的存储单元究竟是整型还是双精度型呢？

内存中有成千上万可以模拟 0 或 1 的"开关"，存储的数据（可称为机器数）在物理上是由 0 和 1 组成的数字串，从形态上分不出什么类型。现实世界的数据只有经过编码后，才可以存储在内存中，由于不同类型的数据采用不同的编码规则，当一个机器数是编码后的数据时，这个机器数实际上已经有了类型。同类型的数据不但采用相同的编码格式，而且编码后的数据用同样大小的内存空间存储，确定了编码长度和编码格式的内存空间，就是本书中所讲的存储单元，从这个意义上说，存储单元是有类型的。

编码规则的不同使得不同类型的数据可能对应同一个机器数，反之，一个机器数可以按不同的编码规则解码成不同的数据，即一个存储单元中的机器数可以解码出多个值，按存储单元实际类型解码出的值被称为机器数的真值。C 语言用变量标识内存中的存储单元，程序中变量的值就是真值。存储单元的类型确定后才有真值。

强制类型转换操作可以"改变"存储单元的类型，测试程序如下。

```
#include <stdio.h>
int main( ){
    float f = 2.3, *pf;
    int i, *p;
```

```
        p = (int *)&f;
        i = 0x40133333;
        pf = (float*)&i;
        printf("%x, %.1f\n", *p, *pf);
    return 0;
}
```
程序的运行结果如图 10-8 所示。

```
40133333, 2.3
```

图 10-8　程序的运行结果

练习 10

1．结构型和结构型变量分别有什么作用？

2．结构型中可以包含其他结构型吗？编程测试。
```
struct date{
    int year, month, day;
};
struct student{
    int no;
    char name[10];
    struct date birthdate;
    float fm, fe;
};
```
定义合法时，struct student 型变量如何初始化呢？

3．改写例 10-1 程序，按两个学生的名字升序输出学生信息。

4．改写例 10-1 程序，把输入的 5 个学生的信息存储到结构型数组中，并按数学成绩升序排列。

5．两个结构型变量的赋值操作如何进行？（可参考练习 9 第 42 题。）

6．指向结构体成员操作符->和结构体成员操作符.在用法上有何不同？

7．依照例 10-2 中的 construct 函数，编写一个用于本练习第 2 题中 struct date 结构型的 construct 函数。当用非法数据调用此函数时，日期自动设置为 1 年 1 月 1 日。若有 struct date d=construct(2000,-2,30);，则 struct date 型变量 d 中 year、month、day 的值均为 1。

8．编写函数，当输入一个日期时，函数输出该日期增加一天后的日期，日期类型可用本练习第 2 题中的结构型 struct date 表示。

9．结构型变量所占存储空间等于其各成员变量所占存储单元之和吗？测试并查找资料解释原因。

10．利用库函数 qsort 改写本练习第 4 题。

11．用首结点为头指针的链表改写例 10-4 程序。

12．编写函数，功能为：在例 10-4 链表中的某个位置上（如第 2 个结点后）插入一个新的结点。函数首部为 int insert(struct student *phead, int n, struct student *pnew)，功能为：在 phead 指向的链表中第 n 个结点后插入 pnew 指向的结点，操作成功时返回 0。

13. 编写函数，功能为删除例 10-4 链表中某个位置上的结点。
14. 把例 10-4 链表中的结点转置（如第一个结点变为最后一个结点）。
15. 把例 10-4 链表中的结点按数学成绩进行升序排列。
16. 把例 10-5 中 construct 函数的输出结果存储到形参指向的存储单元中。
17. 分析下面的函数。

```c
void play(struct node *head, int m, int n){
    struct node *p;
    int k, i, count, c = 0;
    for(count=n; count>0; --count){
        k = (m - 1) % count;
        for(i=0; i<k; ++i)
            head = head->next;
        p = head->next;
        printf(" %d ", p->no);
        head->next = p->next;
        free(p);
        if(++c % 10 == 0)
            printf("\n");
    }
}
```

18. 以循环链表的方式存放用户输入的 10 个小数。
19. 计算本练习第 18 题循环链表中相邻 3 个结点中的小数之和，并输出值最小的和。
20. 分析下面的程序。

```c
#include <stdio.h>
typedef int INTA[3];
int main( ){
    INTA a = {1, 2, 3};
    int i;
    for(i=0; i<3; ++i)
        printf("%2d", a[i]);
    {
        int INTA = 3;
        printf("\n%2d\n", INTA * INTA);
    }
    return 0;
}
```

提示：变量的作用域其实为标识符的作用域。

21. 分析下面的程序。

```c
#include <stdio.h>
typedef union{
    int i;
    struct test{
        int i, j;
```

```
        }j;
}UTEST;
int main( ){
        int i;
        UTEST ua[2], *pu;
        ua[0].j.i = 11;
        ua[0].j.j = 12;
        ua[1].j.i = 21;
        ua[1].j.j = 22;
        pu = ua;
        for(i=0; i<2; ++i){
          printf("%d, ", pu->j.i);
          printf("%d\n", pu++->j.j);
        }
        ua[0].i = 23;
        printf("%d\n", ua[0].i);
        return 0;
}
```

22. 联合型是构造类型吗？联合型变量如何初始化呢？编程测试。
23. 枚举型有什么特点？如何使用？
24. 分析下面的程序。

```
#include <stdio.h>
#include <stdlib.h>
#include <time.h>
#include <conio.h>
enum status {WIN, LOSE, PLAYING};
int main( ){
  int die1, die2, sum, round;
  int point;
  enum status sta;
  char ch;
  srand(time(NULL));
  do{
      round = 1;
      die1 = rand( ) % 6 + 1;
      die2 = rand( ) % 6 + 1;
      sum = die1 + die2;
      printf("第%d轮: %d + %d = %d\n", round, die1, die2, sum);
      switch(sum){
      case 7:
      case 11:
            sta = WIN;
            break;
      case 2:
```

```
            case 3:
            case 12:
                sta = LOSE;
                break;
            default:
                sta = PLAYING;
                point = sum;
                printf("您的点数：%d\n", point);
        }
        while(sta == PLAYING){
            ++round;
            die1 = rand( ) % 6 + 1;
            die2 = rand( ) % 6 + 1;
            sum = die1 + die2;
            printf("第%d轮：%d + %d = %d\n", round, die1, die2, sum);
            if(sum == point)
                sta = WIN;
            else if(sum == 7)
                sta = LOSE;
        }
        if(sta == WIN)
            printf("您赢了！\n");
        else
            printf("您输了！\n");
        printf("再来一局？Y/N\n\n");
        ch = getch( );
    }while(ch == 'y' || ch == 'Y');
    return 0;
}
```

本章讨论提示

数组的优点：随机访问性强，查找速度快。

数组的缺点：插入和删除数据的效率低，并且需要连续的内存空间，对内存空间的要求高；数组大小固定，不能动态拓展。

链表的优点：插入和删除数据的速度快，内存利用率高，大小不固定，可灵活拓展。

链表的缺点：不能随机访问；查找数据时，需遍历整个链表，效率低。

第11章　文件

章节导学

（本章视频）

存储器可分为内存储器和外存储器，内存储器简称内存，外存储器简称外存。内存又称主存，通常指内存条；外存指硬盘等。断电后内存中的数据会丢失，但外存中的数据能长期保存。需长期保存数据时，程序可将变量中的数据存储到外存中。使用外存中的数据时，程序需将外存中的数据读取到内存中。

外存空间管理的基本单位是文件，一个文件相当于外存中的一块存储空间。以文件名标识的外存空间以字节为单位，可被看作字节的序列。文件中的外存空间也可被看作由与保存数据类型相同的存储单元组成。存储单元全部为字符型的文件被称为文本文件。不是文本文件的文件就是二进制文件。只有确定了各个存储单元的类型，才能正确地读取文件中的数据。文件的扩展名表明了文件的格式，即文件中存储单元的组织方式。txt 是文本文件，mp3 是音乐文件，bmp 是图像文件等。

数据 16705 既可以被看作由 5 个字符组成，又可以被看作一个 short 型整数。用文件存储 16705 时，若用 5 个 char 型存储单元依次存储'1'、'6'、'7'、'0'和'5'，则文件是文本文件；若用一个 short 型存储单元存储整数 16705，则文件是二进制文件。读取文本文件中的数据时，重复读取文件中 1 个字节的数据到 char 变量中即可；读取二进制文件中的数据时，只有确定了存储单元是 short 型，才能读取文件中 2 个字节的数据到 short 型变量中。

若保存数据的目的是记录最终处理结果，则将数据转换为字符串，用文本文件存储。文本文件的存储单元都是字符型，格式简单，可用多种软件查看内容。如果在文件中用同类型的存储单元存储还需继续处理的数据，那么存取过程无须进行类型转换，存取效率高。

为了方便使用，常将计算机中的硬件抽象为文件，这类文件被称为设备文件。键盘被抽象为以只读方式打开的文本文件，用户输入的字符通常会自动存入此文件，读取文件的内容即可获得用户输入的字符，这个文件就是输入缓冲区。scanf 函数读取输入设备文件获得用户输入的数据。

本章最后以一个简单的学生成绩管理系统演示了文件的使用。

本章讨论

1. 文件中的存储空间有什么特点？
2. 把设备抽象为一个文件有什么优点？

11.1 文件概述

11.1.1 C语言文件

计算机的存储器分为内存和外存。内存存取速度快，其中的数据断电后会丢失。外存（如硬盘）存取速度慢，但其中的数据断电后不会丢失，可长期保存。需长期保存数据时，程序可将内存中的数据存储到外存中。使用外存中的数据时，程序需将外存中的数据读取到内存中。

外存空间以文件为单位进行管理。一个文件相当于外存中的一块存储空间，以文件名标识。程序运行时，先借助库函数在外存中新建一个文件，再把数据存储到该文件中，文件中的数据不仅可以长期保存，还可以方便地共享给其他程序。文件中存储数据的最小单位也是字节，C语言文件可被看作字节的序列，可形象地称为字节流或流式文件。计算机中的数据都是有类型的，文件也可被看作由与保存数据类型相同的存储单元组成。

C语言主要使用缓冲文件系统。所谓缓冲文件系统，是指系统自动为每个打开的文件申请一块被称为缓冲区的内存空间，程序通过存取缓冲区中的数据间接地使用文件。向文件中存储数据时，数据会被存储到内存缓冲区中，刷新缓冲区时（缓冲区满或用库函数关闭文件时），内存缓冲区中的数据才会被真正写入文件。从文件中读取数据时，文件中的一批数据会被读取到内存缓冲区中，程序从内存缓冲区中读取数据；只有当所需的数据不在内存缓冲区中时，文件中相关的一批数据才会被读取到内存缓冲区中。图 11-1 给出了缓冲文件系统的示意图，采用内存缓冲区，减少了读写外存的次数，提高了数据存取的效率。

图 11-1 缓冲文件系统的示意图

讨论：
缓冲文件系统对程序中文件的使用有何影响？

程序中与文件相关的信息被存储到 FILE 结构型变量中，一个文件关联一个 FILE 结构型变量，借助 FILE 结构型变量可以使用文件。文件由操作系统管理，不同操作系统的文件系统会有所差异，C语言标准没有详细规定 FILE 结构型的组成，仅仅描述了它需要记录的一些信息。不同编译器定义的 FILE 结构型不尽相同，为了获得更好的可移植性，程序中尽量不要使用 FILE 结构型的成员。FILE 结构型记录的信息通常有内存缓冲区的地址、内存缓冲区的大小、内存缓冲区位置指针变量指向的位置、内存缓冲区中剩余的（可用的）字节数和文件的读写模式等。在 VC6.0 中，FILE 结构型在 stdio.h 中定义。

11.1.2 文本文件与二进制文件

若有 short i = 16705;，则把变量 i 的值 16705 存储到文件中有两种方式：直接把整数 16705 存储到文件的一个 short 型存储单元中；先由变量 i 得到 5 个字符'1'、'6'、'7'、'0'、'5'，再把这些字符存储到文件中的 5 个 char 型存储单元中。存储单元全部为字符型的文件被称为文本文件，不全是字符型存储单元的文件被称为二进制文件。

只需把文本文件的数据依次读取到字符型变量中，即可查看文件的内容。只有知道了二进制文件中每个数据的类型，才能将其正确地读取到对应的变量中。文件的扩展名表明了文件的格式，即文件中存储单元的组织方式。txt 是文本文件，mp3 是音乐文件，bmp 是图像文件等。mp3 文件和 bmp 文件是二进制文件。

使用基于 Windows 操作系统的 C 语言编译器时，还需注意回车键的编码问题。Windows 系统中用'\r'和'\n'两个字符编码回车键，而 C 语言中只用一个字符'\n'编码回车键。为了使 Windows 系统中的程序（如记事本）可以正确地显示由 C 语言程序生成的文本文件，当数据被写入文本文件时，系统会把遇到的'\n'自动替换为'\r'和'\n'；反之，当数据从文本文件被读出时，相连的'\r'和'\n'（\r\n）会被自动替换为'\n'。

11.2 文件的打开和关闭

11.2.1 （新建后）打开文件

在程序中使用文件时，需先打开文件。如果文件已经存在，那么可以直接打开它；如果文件不存在，那么需要先新建一个文件再打开它。库函数 fopen 既可用于打开文件，又可用于新建文件。有关文件操作的库函数都位于标准输入输出库（stdio.h）中。

fopen 函数的首部如下。

```
FILE * fopen(const char *filename, const char *mode)
```

其中，第一个参数为文件名，常见形式为"c:\csample\text.txt"，当仅有文件名"text.txt"时，表示文件在当前目录中，当前目录即正在编辑的源文件所在的目录。第二个参数为文件的使用方式，常用的有"r"、"w"和"a"三种。当成功打开文件时，函数返回与指定文件相关联的 FILE 结构型存储单元的地址；当出现错误时，函数返回 NULL。

"r"表示 read，用这种方式打开的文件是只读文件，即只能读取文件中的数据，不能把数据存入文件。如果在指定目录中找不到文件，则函数返回 NULL。

"w"表示 write。"w"方式用于新建文件。使用该方式时，fopen 函数会新建一个以指定名字命名的文件。如果相关目录中已存在同名的文件，则 fopen 函数会先删除已有文件，再新建文件。用"w"方式新建的文件中没有任何数据，并且只能把数据写入该文件，而不能读取其中的数据。

每个文件都有一个位置指针，指向文件中要存取的存储空间，故存取文件中的数据时，无须指定存取的位置。程序运行窗口中标识输入、输出位置的光标可被看作显式的文件位置指针。用"r"或"w"方式打开文件时，位置指针指向文件的首字节。库函数 ftell（首部为 int ftell(FILE *stream)）可以输出文件的位置指针指向的字节与文件首字节偏移的字节数。出错时，ftell 函数的返回值为-1。

"a"表示 append。使用"a"方式时，fopen 函数先打开指定的文件，然后把文件的位置指针变量指向文件的末尾。用该方式打开的文件只能写入数据。

fopen 函数常见的用法如下。

```
FILE *fp;
fp = fopen("test.txt", "r");
if(fp != NULL){
    //读取并使用文件中的数据
```

```
        }
        else{
            printf("打开文件操作失败！\n");
            return 2;
        }
```

用"r"、"w"或"a"方式打开文件时，打开的文件会被认为是文本格式的；需要以二进制格式打开文件时，要用"rb"、"wb"或"ab"方式。一个文件既可用文本格式打开，又可用二进制格式打开。在 VC6.0 中，两者的区别在于，以文本方式存取文件时，数据中的'\n'和'\r'\n'会自动互换。从文件中读取的'\n'会被替换成'\r'\n'；写入文件时，'\r'\n'会被替换成'\n'。

讨论：

在 VC6.0 中，文本文件用二进制格式打开时，会出现什么情况？

11.2.2 文件关闭

程序中不使用的文件需要关闭。存入文件的数据会先被存储到缓冲区中，而不会马上更新到文件中，如果不关闭文件，则程序结束时，缓冲区中的"新"数据会因没有更新到文件中而丢失。

库函数 fclose 用于关闭文件，如语句 fclose(fp);就把与 FILE 型指针变量 fp 相关的文件关闭了。fclose 函数在关闭文件时，会先根据需要把缓冲区中的数据存储到文件中，然后释放缓冲区。当 fclose 函数顺利地执行了关闭操作时，返回 0，否则返回 EOF。EOF 是一个宏，在 stdio.h 中被定义为-1。

11.3 文件读写

打开文件后，就可以在程序中存取文件中的数据，即读写文件。下面介绍常用的文件读写函数。

11.3.1 fputc 函数和 fgetc 函数

库函数 fputc 和 fgetc 以一次 1 个字节的方式操作文件中的数据。

fputc 函数的首部如下。

```
int fputc(int c, FILE *stream)
```

fputc 函数将整型变量 c 中的低 8 位写到与 FILE 型指针变量 stream 相关的文件中。如果写入成功，就把无符号字符型的写入数据转换为整型后输出，否则返回 EOF。

使用 fputc 函数向文件中写入数据时，相关文件应以可写的方式打开。

例 11-1 把用户输入的两行英语存储到文件 test.txt 中。

```
#include <stdio.h>
int main( ){
    FILE *fp;
    int i;
    char c;
    if((fp = fopen("test.txt", "w")) == NULL)
        return 2;
```

```
        for(i=0; i<2; ++i){
            while((c = getchar( )) != '\n')
                fputc(c, fp);
            fputc('\n', fp);
        }
        fclose(fp);
        printf("请用记事本程序查看test.txt文件的内容！\n");
        return 0;
    }
```

分析：

程序中先以"w"方式打开了位于当前目录中 test.txt 文件，实际上是新建了一个文件；然后借助循环用 fputc 函数把用户输入的两行字符存储到该文件中。

程序运行结束后，在源文件所在的目录中找到 test.txt 文件，并用 Windows 系统中的记事本程序查看其内容。

程序的运行结果如图 11-2 所示。

图 11-2　例 11-1 程序的运行结果

用记事本程序查看文件内容，如图 11-3 所示。

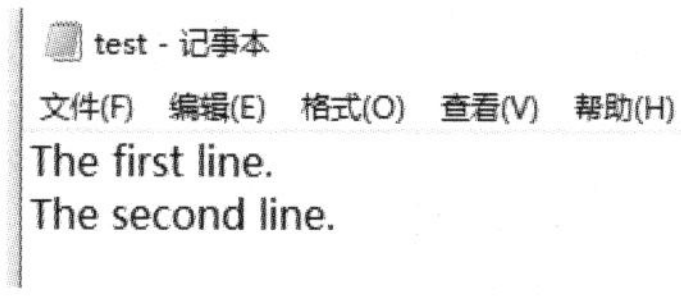

图 11-3　用记事本程序查看 test.txt 文件内容

讨论：

如果用"wb"方式打开文件，则程序运行结束后，用记事本程序查看文件内容时会出现什么情况？

fgetc 函数的首部如下。

```
int fgetc(FILE *stream)
```

fgetc 函数从与 FILE 型指针变量 stream 相关的文件中读取 1 个字节的数据，并且该数据会被认为是无符号字符型。若成功获得数据，则函数会返回转换为整型后的数据；若读到文件末尾或出错，则函数返回 EOF。使用 fgetc 函数读取文件中的数据时，文件应以"r"方式打开。

例 11-2 在 C 盘根目录下，用记事本程序新建一个文本文件 test.txt，其内容如下。

This is the first line.✓
This is the second line.（注意：此处无✓，即在输入内容时无须按下回车键）

下面的程序用于输出该文件的内容。

```
#include <stdio.h>
int main( ){
    FILE *fp;
    int c;
```

```
    if((fp = fopen("c:\\test.txt", "r")) == NULL)
        return 2;
    while((c = fgetc(fp)) != EOF)
        putchar(c);
    fclose(fp);
    return 0;
}
```

分析：

程序中先以"r"方式打开了位于 C 盘根目录中的 test.txt 文件，然后借助循环用 fgetc 函数依次获得文件中的数据。当 fgetc 函数返回 EOF 时，通常意味着 test.txt 文件中的数据已读取完毕。

程序的运行结果如图 11-4 所示。

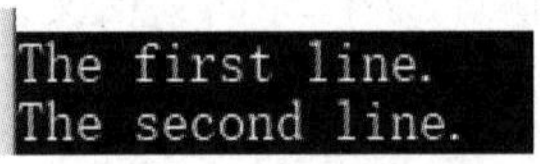

图 11-4　例 11-2 程序的运行结果

讨论：

库函数 fputc 和 fgetc 只能用于文本文件吗？

例 11-3 fgetc 函数的返回值。

```
#include <stdio.h>
int main( ){
    FILE *fp;
    short i = -1;
    char c;
    if((fp = fopen("test.txt", "w")) == NULL)
        return 2;
    fputc('1', fp);
    fputc(i, fp);
    fputc('2', fp);
    fclose(fp);

    if((fp = fopen("test.txt", "r")) == NULL)
        return 2;
    while((c = fgetc(fp)) != EOF)
        putchar(c);
    fclose(fp);
    return 0;
}
```

分析：

short 型变量 i 的值为-1，编码为 16 个 1，程序中函数调用 fputc(i, fp)会把变量 i 的低 8 位写入 test.txt 文件，即 8 个 1。C 语言文件中的字符型是无符号字符型，最终文件中的数据为'1'、255 号字符和'2'。

从文件中读取数据时，fgetc 函数先读取第 1 个字节的数据，即'1'，字符变量 c 的值为'1'，c != EOF 为真，输出字符 1。fgetc 函数再读取第 2 个字节的数据，得到 255 号字符，在 VC6.0

中，字符型可被看作有符号整型，故字符变量 c 的值为-1 号字符。进行比较操作时，字符型会转化为有符号整型，变量 c 的值为-1，c != EOF 为假，循环退出执行。程序的运行结果如图 11-5 所示。

若将变量 c 的类型修改为 short 型，当 fgetc 函数再读取第 2 个字节的数据时，得到 255，则 short 型变量 c 的值为 255，再进行比较操作时，c != EOF 为真，循环继续执行。程序的运行结果如图 11-6 所示。

图 11-5　例 11-3 程序的运行结果 　　　　　图 11-6　例 11-3 修改后程序的运行结果

尽管 printf 函数无法输出 255 号字符，但还是使用循环读取了文件中的所有数据。文本文件 test.txt 中有 1 个字节的整数-1，即 255 号字符，是非法数据。

11.3.2　文件结束状态

库函数 feof 用于判断文件是否处于结束状态，首部如下。

```
int feof(FILE *stream)
```

如果与结构型变量 stream 相关的文件处于结束状态，那么它将返回某个非 0 值，否则返回 0。

当文件的位置指针变量指向文件的末尾处时，文件不一定处于结束状态。一次成功的读取操作之后，文件的位置指针变量恰好指向文件的末尾处，此时文件没有处于结束状态，库函数 feof 的返回值为 0。执行读取操作时，如果 fgetc 函数发现文件的位置指针指向文件的末尾处，那么它将返回 EOF，并且文件的结束标记会被设置。当文件的结束标记被设置时，文件就处于结束状态了。当 fgetc 函数返回 EOF 时，如果 feof 的返回值非 0，fgetc 函数就读到了文件末尾，否则 fgetc 函数出错。

例 11-4 feof 函数的误用。

```c
#include <stdio.h>
int main( ){
    char c;
    FILE *fp;
    if((fp = fopen("test.txt", "r")) == NULL)
      return 2;
    while(feof(fp) == 0){
      c = fgetc(fp);
      printf("%3d", c);
    }
    fclose(fp);
    return 0;
}
```

运行程序之前，先用记事本程序在当前目录中新建一个 text.txt 文件，内容为 123。

分析：

程序中用 feof 函数判断文件 text.txt 是否处于结束状态，当文件没有处于结束状态时，就用 fgetc 函数读取文件中的数据。程序中有逻辑错误，在 fgetc 函数读取文件中的最后一个字符

'3'后，文件并没有处于结束状态，feof(fp)的返回值为 0，循环体会再次执行。fgetc 函数发现文件位置指针指向了文件末尾，将返回 EOF，即-1，此时文件才处于结束状态。变量 c 的值为-1 号字符，故输出结果为-1，程序多输出了一个-1。程序的运行结果如图 11-7 所示。

```
49 50 51 -1
```

图 11-7 例 11-4 程序的运行结果

正确的处理流程应为：先用 fgetc 函数读取数据，再用 feof 函数判断文件是否处于结束状态，如果文件没有处于结束状态，就用 printf 函数输出数据，并再次读取数据，否则结束处理。关键代码如下。

```c
c = fgetc(fp);
while(feof(fp) == 0){
    printf("%3d", c);
    c = fgetc(fp);
}
```

在例 11-3 中，可以借助 feof 函数判断是否读取完文件中的数据。

例 11-5 借助 feof 函数改正例 11-3 程序中的逻辑错误。

```c
#include <stdio.h>
int main( ){
    FILE *fp;
    short i = -1;
    char c;
    if((fp = fopen("test.txt", "w")) == NULL)
        return 2;
    fputc('1', fp);
    fputc(i, fp);
    fputc('2', fp);
    fclose(fp);
    if((fp = fopen("test.txt", "r")) == NULL)
        return 2;
    c = fgetc(fp);
    while(feof(fp) == 0){
        putchar(c);
        c = fgetc(fp);
    }
    fclose(fp);
    return 0;
}
```

11.3.3 fprintf 函数和 fscanf 函数

如果存储数据是为了记录最终处理结果，那么应将数据转换为字符串存储到文本文件中。文本文件的存储单元都是字符型，可用多种软件查看内容。将短整型变量 i 存储的最终计算结果 16705 转换为字符串，并存储到文本文件中，处理过程如例 11-6 所示。

例 11-6 使用文本文件存储数据。
```c
#include <stdio.h>
int main( ){
    FILE *fp;
    short i = 16705, j = 0;
    char str[32], ch;
    while(i > 0){
        str[j++] = i % 10 + '0';
        i /= 10;
    }
    if((fp = fopen("out.txt", "w")) == NULL)
        return 2;
    for(--j; j>=0; --j){
        fputc(str[j], fp);
    }
    fclose(fp);
    printf("请用记事本程序查看 out.txt 文件的内容！\n");
    return 0;
}
```
程序执行完毕，用记事本程序查看 out.txt 文件的内容，如图 11-8 所示。

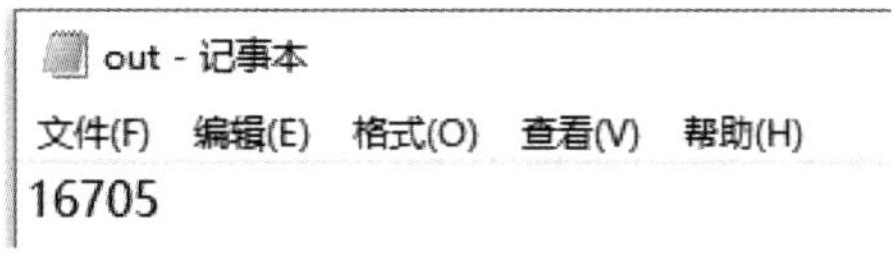

图 11-8　用记事本程序查看 out.txt 文件的内容

在输出设备上显示结果给用户时，用语句 printf("%hd\n", i); 即可。使用与例 11-6 同样的处理过程，printf 函数可由变量 i 得到字符'1'、'6'、'7'、'0'、'5'。当这些字符出现在显示器上时，用户会认为结果是整数 16705。printf 函数可以把各种类型的数据转换为字符串形式并显示在输出设备上。库函数 fprintf 的功能与 printf 函数的功能类似，但它把字符串形式的数据存储到了一个文件中。

fprintf 函数常见的调用方式如下。

fprintf(文件指针变量,格式字符串,输出列表)

其中，格式字符串、输出列表的形式和用法与 printf 函数中的相同。fprintf 函数把相关数据转换为相应的字符串后，存储到文件指针变量指向的文件中。

例 11-7 fprintf 函数的用法。
```c
#include <stdio.h>
int main( ){
    FILE *fp;
    short i = 23;
    float f = 4.56;
    double lf = 78.9;
    char str[ ] = "Hello";
if((fp = fopen("test.txt", "w")) == NULL)
```

```
            return 2;
        fprintf(fp, "%hd %.2f %e %s", i, f, lf, str);
        fclose(fp);
printf("%hd %.2f %e %s", i, f, lf, str);
        printf("\n请找到test.txt文件并用记事本程序查看其内容! \n");
        return 0;
}
```

分析:

程序的运行结果如图 11-9 所示。

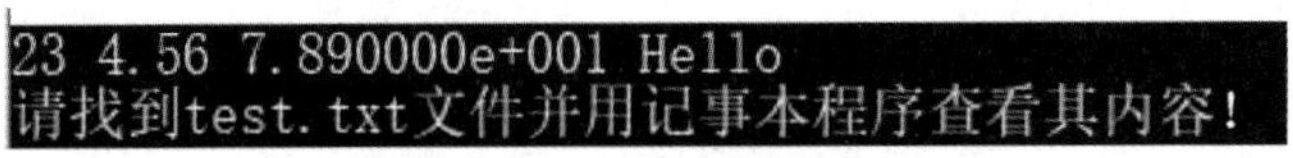

```
23 4.56 7.890000e+001 Hello
请找到test.txt文件并用记事本程序查看其内容!
```

图 11-9　例 11-7 程序的运行结果

用记事本程序查看 test.txt 文件的内容,如图 11-10 所示,它与 printf 函数的输出结果相同。

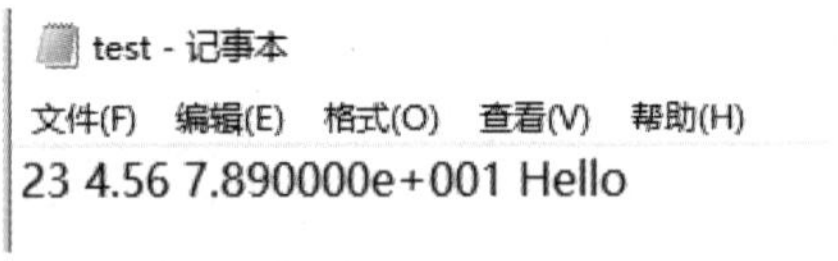

```
 test - 记事本
文件(F)  编辑(E)  格式(O)  查看(V)  帮助(H)
23 4.56 7.890000e+001 Hello
```

图 11-10　用记事本程序查看 test.txt 文件的内容

库函数 scanf 可以获得用户输入的一串字符,并根据格式字符先将用户输入的数据转换为对应类型的数据,再赋值给地址标识的存储单元。与 scanf 函数类似,库函数 fscanf 可以先读取文本文件中的字符型数据,并根据格式字符将文件中的数据转换为对应类型的数据,再赋值给地址标识的存储单元。

fscanf 函数常见的调用形式如下。

fscanf(文件指针变量,格式字符串,输入列表)

其中,格式字符串、输入列表的形式和用法与 scanf 函数中的相同,并且多个数据之间默认也由空格或换行符等分隔。两者的区别在于,scanf 函数读取并匹配输入缓冲区中的一串字符,而库函数 fscanf 读取并匹配与文件指针变量相关的文件中的一串字符。

例 11-8 fscanf 函数的用法。

```
#include <stdio.h>
int main( ){
    FILE *fp;
    short i;
    float f;
    double lf;
    char str[10];
    if((fp = fopen("test.txt", "r")) == NULL)
            return 2;
        fscanf(fp, "%hd%f%le%s", &i, &f, &lf, str);
        printf("%hd,%f,%lf,%s\n", i, f, lf, str);
        fclose(fp);
```

```
    scanf("%hd%f%le%s", &i, &f, &lf, str);
    printf("%hd,%f,%lf,%s\n", i, f, lf, str);
    return 0;
}
```
程序运行前，需要把例 11-7 生成的文本文件 test.txt 复制到当前目录中。

分析：

程序中使用库函数 fscanf 从文本文件 test.txt 中读取一个整数存入变量 i，读取一个单精度小数存入变量 f，读取一个双精度小数存入变量 lf，读取一个字符串存入数组 str。与使用库函数 scanf 获得用户输入的数据时类似，文本文件 test.txt 中各数据之间也用空格或换行符分隔。

当程序暂停运行等待用户输入数据时，用户输入"23 4.56 7.890000e+001 Hello↵"，程序的运行结果如图 11-11 所示。

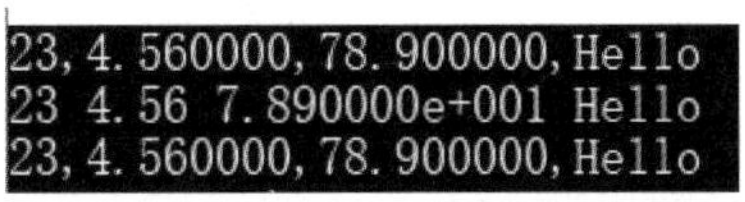

```
23,4.560000,78.900000,Hello
23 4.56 7.890000e+001 Hello
23,4.560000,78.900000,Hello
```

图 11-11　例 11-8 程序的运行结果

11.3.4　fwrite 函数和 fread 函数

有 short i = 16705;，如果变量 i 的值仅作为中间结果存入文件，那么当程序再次运行时，还需从文件中读取到整型变量中继续参与算术运算。当文件中用 short 型存储单元存储整数 16705 时，存取数据无须类型转换。库函数 fwrite 和库函数 fread 以存储单元为单位存取文件中的数据。

fwrite 函数的首部如下。

```
size_t fwrite (void* buffer, size_t size, size_t count, FILE *stream)
```

其中，size_t 是无符号整型的别名，在 stdio.h 中被定义。

fwrite 函数从 buffer 指向的大小为 size 的存储单元开始，将 count 个存储单元中的数据存入与 stream 相关的文件，并返回已成功复制数据的个数。fwrite 函数实际上是把长度为 size 的 buffer 数组写入与 stream 相关的文件，buffer 数组的数组元素的长度为 size 个字节。

fread 函数的首部如下。

```
size_t fread (void* buffer, size_t size, size_t count, FILE *stream)
```

fread 函数将与 stream 相关的文件中 count 个大小为 size 的存储单元复制到 buffer 所指向的存储空间中，并返回已成功复制存储单元的个数。当出错或读到文件末尾处时，返回 0。

讨论：

库函数 fwrite 和 fread 能用于文本文件吗？

例 11-9 以存储单元为单位存取文件中的数据。

```
#include <stdio.h>
int main( ){
    FILE *fp;
    short i = 16705, j;
    char str[10];
    if((fp = fopen("test.zz", "wb")) == NULL)
        return 2;
```

```
            fwrite(&i, sizeof(i), 1, fp);
            fprintf(fp, "%hd", i);
            fclose(fp);
            if((fp = fopen("test.zz", "rb")) == NULL)
                return 2;
            fread(&j, sizeof(j), 1, fp);
            fread(str, sizeof(char), 5, fp);
            str[5] = '\0';
            printf("%d, %s\n", j + 3, str);
            fclose(fp);
            return 0;
}
```

分析：

程序中以 " wb " 方式新建了一个 test.zz 文件。先写入一个整数 16705，再写入一个字符串 "16705"。二进制文件 test.zz 中存储单元为 1 个短整型和 5 个字符型。在 VC6.0 中用二进制格式打开 test.zz，如图 11-12 所示。文件有 7 个字节，前 2 个字节为短整型的整数 16705，按字符型解码时为 AA。

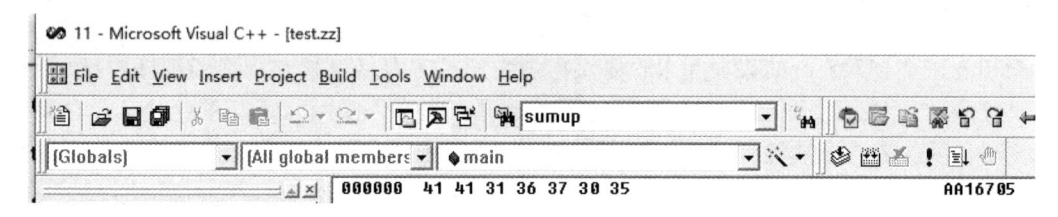

图 11-12　在 VC6.0 中用二进制格式打开 test.zz

程序中接着用 " rb " 方式打开 test.zz 文件，用 fread 函数先读取一个 short 型数据到变量 j 中，再读取 5 个字符型存储单元到数组 str 中。语句 str[5]='\0';给 str 数组中 5 个字符的末尾加了一个字符串结束标志，组合成了一个字符串。整数 j 加 3 后值为 16708。程序的运行结果如图 11-13 所示。

讨论：

（1）可以用记事本程序查看 test.data 文件的内容吗？

（2）在什么情况下需用二进制文件存储程序中的数据？

图 11-13　例 11-9 程序的运行结果

11.4　标准设备文件

操作系统把每一个与主机相连的输入、输出设备都抽象为一个文件。从程序的角度看，键盘是一个以只读方式打开的文本文件，用户输入的数据通常会自动存储到此文件中；显示器是一个以只写方式打开的文本文件，存入此文件的数据会自动显示在显示器上。与某设备相关的文件被称为设备文件。

程序运行时，一些设备文件会自动打开，这些文件被称为标准设备文件。常用的标准设备文件有 3 个，分别为标准输入文件、标准输出文件和标准出错输出文件，相关的 FILE 型指针变量为 stdin、stdout 和 stderr。程序中无须执行打开和关闭操作，就可直接使用指针变量 stdin、stdout 和 stderr 指向的标准设备文件。

标准输入文件（stdin）默认与键盘相连，是一个以只读方式打开的文本文件，用户通过键盘输入的数据通常会自动存储到此文件中。scanf 等输入函数通过读取标准输入文件中的内容来获得用户输入的数据，当文件中没有数据时，程序就会暂停运行，等待用户输入数据。输入缓冲区其实就是标准输入文件。

标准输出文件（stdout）默认与显示器相连，是一个以只写方式打开的文本文件，写入此文件的内容通常会自动显示在显示器上的程序运行窗口中。printf 等输出函数通过把生成的字符串存入此文件来输出数据。

标准出错输出文件（stderr）用于记录程序中的错误信息，默认也与显示器相连，也是一个以只写方式打开的文本文件。

例 11-10 标准设备文件的使用。

```
#include <stdio.h>
int main( ){
    int i;
    float f;
    char c;
    fscanf(stdin, "%c%i%f", &c, &i, &f);
    fprintf(stdout, "%c,%d,%f", c, i, f);
    c = fgetc(stdin);
    fprintf(stdout, "\n%d", c);
    fputc(c, stdout);
    fprintf(stderr, "\n%s\n", "just test");
    return 0;
}
```

程序的运行结果如图 11-14 所示。

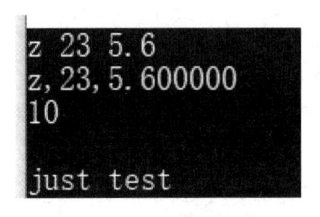

```
z 23 5.6
z,23,5.600000
10

just test
```

图 11-14 例 11-10 程序的运行结果

讨论：

分析 printf(格式字符串,输出列表)与 fprintf(stdout,格式字符串,输出列表)、scanf(格式字符串,输入列表)与 fscanf(stdin,格式字符串,输出列表)、putchar(c)与 fputc(c, stdout)、getchar( )与 fgetc(stdin)之间的关系。

使用 Windows 操作系统时，按 Ctrl+Z 组合键（同时按 Ctrl 键和 Z 字符键）可以使标准输入设备文件（stdin）处于结束状态，但只有当程序暂停运行，等待用户输入数据时，直接按 Ctrl+Z 组合键才起作用。

例 11-11 使标准输入设备文件处于结束状态。

```
#include <stdio.h>
int main( ){
    int c;
```

```
    while((c = getchar( )) != EOF)
            putchar(c);
    printf("%d\n", c);
    printf("%d\n", feof(stdin));
    return 0;
}
```

程序的运行结果如图 11-15 所示。

分析：

当按"Ctrl+Z"组合键时，屏幕上会显示"^z"。由程序的运行结果可知，虽然在第一次输入数据时也按下了"Ctrl+Z"组合键，但是标准输入设备文件并没有处于结束状态，"Ctrl+Z"组合键被忽略了。只有当程序暂停运行，等待用户输入数据时，用户直接按"Ctrl+Z"组合键，getchar 函数才返回 EOF。feof 函数也返回了一个非 0 值，可见标准输入文件处于结束状态。

图 11-15 例 11-11 程序的运行结果

11.5 文件随机读写

11.5.1 调整文件位置指针指向的位置

文件位置指针指向存取数据的起始位置，完成存取操作后，它会自动指向下一个位置。如果使用库函数 fseek 调整文件位置指针指向的位置，就不必按照先后顺序依次存取数据了。先用 fseek 函数改变文件位置指针指向的位置，再读写指定位置上的数据，这就是文件随机读写。

fseek 函数的首部如下。

```
int fseek(FILE *stream, long offset, int origin)
```

其中，形参 origin 用于标识指定位置的参照点，可取值为宏 SEEK_SET、宏 SEEK_CUR 和宏 SEEK_END，分别表示参照点为文件的开始、文件的当前位置和文件的末尾。这 3 个宏在 stdio.h 中被定义为 0、1 和 2。offset 被称为偏移量，用于标识当前位置以参照点为基准，向文件结束处（大于 0 时）或开始处（小于 0 时）移动的字节数（offset 的绝对值）。fseek 函数根据 origin 和 offset 调整与 stream 相关的文件位置指针指向的位置。如果操作成功，fseek 函数就会返回 0；否则，fseek 函数就会返回某个非 0 值。

在 Windows 系统中，读写文本文件时会发生'\n'''\r'与'\n'的自动转换，从而使文件缓冲区中的数据与文件中的实际数据可能不一致，使用 fseek 函数调整文件位置指针指向的位置时，常以二进制格式打开文件。

库函数 rewind 的首部为 void rewind(FILE *stream)，可让与 stream 相关的文件位置指针指向文件的开始处。

讨论：

用宏作为 fseek 函数的实参有什么好处？

例 11-12 文件的随机读。

```
#include <stdio.h>
int main( ){
    int a[10] = {1, 2, 3, 4, 5, 6, 7, 8, 9, 10};
```

```
    int i, j;
    FILE *fp;
    if((fp = fopen("test.data", "wb")) == NULL)
       return 2;
    fwrite(a, sizeof(int), 10, fp);
    fclose(fp);
    if((fp = fopen("test.data", "rb")) == NULL)
       return 2;
    for(i=9; i>=0; --i){
       fseek(fp, i * sizeof(int), SEEK_SET);
       fread(&j, sizeof(int), 1, fp);
       printf("%3d", j);
    }
    rewind(fp);
    fread(&j, sizeof(int), 1, fp);
    printf("%3d\n", j);
    fclose(fp);
    return 0;
}
```

程序的运行结果如图 11-16 所示。

图 11-16　例 11-12 程序的运行结果

讨论：

程序中去掉 rewind(fp);语句后，程序会如何输出？

11.5.2　可读写的文件

用 fopen 函数打开文件时，若在文件使用方式中附加一个 "+" 号，则打开的文件可读写。文件使用"r"方式表示打开的文件为文本格式的只读文件，而"r+"表示打开的文件为文本格式的可读写的文件；文件使用"ab"方式表示打开一个二进制格式的只写文件，并且文件位置指针指向文件的末尾，而文件使用"ab+"方式表示打开一个二进制格式的可读写的文件，并且位置指针指向文件的末尾。

可读写的文件在读写操作转换时，需将文件位置指针重定位。重定位操作会刷新缓冲区，即将缓冲区中的数据更新到文件中。

例 11-13　可读写的文件。

```
#include <stdio.h>
int main( ){
    FILE *fp;
    int c, i;
    if((fp = fopen("test.data", "wb+")) == NULL)
       return 2;
    for(i = '1'; i <= '3'; ++i)
```

```
        fputc(i, fp);
    for(i=2; i>=0; --i){
        fseek(fp, i, SEEK_SET);
        c = fgetc(fp);
        printf("%2c", c);
    }
    fseek(fp, 0, SEEK_CUR);
    fputc('5', fp);
    rewind(fp);
    while((c = fgetc(fp)) != EOF)
        printf("%2c", c);
    fclose(fp);
    return 0;
}
```

程序的运行结果如图 11-17 所示。

3 2 1 1 5 3

图 11-17　例 11-13 程序的运行结果

讨论：

程序中语句 fseek(fp, 0, SEEK_CUR);有何作用？

需慎重使用可读写的文件。一方面文件读写转换时需刷新缓冲区，读写数据的效率不高；另一方面，可读写的文件中，位置指针由程序员管理，极易出错。

11.6　综合示例：简单的学生成绩管理系统

程序运行的主界面如图 11-18 所示。

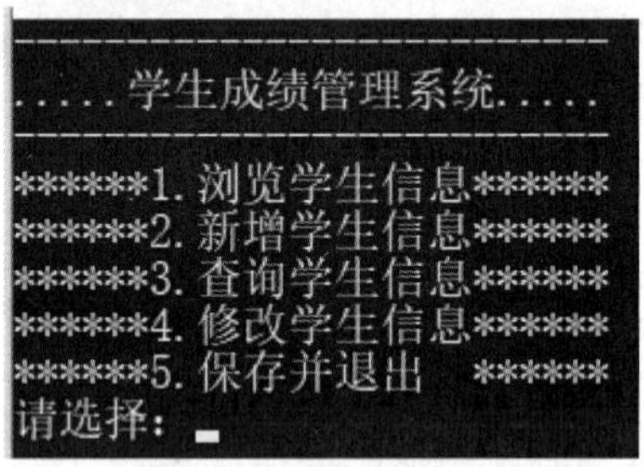

图 11-18　程序运行的主界面

```
#include <stdio.h>
#define N 10
typedef struct{
    int no;
    char name[10];
    float fm, fe;
}Student;
Student group[N];
```

```c
int count = 0;
void Menu( ){
    printf("--------------------------\n");
    printf(".....学生成绩管理系统.....\n");
    printf("--------------------------\n");
    printf("******1.浏览学生信息******\n");
    printf("******2.新增学生信息******\n");
    printf("******3.查询学生信息******\n");
    printf("******4.修改学生信息******\n");
    printf("******5.保存并退出   ******\n");
    printf("请选择：");
}
void printStudent(int i){
    printf("学号：%d\t\t|姓名：%s\n", group[i].no, group[i].name);
    printf("数学成绩：%.1f\t|英语成绩：%.1f\n", group[i].fm, group[i].fe);
    printf("--------------------------------\n");
}
void show( ){
    int i;
    printf("有%d个学生！\n", count);
    for(i=0; i<count; ++i)
            printStudent(i);
}
void add( ){
    int i;
    char ch;
    if(count == N){
            printf("对不起，请升级系统后再增加学生!\n");
            return;
        }
      do{
            printf("请输入学号：");
            scanf("%d", &group[count].no);
            for(i=0; i<count; ++i)
                if(group[i].no == group[count].no){
                    printf("学号已存在，请选择修改学生信息!\n");
                    printStudent(i);
                    break;
                }
            if(i != count){
                printf("重新输入学号？Y/N\n");
                getchar( );      //取走并忽略输入学号时的回车
                ch = getchar();
                if(ch == 'N' || ch == 'n')
                    return;
```

```c
            }
            else
                break;
    }while(1);
    printf("请输入姓名、数学成绩和英语成绩：\n");
    scanf("%s", &group[count].name);
    scanf("%f%f", &group[count].fm, &group[count].fe);
    ++count;
    printf("新增成功！\n");
}
int search( ){
    int i, no;
    printf("请输入学号：");
    scanf("%d", &no);
    for(i=0; i<count; ++i){
        if(no == group[i].no){
            printStudent(i);
            return i;
        }
    }
    printf("没有找到学号为%d的学生！\n", no);
    return -1;
}
void update(){
    int i, j;
    i = search();
    if(i == -1)
        return;
    printf("请选择修改项1：姓名 2：数学成绩 3：英语成绩 0：全部\n");
    scanf("%d", &j);
    switch(j){
    case 1:
        printf("请输入姓名：");
        scanf("%s", &group[i].name);
        break;
    case 2:
        printf("请输入数学成绩：");
        scanf("%f", &group[i].fm);
        break;
    case 3:
        printf("请输入英语成绩：");
        scanf("%f", &group[i].fe);
        break;
    case 0:
        printf("请输入姓名、数学成绩和英语成绩！\n");
```

```c
            scanf("%s", &group[i].name);
            scanf("%f%f", &group[i].fm, &group[i].fe);
            break;
        default:
            printf("输入错误！\n");
            return;
    }
    printf("修改后的信息！\n");
    printStudent(i);
}
void save( ){
    FILE *fp;
    if((fp = fopen("data.stu", "wb")) != NULL){
        fwrite(&count, sizeof(int), 1, fp);
        fwrite(group, sizeof(Student), count, fp);
        fclose(fp);
        return;
    }
    printf("保存数据失败！\n");
}
int main( ){
    FILE *fp;
    int i;
    if((fp = fopen("data.stu", "rb")) != NULL){
        fread(&count, sizeof(int), 1, fp);
        fread(group, sizeof(Student), count, fp);
        fclose(fp);
    }
    do{
        Menu();
        scanf("%d", &i);
        switch(i){
        case 1:
            show( );
            break;
        case 2:
            add( );
            break;
        case 3:
            search( );
            break;
        case 4:
            update( );
            break;
        case 5:
```

```
                save( );
                break;
            default:
                printf("您的输入(%d)有误！\n", i);
                break;
        }
    } while (i != 5);
    return 0;
}
```

讨论：

给学生成绩管理系统添加删除功能。

练习 11

1. 程序中使用文件时，为什么要打开文件和关闭文件？

2. 把用户输入的一行英语存储到 test.txt 文件中，其中的小写字母用其后面的第 3 个字母代替，如 a 替换为 d，y 替换为 b。所有的小写字母构成循环，即 z 后面的字母为 a。用记事本程序查看文件内容。

3. 把本练习第 2 题生成的 text.txt 文件中的内容，解密后显示在屏幕上。

4. 分析下面的程序。

```c
#include <stdio.h>
int main( ){
    char c, str[100];
    FILE *fp;
    printf("请输入C语言源文件的名称：\n");
    gets(str);
    if((fp = fopen(str, "r")) == NULL){
        printf("文件打开失败！\n");
        return 2;
    }
    c = fgetc(fp);
    while(feof(fp) == 0){
        printf("%c", c);
        c = fgetc(fp);
    }
    fclose(fp);
    return 0;
}
```

5. 用记事本程序在 C 盘根目录下新建一个 123.txt 文件，并输入一个不超过 9 位的正整数。文件的实际内容为数字组成的一串字符。编程：① 输出这个整数；② 逆序输出这个整数，如输入"120"时，应输出"21"；③ 求出这个整数各数位上的数字之和；④ 判断这个整数是否为回文数；⑤ 求出这个整数除以 3 的商，除不尽时小数点后保留两位小数。

6. 用记事本程序在 C 盘根目录下新建一个 123.txt 文件，并输入一个较大的正整数（超过

42 亿，如 20 位），再次编程实现本练习第 5 题的要求。

7．用户通常把待处理的数据存放在文本文件中，如 in.txt 文件中有两个需要求和的整数 23 和 32。编程读取文本文件中的两个整数并求和之后，把和存储到 out.txt 文件中。

8．输出 100 以内的质数到一个文本文件中。

9．分析下面的程序。

```
#include <stdio.h>
int main( ){
    FILE *fp;
    short i = 16730;
    char *pc;
    pc = (char *)&i;
    if((fp = fopen("test.txt", "w")) == NULL)
        return 2;
    fputc(*pc, fp);
    fputc(*(pc+1), fp);
    fclose(fp);
    if((fp = fopen("test.txt", "r")) == NULL)
        return 2;
    printf("%x\n", i);
    i = fgetc(fp);
    printf("%c,", i);
    i = fgetc(fp);
    printf("%c\n", i);
    fclose(fp);
    return 0;
}
```

用记事本程序查看 test.txt 文件的内容。文件 test.txt 是文本文件吗？程序的运行结果为 Z,A，文件 test.txt 的存储状态为 0x5a41，但语句 printf("%x\n", i);输出变量 i 的存储状态为 0x415a，即存储状态对应的字符是 A,Z。查找资料讨论两者不同的原因。

10．下面代码有何作用？

```
int i;
while((i = fgetc(src)) != EOF)
    fputc(i, dst);
```

11．分析下面的程序。

```
#include <stdio.h>
int main( ){
    FILE *fp;
    int i, a[5] = {25, 26, 27, 28, 29};
    if((fp = fopen("test.dat", "w")) == NULL)
        return 2;
    for(i=0; i<=4; ++i)
        fputc(a[i], fp);
    fclose(fp);
```

```
        if((fp = fopen("test.dat", "r")) == NULL)
            return 2;
        while((i = fgetc(fp)) != EOF)
            printf("%3d", i);
        fclose(fp);
        return 0;
    }
```

以"rb"方式打开 test.dat 文件时，程序会有什么样的输出结果？

提示：在以文本格式打开的文件中遇到第 26 号字符时，读取数据的函数将返回 EOF，并且文件的结束状态标记会被设置。

12．编程实现文件的复制功能。若输入"mycopy C:\test1.txt D:\test2.txt↙"（以带命令行的方式运行程序），则程序会在 D 盘根目录下新建一个名为 test2.txt 的文件，并将 C 盘根目录下 test1.txt 文件的内容复制到该文件中。

13．编程把练习 5 第 29 题的输出结果存储到文本文件中。

14．把例 6-18 的计算结果存储到文本文件中。

15．用记事本程序新建一个名为 input.txt 的文本文件，文件共有 3 行，每行用空格分隔 3 个整数，编程找出这 9 个数中的最大数和最小数。

16．编程把两个有序文件合并成一个新的有序文件。设文本文件 test1.txt 中的数据为 1，3，5（注意逗号），文本文件 test2.txt 中的数据为 2，6，8，10，12，程序最终生成一个名为 test3.txt 的文件，其内容为 1，2，3，5，6，8，10，12。

17．标准设备文件有什么特点？

18．查找资料，找到与 puts 和 gets 函数对应的且与文件相关的库函数，并学习它们的用法。

19．查找资料，分析库函数 putc、getc、perror 和 clearerr 的作用。

本章讨论提示

1．由操作系统管理，文件的存储空间可以"无限"增加，即可以一直向文件中写入数据。只能存取文件位置指针指向的存储空间。使用了缓冲区，使用完毕需关闭文件。

2．将设备抽象为文件简化了设备的使用，方便了应用程序的开发。若将标准输出设备抽象为 stdout 文件，则程序输出数据时，不必"关心"设备的具体细节，只需把数据转化为字符形式写入该文本文件即可。操作系统会查找文件中每个字符的字形码，并在恰当的位置输出字符的形状。

第 12 章 位运算

章节导学

有八盏灯从 0 到 7 编号，如何在程序中模拟控制它们的明灭？

可以定义一个长度为 8 的一维短整型数组 a，若 a[0]的值为 1，则表示 0 号灯亮；若 a[0]的值为 0，则表示 0 号灯不亮。一盏灯的状态只用二进制的一位就可以描述，用短整型太浪费内存空间，在内存有限的特定情形下，这种做法不可行。

可以定义一个无符号的字符型变量 c，用其二进制编码中的一位对应一盏灯。当某位上的数为 1 时，表示对应的灯亮；当某位上的数为 0 时，表示对应的灯不亮。若变量 c 的值为 128（1000 0000），则表示只有 7 号灯亮，其余的灯不亮；若变量 c 的值为 192（1100 0000），则表示 6 号和 7 号灯亮，其余的灯不亮。这种做法的问题在于，如何通过调整某位的值来控制一盏灯的明灭，如"如果 0 号灯亮，就关掉它；否则，就打开它"。

与 0 号灯状态对应的是变量 c 二进制编码最低位上的数，如果变量 c 二进制编码最低位上的数是 1，就将其变为 0；否则，就将其变为 1。调整变量 c 二进制编码某位上的数，并且调整时不能影响其他位上的数，可以利用 C 语言中的位运算，位运算是指按二进制位进行的运算。

位运算是基于整数的二进制编码，即内存状态。计算机中的整数采用补码，有关编码的知识可参见第 13 章。使用格式字符 o 或 x，printf 函数可以输出一个整数的八进制形式或十六进制形式的编码。

C 语言支持位运算，这也是 C 语言被称为中级语言的一个原因。

本章讨论

在进行位运算时，操作数会自动扩充成 int 型吗？

C 语言提供的位操作符有按位与&、按位或 |、按位异或^、取反~、左移<<和右移>>。位操作符的操作数仅限于整型。在 VC6.0 中，字符型可被看作 1 个字节的有符号整型。

12.1 位操作符

12.1.1 按位与操作符&

按位与操作符&将参与运算的两个操作数以二进制位为单位进行与运算。在进行与运算时，如果两个二进制位上的数都为 1，运算结果就为 1；否则，运算结果就为 0。位运算不会产生进位。位运算的重点不是结果为何值，而是运算后各位的状态。

若有 char a = -2, b = 3;，则 a & b 的值为 2。

```
  1111 1110
&0000 0011
  0000 0010
```

由按位与操作符&的运算规则可知，0与1进行按位与运算，结果为0，1与1进行按位与运算，结果为1，可见与1进行按位与运算时，结果为原操作数。与0进行按位与运算时，无论操作数是0还是1，结果都为0。综上可知，按位与操作符&可以在不影响其他位的情况下，将某位设置为0。

有 unsigned char c;，将变量c看作整型，其二进制编码的一位表示一盏灯的明灭。若变量c的值为165（1010 0101），则表示第0、2、5、7号灯亮，要熄灭7号灯，只需让c与0x7f（0111 1111）进行按位与运算即可。

  c = c & 0x7f
   1010 0101
  &0111 1111
   0010 0101

按位与操作符也可以构成复合赋值操作符，如 c = c & 0x7f 可简写为 c &= 0x7f。

讨论：

（1）按位与操作符如何在不影响其他位的情况下，将一个整数的某位设置为0？

（2）按位与操作符能否在不影响其他位的情况下，将一个整数的某位设置为1？

12.1.2 按位或操作符 |

按位或操作符 | 将参与运算的两个操作数以二进制位为单位进行或运算。在进行或运算时，如果两个二进制位上的数都为0，运算结果就为0；否则，运算结果就为1。

由运算规则可知，0与0进行按位或运算，结果为0，1与0进行按位或运算，结果为1，可见与0进行按位或运算时，结果为原操作数。与1进行按位或操作时，无论操作数是0还是1，结果都为1。综上可知，利用按位或操作符 | 可以在不影响其他位的情况下，将某位设置为1。设无符号字符型c的值为165，要打开1号灯，只需让c与0x2进行按位或运算即可。

  c |= 0x2
   1010 0101
  |0000 0010
   1010 0111

讨论：

（1）按位或操作符如何在不影响其他位的情况下，将一个整数的某位设置为1？

（2）按位或操作符能否在不影响其他位的情况下，将一个整数的某位设置为0？

12.1.3 异或操作符 ^

异或操作符^又称 xor 操作符。异或操作符^将参与运算的两个操作数以二进制位为单位进行异或运算。异或运算可理解为"判断是否不同（为异）"的运算。在进行异或运算时，如果两个二进制位上的数相同（都为0或都为1），运算结果就为0（表示否，不为异）；否则，运算结果就为1（表示是，为异）。

分析运算规则可知，某位与1进行异或运算时，结果与该位正好相反（翻转），即原来是1时结果为0，原来是0时结果为1；某位与0进行异或运算时，结果与该位相同。

设无符号字符型c的值为165，要改变0号到3号灯的状态（亮的灭，灭的亮），只需让c

与 0xf 进行异或运算即可。

```
c ^= 0xf
  1010 0101
^ 0000 1111
  1010 1010
```

12.1.4 取反操作符~

取反操作符是一个单目操作符，以二进制位为单位进行运算。在进行按位取反运算时，原来是 1 的结果为 0，原来是 0 的结果为 1。

设无符号字符型 c 的值为 165，要改变所有灯的状态，只需进行取反运算即可，即 c = ~c。

讨论：
为何表达式~a + 1 的值是整数 a 的相反数？
提示：
~a 等价于-1-a，故~a+1 的值为-1-a+1，即-a。

12.1.5 左移操作符<<

左移操作符<<的常用形式如下。

```
a << n
```

其中，a 和 n 均为整数，在对它求值时，a 的二进制位全部左移 n 位，右端补 n 个 0，舍弃左端移出的 n 位。显然，n 的取值范围通常为 1～sizeof(a)*8。

在位运算中，左移操作符常用于构造操作数。

变量 c 的值为 165，要点亮第 6 号灯，可以用表达式 c |= (1 << 6)模拟。其中，1 << 6 即 0100 0000。

左移操作也可被看作算术运算，a 左移 1 位的值为 a 的 2 倍，左移 2 位的值为 a 的 4 倍……计算 a << 1 要比计算 a * 2 快得多。

左移操作符的优先级低于算术操作符的优先级，但高于关系操作符的优先级。按位与、按位或和按位异或的优先级低于关系操作符的优先级，但高于逻辑操作符的优先级。单目操作符~的优先级为 2。

讨论：
（1）a << 1 的值在什么情况下是 a 的 2 倍？
（2）左移操作符的优先级为何高于双目的位操作符的优先级呢？
提示：
（1）当 a<<1 的值不超出变量 a 的取值范围时，a << 1 的值是 a 的 2 倍。
（2）先构造操作数，再进行位运算。表达式 c |= (1 << 6)即 c |= 1 << 6。

12.1.6 右移操作符>>

在对表达式 a >> n 求值时，会将 a 的二进制位全部右移 n 位，右端移出的 n 位被舍弃。根据左端移入数的不同，右移操作分为逻辑右移和算术右移两种。当进行逻辑右移时，无论 a 为何种类型，左端均移入 n 个 0；当进行算术右移时，如果 a 为非负数，左端就移入 n 个 0，否则，左端就移入 n 个 1。在 VC6.0 中采用算术右移。

整数 a（值不为-1）算术右移 1 位，值为 a / 2。

例 12-1 分析下面求整数绝对值的函数。

```
int abs(int x){
    int y;
    y = x >> 31;
    return (x ^ y) - y;
}
```

分析：

若 x 为非负数，则 x >> 31 结果为 32 个 0，y 的值为 0，(x ^ y)-y 即(x ^ 0)-0，值为 x。若 x 为负数，则 x >> 31 结果为 32 个 1，y 的值为-1，(x ^ y)-y 即(x ^ -1)-(-1)。x 与-1 进行异或运算，就是对 x 进行取反操作，表达式(x ^ -1)-(-1)相当于~x + 1，即-x。

12.2 位运算示例

例 12-2 用无符号字符型变量模拟控制 0 号灯到 7 号灯的明灭，变量中的每一位都对应一盏灯，当某位为 1 时相应的灯亮，为 0 时相应的灯不亮。随机生成 20 个 0 到 7 之间的整数，改变整数对应灯的明灭。如果随机生成的整数为 5，则 5 号灯亮时关掉，不亮时打开。最初八盏灯均不亮，编程输出 20 次操作后八盏灯的状态。

分析：

用异或操作改变某位的状态以控制相关灯的明灭，使用左移操作构造操作数。

```
#include <stdio.h>
#include <time.h>
#include <stdlib.h>
#define PRI1(x) printf("第%d 号灯亮!\n", x)
#define PRI2(x) printf("第%d 号灯不亮!\n", x)
int main( ){
    unsigned char c = 0;
    int i;
    srand(time(NULL));
    for(i=0; i<20; ++i)
        c ^= 1 << rand( ) % 8;
    for(i=0; i<=7; ++i){
        if((c & 1 << i) == 1 << i)
            PRI1(i);
        else
            PRI2(i);
    }
    return 0;
}
```

讨论：

（1）输出结果时，如何判断某盏灯的明灭？

（2）变量 c 的类型可以改为 char 型吗？

12.3 位段

C 语言允许在一个结构型中以位为单位指定其成员实际存储空间的长度，结构型中指定了存储长度的成员就是位段，例如：

```
struct bitfield
{
    int a:2;
    int b:4;
    int c:2;
}bf;
```

结构型 struct bitfield 虽然有 3 个内部成员 a、b、c，但是它们存储空间的长度只有 2 位、4 位和 2 位。尽管内部成员 a、b、c 的位数不多，但是仍为有符号 int 型，即 a 和 c 的取值范围为-2~1，b 的取值范围为-8~7。不能给位段赋一个超出其取值范围的值，如语句 bf.a = 4; 有逻辑错误。

参与运算时，位段会自动转换为整型。位段的类型只能为整型（有符号、无符号及字符型）。位段的长度不能大于其基本数据类型的长度。

通过位运算修改整数二进制编码中每位的状态，效率较高但可读性不太好。使用位段能以赋值的方式直观地修改整数二进制编码中部分位的状态。

位段的具体实现与编译器相关。

练习 12

1. 求下面表达式的值，其中 a 为整型变量。

```
0x23 & 0x52, 0x23 | 0x52, 0x23 ^ 0x52, ~0x52, a & a, a | a, a ^ a, 0 ^ a
```

2. 整理位运算操作符 &、| 和 ^ 的特点与作用。
3. 整理 C 语言操作符的优先级。
4. 可以用如下 3 条语句交换整数 x 和 y 的值。

```
x ^= y;
y ^= x;
x ^= y;
```

编程验证。

当整数 x 和 y 为同一个变量时，会出现什么情况？

5. 求 -1 >> 1 的值。
6. 用表达式 x & y +((x ^ y) >> 1) 可以求出整数 x 和 y 的平均数，请举例分析。
7. 分析下面的程序。

```
#include <stdio.h>
int main( ){
    int i, j;
    scanf("%d", &i);
    printf("0x%x\n", i);
    j = i << sizeof(int) * 4;
```

```
        j |= (unsigned int)i >> sizeof(int) * 4;
        printf("0x%x\n", j);
            return 0;
}
```

8. 编程输出一个整数的二进制编码中，高 24 位变为 0 时的值与低 24 位变为 0 时的值。

9. 编写一个函数，实现对整数的逻辑右移。

10. 获得用户输入的一个整数，当这个整数第 22 位和第 23 位上的二进制编码不为 0 时，将其变为 0，其他位不变，然后输出整数的值。

11. 设 x 为无符号整型变量，分析表达式 x ^ (~(~0 << n) << (m + 1 - n)) 的作用。

12. 查找资料，总结位运算在编程中的一些典型应用。

本章讨论提示

若有 unsigned char a = 0xA5;，分析 printf(" %d\n", ~a >> 4); 的输出结果；若有 char a = 0xA5;，分析 printf(" %d\n", ~a >> 4); 的输出结果。

第 13 章　数字化信息编码

章节导学

虽然计算机使用二进制，但是计算机中的二进制与数学中的二进制差别很大。计算机中没有正负号，没有小数点……只有（只能模拟）0 和 1，计算机使用了"纯粹"的二进制。现实世界中的数据只有编码成由 0 和 1 组成的"数串"，计算机才能存储、识别和处理。编码后的数据被称为机器数，被编码的数据称为真值。由于不同类型的数据采用不同的编码规则，不同的数据可能有相同的编码结果。只有确定了编码规则才能由机器数得到真值。

正负号的编码看似简单，却大有学问。小数点的位置不固定，如何编码是个挑战。一个字符具有多种编码，输入时有输入码（输入法），存储时有机内码，输出时有字形码。用 0 和 1 编码字符的形状时需要一点想象力。

计算机根据编码的运算规则进行计算，不同的编码对应不同的运算规则。计算机中采用补码编码整数是因为补码整数的加、减法运算规则非常简单。补码的特点也是计算机中整数的特点。编码小数时，通常先把十进制小数转化为二进制小数，再把二进制小数编码为 01 串。十进制小数转化为二进制小数时，通常会得到无限的二进制小数，因此，无论计算机中用多长的存储单元，都不可能精确地存储大部分的十进制小数。计算机中的小数多为近似数。

计算机是一台"整数有范围，小数有精度"的机器。

C 语言提供了使用计算机所需的直观的命令，对于非计算机专业的读者，无须掌握本章的知识也可以借助 C 语言使用计算机。工具的原理不应该也不会成为使用工具的障碍。

本章讨论

1. 如何理解计算机使用了"纯粹"的二进制？
2. 如何理解"计算机主要以字符的方式与用户交流"？
3. 查找资料，讨论中文字符的编码。

13.1　二进制

二进制也是一种计数方法，学习时可以参照常见的十进制。

13.1.1　位权

十进制中的"十"表示什么呢？"进"如何理解呢？

"十"表示用十进制记数时只用到了 10 个基本符号，即 0，1，2，…，9。记数时可以用 0 表示没有石子，用 1 表示 1 个石子，…，用 9 表示 9 个石子等 10 种情况。10 个石子只能用基本符号的组合来表示，如 10。这个 10 中的 1 与表示 1 个石子中的 1 显然不同，10 中的 1 表示 1 个"十"。同样的基本符号在不同的位置上有不同的含义（值），每个固定位置对应的单位值是位权。十进制的位权有个、十、百、千……十进制中的"进"就是"逢十进一",正因为"逢十进一",十进制的位权才是个、十、百、千……记数时所用基本符号的个数显然与位权关系密切。

二进制只有两个基本符号,即 0 和 1。记数时可以用 0 表示没有石子、用 1 表示 1 个石子。2 个石子只能用 10 表示,这个 10 中的 1 表示 1 个"二"。3 个石子用 11 表示,4 个石子用 100 表示……

二进制的位权有个、二、四、八……二进制是"逢二进一",八进制是"逢八进一",十六进制是"逢十六进一"。

讨论进制时,10 就不能读作十了,应读作"壹零"。通常用 $(10)_R$ 表示 10 是 R 进制数。没有标注进制的数默认为十进制数。也可在数的末尾加一个字母表示进制,如 10B 表示二进制数 10。

一个 R 进制整数 $(a_n \cdots a_1 a_0)_R$,其各位的位权值为 R^k(k 为各数位的下标)。

十进制小数 0.12 中的 1 表示一个十分之一,2 表示两个百分之一。二进制中把"单位 1"平均分成了两份,故 0.11B 中左边的 1 表示一个二分之一,右边的 1 表示一个四分之一。由此可知,一个 R 进制数 $(a_n \cdots a_1 a_0.a_{-1} a_{-2} \cdots a_{-m})_R$,其各位的位权值为 R^k(k 为各数位的下标)。

类似 $523=5\times10^2+2\times10^1+3\times10^0$,$R$ 进制数 $(a_n \cdots a_1 a_0.a_{-1} a_{-2} \cdots a_{-m})_R$ 等于 $a_n \times R^n + \cdots + a_1 \times R^1 + a_0 \times R^0 + a_{-1} \times R^{-1} + a_{-2} \times R^{-2} + \cdots + a_{-m} \times R^{-m}$,据此可以把 R 进制数转换为十进制数。

例 13-1 把下面的二进制数转换为十进制数。

10B,101B,1011.11B。

分析:

$10B = 1 \times 2^1 + 0 \times 2^0 = 2$

$101B = 1 \times 2^2 + 0 \times 2^1 + 1 \times 2^0 = 5$

$1011.11B = 1 \times 2^3 + 0 \times 2^2 + 1 \times 2^1 + 1 \times 2^0 + 1 \times 2^{-1} + 1 \times 2^{-2} = 11.75$

13.1.2　十进制数转换为二进制数

十进制数 11 如何转换为二进制数呢?

设 11 转换后的二进制数为 $b_n \cdots b_1 b_0$,则有 $11 = b_n \times 2^n + \cdots + b_1 \times 2^1 + b_0 \times 2^0$。

等式两边同时除以 2,11 除以 2 的余数为 1,商为 5;$b_n \times 2^n + \cdots + b_1 \times 2^1 + b_0 \times 2^0$ 除以 2 后的余数为 b_0,商为 $b_n \times 2^{n-1} + \cdots + b_1 \times 2^0$,故有 $b_0 = 1$,$b_n \times 2^{n-1} + \cdots + b_1 \times 2^0 = 5$。

同理可求出 b_1、b_2、…、b_n 的值。

转换过程如下。

```
2 | 11  …… 1
  2 | 5   …… 1
    2 | 2   …… 0
      2 | 1   …… 1
          0
```

$11 = 1011B$。

十进制整数转换为二进制数时,可以采用除以 2 取余法,即整数不断除以 2 取余数,直到商为 0 为止,最先得到的余数为最低位,最后得到的余数为最高位。

十进制小数 0.625 如何转换为二进制小数呢?

设 0.625 转换后的二进制数为 $0.a_{-1}a_{-2}\cdots a_{-m}$，则有 $0.625 = a_{-1} \times 2^{-1} + a_{-2} \times 2^{-2} + \cdots + a_{-m} \times 2^{-m}$。多项式 $a_{-1} \times 2^{-1} + a_{-2} \times 2^{-2} + \cdots + a_{-m} \times 2^{-m}$ 乘以 2 后的整数部分是多少？小数部分是多少？

多项式乘以 2 后为 $a_{-1} \times 2^{0} + a_{-2} \times 2^{-1} + \cdots + a_{-m} \times 2^{-m+1}$，即 $a_{-1}.a_{-2}\cdots a_{-m}$，整数部分为 a_{-1}，小数部分为 $0.a_{-2}\cdots a_{-m}$。

$0.625 \times 2 = 1.25$，所以 a_{-1} 的值为 1，$0.25 = a_{-2} \times 2^{-1} + \cdots + a_{-m} \times 2^{-m+1}$。

同理可求出 a_{-2}、a_{-3}、$\cdots$、a_{-m} 的值。

转换过程如下。

```
           0.625
     ×        2
  1……  1 .250
     ×        2
  0……  0 .500
     ×        2
  1……  1 .000
```

$0.625 = 0.101\text{B}$。

例 13-2 把十进制小数 0.6 转换为二进制小数。

转换过程如下。

```
           0.6
     ×      2
  1……  1 .2
     ×      2
  0……  0 .4
     ×      2
  0……  0 .8
     ×      2
  1……  1 .6
     ×      2
  1……  1 .2
     ×      2
  0……  0 .4
      ……
```

分析可知，结果为无限循环二进制小数。

$0.6 = 0.1001\text{B}$。

十进制小数转换为二进制小数可以采用乘以 2 取整法，即小数部分不断乘以 2 取整数，直到积为 0 或达到有效精度为止，最先得到的整数为最高位（最靠近小数点），最后得到的整数为最低位。

例 13-3 把十进制数 11.375 转换为二进制数。

分析：

整数部分可采用除以 2 取余法，小数部分可采用乘以 2 取整法。

$11.375 = 1011.011\text{B}$。

13.1.3 二进制的计算

二进制的运算规则与十进制的运算规则类似：加法规则为"逢二进一"；减法规则为"借一当二"；乘法规则为 $1 \times 1 = 1$，$1 \times 0 = 0$，$0 \times 0 = 0$；除法为乘法的逆运算。

计算时可以用十进制，也可以用二进制。

例 13-4 分别用十进制和二进制计算下面各题。

（1）32767 加 1。

用十进制计算如下。

32767+1=32768。

用二进制计算如下。

32767 用二进制表示为 111 1111 1111 1111（2^{15}=32768，1000 0000 0000 0000-1 即可得 32767 的二进制表示）

111 1111 1111 1111B+1B=1000 0000 0000 0000B。

（2）负-32767 加 1。

用十进制计算如下。

-32767+1＝-32766。

用二进制计算如下。

-32767 用二进制表示为-111 1111 1111 1111。

-111 1111 1111 1111B+1B=-111 1111 1111 1110B。

（3）0.6 乘以 2。

用十进制计算如下。

0.6×2＝1.2。

用二进制计算如下。

0.6 用二进制表示为 0.1001……B（1001 为循环节）。

0.1001……B（1001 为循环节）×10B=1.0011……B（0011 为循环节）。

由例 13-4 可知，用十进制计算与用二进制计算在理论上没有差别，但是由于进制的差异，在计算某些数据时，两者呈现出不同的特点。如计算 0.6 乘以 2 时，十进制的结果表现为有限小数，而二进制的结果表现为无限小数。

13.1.4 八进制和十六进制

由于二进制数难以读写，极易出错，C 语言中不直接使用二进制数，而是用八进制或十六进制数代替二进制数。

八进制的基本符号有 0~7。十六进制的基本符号有 0~9、A、B、C、D、E 和 F，其中 A 是 10，B 是 11，C 是 12，D 是 13，E 是 14，F 是 15。

八进制数在 C 语言中用前缀 0 表示，023 表示八进制数 23。十六进制数在 C 语言中用前缀 0x（或 0X）表示，0X23 表示十六进制数 23。没有前缀的数是十进制数。

常用进制中的 0~15 如表 13-1 所示。

表 13-1 常用进制中的 0~15

十进制	二进制	八进制	十六进制	十进制	二进制	八进制	十六进制
0	0	0	0	8	1000B	010	0x8
1	1B	01	0x1	9	1001B	011	0x9
2	10B	02	0x2	10	1010B	012	0xA
3	11 B	03	0x3	11	1011B	013	0xB

续表

十进制	二进制	八进制	十六进制	十进制	二进制	八进制	十六进制
4	100B	04	0x4	12	1100B	014	0xC
5	101B	05	0x5	13	1101B	015	0xD
6	110B	06	0x6	14	1110B	016	0xE
7	111B	07	0x7	15	1111B	017	0xF

由于 $2^4=16$，二进制数与十六进制数的转换非常简单：4 位二进制数对应 1 位十六进制数。将二进制数转换为十六进制数时，以小数点为中心分别向两边分组，每 4 位为一组，位数不够时在两边加 0 补足，然后将每组二进制数转换为相应的十六进制数即可。反之，可将十六进制数转换为二进制数。

例 13-5 二进制数与十六进制数互换。

（1）将二进制数 1001101101.11001 转换为十六进制数。

1001101101.11001B＝<u>0010</u> <u>0110</u> <u>1101</u>.<u>1100</u> <u>1000</u>B＝0X26D.C8。

（2）将十六进制数 0X23B.E5 转换为二进制数。

0X23B.E5＝0010 0011 1011 . 1110 0101B＝10 0011 1011.1110 0101B。

讨论：

八进制数如何与二进制数互换？

13.2 计算机中的计算

虽然计算时采用何种进制在理论上没有本质上的区别，但是不同进制的运算规则却差别极大。以乘法为例，十进制的运算规则类似于"乘法口诀"，二进制的"乘法口诀"只有 4 句"$1×1=1$，$1×0=0$，$0×0=0$，$0×1=0$"。

计算机采用二进制。二进制只有 0 和 1 两种状态，很容易在物理上模拟，如用开关的接通和断开表示 1 和 0。二进制数 1101 0011 可以在计算机中用图 13-1 所示的方式表示。

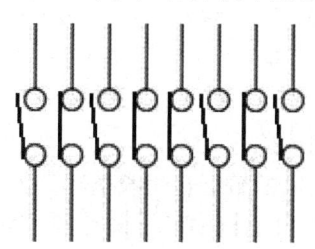

图 13-1 计算机中的二进制数 1101 0011

计算机中有成千上万类似的开关，计算机可以存储大量的由 0 和 1 组成的二进制串。计算机中一个类似的开关被称为 1 位（bit），8 位被称为 1 个字节（Byte）。通常用 B 表示字节，用 b 表示位，如 4B 就是 4 个字节，32 位（32b）。为了简便，约定计算机中模拟的二进制用表格形式的二进制串表示，图 13-1 所示计算机中的二进制数 1101 0011 可表示为：

| 1 | 1 | 0 | 1 | 0 | 0 | 1 | 1 |

计算机中的数据有规定的长度，现设计算机中整数的长度为 16 位。

例 13-6 计算 32767 加 1。

32767 在计算机中被模拟为：

| 0 | 1 | 1 | 1 | 1 | 1 | 1 | 1 | 1 | 1 | 1 | 1 | 1 | 1 | 1 | 1 |

1 在计算机中被模拟为：

| 0 | 0 | 0 | 0 | 0 | 0 | 0 | 0 | 0 | 0 | 0 | 0 | 0 | 0 | 0 | 1 |

计算结果为：

| 1 | 0 | 0 | 0 | 0 | 0 | 0 | 0 | 0 | 0 | 0 | 0 | 0 | 0 | 0 | 0 |

由于计算机中规定了数据的长度，计算机不可能对任意大小的整数进行计算，也就是说，计算机的计算能力"有限"。

例 13-7 计算 -32767 加 1。

-32767 用二进制表示为 -111 1111 1111 1111。由于存在负号 -，这个数在计算机中无法直接模拟。现实世界中的信息只有变成由 0 和 1 组成的"数串"后才能被计算机处理。把现实世界中的信息变成由 0 和 1 组成的"数串"，就是数字化信息编码。

编码时，约定负号用 1 表示，正号用 0 表示。

-32767 在计算机中可编码为：

| 1 | 1 | 1 | 1 | 1 | 1 | 1 | 1 | 1 | 1 | 1 | 1 | 1 | 1 | 1 | 1 |

1 在计算机中可编码为：

| 0 | 0 | 0 | 0 | 0 | 0 | 0 | 0 | 0 | 0 | 0 | 0 | 0 | 0 | 0 | 1 |

一个是负数，一个是正数，计算时应算减法，计算结果为：

| 1 | 1 | 1 | 1 | 1 | 1 | 1 | 1 | 1 | 1 | 1 | 1 | 1 | 1 | 1 | 0 |

与数学中的二进制运算相比，计算机中参与运算的数据都是编码后的数据。

结果 1111 1111 1111 1110 解码成二进制数为 -111 1111 1111 1110，即 -32766。

13.3 整数编码

整数编码似乎很简单，先将十进制整数转换为二进制整数，再加上表示负号的 1 或表示正号的 0。计算机中用固定的长度存储整数，整数编码时可能还需在正负号与数值位之间补 0 以"凑够"规定的位数。这种编码方式虽然直观易懂，但是并非最佳。例 13-6 和例 13-7 中采用了这种编码方式，但同样是加法运算，例 13-6 中需算加法，例 13-7 中却要算减法。采用这种编码方式时，加法的运算规则比较复杂，即使在计算机中实现了，计算效率也不高。运算规则与编码方式密切相关，有运算规则简单的编码方式吗？

下面介绍几种整数编码，编码后的数据也用表格形式的二进制串表示。

-32767 的二进制形式为 -111 1111 1111 1111，若按照"正号编码为 0，负号编码为 1，其余不变"的规则编码，则编码数据为：

| 1 | 1 | 1 | 1 | 1 | 1 | 1 | 1 | 1 | 1 | 1 | 1 | 1 | 1 | 1 | 1 |

这种编码又称原码。编码中的最高位被称为符号位，其余的为数值位。原码中符号位表示数据的正负，数值位表示数据的绝对值。0 可理解为 +0，也可理解为 -0。

如果将编码规则改为"正号编码为 0，负号编码为 1；为正数时其余的不变，为负数时 1 变为 0，0 变为 1"，就得到了一种新的编码，即反码。-32767 的二进制形式为 -111 1111 1111 1111，按照此编码规则，-32767 的反码为：

| 1 | 0 | 0 | 0 | 0 | 0 | 0 | 0 | 0 | 0 | 0 | 0 | 0 | 0 | 0 | 0 |

讨论：

（1）如果计算机中用 2 个字节编码整数，原码能编码的最大整数和最小整数各是多少？

此时原码能编码多少个整数？

（2）如果计算机中用 2 个字节编码整数，反码能编码的最大整数和最小整数各是多少？此时反码能编码多少个整数？

（3）理论上 2 个字节的二进制串有多少种状态？可以编码多少个整数？

例 13-8 假设计算机中使用反码编码整数，计算-32767 加 1。

-32767 在使用反码的计算机中被编码为：

| 1 | 0 | 0 | 0 | 0 | 0 | 0 | 0 | 0 | 0 | 0 | 0 | 0 | 0 | 0 | 0 |

1 在使用反码的计算机中被编码为：（正数的反码与原码相同。）

| 0 | 0 | 0 | 0 | 0 | 0 | 0 | 0 | 0 | 0 | 0 | 0 | 0 | 0 | 0 | 1 |

计算结果为：

| 1 | 0 | 0 | 0 | 0 | 0 | 0 | 0 | 0 | 0 | 0 | 0 | 0 | 0 | 0 | 1 |

最终的计算结果也是反码。解码时可先将反码表示的计算结果转换为原码，再改写为二进制形式，即-111 1111 1111 1110，也就是-32766。

计算机采用反码编码整数时，加法运算的运算规则同样比较复杂，不易实现。

现代计算机在编码整数时多采用补码。补码的编码规则为：正数的补码与其原码相同，负数的补码为其反码加 1。

例 13-9 假设计算机中使用补码编码整数，计算-32767 加 1。

-32767 在使用补码的计算机中被编码为：（负数的补码为其反码加 1。）

| 1 | 0 | 0 | 0 | 0 | 0 | 0 | 0 | 0 | 0 | 0 | 0 | 0 | 0 | 0 | 1 |

1 在使用补码的计算机中被编码为：（正数的补码与原码相同。）

| 0 | 0 | 0 | 0 | 0 | 0 | 0 | 0 | 0 | 0 | 0 | 0 | 0 | 0 | 0 | 1 |

计算结果为：

| 1 | 0 | 0 | 0 | 0 | 0 | 0 | 0 | 0 | 0 | 0 | 0 | 0 | 0 | 1 | 0 |

最终的计算结果也是补码。解码时首先将补码表示的计算结果转换为反码（补码减 1，即 1000 0000 0000 0001），然后由反码得到原码（1111 1111 1111 1110），最后改写为二进制形式，即-111 1111 1111 1110，也就是-32766。

采用补码时，减去一个整数等于加上它的相反数的补码，-5-3 应理解为-5 的补码加-3 的补码，即计算机中只算加法。补码加法运算的运算规则非常简单：符号位参与运算，两个补码直接相加（0+1＝1，1+1＝10）。

讨论：

（1）如何求一个整数的补码？

（2）设码长为 1 个字节，如何求 128、-128、-1 的补码？当码长为 2 个字节时呢？

（3）设码长为 2 个字节，如何求 32768 和-32768 的补码？

（4）用补码为算-5-3 和-5+3。

13.4 计算机中的整数

13.4.1 整数加法示例

计算机中用补码编码整数，补码编码整数的加法就是计算机中整数的加法。为了简明，设计算机中用 1 个字节存储整数。

例 13-10 计算 127-1。

127-1 即 127+(-1)。

127 的补码为：

| 0 | 1 | 1 | 1 | 1 | 1 | 1 | 1 |

-1 的补码为：

| 1 | 1 | 1 | 1 | 1 | 1 | 1 | 1 |

计算结果为：

| 0 | 1 | 1 | 1 | 1 | 1 | 1 | 0 |

结果的符号位为 0，是正数，其补码与原码相同，结果为 126。

用补码编码整数时，符号位需要参与运算，计算过程如下。

```
   0111 1111
+  1111 1111
 -----------
 1 0111 1110
```

因为计算机中只用 1 个字节存储整数，所以计算结果只能保留 8 位，最高位的 1 被忽略，而计算结果正确。

例 13-11 计算 127+127。

127 的补码为：

| 0 | 1 | 1 | 1 | 1 | 1 | 1 | 1 |

加下面 127 的补码：

| 0 | 1 | 1 | 1 | 1 | 1 | 1 | 1 |

计算结果为：

| 1 | 1 | 1 | 1 | 1 | 1 | 1 | 0 |

结果为负数，解码时首先求出反码（补码减 1，即 1111 1101），然后得到原码（1000 0010），最后改写为二进制形式（-0000 0010）。计算结果为-2，错了吗？

根本不可能"得到"正确的结果！当计算机只用 1 个字节存储整数且采用补码编码整数时，最大整数就是 127，任何大于 127 的整数都不可能在计算机中表示出来。计算机的"计算能力"如此，它不可能得到 127+127 的正确结果。

讨论：

（1）分析一个算盘的"计算能力"。

（2）理论上人能计算两个任意大的整数的和，但实际上并非如此，为什么？

（3）如何理解一台计算机的"计算能力"？

13.4.2 补码的符号位

补码的神奇之处在于，它的符号位也参与运算。符号位原本是正号和负号的编码，怎么能参与运算呢？要参与运算必须有位权，数值位有位权，但补码中符号位的位权是多少呢？

补码中符号位的位权与其他数值位的类似，只不过它的位权是负的，有补码：

| 1 | 0 | 0 | 0 | 0 | 0 | 0 | 0 | 0 | 0 | 0 | 0 | 0 | 0 | 0 | 1 |

这个整数是多少呢？

解码时，由于这个整数是负数，首先求反码，然后求原码，最后可得出这个整数为-32767。

补码的符号位也有位权，也算数值位，解码补码时，可以不区分符号位和数值位，直接根据位权解码。1000 0000 0000 0001B=1×(-10B)^{1111B}+1×10B^0=1×(-2)^{15}+1×2^0=1×(-32768)+1=-32767。

补码为：

| 1 | 1 | 1 | 1 | 1 | 1 | 1 | 0 |

解码为 1111 1110B=1×(-2)^7+1×2^6+1×2^5+1×2^4+1×2^3+1×2^2+1×2^1=-128+64+32+16+8+4+2=-2。

补码为：

| 0 | 1 | 1 | 1 | 1 | 1 | 1 | 0 |

解码为 0111 1110B=0×(-2)^7+1×2^6+1×2^5+1×2^4+1×2^3+1×2^2+1×2^1=64+32+16+8+4+2=126。

讨论：

根据反码加 1 得补码，分析补码符号位的位权为什么是负的？

补码为：

| 1 | 0 | 0 | 0 | 0 | 0 | 0 | 0 |

解码为 1000 0000B=1×(-2)^7=-128。

如何求-128 的补码呢？首先求原码、然后求反码、最后加 1 得补码的方法行不通，因为-128 的原码需要 9 位，而计算机中只用 1 个字节编码整数。实际上求负整数的补码时，首先舍弃负号，将其绝对值转换为二进制形式，然后取反（取反时 0 变 1，1 变 0，符号位也参与取反），最后加 1 得到补码。加 1 时符号位也要参与运算，因为补码的符号位也是数值位。

求-128 的补码时，首先将其绝对值转换为二进制形式：

| 1 | 0 | 0 | 0 | 0 | 0 | 0 | 0 |

然后取反：

| 0 | 1 | 1 | 1 | 1 | 1 | 1 | 1 |

最后加 1 得到补码：

| 1 | 0 | 0 | 0 | 0 | 0 | 0 | 0 |

讨论：

（1）1 个字节的补码能编码的最大和最小整数分别是多少？能编码多少个整数？采用原码时呢？为什么两种编码能编码整数的个数不同呢？

（2）采用 1 个字节的补码编码整数时，计算机中求出的-129 的补码是多少？

（3）例 13-10 中忽略了结果中的最高位，为什么结果仍然正确？

提示：

（1）0000 0000 和 1000 0000 分别是哪两个整数的原码及哪两个整数的补码？

（2）1 个字节的补码不可能正确编码整数-129，得到的"补码"仅表明计算机的处理结果。正如前面计算 127+127，计算机只会按照"规定的流程"处理问题，如果问题超出了计算机的"能力"，那么结果肯定不正确。

13.4.3 整数构成一个环

当计算机中用 1 个字节的补码编码整数时，计算机中整数的取值范围为-128～127。整数构成一个环是指 127+1 的结果为-128，-128-1 的结果为 127。

例 13-12 计算 127+1。

127 的补码为：

| 0 | 1 | 1 | 1 | 1 | 1 | 1 | 1 |

1 的补码为:

| 0 | 0 | 0 | 0 | 0 | 0 | 0 | 1 |

计算结果为:

| 1 | 0 | 0 | 0 | 0 | 0 | 0 | 0 |

解码时 1000 0000B=1×(-2)^7=-128,结果为-128。正常运算,结果为何会出错呢?计算过程中向最高位进 1,这个 1 原本是正的 128,但最高位是符号位,位权为负,结果中的 1 却表示负的 128,所以出错了。

例 13-13 计算-128-1。

-128-1 即-128+(-1)。

-128 的补码为:

| 1 | 0 | 0 | 0 | 0 | 0 | 0 | 0 |

-1 的补码为:

| 1 | 1 | 1 | 1 | 1 | 1 | 1 | 1 |

计算结果为:

| 0 | 1 | 1 | 1 | 1 | 1 | 1 | 1 |

解码时 0111 1111B=0×(-2)^7+1×2^6+1×2^5+1×2^4+1×2^3+1×2^2+1×2^1+1×2^0=127,结果为 127。在计算过程中最高位向前进 1,这个 1 表示-256,但被舍弃了,因此结果出错了。

讨论:

(1)用两个字节的补码编码整数时,计算机中整数的取值范围有多大?整数也构成一个环吗?

(2)利用码长为 1 个字节的补码计算 127+1-2 和-128-1+2。

(3)利用码长为 2 个字节的补码重新计算例 13-10、例 13-12 和例 13-13。

(4)用补码编码-23,当码长由 1 个字节变为 2 个字节时,编码数据是如何变化的?再次用-128 验证变化规律。

13.5 小数编码

13.5.1 定点小数

小数如何编码呢?

以 0.6 为例,0.6 转化为二进制是 $0.\dot{1}00\dot{1}B$,编码 0.6 有两个难点,即小数点如何编码?无限循环的二进制小数如何存储?

如何标识编码中的小数点呢?可以用定点数编码法,即规定编码中小数点的位置。编码规则可规定为"小数点位于符号位与数值位之间,正数时符号位为 0,负数时符号位为 1,数值位不变"。这个编码规则只能编码绝对值小于 1 的小数。规定小数点位于符号位与数值位之间的编码被称为定点小数编码。

0.6 转换为二进制小数是无限循环小数,这意味着无论采用多长的字节都无法在计算机中精确地表示 0.6。计算机中也用固定长度的存储空间存储小数,当用 1 个字节编码小数时,0.6 定点小数编码的形式为:

| 0 | 1 | 0 | 0 | 1 | 1 | 0 | 0 |

当用 2 个字节编码小数时，0.6 定点小数编码的形式为：

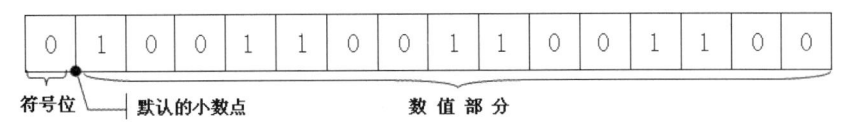

```
0 1 0 0 1 1 0 0 1 1 0 0 1 1 0 0
```
符号位 │ 默认的小数点   数 值 部 分

0.1001100B=0.59375 而 0.100110011001100B=0.5999755859375，由此可见，虽然不可能在计算机中精确地表示 0.6，但是采用的编码长度越长，精度就越高。

规定小数点位于特定位置的编码被称为定点数编码。如果认为整数编码中也有小数点，并且小数点位于数值位的后面，那么整数的补码也是定点数编码。

13.5.2　浮点数编码

计算机采用浮点数编码小数，浮点数的编码格式与科学记数法有关。

可以用 $M \times R^c$ 的指数形式表示一个数，这种表示方法被称为科学记数法，如 $25.6=0.256\times10^2$，$-0.00523=-0.523\times10^{-2}$。类似地，二进制数也可以用科学记数法表示，如 $-1011.011B=-0.1011011B\times 10B^{100B}$，$0.00110101B=0.110101B\times 10B^{-10B}$。

一个 R 进制数，只要确定了 M 与 C 的值，该数就确定了。对于二进制数，当要求小数点后第一位必须为 1，即 $1>|M|\geqslant 0.1$ 时，一个二进制数就对应确定的 M 和 C。浮点数编码由两部分组成，一部分是 M，另一部分是 C，其中 M 的绝对值小于 1，C 是整数，它们都可以用定点数方式编码。采用浮点数编码一个十进制数时，首先把该数转换为相应的二进制数，然后用科学记数法表示此二进制数，得到 M 和 C，最后把 M 和 C 用定点数的方式编码。

浮点数编码中的 M 和 C 分别被称为尾数和阶码，可以规定尾数 M 用原码格式的定点小数编码，阶码 C 用补码编码。当计算机中用 4 个字节的浮点数编码小数时，通常阶码占用 1 个字节，尾数占用 3 个字节。

小数 0.1875 的浮点数编码是什么样子呢？

$0.1875=0.0011B=0.11B\times 10B^{-10B}$，尾数 0.11B 用 3 个字节的原码格式的定点小数编码为 0110 0000 0000 0000 0000 0000，阶码 -10B 用 1 个字节的补码编码为 1111 1110。0.1875 的浮点数编码形式为：

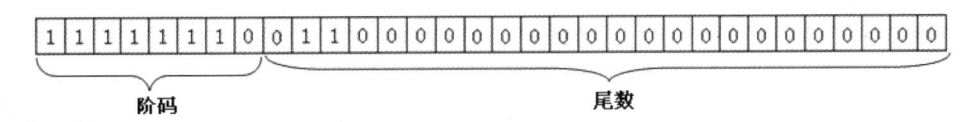

```
1 1 1 1 1 1 1 0 0 1 1 0 0 0 0 0 0 0 0 0 0 0 0 0 0 0 0 0 0 0 0 0
```
　　　　阶码　　　　　　　　　　尾数

数 $-127=-111\,1111B=-0.1111111B\times 10B^{111B}$。尾数 -0.1111111B 用 3 个字节的原码格式的定点小数编码为 1111 1111 0000 0000 0000 0000；阶码 111B 用 1 个字节的补码编码为 0000 0111。-127 的浮点数编码形式为：

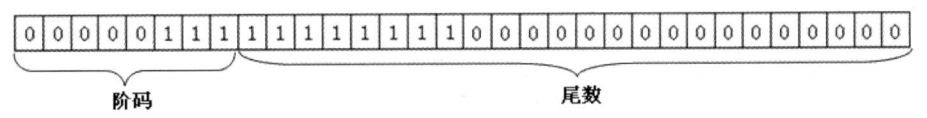

```
0 0 0 0 0 1 1 1 1 1 1 1 1 1 1 1 1 0 0 0 0 0 0 0 0 0 0 0 0 0 0 0
```
　　　　阶码　　　　　　　　　　尾数

小数 $0.6=0.i00iB=0.i00iB\times 10B^{0B}$。尾数 $0.i00iB$ 用定点小数编码为 0100 1100 1100 1100 1100 1100；阶码 0B 用补码编码为 0000 0000。0.6 的浮点数编码形式为：

```
0 0 0 0 0 0 0 0 0 1 0 0 1 1 0 0 1 1 0 0 1 1 0 0 1 1 0 0 1 1 0 0
```
　　　　　　　阶码　　　　　　　　　　　　尾数

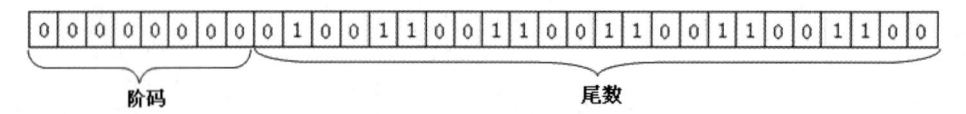

小数 1.2=0.6×2=1.0011……B（0011 为循环节）=0.1001……B×10B^{1B}。尾数 0.1001……B（1001 为循环节）用定点小数编码为 0100 1100 1100 1100 1100 1100；阶码 1B 用补码编码为 0000 0001。1.2 的浮点数编码形式为：

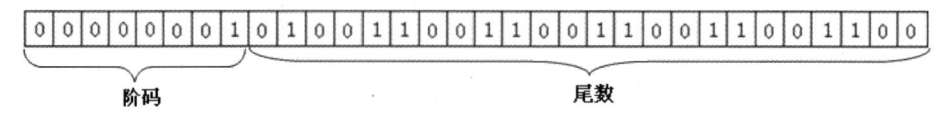

```
0 0 0 0 0 0 0 1 0 1 0 0 1 1 0 0 1 1 0 0 1 1 0 0 1 1 0 0 1 1 0 0
```
　　　　　　阶码　　　　　　　　　　　　尾数

讨论：

（1）求-12.25 和 0.109375 的浮点数编码。

（2）计算机中用 4 个字节的浮点数编码 0.6 的实际值是多少呢？

13.5.3　浮点数的特点

4 个字节的浮点数有什么特点呢？

先讨论浮点数的取值范围。

浮点数的取值范围与其阶码的长度关系密切。码长为 1 个字节补码形式的阶码的取值范围为-128～127，浮点数的取值范围为 2^{-128}～2^{127}。设 $10^x=2^{127}$，$x=127\times\log2\approx38$，浮点数的取值范围为 10^{-38}～10^{38}。与整数相比，浮点数的取值范围要大得多，浮点数在使用时不易溢出。

然后讨论浮点数的精度。

码长为 3 个字节的尾数只能精确到小数点后第 23 位（除去符号位），似乎还不错，但这只是二进制的。设 $10^x=2^{-23}$，$x=-23\times\log2\approx-6.9$，浮点数能精确到十进制小数点后的第 6 位到第 7 位。下面以 0.1 为例，讨论浮点数的精度。

数 0.1=0.000110011001……B（1001 为循环节）=0.110011001……B×10B^{-11B}，尾数 0.110011001……B（1001 为循环节）用 3 个字节的原码格式的定点小数编码为 0110 0110 0110 0110 0110 0110，阶码-11B 用 1 个字节的补码编码为 1111 1101。0.1 的浮点数编码形式为：

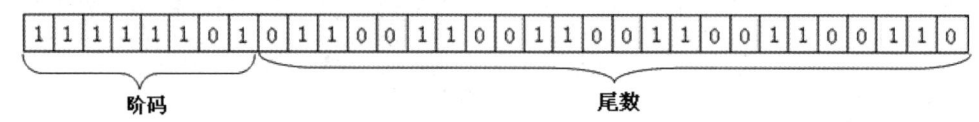

```
1 1 1 1 1 1 0 1 0 1 1 0 0 1 1 0 0 1 1 0 0 1 1 0 0 1 1 0 0 1 1 0
```
　　　　　　阶码　　　　　　　　　　　　尾数

由此可知，在计算机中 0.1 仅是 0.1100 1100 1100 1100 1100 110B×10B^{-11B}=(1×2^{-1}+1×2^{-2}+1×2^{-5}+1×2^{-6}+1×2^{-9}+1×2^{-10}+1×2^{-13}+1×2^{-14}+1×2^{-17}+1×2^{-18}+1×2^{-21}+1×2^{-22})×2^{-3}=0.7999999523162841796875×0.125=0.0999999940395355224609375。也就是说，0.1 在计算机中的实际值是 0.0999999940395355224609375。

十进制小数与其浮点数编码对应的真值在多数情况下存在误差，用计算机进行小数运算时，一定要注意精度的问题。

讨论：

（1）阶码和尾数对浮点数有何影响？

（2）如何理解浮点数只能精确到十进制小数点后的第 6 位到第 7 位？用浮点数编码小数时，一定会出现误差吗？

（3）在计算机中，10 个 0.1 相加等于 1 吗？

（4）4 个字节的浮点数能编码几个小数？如何理解它的取值范围？

强调：

计算机中实际使用的浮点数编码多采用 IEEE754 标准，与这里介绍的稍有不同。

13.6 字符编码

字符型数据是非数值型数据，包括各种文字、数字与符号等。非数值型数据通常不能参与算术运算。

和数值型数据一样，字符型数据也需要编码。字符型数据编码时，不仅要考虑编码长度，还要考虑如何输入字符（输入码）、如何存储字符（机内码）、如何输出字符（字形码）。

13.6.1 机内码

这里主要介绍英文字符的机内码。英文字符通常包括英文字母、数字、英文的标点符号、运算符号(+、-、*、/)等。

字符编码的原则是标准化。规定每个字符对应二进制串，当计算机中需要存储一个字符时，就存储其对应的二进制串；反之，当计算机中的一个二进制串需解码为字符时，就根据规定查找出对应的字符。只要采用同一个标准，计算机间就可以传递字符信息。

英文字符的机内码常采用 ASCII 码。ASCII 码的码长为 1 个字节，最高位为 0，因此 ASCII 码可以编码 128（2^7）个英文字符，其中大部分为可打印或可显示字符，一些是控制字符。英文字符的机内码就是它在 ASCII 码表中的编号，如表 13-2 所示。

表 13-2 ASCII 码表

编号	编号	字符	编号	编号	字符	编号	编号	字符	编号	编号	字符
0	0x0	NUL	32	0x20	空格	64	0x40	@	96	0x60	`
1	0x1	SOH	33	0x21	!	65	0x41	A	97	0x61	a
2	0x2	STX	34	0x22	"	66	0x42	B	98	0x62	b
3	0x3	ETX	35	0x23	#	67	0x43	C	99	0x63	c
4	0x4	EOT	36	0x24	$	68	0x44	D	100	0x64	d
5	0x5	ENQ	37	0x25	%	69	0x45	E	101	0x65	e
6	0x6	ACK	38	0x26	&	70	0x46	F	102	0x66	f
7	0x7	BEL	39	0x27	'	71	0x47	G	103	0x67	g
8	0x8	BS	40	0x28	(	72	0x48	H	104	0x68	h
9	0x9	HT	41	0x29	)	73	0x49	I	105	0x69	i
10	0xA	LF	42	0x2A	*	74	0x4A	J	106	0x6A	j
11	0xB	VT	43	0x2B	+	75	0x4B	K	107	0x6B	k
12	0xC	FF	44	0x2C	,	76	0x4C	L	108	0x6C	l
13	0xD	CR	45	0x2D	-	77	0x4D	M	109	0x6D	m
14	0xE	SO	46	0x2E	.	78	0x4E	N	110	0x6E	n
15	0xF	SI	47	0x2F	/	79	0x4F	O	111	0x6F	o
16	0x10	DLE	48	0x30	0	80	0x50	P	112	0x70	p
17	0x11	DC1	49	0x31	1	81	0x51	Q	113	0x71	q

续表

编号	编号	字符	编号	编号	字符	编号	编号	字符	编号	编号	字符
18	0x12	DC2	50	0x32	2	82	0x52	R	114	0x72	r
19	0x13	DC3	51	0x33	3	83	0x53	S	115	0x73	s
20	0x14	DC4	52	0x34	4	84	0x54	T	116	0x74	t
21	0x15	NAK	53	0x35	5	85	0x55	U	117	0x75	u
22	0x16	SYN	54	0x36	6	86	0x56	V	118	0x76	v
23	0x17	ETB	55	0x37	7	87	0x57	W	119	0x77	w
24	0x18	CAN	56	0x38	8	88	0x58	X	120	0x78	x
25	0x19	EM	57	0x39	9	89	0x59	Y	121	0x79	y
26	0x1A	SUB	58	0x3A	:	90	0x5A	Z	122	0x7A	z
27	0x1B	ESC	59	0x3B	;	91	0x5B	[	123	0x7B	{
28	0x1C	FS	60	0x3C	<	92	0x5C	\	124	0x7C	|
29	0x1D	GS	61	0x3D	=	93	0x5D	]	125	0x7D	}
30	0x1E	RS	62	0x3E	>	94	0x5E	^	126	0x7E	~
31	0x1F	US	63	0x3F	?	95	0x5F	_	127	0x7F	DEL

例 13-14 根据 ASCII 码表，写出下面字符的机内码。

a，A，z，Z，0，9，Delete 键，\。

字符 a 的机内码为：

0	1	1	0	0	0	0	1

字符 A 的机内码为：

0	1	0	0	0	0	0	1

字符 z 的机内码为：

0	1	1	1	1	0	1	0

字符 Z 的机内码为：

0	1	0	1	1	0	1	0

字符 0 的机内码为：

0	0	1	1	0	0	0	0

字符 9 的机内码为：

0	0	1	1	1	0	0	1

字符 Delete 键的机内码为：

0	1	1	1	1	1	1	1

字符\的机内码为：

0	1	0	1	1	1	0	0

讨论：

（1）编码后的数据（机器数）为：

0	1	1	0	0	0	0	1

解码该数据（真值）。

（2）字符 9 与整数 9 有区别吗？计算机如何存储字符 9 与整数 9 呢？

13.6.2 输入码和字形码

英文字符的输入相对简单，如输入字符 a 时，只需按 A 键即可。ASCII 码表中的控制字符通常不对应键盘上的某个键，输入时相对复杂。

提示：

在 DOS 窗口中，按住 Alt 键，同时用数字键区的数字键输入字符 ASCII 码的编号。输入完成后释放 Alt 键，屏幕上就会出现相对应的 ASCII 码的字符。这种方式可用来输入 ASCII 码表中的控制字符。

显示器上显示的某个字符，其实是它的字形码。

显示器由一个个的小方点（像素）组成。通常所说的屏幕分辨率 1024×768 中的 1024 可理解为水平像素数，每行有 1024 个像素；768 可理解为垂直像素数，每列有 768 个像素。假设显示器上有一个 48×48 的窗口，如图 13-2 所示。

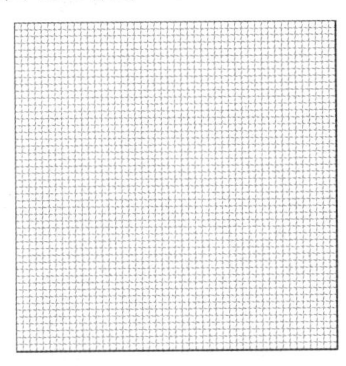

图 13-2　48×48 的窗口

如何输出"cbA"呢？

假设用 16×16 的像素显示一个字符，可能的输出结果如图 13-3 所示。

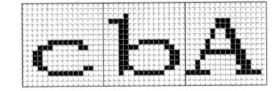

图 13-3　字符可能的输出结果

分析输出结果可以得到字符的字形码。以字符 c 为例，其 16×16 的字形码如图 13-4 所示。

```
0000000000000000
0000000000000000
0000000000000000
0000000000000000
0000000000000000
0000000000000000
0000000000000000
0000011111110000
0001110000011000
0011000000000000
0110000000000000
0110000000000000
0011000000001100
0000011111110000
0000000000000000
0000000000000000
```

图 13-4　字符 c 的输出码

输出字符 c 时，只需把它的字形码中与 0 对应的像素设置成一种颜色（如白色），与 1 对应的像素设置成另外一种颜色（如黑色）即可。

字符 c 的 16×16 的字形码占 16÷8×16=32 个字节。

字库是指一个包含了多个字符的字形码文件。输出字符时，首先打开字库文件，然后由字符编码（字符的编号）找到该字符的字形码，最后根据字形码设置相应像素的颜色。

讨论：

（1）ASCII 码表中的每个字符都有字形码吗？

（2）如何设计 ASCII 码表的字库？

（3）屏幕的输出结果如图 13-5 所示，这是什么数据，一个整数还是 3 个字符？

图 13-5　屏幕的输出结果

附录 A C 语言关键字

auto	break	case	char	const	continue	default	do
double	else	enum	extern	float	for	goto	if
int	long	register	return	short	signed	sizeof	static
struct	switch	typedef	union	unsigned	void	volatile	while

附录 B 格式化输入和输出

1. 格式化输入

scanf 函数常见的调用方式如下。

`scanf（格式字符串,输入列表）;`

scanf 函数的作用是根据格式字符串将用户输入的字符串转换为值,并将转换值赋给输入列表中相对应的变量。当输入字符串全部转换完成后或遇到不符合格式字符串要求的字符时,转换操作结束。成功转换的字符被移走,不合要求的字符将留在输入字符串中供下次使用。

输入格式字符串由 3 类字符（串）组成：空格字符、普通字符、转换控制字符串。空格字符通常被忽略。普通字符要求输入字符串中必须有这个字符。转换控制字符串与占位序列类似,以%开始且以一个格式字符结束。

在格式字符串"%d,%d"中,两个"%d"为转换控制字符串,其中的","为普通字符,与此相对应的输入字符串可能为"23,32"。与格式字符串"%d%d"对应的输入字符串可能为"23 32"。输入字符串中的空格常用于分隔数据,而不记入输入域宽。

转换控制字符串中的%和格式字符之间可依次有：赋值抑制符*、最大域宽说明和数值类型长度修饰字符 h 与 l。

赋值抑制符*表示转换值不保存,若有 scanf("%*d%d", &i);,则输入字符串为"23 32"时,变量 i 的值为 32,也就是说,转换值 23 被忽略了。

最大域宽说明规定了该转换操作最多从输入字符串中转换字符的个数。若有 scanf("%2d%3d", &i, &j);,则输入字符串为"12345"时,变量 i 的值为 12,变量 j 的值为 345。转换控制字符串%2d 将从输入字符串"12345"中转换 2 个字符,故变量 i 的值为 12。转换控制字符串%3d 将从剩余的输入字符串"345"中转换 3 个字符,故变量 j 的值为 345。当输入字符串为"12   3456789"时,变量 i 的值仍为 12,变量 j 的值仍为 345。

数值类型长度修饰字符 h 与 l 进一步指明了接收转换值的变量类型。特别强调,使用 scanf 函数给双精度浮点型变量赋值时,必须用长度修饰字符 l。

转换控制字符串中常用的格式字符有：d 和 i, u, o, x, f, e, g, s, c, p。它们与格式化输出中的格式字符作用类似,如 d 用于整型变量的赋值。

格式字符 f 对应单精度浮点型变量,lf 对应双精度浮点型变量。

格式字符 u 将十进制整数以有符号数的补码形式作为转换值,若有 scanf("%hu", &ui);,则输入字符串为"-1"时,无符号短整型变量 ui 的值为 65535。

格式字符 c 将转换一个或多个字符。如果未指明域宽,就转换一个字符；否则,转换字符的个数不应超过域宽指明的数目。注意,空格字符在此会被转换和计数。在存储转换的字符时,不包括字符串结束符（'\0'）。若有 scanf("%c", &c);,则输入字符串为"Hi"时,字符型变量 c 的值为字符 H。若有 scanf("%5c", str);,则输入字符串为"Hi, C!"时,字符型数组变量 str 的数组元素的值分别为字符 H、字符 i、字符,、空格字符和字符 C,并且 str[5]不会赋值为'\0',此为格式字符 c 与格式字符 s 的区别之一。

格式字符 s 将跳过输入字符串中前面的空格，转换尽可能多的字符，直到遇到一个空格字符或回车符，或者已经转换了由域宽指明的字符个数。格式字符 s 会在转换字符串的后面加一个字符串结束符，所以转换字符串的长度可能比域宽大 1。若有 scanf("%5s", str);，则输入字符串为"Hi, C!"时，字符型数组变量 str 的数组元素的值分别为字符 H、字符 i、字符,、空格字符和字符 C，并且 str[5]会赋值为'\0'。

格式字符[]与格式字符 s 类似，会转换尽可能多的字符，且会在转换字符串的后面加一个字符串结束符，但它把输入字符串中的空格作为普通字符，它将转换的字符由一对[]中的字符串说明。如"%[0123456789]"表明只转换尽可能多的数字字符，其他任何字符的出现都将导致此次转换操作的结束；而"%[^0123456789]"表明只转换尽可能多的非数字字符，数字字符的出现将导致此次转换操作的结束。"%11[[^]"表明最多可连续转换 11 个字符[或字符^，"%11[^][ ]"表明最多可连续转换 11 个非[字符或非]字符。若有 scanf("%5[0123456789]", str);，则输入字符串为"12E5678!"时，字符型数组变量 str 的数组元素的值分别为字符 1、字符 2，并且 str[2]会被赋值为'\0'。

2. 格式化输出

printf 函数常见的调用方式如下。

```
printf（格式字符串,输出列表）；
```

printf 函数的作用是将格式字符串产生的输出字符串在指定的输出设备（通常为屏幕）上显示（遇到可显示字符时显示其字形码，遇到控制字符时执行特定的操作）。格式字符串由 3 类字符（串）组成：普通字符、转义序列和占位序列。普通字符和转义序列的相关字符会直接作为输出字符串的一部分，而占位序列需要把输出列表中的值转换为相应的字符串后才能作为输出字符串的一部分。有时把占位序列称为格式字符串。

占位序列的组成为：%[修饰标记][域宽][.精度][长度修饰符]格式字符。

方括号中的部分为可选项。

- %：输出字符%本身。
- 修饰标记（可多个且与次序无关）及其作用如下。

修饰标记	作用
-	转换字符串在其输出域内为左对齐，默认为右对齐
+	数值的转换字符串总是带符号，默认时正数没有+号
空格字符	正数的+号用空格字符代替
0	用数字 0 作为填充字符，将右对齐的转换字符串的输出域填满。填充字符默认为空格字符
#	根据格式字符调整、转换字符串。对于格式字符 o、x 或 X，数值的转换字符串将包含表示进制的前缀（0、0x、0X）；对于格式字符 e、E、f、g 和 G，小数点必将出现在转换字符串中；对于格式字符 g 和 G，转换字符串小数部分末尾的 0 将被保留

- 域宽常为整型字面量，用于规定转换字符串的最少字符数。如果转换字符串中字符的个数少于指定的域宽，则程序将根据对齐方式用填充字符（由修饰标记规定）填充域宽到所要求的字符个数。
- 精度常为整型字面量，并且以小数点开头。对于格式字符 s，精度用于规定从给定字符串中输出的最多字符数；对于格式字符 f、e 和 E，精度用于规定转换字符串中小数点之

后的数字个数,默认为 6;对于格式字符 g 和 G,精度用于规定转换字符串中有效数字的个数。
- 长度修饰符如下。
  - h:多与整型相关的格式字符连用,在构造转换字符串时以短整型的格式解码数值。
  - l:多与整型相关的格式字符连用,在构造转换字符串时以长整型的格式解码数值。
- 格式字符:更准确地说,应为转换指示字符,用于规定在构造转换字符串时以何种方式解码数值,常用的有 d 和 i,u,o,x 和 X,f,e 和 E,g 和 G,s,c,p,%。

  注意:为强调空格字符,下面示例中出现的·表示一个空格。
  - d 和 i:把相应数值按有符号整型输出,输出为表示其值的十进制数字串。d 和 i 完全相同,修饰标记#在此不起作用。下面是一些示例。

格式字符串	数值 23 的转换字符串	数值-23 的转换字符串
%d	"23"	"-23"
%+d	"+23"	"-23"
%·d	"·23"	"-23"
%11d	"·········23"	"········-23"
%-11d	"23·········"	"-23········"
%011d	"00000000023"	"-0000000023"
%+11d	"········+23"	"········-23"
%+011d	"+0000000023"	"-0000000023"
%-·11d	"·23········"	"-23········"
%hd	数值 32768 的转换字符串为"-32768"	

  - u:把相应数值按无符号整型输出,输出为表示其值的十进制数字串。修饰标记#、+和空格字符在此不起作用。下面是一些示例。

格式字符串	数值 23 的转换字符串	数值-23 的转换字符串
%u	"23"	"4294967273"
%+u	"23"	"4294967273"
%11u	"·········23"	"·4294967273"
%-11u	"23·········"	"4294967273·"
%011u	"00000000023"	"04294967273"
%hu	"23"	"65513"
%11hu	"·········23"	"······65513"

  - o:把相应数值按无符号整型输出,输出为表示其值的八进制数字串。有修饰标记#时,转换字符串包含表示八进制的前缀数字 0,否则不包含。修饰字符+和空格字符在此不起作用。下面是一些示例。

格式字符串	数值 23 的转换字符串	数值-23 的转换字符串
%o	"27"	"37777777751"
%+o	"27"	"37777777751"
%#o	"027"	"037777777751"
%12o	"··········27"	"·37777777751"

续表

格式字符串	数值 23 的转换字符串	数值-23 的转换字符串
%-12o	"27·········"	"37777777751·"
%012o	"000000000027"	"037777777751"
%ho	"27"	"177751"
%12ho	"·········27"	"······177751"

> x 和 X：把相应数值按无符号整型输出，输出为表示其值的十六进制数字串。使用 x 时，数字串中用小写字母 abcdef；使用 X 时，数字串中用大写字母 ABCDEF。有修饰标记#时，转换字符串包含表示十六进制的前缀 0x（对应 x）或 0X（对应 X），否则不包含。修饰字符+和空格字符在此不起作用。下面是一些示例。

格式字符串	数值 23 的转换字符串	数值-23 的转换字符串
%x	"17"	"ffffffe9"
%X	"17"	"FFFFFFE9"
%+x	"17"	"ffffffe9"
%#x	"0x17"	"0xffffffe9"
%#X	"0X17"	"0XFFFFFFE9"
%11x	"·········17"	"···ffffffe9"
%-11x	"17·········"	"ffffffe9···"
%011x	"00000000017"	"000ffffffe9"
%hx	"17"	"ffe9"
%11hX	"·········17"	"······FFE9"

> f：把相应数值（单、双精度均可）按浮点型输出，输出为绝对误差最小的十进制小数的自然表示（非科学记数法）的数字串。精度规定了转换字符串中小数点之后的数字个数，默认为 6。若精度为 0，则四舍五入为整数，并且只有当修饰标记#也出现在格式字符串中时，才输出小数点。下面是一些示例。

格式字符串	数值 23.678 的转换字符串	数值-23.678 的转换字符串
%f	"23.678000"	"-23.6780000"
%·f	"·23.678000"	"-23.6780000"
% +f	"+23.678000"	"-23.6780000"
%11.2f	"······23.68"	"······-23.68"
%+011.2f	"+0000023.68"	"-0000023.68"
%-11.2f	"23.68······"	"-23.68·····"
%+11.0f	"········+24"	"········-24"
%+#11.0f	"·······+24."	"·······-24."
%11.9f	"23.678000000"	"-23.678000000"

> e 和 E：把相应数值（单、双精度均可）按浮点型输出，输出为绝对误差最小的十进制小数的科学记数法表示的数字串。小数部分的绝对值通常大于或等于 1 且小于 10；指数部分用十进制整数表示，包含的数字个数为该类型浮点数绝对值最大值所需的最少十进制数字个数；小数部分和指数部分之间用 e 或 E 分开。精度规定了转换字符串中小数部分小数点之后的数字个数，默认为 6。若精度为 0，则四舍五入为整数，

并且只有当修饰标记#也出现在格式字符串中时,才输出小数点。下面是一些示例。

格式字符串	数值 23.678 的转换字符串	数值-23.678 的转换字符串
%e	"2.367800e+001"	"-2.367800e+001"
%E	"2.367800E+001"	"-2.367800E+001"
%·e	"·2.367800e+001"	"-2.367800e+001"
%+e	"+2.367800e+001"	"-2.367800e+001"
%11.2e	"··2.37e+001"	"·-2.37e+001"
%+011.2e	"+02.37e+001"	"-02.37e+001"
%-11.2e	"2.37e+001··"	"-2.37e+001·"
%+11.0e	"····+2e+001"	"·····-2e+001"
%+#11.0e	"···+2.e+001"	"···-2.e+001"
%11.9e	"2.367800000e+001"	"-2.367800000e+001"
%e	数值 0.0 的转换字符串为"0.000000e+000"	

> g 和 G:以 e/E 或 f 中较短的输出宽度把相应数值(单、双精度均可)按浮点型输出,输出为绝对误差最小的十进制小数的数字串。如果数值的科学记数法表示中,指数小于-4 或大于指定的精度,g 就相当于 e,G 就相当于 E,否则,g 或 G 均相当于 f。如果小数部分尾部有数字 0,0 就会被去掉,这一点与格式字符 f、e 和 E 不同。只有使用修饰标记#时,小数部分尾部的数字 0 才会被保留。对于格式字符 g 和 G,精度规定的是有效数字的个数,这一点与格式字符 f、e 和 E 也不同,如 printf("%.3f,%.3g", 23.678, 23.678);的输出结果为 23.678, 23.7。

> s:把去掉结束符后的字符串作为转换字符串。精度规定了从给定字符串中输出的最多字符数。修饰标记#、+和空格字符在此不起作用。下面是一些示例。

格式字符串	值"Hello"的转换字符串	值"How are you"的转换字符串
%s	"Hello"	"How are you"
%12s	"·······Hello"	"·How are you"
%012s	"0000000Hello"	"0How are you"
%-12s	"Hello·······"	"How are you·"
%12.6s	"······Hello"	"······How ar"
%-12.6s	"Hello·······"	"How ar······"

> c:先把相应的值按整型转换为无符号字符型的值,再以此值为码值产生对应的 ASCII 字符。修饰标记#、+和空格字符及精度说明在此不起作用。下面是一些示例。

格式字符串	值 " % " 的转换字符串	值 37 的转换字符串
%c	"%"	"%"
%11c	"··········%"	"··········%"
%011c	"0000000000%"	"0000000000%"
%-11c	"%··········"	"%··········"

> p:以系统规定的格式(通常为 o、x 或 X)输出一个指针的值。

注意:

(1)对于格式字符 d、i、u、o、x、X,精度也可以规定转换字符串中最少的数字个数,当转换字符串少于指定的字符个数时，在左边填充 0。若指定精度为 0，则数值 0 的转换值为空字符串，如语句 printf("%-.5d\n", 1);的输出结果为 00001，语句 printf("3%.0d3\n", 0);的输出结果为 33。

（2）当用字符*而不是整型字面量作为域宽或精度说明时，实际的域宽或精度将取自相应位置上的整型数值，如语句 printf("%-.*d\n", 5, 1);相当于语句 printf("%-.5d\n", 1);。

附录 C ASCII 码表

编号	编号	字符	编号	编号	字符	编号	编号	字符	编号	编号	字符
0	0x0	NUL	32	0x20	空格	64	0x40	@	96	0x60	`
1	0x1	SOH	33	0x21	!	65	0x41	A	97	0x61	a
2	0x2	STX	34	0x22	"	66	0x42	B	98	0x62	b
3	0x3	ETX	35	0x23	#	67	0x43	C	99	0x63	c
4	0x4	EOT	36	0x24	$	68	0x44	D	100	0x64	d
5	0x5	ENQ	37	0x25	%	69	0x45	E	101	0x65	e
6	0x6	ACK	38	0x26	&	70	0x46	F	102	0x66	f
7	0x7	BEL	39	0x27	'	71	0x47	G	103	0x67	g
8	0x8	BS	40	0x28	(	72	0x48	H	104	0x68	h
9	0x9	HT	41	0x29	)	73	0x49	I	105	0x69	i
10	0xA	LF	42	0x2A	*	74	0x4A	J	106	0x6A	j
11	0xB	VT	43	0x2B	+	75	0x4B	K	107	0x6B	k
12	0xC	FF	44	0x2C	,	76	0x4C	L	108	0x6C	l
13	0xD	CR	45	0x2D	-	77	0x4D	M	109	0x6D	m
14	0xE	SO	46	0x2E	.	78	0x4E	N	110	0x6E	n
15	0xF	SI	47	0x2F	/	79	0x4F	O	111	0x6F	o
16	0x10	DLE	48	0x30	0	80	0x50	P	112	0x70	p
17	0x11	DC1	49	0x31	1	81	0x51	Q	113	0x71	q
18	0x12	DC2	50	0x32	2	82	0x52	R	114	0x72	r
19	0x13	DC3	51	0x33	3	83	0x53	S	115	0x73	s
20	0x14	DC4	52	0x34	4	84	0x54	T	116	0x74	t
21	0x15	NAK	53	0x35	5	85	0x55	U	117	0x75	u
22	0x16	SYN	54	0x36	6	86	0x56	V	118	0x76	v
23	0x17	ETB	55	0x37	7	87	0x57	W	119	0x77	w
24	0x18	CAN	56	0x38	8	88	0x58	X	120	0x78	x
25	0x19	EM	57	0x39	9	89	0x59	Y	121	0x79	y
26	0x1A	SUB	58	0x3A	:	90	0x5A	Z	122	0x7A	z
27	0x1B	ESC	59	0x3B	;	91	0x5B	[	123	0x7B	{
28	0x1C	FS	60	0x3C	<	92	0x5C	\	124	0x7C	|
29	0x1D	GS	61	0x3D	=	93	0x5D	]	125	0x7D	}
30	0x1E	RS	62	0x3E	>	94	0x5E	^	126	0x7E	~
31	0x1F	US	63	0x3F	?	95	0x5F	_	127	0x7F	DEL

附录 D 常用的 C 语言库函数

1. 数学函数（头文件为 math.h）

函数首部	功能
int abs(int n)	求整型参数 n 的绝对值
double fabs(double x)	求双精度参数 x 的绝对值
double exp(double x)	求 e^x 的值
double log(double x)	求 $\log_e x$（$\ln x$）的值
double log10(double x)	求 $\log_{10} x$ 的值
double pow(double x, double y)	求 x^y 的值
double sqrt(double x)	求 x 的开方
double acos(double x)	求 $\cos^{-1}(x)$ 的值，x 为弧度且 $x \in [-1,1]$
double asin(double x)	求 $\sin^{-1}(x)$ 的值，x 为弧度且 $x \in [-1,1]$
double atan(double x)	求 $\tan^{-1}(x)$ 的值，x 为弧度
double cos(double x)	求 $\cos(x)$ 的值，x 为弧度
double sin(double x)	求 $\sin(x)$ 的值，x 为弧度
double tan(double x)	求 $\tan(x)$ 的值，x 为弧度
double sinh(double x)	求 $\sinh(x)$ 的值，x 为弧度
double cosh(double x)	求 $\cosh(x)$ 的值，x 为弧度
double tanh(double x)	求 $\tanh(x)$ 的值，x 为弧度
double ceil(double x)	求不小于 x 的最小整数（转化为双精度浮点型）
double floor(double x)	求不大于 x 的最大整数（转化为双精度浮点型）
double fmod(double x,double y)	求 x/y 的余数

2. 字符函数（头文件为 ctype.h）

函数首部	功能
int isalpha(int c)	如果 c 是字母（'A'~'Z', 'a'~'z'），就返回非 0 值，否则就返回 0
int isalnum(int c)	如果 ch 是字母（'A'~'Z', 'a'~'z'）或数字（'0'~'9'），就返回非 0 值，否则就返回 0（al~alpha, num~numeric）
int iscntrl(int c)	如果 c 是 DEL（0x7F）或普通控制字符（0x00~0x1F），就返回非 0 值，否则就返回 0
int isdigit(int c)	如果 c 是数字（'0'~'9'），就返回非 0 值，否则就返回 0
int isgraph(int c)	如果 c 是可打印字符（不含空格，0x21~0x7E），就返回非 0 值，否则就返回 0
int islower(int c)	如果 c 是小写字母（'a'~'z'），就返回非 0 值，否则就返回 0
int isprint(int c)	如果 c 是可打印字符（含空格，0x20~0x7E），就返回非 0 值，否则就返回 0
int ispunct(int c)	如果 c 是标点字符（0x00~0x1F），就返回非 0 值，否则就返回 0
int isspace(int c)	如果 c 是空格（' '）、水平制表符（'\t'）、回车符（'\r'）、走纸换行（'\f'）、垂直制表符（'\v'）、换行符（'\n'），就返回非 0 值，否则就返回 0
int isupper(int c)	如果 c 是大写字母（'A'~'Z'），就返回非 0 值，否则就返回 0

续表

函数首部	功能
int isxdigit(int c)	如果 c 是十六进制数（'0'～'9'，'A'～'F'，'a'～'f'），就返回非 0 值，否则就返回 0
int tolower(int c)	如果 c 是大写字母（'A'～'Z'），就返回相应的小写字母（'a'～'z'）
int toupper(int c)	如果 c 是小写字母（'a'～'z'），就返回相应的大写字母（'A'～'Z'）

3. 字符串函数（头文件为 string.h）

函数首部	功能
char *strcpy(char *strDestination, const char *strSource)	将字符串 srcSource 复制到 strDestination 中，返回 strDestination
char *strncpy(char *strDest, const char *strSource, size_t count);	复制 strSource 中的前 count 个字符到 strDest 中，返回 strDest
char *strcat(char *strDestination, const char *strSource)	将字符串 strSource 添加到 strDestination 末尾（覆盖结尾处的'\0'）并添加'\0'，返回 strDestination
char *strncat(char *strDest, const char *strSource, size_t count)	把 strSource 中的前 count 个字符添加到 strDest 结尾处，返回 strDest
int strcmp(const char *string1, const char *string2)	比较字符串 string1 与 string2 的大小，当 string1 小于 string2 时返回负数，当 string1 大于 string2 时返回正数，当 string1 与 string2 相等时返回 0
int strncmp(const char *string1, const char *string2, size_t count)	比较字符串 string1 与 string2 中的前 count 个字符的大小，返回值与 strcmp 函数类似
char* strchr(const char *string, int c)	找出字符 c 在字符串 string 中第一次出现的位置，并返回指向该位置的指针，如果找不到，就返回 NULL
char *strstr(const char *string, const char *strCharSet)	扫描字符串 string，并返回指向第一次出现 strCharSet 时的位置指针，如果找不到，就返回 NULL
size_t strlen(const char *string)	返回字符串 string 的长度

4. 输入和输出函数（头文件为 stdio.h）

函数首部	功能
void clearerr(FILE *stream)	复位错误标志和文件结束标志
int fclose(FILE *stream)	关闭 stream 相关的文件。可以把缓冲区内最后剩余的数据输出到磁盘文件中，并释放文件指针和有关的缓冲区
int feof(FILE *stream)	检测文件的状态，当文件处于结束状态时返回 1，否则返回 0
int fgetc(FILE *stream)	从 stream 相关的文件中读取一个（无符号型）字符，如果读到文件末尾或出错，就返回 EOF
char *fgets(char *string, int n, FILE *stream)	从 stream 相关的文件中读取一个长度为 n-1 的字符串，并存储到 string 中。返回 string，如果读到文件末尾或出错，就返回 NULL
FILE *fopen(const char *filename, const char *mode);	以 mode 方式打开名为 filename 的文件，成功时返回相关的文件指针，否则返回 NULL
int fprintf(FILE *stream, const char *format [,argument]...)	根据指定的 format（格式）发送信息（参数）到 stream 指定的文件，返回值为输出的字符数，发生错误时返回一个负值
int fputc(int c, FILE *stream)	把变量 c 转换为字符型并存储到 stream 相关的文件中，成功时返回该字符，否则返回 EOF

函数首部	功能
int fputs(const char *string, FILE *stream)	将 string 指向的字符串存储到 stream 相关的文件中，成功时返回非负数，否则返回 EOF
size_t fread(void *buffer, size_t size, size_t count, FILE *stream)	从 stream 相关的文件中读取长度为 size 的 count 个数据元素，存储到 buffer 所指的内存区中，并返回已读数据元素的个数
int fscanf(FILE *stream, const char *format [,argument]...)	从 stream 相关的文件中按照指定的 format（格式）将数据存储到相关内存单元中，成功时返回已存数据的个数，否则返回 EOF
int fseek(FILE *stream, long offset, int origin)	将 stream 相关文件的位置指针移向以 origin 为基准、偏移 offset 个字节的位置，成功时返回 0，否则返回非 0 值
long ftell(FILE *stream)	返回文件位置指针当前位置相对于文件起始位置偏移的字节数
size_t fwrite(const void *buffer, size_t size, size_t count, FILE *stream)	从 buffer 所指的内存区中读取长度为 size 的 count 个数据元素，存储到 stream 相关的文件中，并返回已存数据元素的个数
int getc(FILE *stream)	从 stream 相关的文件中读取一个（无符号型）字符，如果读到文件末尾或出错，就返回 EOF
int getchar(void)	从标准输入设备中读取一个（无符号型）字符，如果读到文件末尾或出错，就返回 EOF
int printf(const char *format [, argument]...)	综合 format 指向的格式字符串和输出列表中数据产生的输出字符串，并输出到标准输出设备上，成功时返回已输出字符的个数，否则返回负数
int putc(int c, FILE *stream)	把变量 c 转换为字符型并存储到 stream 相关的文件中，成功时返回该字符，否则返回 EOF
int putchar(int c)	把变量 c 转换为字符型并输出到标准输出设备上，成功时返回该字符，否则返回 EOF
int puts(const char *string)	先把 string 指向的字符串输出到标准输出设备上，再输出一个'\n'，成功时返回一个非负数，否则返回 EOF
int rename(const char *oldname, const char *newname)	把 oldname 所指的文件名改为 newname 所指的文件名，成功时返回 0，否则返回非 0 值
void rewind(FILE *stream)	将 stream 相关文件的位置指针重新指向文件开头位置，并清除文件结束标志和错误标志
int scanf(const char *format [,argument]...)	从标准输入设备中按照指定的 format（格式）将数据存储到相关内存单元中，成功时返回已存数据的个数，否则返回 EOF

5．标准库函数（头文件为 stdlib.h）

函数首部	功能
double atof(const char *string)	把 string 指向的由数字组成的字符串转换为相应的浮点数
int atoi(const char *string)	把 string 指向的由数字组成的字符串转换为相应的整数
int atol(const char *string)	把 string 指向的由数字组成的字符串转换为相应的长整数
int rand(void)	产生 0 到 RAND_MAX 范围内的伪随机数。RAND_MAX 为宏，值不小于 32767。直接调用此函数时，随机数发生器的初值为 1
void srand(unsigned int seed)	把随机数发生器的初值初始化为 seed
int system(const char *command)	将字符串 command 作为一条命令交给操作系统执行，结束后返回表示命令是否成功完成的整型状态码

续表

函数首部	功能
void *bsearch(const void *key, const void *base, size_t num, size_t width, int (*compare) (const void *elem1, const void *elem2))	采用二分搜索算法查找从 base 起始的已有序的 num 个元素（从 base[0]到 base[num-1]）中，是否有与指针变量 key 指向的变量的值（*key）相同的元素，如果有就返回指向这个元素的指针，否则就返回空指针（NULL）
void qsort(void *base, size_t num, size_t width, int (*compare)(const void *elem1, const void *elem2))	见例 9-27
void *malloc(size_t size)	向系统的堆空间申请一块大小为 size 个字节的内存空间，并返回指向该空间的指针，失败时返回 NULL
void free(void *memblock)	释放 malloc 函数在堆空间申请的 memblock 所指向的内存空间

附录E C语言操作符

优先级	操作符	名称	分类		结合性
1	( )	圆括号			左结合
	[ ]	下标运算操作符	下标		
	->	指向结构体成员操作符	分量		
	.	结构体成员操作符			
2	!	逻辑非操作符	逻辑	单目操作符	右结合
	~	按位取反操作符	位		
	++	自增操作符			
	--	自减操作符			
	-	负号操作符			
	(类型)	强制类型转换操作符			
	*	间接引用操作符	指针		
	&	取地址操作符			
	sizeof	求内存字节数操作符			
3	*	乘法操作符	算术	双目	左结合
	/	除法操作符			
	%	求余操作符			
4	+	加法操作符	算术	双目	左结合
	-	减法操作符			
5	<<	左移操作符	位	双目	左结合
	>>	右移操作符			
6	<	小于操作符	关系	双目	左结合
	<=	小于等于操作符			
	>	大于操作符			
	>=	大于等于操作符			
7	==	等于操作符	关系	双目	左结合
	!=	不等于操作符			
8	&	按位与操作符	位	双目	左结合
9	^	按位异或操作符	位	双目	左结合
10	|	按位或操作符	位	双目	左结合
11	&&	逻辑与操作符	逻辑	双目	左结合
12	||	逻辑或操作符	逻辑	双目	左结合
13	?:	条件操作符	条件	三目	右结合
14	= += -= *= /= %= >>= <<= &= ^= |=	赋值操作符	赋值	双目	右结合
15	,	逗号操作符	逗号	双目	左结合

注：逻辑与操作符、逻辑或操作符、条件操作符的问号处和逗号操作符有序列点。

参考文献

[1] 孙家骕，欧阳民，陈文科. C语言程序设计[M]. 北京：北京大学出版社，1998.

[2] Brant R E，O'Hallaron D R. 深入理解计算机系统[M]. 龚奕利，雷迎春，译. 2版. 北京：机械工业出版社，2010.

[3] 谭浩强. C程序设计[M]. 北京：清华大学出版社，2005.

[4] 罗坚，王声决，徐文胜，等. C语言程序设计实验教程[M]. 北京：中国铁道出版社，2009.

[5] 刘克成. C语言程序设计[M]. 北京：中国铁道出版社，2007.

[6] 蒋加伏，沈岳. 计算机文化基础 [M]. 北京：北京邮电大学出版社，2003.

[7] 周二强. 新编C语言程序设计教程[M]. 北京：清华大学出版社，2011.

[8] 周二强. C语言内涵教程[M]. 北京：中国铁道出版社，2013.

[9] 周二强. 新概念C语言能力教程[M]. 北京：电子工业出版社，2015.

[10] 郑莉. C++语言程序设计[M]. 北京：清华大学出版社，2010.

[11] 李芒. 大学金课观：兼论大学教学的若干基本问题(一)[J].煤炭高等教育，2019(3)：8-13.